KB049944

제공권

MILITARY CLASSIC

제공권

The Command of the Air

줄리오 듀헤 지음
이명환 옮김

책세상

일러두기

1. 이 책에 사용된 맞춤법과 외래어 표기는 1989년 3월 1일부터 시행된 〈한글 맞춤법 규정〉과 〈문교부 편수자료〉에 따랐다.
2. 번역 텍스트로는 Dino Ferrari가 번역한 《The Command of The Air》(Coward-McGann, Inc., 1942)를 사용했다.
3. 지은이주는 각주 1), 2)로, Ferrari의 주는 *. **로, 옮긴이주는 본문 안에 괄호로 처리했다.
4. 인명은 처음 1회에 한하여 원어를 병기했다.

차례

서문

《제공권制空權》 초판은 국방성의 후원을 받아 1921년에 처음으로 출판되었다. 그로부터 몇 년이 지난 후《제공권》 초판의 내용들이 빛을 보게 되었다. 국가 안보를 위해 이 책에서 제안했던 핵심적인 내용, 즉 공군의 독립 등 군대 조직의 개편이 실현되었고 그 외에도 다음과 같은 중요한 발전이 있었다.

첫째, 1922년 〈국방National Defense〉지에 기고했던 작전 개념인, 통합작전사령부 지휘하의 육 · 해 · 공군 합동 작전체제 확립

둘째, 항공 이사회의 구성과 국방성 내 항공국 설치

셋째, 국가 안보에 매우 중요하고 현실에 가장 부합하는 독립공군과 보조 항공대와의 명확한 구분과 운영

만약《제공권》 초판에서 주장된 나의 생각이 모두 채택되어 실현되었다면, 내가 굳이 이 책의 제2판 출간을 서두르지 않아도 되었을 것이다. 그런데 제2판 출간이 필요하게 되었고, 여기에다 제2부까지를 추가시켜야 했다.

《제공권》 초판을 1921년에 처음 발간했지만, 나는 이미 10년 전부터 이 내용을 주장해왔다. 이 기간에 나는 항공 전력의 중요성을 인식시키고 널리 알리기 위해 최대의 노력을 기울였지만, 나의 미력한 노력은

군과 정부의 고위 당국자들에 의해 번번이 좌절되곤 했다.

여기서는 굳이 언급할 필요가 없는 상황의 변화로 국방성은 드디어 1921년에 나의 항공전략 사상을 한 권의 책으로 발간하여 육군과 해군의 관계관들에게 배포했다. 이는 장기간에 걸친 분투의 대가로 얻은 첫 번째 성공이었다. 그러나 그 당시에도 나는 조국을 위해, 화석화되어 있던 군과 정부의 고위당국자들의 전쟁 및 작전 개념을 지적하는 일에도 세심한 주의를 기울여야 했다. 따라서 항공전략 사상을 강력하게 주장하는 것을 자제하고, 극히 기본적인 원칙만을 언급하면서 상황이 호전될 때까지 기다릴 수밖에 없었다. 다행히 요즈음의 상황은 전에 비해 대단히 달라졌고 크게 발전되었다.

의도했든지 아니었는지는 모르겠지만 군의 최고지휘부는 항공 전력에 관한 기본적인 입장과 시각을 수정했다. 첫번째 단계의 조치가 취해졌고, 이제는 마음놓고 항공 전력에 관한 견해를 주장할 수 있는 분위기가 조성되었다. 그러므로 나는 독자들이 이 책 제1권의 2부가 1부를 보완하는 내용이라는 사실을 간파했으면 한다. 내가 제2부에서 제시한 개념들이 혹시 엉뚱하고 생소하게 보일지라도, 나는 이들의 핵심 내용이 결국에는 제1부의 내용과 마찬가지로 인정받게 될 것을 확신한다. 그것은 단지 시간이 해결해줄 문제인 것이다.

제2판을 발간하면서

1927년, 로마

줄리오 듀헤

제1권
제공권

제1권은 1921년에 처음 출판되었다.

제1부

제1장 전쟁의 새로운 형태

1. 전쟁과 기술의 발달

항공공학의 발달로 인간은 하늘이라는 새로운 활동 무대를 갖게 되었는데, 하늘이 인간의 새로운 전장이 된 것은 역사 발전의 필연이라 하겠다. 왜냐하면 사람들이 마주치는 어느 곳에서나 사람들 사이에서 발생하는 갈등은 피할 수 없기 때문이다. 실제로 항공공학을 응용한 항공기는 민간 부문에서 사용되기 이미 오래 전부터(항공기는 1911~12년의 이탈리아-터키 전쟁에서 이탈리아군이 리비아군에 대한 정찰용으로 처음 사용했다—옮긴이주) 전쟁에 다방면으로 동원되었다. 제1차 세계대전이 발발한 1914년경에 아직 유아기에 불과했던 항공공학은 곧 군사 무기체계의 발달에 강한 충격을 안겨주었다.

항공기가 출현한 직후 항공기의 실용적 가치는 막연하게만 인식되었지만, 이 새로운 무기체계의 군사적 활용은 전쟁이 시작되면서 급속도로 확대되었다. 하지만 세계대전 직전까지 전장에 등장했던 지상용 무기체계와 근본적으로 성격을 달리하는 항공기의 특성은 아직 명확하게 인식되지 못했다. 다시 말하면 항공기가 최초로 출현했을 때, 사람들은 새로운 무기체계로서 항공기의 가능성을 인정하지 않았다. 많은 사람들은 공중에서 전투를 한다는 것 자체가 불가능한 것이라는 극단적인 입장을 고수했고, 일부 진보적인 입장의 사람들조차도 기껏해야 현재의 전투 수행 방식에 유용한 보조수단이 될 수 있다는 정도로만 항공기의 가능성을 인정했을 뿐이었다.

항공기는 속도가 뛰어나고 공중에서 자유롭게 행동할 수 있기 때문에 초기에는 정찰과 탐색의 수단으로, 그 후에는 점차 포병의 탄착 지점을 관측하는 수단으로 활용되었다. 다음 단계에서는 항공기의 고유한 특성을 이용하여 전선 상공이나 배후에서 적을 공격할 수 있다는 사고로까지 발전했다. 하지만 이와 같은 공격 기능도 항공기는 강력한 파괴력을 지닌 무거운 폭탄을 탑재하고서는 자유롭게 비행할 수 없다는 고정관념 때문에 더 이상 관심을 끌지 못했다. 마지막으로 적 항공기의 자유로운 공중 활동을 제지할 필요성이 대두되자, 비로소 대공 무기체계와 요격용 항공기가 출현하게 되었다.

이제 항공전을 성공적으로 수행하기 위해 각 국은 자국의 항공 전력을 단계별로 증강시키기 시작했다. 제1차 세계대전 기간을 통하여 항공 전력이 대대적으로 증강되긴 했지만, 그 과정이 시종일관 바람직한 방향이었던 것만은 아니었다. 전쟁의 전 기간에, 항공기의 역할을 단지 지상작전과 해상작전을 지원하는 차원에서 제한하여 운영해야 한다는 비논리적 작전 개념이 지배적이었다. 항공 부대에게도 독립적인 공격 임무를 부여해야 한다는 항공작전의 개념은 세계대전 말기에야 몇 개의 교전국가에서 출현했다. 제1차 세계대전에 참전했던 어느 국가도 이와 같은 독립적 항공작전의 기본 개념을 완벽하게 운용하지 못했다. 그 이유는 독립적 항공작전을 효율적으로 수행하기 위해 필요한 항공기의 성능 개량 등이 채 이루어지기 전에 전쟁이 끝났기 때문이다.

제1차 세계대전이 끝난 지 3년이 된 지금, 독립적인 항공작전의 사상이 다시 출현했는데, 이와 같은 새로운 작전 개념은 국방 당담자들에게 강한 압박을 가하는 것처럼 보인다.

인간은 본래 지상에서 살았기 때문에 인간들 사이의 전투가 지상에서 시작되었다는 사실은 재론의 여지가 없다. 인간이 언제부터 바다를 항해하기 시작했는지는 정확하게 알 수 없지만, 사람들은 흔히 해상전을 지상전을 수행하기 위한 보조적인 역할로만 인식했다. 하지만 우리는 인간들이 때로 합동작전을 전개하기도 했지만, 아주 옛날부터 해상작전을 지상작전과는 별개의 독립작전으로 운용했다는 사실을 분명히 알고 있다. 그러나 오늘날 지상에 살고 있는 사람들에게 하늘은 바다보다 훨씬 관심을 끄는 영역이 되었다. 따라서 어느 누구도 하늘 역시 지상 및 해상과 동일한 중요성을 지닌 전장의 한 부분을 형성한다는 사실을 결코 부인할 수 없다.

육군은 원래 지상 전력이지만, 지상작전의 수행에 도움이 되는 해상무기체계를 자체적으로 보유하고 있다. 그렇지만 이러한 사실을 육군이 해군의 해상작전 수행 능력을 불신하는 것이라는 식으로 해석해서는 안 된다. 해군 역시 해상 전력을 운영하면서 작전 수행에 도움이 되는 지상 무기체계를 보유하고 있다. 이와 같은 이유로 해군이 해상작전과 독립적으로 전개되는 육군의 지상작전 수행 능력을 부인해서는 안 된다는 것도 너무나 당연하다. 마찬가지로 육군과 해군 역시 지상작전과 해상작전을 성공적으로 수행하기 위해 항공 무기체계를 보유할 수 있다. 육군과 해군이 항공기를 운영할 수 있다고 해서 육군과 해군을 완전히 배제한 공군 단독의 항공작전 수행 능력과 그 가능성이 불신을 받거나 부정될 수는 없다.

이렇게 볼 때, 이제 곧 창설될 공군(1921년 당시 독립공군을 보유한 나라는 영국뿐이었다—옮긴이주)에게 지금까지 육군과 해군에게 부여했던 전략 · 작전적 가치를 동등하게 부여하는 것은 당연한 논리적 귀결인 셈이다. 육군과 해군은 전쟁에서의 승리라는 공통의 목표를 위해 지상과 해상작전을 때로는 독립적으로, 때로는 합동으로 전개한다. 육군과 해군 중 하나를 다른 하나에 종속시키면, 종속된 군대는 행동의 자유를 구속받고 나아가 작전의 효율성마저 감소하게 될 것이다. 마찬가지로 앞으로 창설될 공군도 항상 육군 및 해군과 합동으로 작전을 수행하겠지만, 반드시 이들로부터 독립하여 존재해야 한다.

이 시점에서 나는 오늘날 우리가 직면한 문제의 일반적인 측면과 그 의의를 강조하려고 한다. 이제 세계대전의 압박에서 해방됨에 따라 우리는 시행착오적이긴 하지만 지금과는 전혀 다른 방법으로 이 문제의 해결책을 찾게 되었는데, 최소의 노력으로 최대의 결과를 얻는 방법인 것이다.

모든 국가는 최적의 조건에서 전쟁을 맞을 수 있도록 자국의 방위력을 배분해야 하고, 방위 예산을 적절하게 분배함으로써 예상되는 미래 전쟁의 형태와 특성에 적합한 무기체계를 구비한다. 다시 말하면 미래 전쟁의 형태와 특성을 정확하게 분석하는 작업이야말로 한 국가의 방위를 위해 전쟁수단을 효율적으로 분배하는 척도인 것이다.

사회조직적 측면에서 분석해볼 때, 전쟁이란 한 국가의 전체 국민과 전체 사용 가능한 자원을 심연 속으로 빨아들이는 가히 '국가 총력적' 성향을 띠고 있다고 말할 수 있다. 그리고 사회 역시 지금 이와 같은 노선을 따라 진보하고 있기 때문에, 직관적으로 미래의 전쟁의 규모와 성격이 국가 총력전이 될 것이라고 예견할 수 있다. 우리 스스로를 편협한 직관력을 소유한 존재로 한계 짓는다고 해도, 분명하게 말할 수 있는 사실은 앞으로 일어날 전쟁은 과거의 양상과는 전혀 다를 것이라는 점이다.

전쟁의 형태는 작전 수행을 위해 어떤 무기체계를 사용하는가에 따라 크게 좌우된다. 화기火器가 도입되면서 과거 전쟁의 형태에 큰 변화가 있었다는 것은 이미 잘 알려진 사실이다. 하지만 화기란 탄력성을 활용한 무기라 할 수 있는 활과 화살, 노포弩砲 그리고 투석기 등을 고대 전쟁으로부터 개량한 병기인 것이다. 우리는 제1차 세계대전을 지나면서 소총과 기관총이 지상전의 형태를, 그리고 잠수함이 해전의 양상을 얼마나 크게 변화시켰는지 익히 보고 들어 알고 있다.[1] 우리 역시 항공기와 독가스라는 두 가지 신무기를 전쟁에 도입하는 데 일조했다고 하겠다. 그러나 이 두 가지 신무기들이 아직 유아기에 불과하고 기존의 다른 무기들과 그 성격을 근본적으로 달리하고 있기 때문에 아직은 미래 전쟁의 형태에 대한 이들의 잠재적 영향력을 정확하게 평가할 수 없다. 확신하건대, 지금까지 알려진 전쟁의 모든 양상을 완전히 뒤엎을 정도로 이들의 영향력이 매우 클 것이다.

항공기와 독가스는 상호 보완적인 기능을 가지고 있다. 가장 강력한 폭발성을 선보였던 화학무기는 곧 더욱 강력한 독가스의 출현을 예고하고, 생물학의 발전은 좀더 치명적인 세균성 생물학무기의 제조로 이

1) "해군 참모본부 소속으로 새로 편성된 전사 기록부는 최근에 관심을 끌기에 충분한 자료를 공개했는데, 독일인들이 무제한적 잠수함전이 진행되는 과정에서 그들의 속마음을 조금 내비쳤다. 사기백배한 독일 잠수함 부대 지휘관들은 황제와 제국 수상이 '독일이 전쟁에서 패배할 것'이라는 심리적 동요에도 불구하고 좌절하고 있지 않다. 독일은 1917년 봄 이래로 단계별로 잠수함 부대의 인원을 감축하고 작전 활동을 줄여왔다."(〈르 마탱Le Matin〉, 1917. 9. 8)

어질 것이다. 미래전의 성격을 알기 위해 생물학자들은 적국에 세균을 살포하면서 자국은 보호할 수 있는 방법을 고안해야 한다. 항공 전력의 출현으로 우리는 적성국 영토 중 특정 지역을 선정하여 집중적으로 폭격할 뿐만 아니라, 항공기로 생화학무기를 운송하여 적국의 전 영토를 황폐화시킬 수 있게 되었다.

만약 미래에 더욱 개량되고 발전될 것이 틀림없는 항공기라는 신종 무기체계의 잠재력을 충분히 고려한다면, 제1차 세계대전의 경험은 단지 출발점에 불과하다. 따라서 우리는 이 출발점을 미래의 필요성이라는 관점에서 착수해야 하는 국가 방위의 기준으로 삼아야 한다.

우리는 다음의 사실을 명심해야 한다. 오늘날 우리는 신종 무기체계에 대한 집중적인 연구와 그것의 광범위한 운용, 나아가 아직까지 알려지지 않은 잠재력까지도 탐구가 가능한 아주 양호한 상황에서 살고 있다. 이와 같은 분위기는 패전국인 독일이 가장 앞서 있다고 하겠다. 연합국은 전후에 독일에게 무장해제와 상비군의 대규모 감축을 강요했다. 독일은 이와 같은 국제적으로 열등한 지위를 계속 감내할 것인가? 아니면 대내외적 필요성에 고무된 독일이 지금은 보유가 금지된 구식 무기를 대신할 신형 무기체계를 개발하여 제1차 세계대전의 패배를 설욕할 것인가? 우리는 독일이 생화학과 기계 분야에서 세계의 기술을 선도해나가고 있다는 사실을 한시라도 잊어서는 안 된다. 독일이 새로운 전쟁 무기 개발에 곧 착수할 것이라는 몇 가지 징후가 감지되고 있다. 독일은 이 작업을 실험실에서 비밀리에 진행시킬 것이다. 왜냐하면 지금까지 상당히 유효했던 베르사유 조약의 군비 제한 조항은 머지않아 휴지조각으로 전락할 운명에 처해 있기 때문이다.

독일의 신무기 개발 여부에 상관없이 앞으로 국가 안보를 지키는 과정에서 이들 무기의 가치를 무시하거나 그 역할을 부인해서는 결코 안 된다. 나아가 우리는 이들 신무기의 독자적 가치와 육 · 해군과 관련된 가치를 더욱 정확히 인식해야 한다. 항공기라는 신형 무기체계의 정확한 가치를 평가하는 작업이 이 책을 저술하게 된 가장 중요한 동기이다.

2. 새로운 가능성

지면에서 생활하는 한, 인간의 활동은 지면이 부과하는 조건에 적응해야 한다. 전쟁을 군대의 광범위한 기동을 필요로 하는 활동이라고 정의할 때, 그 양상은 어떤 지형에서 전쟁이 벌어지는가에 따라서 결정된다고 말할 수 있다. 고르지 않은 울퉁불퉁한 지형에는 군대의 효율적인 기동을 방해하는 여러 종류의 자연 장애물이 있기 마련이다. 이 경우 우리는 두 가지 방법 중에서 한 가지를 선택할 수 있다. 한 가지 방법은 가장 수월한 지점의 능선을 따라 이동하는 것이고 다른 하나는 시간이 오래 소요되고 많은 육체적 노력을 필요로 하는 방법으로, 험난한 지형의 자연 장애물을 정면으로 돌파하여 이동하는 것이라 하겠다. 이와 같이 지표면의 지형은 손쉽게 여러 지점에서 통과할 수 있는 능선으로 덮여 있거나, 다른 곳에선 쉽게 접근할 수 없고 때로는 통행이 불가능한 지역으로 분리되어 있다.

이에 반해 바다의 수면은 어느 곳이나 평평한 상태이므로 해수면의 어느 방향으로도 항해할 수 있다. 하지만 바다는 해안선으로 둘러싸여 있기 때문에 해안선을 따라 돌아가는 긴 항해를 회피하기 위해 바닷사람들도 동일한 해안선에 위치한 특정한 지점들 사이를 항해하거나, 또는 외국의 통제를 받는 해로를 따라 항해하도록 제한받는다.

전쟁이란 근본적으로 상반된 두 의지 간의 갈등이다. 한편에는 지상의 특정한 영토를 점령하려는 집단이 있고, 필요하다면 무력을 사용해서라도 이들의 영토 점령을 저지하려는 상대방이 있기 마련이다. 결국 쌍방의 결론은 전쟁인 것이다.

공격군은 예정된 지역을 점령하기 위해 최소한의 저항이 예상되고, 쉽게 접근할 수 있는 작전선을 따라 진격하고자 한다. 방어군 역시 공격군의 진격을 봉쇄하기 위해 적군의 작전선을 따라 자신의 군대를 전개한다. 적군의 진격을 더욱 효과적으로 저지하기 위해 방어군은 공격군이 통과하기에 매우 어려운 자연 장애물이 연결된 지형에 의지하여 수비군을 배치시킨다. 자연적 장애물들은, 지구상의 비옥한 옥토가 그랬던 것처럼, 영속적이고 거의 변화가 없기 때문에 지구상의 몇몇 특정 지역들은 항상 최상의 전장으로 간주되었다.

대체로 지상에서 수행되었기 때문에 전쟁은 지상의 작전선을 따라 전개되는 쌍방 군대 간의 기동과 접전이라고 할 수 있다. 수중에 넣고자 갈망하는 지역을 얻기 위해 한쪽 진영은 다른 쪽이 요새화한 방어선을 돌파하여 그 지역을 점령해야 한다. 전쟁이 점차 국가의 전체 자원을 요구함에 따라 적군의 침입으로부터 자국의 안전을 지키기 위해 교전국가들은 작전선을 따라 자국 군대를 확대하여 배치했다. 하지만 전투가 경과하면서 확대된 작전선이 전 전선에 걸쳐 서로 뒤엉켜서 오히려 모든 군대의 기동을 저지하는 지경에까지 이르렀다. 이런 대표적인 사례가 바로 제1차 세계대전이다.

전쟁 중에도 전선 후방에 위치하거나 또는 지상전용 무기의 최대 사정거리 밖에서 생활하는 민간인들은 전쟁을 실제로 느끼지 못했다. 적국의 공세작전도 작전반경 밖에 위치한 민간인들에겐 큰 위협이 되지 못했기 때문에, 민간인들은 비교적 평온한 상태로 삶을 꾸려나갈 수 있었다. 전장의 범위는 분명하게 제한되었고, 무장 군대란 전시에만 국가의 요구에 따라 동원되는 민간인들과는 구별되는 집단이었다. 전투원과 비전투원 사이에는 법적인 구별이 분명히 존재했다. 제1차 세계대전은 참전국가의 국민 전체에게 큰 영향을 끼쳤지만, 사실 이들 중 극히 소수의 사람들만이 전선에서 전투를 하다가 죽어갔다. 대다수의 사람들은 평온한 상태에서 생업에 종사했고, 소수에 해당하는 전선의 군인들에게 전쟁 비용을 제공했다. 이와 같은 사실은 먼저 적의 방어선을 돌파하지 않고는 적국의 영토를 침범할 수 없다는 세계대전의 교훈에서 기인한 것이라 하겠다.

그러나 제1차 세계대전의 상황은 이제 과거에 불과하다. 왜냐하면 요새화한 방어선을 정면으로 돌파하지 않고도 적국의 방어선 후방 깊숙이 도달할 수 있는 방법이 있기 때문이다. 이 방법을 가능하도록 한 것은 다름 아닌 항공력이다.

항공기는 행동과 방향을 자유롭게 선택할 수 있기 때문에, 도표상의 지점 간을 직선 항로로 최단시간에 비행할 수 있다. 인간이 지표면에서 할 수 있는 그 어느 것도 3차원의 공간을 자유롭게 비행하며 이동하는 항공기를 방해할 수 없다. 유사 이래로 전쟁을 조건지웠고 특성화했던 모든 것들은 항공기의 활동에 아무런 영향을 행사할 수 없다.

이처럼 항공기라는 신종 무기체계에 의해 전쟁의 작전반경은 더 이상 야포의 최대 사정거리 내로 한정되지 않고, 수백 마일에 걸친 적국의 전체 영토와 영해로 확대되었다. 전쟁 중에도 평온한 삶이 영위될 수 있는 곳은 더 이상 존재하지 않게 되었으며, 전장은 더 이상 일선의 전투원에게만 제한되지도 않았다. 물론 전장은 교전국가 간의 전선이 경계선으로 제한받겠지만, 모두 적국 항공기의 공중 공격에 직접 노출되기 때문에 교전국가의 모든 국민들은 전투원이 될 것이다. 이제 전선의 군인과 후방의 안전한 민간인이라는 구분법은 더 이상 의미가 없어질 것이다. 지상과 해상에서의 방어에 성공했다고 해도 한 국가의 안전을 장담할 수 없는 시대가 도래한 것이다. 만약 적의 공군을 결정적으로 지원하는 모든 체계가 파괴되지 않는다면, 지상전과 해상전에서 승리했다고 하더라도 자국민을 적의 공중 공격으로부터 보호할 수 없기 때문이다.

이 모든 것들이 필연적으로 미래 전쟁의 형태에 큰 변화를 일으킬 것이 분명하다. 미래 전쟁의 본질적인 특성이 과거와는 매우 다르기 때문이다. 이처럼 지상전 무기체계들이 적군의 공격으로부터 한 국가를 얼마나 효과적으로 방어할 수 있는가를 논함에 있어, 우리는 항공력의 기술적이고 실용적인 측면에서의 지속적인 발전이 지상전 무기의 효과를 상대적으로 감소시킬 방법을 직관적으로 이해할 수 있다.

여기에서 필연적으로 도출할 수 있는 결론은 다음과 같다. 항공산업의 기술이 비약적으로 발전하고 있는 오늘날에 전쟁이 발발할 경우, 알프스에 전개할 수 있는 가장 강력한 이탈리아 육군과 우리 영해에 배치할 수 있는 가장 강력한 해군도 공중으로부터 폭격을 가하는 적국 공군에 대하여 이탈리아 반도 내륙에 위치한 도시들을 방어하는 데는 무력하다는 사실이다.

3. 대변혁

제1차 세계대전은 승전국과 패전국 모두를 기진맥진하게 만든 길고도 지루한 전쟁이었다. 소모성 장기전의 첫번째 원인은 전쟁의 기술적 측면이라 할 수 있는데, 새로운 화기의 발달은 공세의 논리보다 오히려 방어의 논리를 강력히 뒷받침하는 결과를 가져왔다. 두 번째 원인은 화기의 개량으로 방어측의 이점을 공세측이 즉각 파악할 수 없었던 심리적인 측면이라 하겠다. 공세 논리를 지지하는 사람들은 공격작전의 선제권을 환호하는 어느 곳에서나 득세했지만, 동시에 이들은 공격작전에서 성공하려면 공격력을 지원할 수 있는 수단을 보유해야 한다는 단순한 사실을 망각하고 있었다. 한편 방어에 관해서는 마치 토론되어서는 안 될 주제인 것처럼 마지못해 이따금씩 언급될 뿐이었다. 대부분의 군인들이 가졌던 이와 같은 태도는 무기의 화력이 증강됨에 따라 방어보다 공격을 선호하는 신념을 더욱 부추겼다. 하지만 전쟁은 정반대의 결과를 보여주면서 공격 지상주의자들의 신념은 잘못된 것으로 판명되었다.

왜냐하면 *화기의 발전과 개량이 오히려 방어에 유리하도록 전개되었기 때문이다.* 방어측은 자신의 무기체계를 더욱 오래 보유할 수 있었고, 효율성을 증대시키기 위해 최적의 위치에 배치하여 운용할 수 있었다. 그 결과 무기의 화력이 강력할수록, 무기들을 최적의 상태로 보존했고 효율성을 최대로 발휘하도록 최적의 위치에 배치하면 이들 방어용 무기체계는 더욱 강력한 화력을 발휘할 수 있었다. 이와 같은 사실은 난공불락의 요새로 여겨졌던 제1차 세계대전시의 광범위한 참호형 방어체계에서 그 사례를 발견할 수 있다. 그리고 이와 같은 사실에서 우리는 세계대전 기간 동안 전 전선에 걸쳐 형성되었던 이들 강력한 방어체계가 만약 구스타프 아돌프Gustav Adolf(1611~32. 스웨덴의 국왕으로 30년전쟁에 참전했다—옮긴이주) 시대의 방어선처럼 보병과 포병을 상호 유기적으로 편성했더라면 더 낫지 않았을까 하는 아쉬움을 갖게 된다.

그러나 화기의 효율성이 증대되면서 방어측은 공세측에 비해 절대적으로나 상대적으로도 이점을 누리게 되었다. 철조망으로 둘러싸인 참호 속에서 방어하는 임무를 맡은 병사와 광활지에 노출된 채 공격 임무를 수행해야 하는 적군 병사의 모습을 상상해보자. 또 이들 공격병과 방어병이 각각 1분에 한 발씩 발사되는 소총을 가지고 있다고 가정하자. 수학적으로 볼 때, 1명의 병사가 방어하는 참호를 공격하려면 최소한 2명의 공격병이 필요하다. 왜냐하면 1분 내에 공격측 2명 중 1명은 방어병에게 저격당할 수 있기 때문이다. 그러나 양측이 분당 30발씩 발사되는 소총으로 무장했다면, 계산상으로 참호 공격을 위해서는 31명의 공격병이 필요하다. 만약 1명의 방어자가 철조망에 의해 효과적으로 보호받고 있을 경우에 이들 공격병들은 매회마다 공격 전에 일제사격을 개시했어야 했다.

첫번째 사례에서 공격측 1명은 방어측 1명에 의해 효과적으로 저지되고, 두 번째 사례에서도 공격측의 30명은 1명의 방어병에 의해 격퇴된다. 그 이유는 소지한 소총이 30배 이상의 효력을 발휘할 수 있기 때문이다. 이처럼 공격측이 증강된 화기의 화력을 이용하여 승리하기 위해서는 단순한 힘의 우위에서 비롯된 균형을 깨뜨려야 한다.

실제로 제1차 세계대전 기간 중에 소구경 개인 화기의 화력 증강으로 방어측은 공격 임무 중인 보병 제대를 자신들이 설정한 방어 지점 가까이 접근하도록 내버려두었다가 일제사격으로 몰살시켰다. 방어측은 필사적으로 목표물에 도달하려는 공격 임무의 보병 제대를 특정한 지점으로 몰아넣고 이곳에다 지축을 뒤흔들 만큼 엄청난 집중 포격을 가해 공격 제대와 방어 제대 전체를 매장해버리곤 했다. 제1차 세계대전의 기간만큼 공세작전에 고비용이 투자되었던 사례는 전사상 그 유래를 찾아볼 수 없다.

그렇지만 새로운 무기의 화력 증강으로 방어가 훨씬 유리해졌다고 주장하는 것이 공세만이 전쟁에서 승리를 보장해준다는 기본 원칙에 이의를 제기하는 것은 결코 아니다. 이 주장은 단지 화력이 증강되었으므로 공세작전은 방어작전과 비교할 때 더 많은 전력을 보유해야 한다는 뜻이다.

불행하게도 이와 같은 사실은 제1차 세계대전 말기까지 현실화되지 못했다. 4년에 걸친 전쟁 기간에 공세작전은 무기체계의 지원을 적절하게 받지 못했기 때문에 완전히 실패했다고 할 수 있다. 설령 부분적으로 성공한 것으로 평가를 하더라도 시간, 돈 그리고 병력의 엄청난 손실을 감수해야 했다. 더구나 공세를 위한 병력 및 물자 징집이 신속하게 전개되지 않았기 때문에 연속된 실패로 전선으로 동원된 병력은 점점 증가했고, 전쟁은 이내 장기적인 소모전이 되었다. 만약 제1차 세계대전에서 동원된 육군이 전장식 소총으로 무장을 했더라면 요새형 콘크리트 참호나 철조망 등은 전선에 배치되지 못했을 것이고, 전쟁은 수개월 내에 종전되었을 것이다. 하지만 우리가 목격한 것은 계속된 공격과 포격으로 요새화한 방어선이 붕괴되어 적군의 심장부를 도려낼 때까지 더욱 강력해진 무기로 강화된 방어 요새를 공격하는 지리한 싸움뿐이었다. 전쟁이 장기화되자 연합국들은 새로운 동맹국을 획득하고 전선으로 파견할 새로운 부대를 편성할 수 있는 시간을 벌 수 있었다. 한편 전쟁이 장기화됨에 따라 전후의 승전국이건 패전국이건 참전국들은 보유하고 있던 전체 인력과 자원을 거의 소모했다.

독일은 전쟁을 준비하는 과정에서 향후 화기의 화력이 증강되면 방어측이 유리해질 것이라는 전술적 결론에 도달했지만, 이런 이유가 오히려 독일군의 공세작전을 부추겼고 결국 독일은 영구 진지를 단시간에 초토화할 수 있는 305밀리 대포와 420밀리 대포로 무장하여 공세작전으로 전쟁을 수행했다. 하지만 프랑스 방면 전선에서 공세작전이 연합군의 신속한 방어전 체제의 벽에 부딪치자 독일군 작전사령부는 그 대응에 놀라워했다. 사실 독일군은 이와 같은 전황이 전개되기 훨씬 전에 대비했어야 했다.

독일군 지휘부는 이후에 있을 전쟁을 계획하면서 향후 1개 이상의 전선에서 작전해야 한다는 전략적 상황을 인식하고 있었기 때문에, 이와 같은 상황에서 방어의 이점을 최대로 활용하면서 전략적 내선작전(이를 슐리펜 작전Schlieffen – Plan이라고 한다. 동부 전선에서 러시아군을 견제하고 있는 동안, 서부 전선에서 독일군의 전력을 집중하여 6주 안에 프랑스군을 격퇴시키는 작전 계획—옮긴이주)을 구사하고자 했다. 따라서 독일은 내선작전을 주도면밀하게 체계화했고, 개전 초기부터 방어작전의 필요성이 대두되자 이를 즉시 실전에 적용했다. 독일군 지휘부는 비록 오로지 공세에 의해서만 승리를 달성할 수 있다는 원칙을 철저하게 신봉하고 있었지만, 이들 역시 방어작전 자체의 절대적 가치와 공세작전에 대한 방어작전의 상대적 가치를 잘 인식하고 있었다. 제1차 세계대전 역사는 이것을 아주 잘 보여주고 있다.

공세작전을 위해 적보다 우세한 전력을 확보하려는 준비 작업 때문에 공세가 방어보다 어렵긴 했지만, 공격의 목표로 선정된 지역에 가능한 최대의 전력을 집중함으로써 방어선이 얇아지는 등 상황은 오히려 공세작전에 유리한 방향으로 발전되었다. 전쟁 중 독일군의 모든 전략적 기동작전은 체계화한 방어선을 따라 전개한 소수의 독일군 조공 전력이 적군의 일부를 현 전선에 묶어놓고, 동시에 주공 전력이 나머지 적군을 공격하여 격파하는 식으로 전개되었다. 그리고 이와 같은 독일군의 작전은 4년에 걸친 전쟁 기간 중 여러 번 성공했다.

독일군의 기습적인 공격에 놀란 연합군은 제대로 방어 준비를 하지 못한 상태에서 독일군의 프랑스 중심부 진격이 일단 저지되자, 자신들이 전쟁에서 쉽게 승리할 것이라는 환상을 갖게 되었다. 하지만 전쟁의 승리를 위해 취해야 할 작전을 초기에 제대로 수행하지 못했기 때문에, 독일군의 진격이 저지된 후의 작전에서야 연합군은 이와 같은 초기 형태의 작전을 수행할 수 있었다. 순수하게 군사학적 측면에서 고찰해 볼 때, 제1차 세계대전은 현대전의 정확한 본질을 이해하는 데 실패했기 때문에 장기전이 되어버렸다. 현대전에 대한 이해 부족으로 말미암아 공세를 위해 비축했던 물자를 단기간에 소모해버린, 결정적이지 못한 일련의 공세작전만이 계속되었고, 그 결과 상호 군사적 균형을 결정적으로 깨뜨릴 수 있는 자국 전력의 상대적 집중 시기를 놓쳐버림으로써 전쟁이 장기화된 것이다.

세계대전이 초래한 파괴는 엄청난 규모이긴 했지만, 참전국들은 병력과 물자를 계속 보충, 대체했고 이것들을 최일선에 투입하기 위한 전투가 산발적으로 벌어졌기 때문에 그나마 장기간에 걸친 전쟁을 수행할 수 있었다. 4년의 전쟁 기간을 통틀어 상대방에게 깊은 상처를 내어 즉사시킬 치명타에 가까운 작전은 한 번도 없었다. 대신에 양측은 상대방에게 헤아릴 수 없을 정도로 많은 잔주먹질로 수많은 상처만을 남겼다. 하지만 이들 상처는 너무나 경미하여 치료에 많은 시간이 필요하지 않았다. 더욱이 이 정도의 상처를 지닌 자들은 대체로 똑같이 힘을 잃어가는 상대방에게 최후의 일침을 가해 그의 마지막 피 한 방울까지 짜내 죽이고, 자신만 생명을 유지하겠다는 일방적인 생각에 사로잡히기 십상이다. 전체 전쟁을 분석해볼 때, 종전 단계에서의 작전은 그나마 적군에게 어느 정도의 타격을 입혔던 전쟁 초기 단계보다 덜 치열하여 사상자의 숫자가 상대적으로 감소했다. 전문가들은 제1차 세계대전을 통해 입은 피해의 절반은 4년이 아닌, 3개월이면 충분했을 것이라고 평가한다. 일부의 사람들은 전쟁 피해의 8분의 1은 8일 정도면 충분했을 것이라는 극단적인 주장을 펴기도 했다.

제1차 세계대전의 특성은 지난 수십 년 간의 화기의 발전으로 특징지워진다고 하겠다. 화기의 발전의 본질은 정적靜的인 것이라기보다 동적動的인 것이었기 때문에, 새로운 요소가 추가되지 않는다면 미래의 전쟁은 지난 제1차 세계대전에서 선보였던 것과 같은 특성을 지니게 될 것이고, 계속 강조될 것이다. 다시 말하면 미래의 전쟁에서도 공세보다 방어의 이점에 의존하려는 경향이 더욱 커질 것이고, 아울러 전쟁에서 승리하기 위해 방어와 공세 간의 균형을 어떻게 조정하느냐의 문제는 더 어려운 문제가 될 것이다.

만약 사방이 험한 산악으로 둘러싸여 있고 정복 전쟁에 관심이 없는 경우라면, 우리는 적을 대적하기에 아주 유리한 위치에 있다고 말할 수 있다. 이와 같은 상황하에서 많지 않은 병력과 제한된 물자와 수단을 가지고도 우리의 영토를 압도적인 전력을 보유한 적국의 공격으로부터 쉽게 방어할 수 있다. 그러나 사실은 그렇지 못하다. 왜냐하면 이 책에서 본격적으로 소개할 항공기라는 새로운 무기체계는 공세의 이점을 극대화하고 동시에 방어의 이점을 무효에 가깝도록 극소화함으로써 이와 같은 방어 우위의 상황을 결정적으로 뒤엎어놓았기 때문이다. 뿐만 아니라 항공기는 준비를 충분히 하지 못하고 임기응변식 대응을 하는 적군으로부터 방어에 대비할 수 있는 시간을 박탈할 수 있다. 지상에 위치한 그 어떤 요새도 놀라울 속도로 비행하여 적국의 심장부에 치명타를 가할 수 있는 항공기라는 신무기를 결코 저지할 수 없다.

지금까지 살펴본 것처럼 정복 전쟁에 큰 관심을 가지고 실행을 주저하지 않았던 국가들을 크게 고무시킬 이러한 전쟁 양상의 대변혁에 직면하여, 우리는 효율적인 국가 방위를 위해 어떤 방식을 선택하는 것이 가장 올바른 길인가를 냉철하게 심사숙고해야 한다.

4. 공격용 무기

항공기는 지표면과 지형으로부터 자유롭고, 지금까지 알려진 그 어떤 수송 수단보다 월등히 빠른 속도를 보유하고 있다는 점에서 최상의 공격용 무기이다. 공세의 가장 큰 이점은 작전 계획에서 선제권을 장악할 수 있다는 것이다. 다시 말하면 공격측은 자의적으로 공격 지점과 시간을 선택할 수 있기 때문에 선정한 공간에 자신이 보유한 최대의 전력을 집중할 수 있다. 반면에 정확한 공격 방향과 시간을 알지 못하는 방어측이 할 수 있는 최선의 방법이란 방어선을 따라 공격이 예상되는 모든 공간에 자신의 전력을 골고루 분산하여 배치하고 있다가, 시간이 지나 공격측의 의도를 탐지하자마자——실제로는 공격이 시작된 후에야——공격받고 있는 공간에 방어 전력을 이동시켜 재배치하는 일이 전부인 것이다. 사실 전쟁을 통해 볼 수 있는 전체적인 전략과 전술은 바로 이것인 셈이다.

이처럼 자신의 전력을 단시간 내에 집중하여 자신이 선택한 어느 지점에서나 적의 군대와 병참선을 강타할 수 있는 수단을 보유한 국가들이 가장 강력한 공격 잠재력을 보유한 것이라는 점은 분명하다. 경무장으로 빠른 기동을 구사하며 소규모의 군대로 전투를 했던 시절에도 전술적 또는 전략적 기동을 위해 광대한 영역의 공간을 사용했는데, 전장에 동원된 군대의 규모가 점점 커지면서 전장의 규모는 오히려 축소되었으며 작전술은 더욱 제한받게 되었다. 제1차 세계대전 동안에 군대의 규모가 매우 느리게 확대된 결과 기동 속도는 최소한으로 감소했기 때문에, 전체적으로 보아 제1차 세계대전은 적대 세력 간의 무자비한 정면충돌의 양상을 띠었다고 할 수 있다.

이와는 대조적으로 항공기는 어느 방향에서나 자유롭게 그리고 그 어떤 운반 수단들보다 빠르게 비행할 수 있는 능력을 보유하고 있다. 예를 들어 A라는 비행단에서 A라는 항공기를 보유하고 있다고 가정하자. 이들 항공기는 비행단을 중심으로 그려지는 동심원, 즉 수백 마일에 달하는 항공기의 작전반경 내에 위치한 모든 지상 목표물들에게 잠재적인 위협 요소가 된다. 뿐만 아니라 이 동심원 내의 지상에 위치한 모든 항공기들은 동시에 A비행단으로 집결할 수 있다. 따라서 항공전력이란, 항공기의 작전반경 안에서 모든 목표물에 위협을 가할 수 있는 전력이며 각각 독립된 비행단에서 작전을 하는 비행 제대들로 하여금 특정의 목표물을 향해 지금까지 알려진 그 어떤 수단보다도 빠른 속도로 집중적인 공격을 할 수 있는 전력이다. 이처럼 항공기는 공세작전에 적합한 최상의 무기체계라고 할 수 있다. 항공 전력은 적을 기습적으로 강타하여 치명타를 회피할 수 있는 시간적 여유를 허용하지 않기 때문이다.

사실 항공기에 의한 공격의 타격력은 너무나 막강해서 방어측은 곧 자기 혼란에 빠져들게 된다. 왜냐하면 방어측이 자신을 보호하기 위해서는 공격 전력보다 훨씬 강력한 방어 전력을 구비해야 하기 때문이다. 예를 들어 적이 X라는 공격력을 지닌 공군을 보유하고 있다고 가정하자. 적 공군의 비행단이 여기저기에 분산되어 있을지라도, 그들은 항공기의 작전반경 내에서 몇 개의 목표물에 자국의 항공 전력을 집중시킬 수 있다. 더욱 정확하게 이해하기 위해 이들 목표물의 숫자를 20개라고 가정해보자. 이 경우 적 공군(X)으로부터 이들 20개의 목표물을 방어하려면 우리는 각각의 목표물마다 적국 공군의 전력에 상응하는 방어 전력, 다시 말하면 적국 공군이 보유한 항공기의 20배에 달하는 항공 전력을 구비해야 한다. 즉 우리를 방어하려면 최소한 적의 공격용 항공 전력보다 20배나 많은 전력을 보유해야 한다는 의미인데, 이와 같은 방어 방식은 매우 불합리하고 터무니없는 것이라 하겠다. 왜냐하면 항공기는 절대로 방어에 적합한 무기가 아니라 탁월한 공격 성능을 보유한 무기체계이기 때문이다.

지난 제1차 세계대전 당시 갑작스레 출현한 항공기가 가지고 있는 공격용 무기체계로서의 특성은 아직 철저하게 연구되지 못한 실정이다. 항공기에 의한 공세적 항공작전은 곧 공대공空對空 또는 지대공地對空 등 반反항공작전에 직면하게 되었고, 이런 배경하에서 대공포, 탐지기 그리고 요격기가 출현했다. 그러나 제1차 세계대전사는 공세적 항공작전이 무계획적으로 전개되었음에도 불구하고, 이들 방어용 무기로는 반항공작전을 성공시킬 수 없다는 사실을 보여주고 있다. 항공 전력에 의한 공세작전은 항시 단호하게 시행되었고, 매번 작전의 목적을 달성했다. 베네치아는 전쟁의 시작부터 종전까지 계속 폭격을 당했고, 트레비소는 우리 눈앞에서 폐허가 되었으며, 최고사령부는 파도바를 포기해야 했다. 연합국이건 동맹국이건 모든 나라들에서도 동일한 사례가 발생했다.

적 항공기의 공습을 대비하여 정교한 대공 경보체계를 구비하기는 했지만, 적 항공기가 우리의 목표물 상공에 도달했을 때에 아군 요격용 항공기들은 체공 시간의 한계로 공중에 한 대도 없었던 경우가 허다했다. 뿐만 아니라 적 항공기가 아군의 상공에서 적재한 폭탄을 투하할 때까지 아군 요격기들이 제때에 이륙도 하지 못했던 사례도 있었다. 이때 대공포가 불을 뿜었지만 적 항공기를 격추하는 일은 매우 드물었고, 설사 격추시켰다고 하더라도 그것은 마치 소총으로 참새를 운좋게 명중시킨 것처럼 우연히 일어난 결과일 뿐이다. 도시와 농촌에 배치된 대공포 역시 이곳 저곳으로 급강하 비행을 하는 적 항공기를 격추시키기 위해 계속 추적했지만, 마치 둥지로 돌아가는 비둘기를 자전거를 타고 뒤쫓아가며 잡으려는 사람들처럼 허둥거리며 사격하기 마련인 것이다.

이처럼 방어용 무기들이 한 일이란 가능한 항공 공격을 예방한다는 개념이었으나 엄청난 국가의 자원을 허공에 날려버린 셈이다. 얼마나 많은 대공포화가 하늘을 향해 입을 벌린 채 결코 도래하지 않은 적의 항공 공격에 대비하느라 수개월, 아니 수년을 허송세월했는가! 얼마나 많은 요격기들이 항공방어할 수 있는 기회 한번 제대로 가져보지도 못한 채 병력과 물자를 묶어두었는가! 얼마나 많은 사람들이 적 항공기의 출현을 고대하며 막연히 저 하늘만을 바라보다가 달콤한 깊은 잠에 빠져 들었는가!

나는 항공방어를 위한 무기체계와 물자들을 지방까지 널리 보급했었는지 아직 알지 못하지만, 국가 전역에 대한 항공방어망은 엄청난 규모의 시설이 될 것이라는 사실만은 틀림없다. 그리고 이와 같은 방공망 건설을 위한 수고와 이 일에 허비한 모든 자원을 다른 목적으로 사용했더라면 더 유익하지 않았을까 하는 생각도 든다.

이미 언급했듯이, 전쟁 원칙에 근본적으로 위배되는 이와 같은 전력의 분산 운용 개념은 항공 전력이 갑작스레 출현하면서 그리고 처음부터 항공 전력에 대한 방어 개념을 잘못 설정했기 때문이라고 할 수 있다. 미친 개 한 마리가 온 마을을 휘젓고 다닌다고 하자. 이때 마을 주민들은 혼자서 집 밖에 나다니는 일을 삼가게 되고, 미친 개가 나타나면 때려잡기 위해 항상 몽둥이를 가지고 다닐 것이다. 이와 같은 행동이 마을 주민들의 일상을 망쳐놓겠지만, 그렇다고 미친 개가 누군가를 무는 일이 절대 발생하지 않는다고 장담할 수는 없다. 그래서 마을 주민들은 가만히 있지 않고, 삼삼오오 짝을 짓거나 또는 용기 있는 사람과 함께 무리지어 미친 개를 은신처까지 추적하여 죽일 것이다.

마찬가지로 우리를 공격하는 적군의 항공 공격을 제지할 수 있는 실질적인 방법은, 적군이 우리를 강타할 기회를 포착하기 전에 우리가 먼저 적군의 항공 전력을 파괴시키는 것뿐이다. 바다에서 해안을 방어하려면 해안 전역에 전함과 대포를 분산 배치하기보다 제해권을 장악하여 적군의 자유로운 항해를 방해해야 한다는 사실은 이미 오래 전부터 널리 알려진 원칙이다. 지표면은 하늘의 해안선인 셈이다. 하늘과 바다라는 두 가지 요소가 갖는 조건들 역시 유사하다고 하겠다. 지상과 해상의 지표면을 적군의 항공 공격으로부터 방어하려면, 항공기와 대포를 지표면 전역에 분산하여 배치하는 방법보다 적군 항공기의 비행을 저지하는 원천적 방어를 선택해야 하고, 이 방어 방식의 핵심은 다름 아닌 '제공권'을 장악하는 데 있다.

제공권은 단순한 방어작전에서도 인지해야 하는 논리적이고 합리적인 개념으로, 적 항공기의 비행을 저지하거나 또는 적 항공기가 어떠한 형태의 항공작전도 수행하지 못하도록 하는 것을 말한다. 제공권의 장악은 항공 전력에 가장 적합한 형태의 작전으로 방어작전이라기보다는 본질적으로 공세작전인 것이다.

5. 항공 폭격의 위력

미래에서 항공 폭격의 위력에 관한 개념은 제공권을 평가하는 데에 필수적인 것으로 제1차 세계대전은 부분적으로나마 이 개념을 명백하게 해주었다. 항공 폭격의 목적을 달성하기 위해 항공기용 폭탄은 표적의 상공에서 투하되어야 한다. 또한 항공기용 폭탄은 지상군 대포의 포탄처럼 많은 양의 금속 파편을 필요로 하지 않는다. 폭탄이 강력한 폭발 효과를 내려면 내부에 많은 양의 금속을 채워 넣지만 인화성 폭탄과 유독성 가스 폭탄은 반대로 금속의 비율을 최소한으로 줄여야 한다. 폭탄의 총중량 중 절반 정도라면 큰 문제는 없을 것이다. 항공기용 폭탄에는 최고급 또는 특수한 재질의 금속이나 특수한 공정의 작업이 필요하지 않다. 폭탄은 폭발성, 인화성 그리고 유독성 등 세 가지 요소를 구비해야 하고, 제조 공정은 이 세 가지 요소가 최대의 효과를 낼 수 있도록 고려되어야 한다.

항공 폭격에서는 지상군의 포 사격과 같은 정확도를 기대할 수 없다. 하지만 항공 폭격에서 정확성은 핵심 사항이 아니다. 특별한 경우를 제외하고 지상군 포 사격의 표적은 포격에 견딜 수 있도록 설계되어 있다. 하지만 항공 폭격의 표적은 항공기에 의한 맹폭격에 대비되어 있지는 않은 실정이다. 항공 폭격의 목표물은 항상 대규모이고 소규모의 표적은 중요하지 않기 때문에 여기에서 다루지는 않겠다.

항공 폭격의 원칙은 다음과 같다. 항공 공세작전을 위해 표적에 접근하는 것은 항상 위험하기 때문에, *표적은 2차, 3차의 공격이 필요 없도록 단 한 번의 공격으로 완전히 파괴해야 한다.* 단 한 번의 공격으로 표적을 완전히 파괴할 수 있다면 엄청난 정신적 · 물질적인 효과를 동반하게 될 것이다. 만약 적군이 인구가 밀집된 도시의 중심부에 군사 목표물과 비군사 목표물을 구별하지 않고 무차별 항공 폭격을 가하겠다고 선언한다면 그 도시의 주민들이 과연 어떻게 행동하게 될 것인지는 쉽게 짐작할 수 있다.

일반적으로 평화기의 공세적 항공작전의 목표물은 공공 대형 건물,

주요 간선도로, 교통 요충지 그리고 시민들이 집결할 수 있는 공공 장소 등 산업 및 상업 시설물이다. 이들 목표물을 파괴하려면 상황에 따라 세 가지 형태의 폭탄——폭발성, 인화성 및 유독성——이 필요하다. 폭발성이 강한 폭탄이 먼저 표적을 폭파시키게 될 것이고, 인화성 폭탄은 여기에 불을 붙이게 된다. 마지막으로 유독성 가스탄은 소방수들의 진화 작업을 방해할 것이다.

가스탄은 표적에 스며든 유독가스가 일정 시간 효력을 지속할 수 있도록 고안되었는데, 그 결과는 사용된 가스의 질과 폭탄에 장착된 시간 조절용 퓨즈의 종류에 달려 있다. 폭발성 폭탄과 인화성 폭탄을 소량 사용하더라도, 이와 같은 가스탄 공격 방식을 선택한다면 대규모의 인구 밀집 지역과 병참선을 완전히 초토화시킬 수 있다는 사실을 쉽게 발견할 수 있다.

항공 폭격의 위력에 관한 예를 하나 들어보도록 하자. 중량 100킬로그램의 폭탄 1개가 반경 25미터의 동심원 지역을 파괴할 수 있다고 가정하자. 만약 이 폭탄을 가지고 직경이 500미터인 지역을 파괴하려면, 100킬로그램의 폭탄 10개, 즉 10톤의 폭탄이 필요하다. 10톤의 폭약은 곧 10톤 분량의 금속 파편을 필요로 한다. 오늘날에는 승무원 외에 2톤의 폭탄을 쉽게 운반할 수 있는 항공기들이 있기 때문에, 이런 비행기 10대만 있으면 직경 500미터 내의 모든 것을 파괴할 수 있는 10톤의 폭탄을 운반할 수 있다. 이와 같은 산술적 결과를 얻기 위해선 단지 10대의 항공기를 조종하여 목표 지역에 가능한 균등하게 폭탄을 투하할 수 있는 승무원들만 훈련시키면 된다.

이와 같은 실례는 효과적인 폭격작전을 위해 필요한 기본적인 폭격의 전술 단위에 관한 개념을 제공하는데, *폭격기의 기본 편대 단위는 지상의 어떤 표적이라도 완전히 파괴할 수 있는 잠재력을 보유해야 한다.*

내 생각으로 지상 표적의 크기는 직경 500미터의 동심원이면 정확하리라고 본다. 그리고 전술한 가정이 틀림없다면, 폭격기의 편대 단위는 각각 2톤의 폭탄을 운반할 수 있는 능력을 가진 폭격기 10대가 되어야 한다. 그러나 폭격기의 정확한 단위를 결정하는 것은 실전에서 증명될 때까지 유보하는 수밖에 없다.

내가 지금까지 주장했던 것처럼, 폭격기 조종사들은 균등하게 적재한 폭탄을 중간 고도인 대략 3천 미터 상공에서 가능한 지상의 표적에다 투하할 수 있도록 훈련받아야 한다. 만약 선정된 지상 표적물이 매우 취약한 것들이라면, 폭격기의 숫자를 증가시켜 표적의 범위를 직경 500미터 이상까지 확대할 수 있다. 반대로 직경 500미터 동심원 내에 파괴하기 어려운 표적들이 많이 있다면, 폭격기의 숫자를 감소시켜 지상 표적의 범위를 축소시킬 수 있다.

그러나 이와 같은 전술의 세부 사항은 부차적인 것이고 핵심적으로 중요한 것은 항공 공격작전에서 폭격기가 가장 정확한 공세 전력이라는 사실이다.

한편 지상의 표적이 작더라도 군사적으로 중요한 목표물일 경우엔 지도상에 표시해야 한다. 항공 폭격시 몇 개의 폭탄은 표적을 빗나갈 수도 있지만 이는 크게 문제가 되지 않는다. 그러나 지상 표적의 크기가 500미터 이상의 직경이라면 전 지역이 항공 공격의 표적으로 선정되어야 한다. 직경 1,000미터의 지상 지역에 위치한 모든 표적물을 파괴하려면, 우선 목표 지역을 몇 개의 구역으로 분할한 후 이들 각각을 4개의 폭격기 편대(총 40대)로 공격해야 한다. 마찬가지로 직경이 1,500미터인 지역은 9개의 폭격기 편대(총 90대)로, 직경이 2,000미터인 지역은 16개의 폭격기 편대(총 160대)로 공격하면 충분하다. 그러나 이와 같은 항공 폭격작전의 목표가 도시와 같은 대규모의 인구 밀집 지역으로 설정되지 않는다면 성공할 수 없다. 런던, 파리 그리고 로마와 같은 대도시의 중심부에서 직경이 500미터에서 2천 미터에 달하는 지역이 무자비하게 폭격을 당했다면 이들 도시에서 무슨 일이 일어날 것인가는 쉽게 상상할 수 있다.* 지금까지 서술했던 형태의 폭격기 1,000대를——이들 항공기는 미래의 청사진에나 나오는 가상의 항공기가 아니고 오늘날 운영 중인 실물 항공기다——일일 손실에 따른 대체 항공기와 필수 정비 품목까지 포함하여 보유할 수 있다면, 앞에서 소개한 공세적 항공작전을 수행할 수 있는 폭격기 편대 100개를 창설할 수 있다고 하겠다. 이들 폭격기 중 50개의 편대가 항공 폭격의 위력을 잘 인식하고 있는 항공 지휘관의 지휘하에 항공작전을 전개한다면 매일 50개에 달하는 적국의 중심지를 파괴할 수 있다. 이처럼 공세적 항공작전의 공격력은 다른 어떤 수단보다 월등히 뛰어나다고 하겠다.

사실 15년 전만 하더라도 그 가능성에 관해 꿈도 꾸어보지 못했던 항공 폭격**은 현재 중량이 무거운 대형 항공기가 속속 개발되고 폭발성 폭탄, 인화성 폭탄 그리고 유독 가스탄이 계속 신제품을 선보이고 있기 때문에 나날이 무게를 더해가고 있다. 지상군은 이와 같은 항공 폭격——지상군의 병참선 차단, 보급 물자 소진消盡 그리고 무기고 파괴——에 과연 어떻게 대응할 것인가. 항공 폭격으로 군항이 불에 타버리고 전함 수리소가 파괴되어 자신의 군항에서도 더 이상 마땅한 피난처를 찾지 못하게 될 때, 과연 해군은 어떻게 해야 하는가. 이와 같이 위협이 상존하는 상황에서 언제 올지 모르는 파괴와 죽음의 악몽에 시달

---

* 1940년 11월 15~16일 야밤에 250여 대의 독일 폭격기가 행한 단 한 번의 폭격으로 전 시가지가 폐허가 된 영국의 코벤트리 시 침공에 대한 목격.

** 1905~06년.

리는 한 국가가 과연 일상의 생활과 노동을 계속 꾸려갈 수 있을 것인가. 우리는 항공 폭격이 최소한의 물리적 저항력을 가진 표적뿐만 아니라, 최소한의 정신적 저항력을 지닌 표적에도 동일하게 압박을 가한다는 사실을 명심하지 않으면 안 된다. 예를 들면, 참호 안에서 분산하여 위치한 보병 연대는 전력의 3분의 1을 상실한 후에도 여전히 상당한 저항을 할 수 있다. 하지만 공장의 기술자가 부속품 중 하나가 파괴된 것을 발견했다면 이 부속품이 핵심 부속이 아니라 하더라도 공장의 기능은 곧 정지된다.

오늘날에 항공 폭격의 가능한 잠재력을 평가하고자 할 때도 바로 이 점을 명심해야 한다. 제공권의 장악이란 곧 인간의 상상력에 도전하는 강력한 공격력을 행사하는 위치를 차지하게 된다는 것을 의미한다. 더 나아가 제공권은 적군 지상군과 해군을 그들의 작전 기지로부터 차단하여 적군이 전쟁에서 승리할 수 있는 기회를 갖지 못하도록 하는 능력을 의미한다. 뿐만 아니라 자국에 대한 완벽한 보호, 자국 지상군과 해군의 효율적인 작전 능력 유지 그리고 안전하게 생활하고 노동할 수 있는 마음의 평화를 의미한다. 간략히 말하여 제공권이란 전쟁에서 승리할 수 있는 위치에 있게 하는 것이다. 이와 반대로 제공권을 장악하는 데에 실패하게 되면 이는 곧 전쟁에서의 최종적인 패배로, 자기 자신을 방어할 기회도 갖지 못한 채 적의 수중에 떨어져 적이 명령하는 것은 무엇이든지 수용할 수밖에 없는 위치로 전락하게 됨을 의미한다. 이것이 '제공권'의 진정한 의미인 것이다.

† 트레비소 시는 《트레비소 시의 참극》이란 제목의 소책자를 발간했는데, 이 책의 내용은 내가 지금까지 설명한 것을 가장 잘 보여주고 있는 사례라 하겠다. 1916년 4월부터 1918년 10월 말까지 오스트리아-헝가리 제국의 조종사들

은 총 32회 항공 공습을 감행하여 약 1,500발의 폭탄을 약 1킬로미터의 면적에 투하했다. 폭탄 하나의 평균 무게를 50킬로그램으로 계산하면——실제로는 약간 더 적지만——2년 반 동안의 전쟁 기간 중 총 75톤의 폭탄이 트레비소 시에 떨어진 셈이다

트레비소 시의 최대 직경이 1킬로미터인 점을 고려할 때 10대의 폭격기로 구성된 4개의 편대, 즉 총 40대의 폭격기가 필요하고, 폭격기 한 대가 2톤의 폭탄을 적재한다면 이 면적을 완전 파괴시키는 데에 총 80톤의 폭탄이 필요하다고 할 수 있다.

공습에 의한 피해 분포와 파괴상을 수록한《트레비소 시의 참극》에 실린 지도를 살펴보자. 만약 투하된 75～80톤의 폭발 · 인화 및 가스형 폭탄이 하루 만에 투하되었다면, 트레비소 시는 완전 파괴되어 살아 남은 사람이 하나도 없었을 것이다. 트레비소 시가 완전 파괴를 면하고, 심각한 위험에도 불구하고 지도상에 남아 최초의 공습에서 시민 30명 사망과 50명의 부상으로 피해를 줄인 것은 다음의 이유 때문에 가능했다. 즉 매회의 공습시 평균 50개의 폭탄이 투하되었지만, 다음의 공습이 시작될 때까지 앞서의 공습에서 파급된 화재를 진압할 수 있는 시간적인 여유를 가질 수 있었기 때문이다.

그러나 이 기간 중에 이탈리아 방공 부대가 한 일이란 고작 공습을 당한 지점을 표시하는 것 외에 아무것도 없었다. 이런 이유로 공습은 1918년 10월 말까지 끊임없이 이어졌고, 특히 전쟁이 끝날 무렵인 11월 3일, 우리가 제공권을 장악해야 한다고 요구했음에도 불구하고 적의 공습은 계속되었다.

†† 오늘날 세계에서 가장 강력한 영국함대는 소규모의 함정을 제외하고, 약 30척의 전함으로 구성되며 총톤수는 약 792,496톤에 달한다. 1개 함대가 1회에 발사하는 포탄의 총무게는 194,931킬로그램, 약 195톤에 달하고, 전함 한 척이 적재한 포탄은 평균 약 6.5톤이다.

이에 비해 각각 폭탄을 2톤씩 적재할 수 있는 폭격기 10대로 구성되는 폭격기 1개 대대는 1회의 폭격에 20톤의 폭탄을 투하할 수 있는데, 이는 영국 전함 3척이 보유한 화력을 능가하는 수준이다. 마찬가지로 각각 2톤을 적재할 수 있는 폭격기 1,000대로 구성되는 1개의 항공 전대는 단 한 번의 비행으로 2,000톤 이상의 폭탄을 투하할 수 있고, 이들의 총량은 30척의 전함으로 구성된 영국함대 전체가 모든 함포를 동원하여 일제사격을 10회 가하는 총량보다 크다.

이와 같은 능력을 보유한 폭격기 한 대의 생산 비용이 백만 리라로 추산되므로 1,000대의 폭격기를 생산하려면 약 10억 리라가 소요되겠지만, 이 비용은 대형 전함을 한 척 건조하는 비용과 비슷하다. 비용 문제 외에도 해군력과 공군력 사이에는 또 다른 커다란 차이점이 있다. 영국함대는 응전할 의사가 있는 다른 함대에 대해서만, 혹은 해안에 위치한 고정 표적에 대해서만 포격을 가할 수 있다. 하지만 항공 전대는 응전할 방법이 없거나 자체 방위 능력을 전혀 갖추지 못한 표적, 그리고 해상과 지상을 가리지 않고 지표면에 위치한 모든 표적에 대해서도 공격을 할 수 있는 능력을 보유한다.

뿐만 아니라 우리는 머지않아 10톤 이상의 적재 능력을 지닌 폭격기, 즉 전함의 포탄 적재 능력과 동등하거나 심지어 이를 능가할 수 있는 폭격기를 보게 될 것이다. 마찬가지로 전함과 항공기 간에 전투가 벌어졌을 경우, 수직 방향으로 사격이 불가능한 전함이 결국 패배할 것이다. 설령 전함의 함포가 수직의 각도로 발포할 수 있다고 하더라도, 전함을 향해 수직으로 급강하하면서 신속하게 기동하는 항공기를 격추시킨다는 것은 거의 불가능하다고 할 것이다. 미국과 프랑스에서 행한 최근의 실험은 이에 대한 결정적인 증거를 제공할 것으로 보인다.

이를 별개로 하여도 여기(††)에서 제시된 사항들은 적어도 항공력의 위력과 항공력 증강을 실현시키는데 필요한 단순한 방법에 대한 좀더 구체적인 아이디어를 제공할 것이다.

6. 제공권

제공권을 보유한다는 것은, 자신은 자유롭게 비행할 수 있는 능력을 갖는 반면에 적군이 비행하지 못하도록 방해할 수 있는 위치에 있다는 것을 의미한다. 적당한 양의 중량重量 폭탄을 적재한 채 비행이 가능한 항공기들이 이미 존재하고 있기 때문에, 국방을 위해 이와 같은 항공기를 충분히 제작하는 사업에 특별히 재원을 투자할 필요는 없다. 폭탄이나 발사체 제조에 필수적인 폭발성, 인화성 그리고 유독성 등 세 가지 요소의 재료는 이미 충분히 생산되었다. 또한 이러한 세 가지 종류의 폭탄 수백 톤을 투하할 수 있는 능력을 보유한 항공 전대는 손쉽게 조직할 수 있다. 그러므로 항공 공격이 유발하는 물질적 또는 정신적 타격은 지금까지 알려진 그 어떤 공격 무기보다 효과적이라 하겠다. 제공권을 장악한 국가는 적군의 항공 공격으로부터 자국 영토를 보호할 수 있는 위치에 있는 것이고, 더 나아가 적군의 지상 및 해상작전에 항공지원을 방해할 수 있다. 이와 같은 항공작전은 적의 지상군과 해상군을 그들의 작전 기지로부터 차단시킬 뿐만 아니라, 적국의 내부를 폭격하여 황폐화시킴으로써 적국 국민의 육체적 · 정신적 저항력을 붕괴시킬 것이다.

더욱 중요한 점은 이 모든 것들이 먼 미래의 일이 아니고, 현재 가능한 일이라는 사실이다. 그리고 이와 같은 가능성으로부터 제공권의 장악이 곧 전쟁에서의 승리로 직결된다는 사실을 인식하는 것이 필요하다. 제공권의 상실은 곧 패배를 뜻하고, 승자가 당당하게 요구하는 모든 형태의 조건들을 무조건 수용해야 한다는 것을 의미한다. 이것은 논리적 사고를 통해 우리가 도달한 결론이다.

그리고 이 결론이 증명이 가능한 사실로부터 논리적으로 도출되었다면, 설사 지금까지의 전통적인 사고방식에 비해 생소하거나 때로 완전히 상충하는 것일지라도 타당성이 있는 것으로 수용해야 한다. 다른 결론에 도달하려면 동기 자체를 부정해야 하기 때문이다. 한 가지 예를 들어보자. 여기에 한 농부가 있는데, 그는 일찍이 자기 할아버지와 아버지가 했던 것과 똑같이 토지를 경작할 것을 고집스레 주장하고 있다. 이 농부 역시 화학 비료와 농기계를 사용하면 수확이 몇 배 증가한다는 사실을 인식하고는 있다고 하자. 이 구식의 고집센 농부가 얻을 것이라곤 시장에서 경쟁력을 상실하는 것뿐이다.

최초의 항공기들이 초원과 창공 사이를 낮게 날기 시작——오늘날의 관점에서 보면 사실 비행이라고 부르기도 어려울 정도지만——했던 1909년에 나는 제공권의 가치에 관하여 역설하기 시작했다. 그때부터 나는 항공기라는 신형 무기에 세인들이 주목하도록 최선의 노력을 다했다. 나는 항공기가 지상군과 해상군의 제3의 형제라는 사실을 주장했고 더 나아가 독립 항공성 휘하의 수천 대의 항공기가 창공을 수놓을 날이 머지않아 도래할 것이라고 시종일관 주장했다. 뿐만 아니라 항공기 사용이 우세해질 때까지 공기보다 가벼운 비행선이 대체수단이 될 것이라고 주장했다. 그리고 내가 1909년에 예상했고 그 후로도 주장했던 모든 것이 이제 현실로 나타나게 되었다.

나는 그때에도 예언을 하지 않았고, 지금도 예언을 하는 것이 아니다. 그때부터 내가 한 일이란 항공기라는 신형 무기가 유발한 새로운 문제와 자료의 신빙성을 검토하는 것이었다. 하지만 나는 그때나 지금이나 때로 역설적이기도 한 나의 결론을 따라가는 일에 결코 주저하지 않았다. 수학적 확실성을 동원하여 내린 결론은 이 모든 사실에서 내가 옳다는 것이다.

정확한 수학적 계산 방식을 통해 누군가가 지금까지 알려지지 않았던 혹성을 발견한 후 천문학자에게 혹성 발견에 필요한 모든 자료를 제공할 수 있게 되었을 때, 또 누군가가 수학적 추리 방법으로 전자기파를 발명한 후 헤르츠Hertz에게 전자기파 발명 실험에 필요한 모든 장비들을 갖춰주었을 때, 우리는 비로소 인간 이성의 합리성에 대해 확고한 믿음을, 최소한 천문학자나 헤르츠가 가졌던 크기의 믿음을 소유하게 된다. 게다가 위에서 소개한 추리 방식은 내가 이 글에서 피력한 추리법보다 얼마나 난해한 것인가!

이 시점에서 나는 독자들에게 내 글에서 눈을 떼고 지금까지 내가 말한 주장들을 심사숙고한 후 각자 결론을 내려줄 것을 부탁한다. 그러나 문제는 답변이 절충형이 되어서는 안 되고, 내 견해가 옳다, 아니면 옳지 않다는 양자택일형 답변이 되어야 한다.

여기에서 재삼 강조하려는 것은 다음과 같다. 우리는 국가 방위를 위해 전혀 새로운 경로를 선택해야 한다. 왜냐하면 미래 전쟁의 양상은 과거와는 전혀 다르게 전개될 것이기 때문이다.

제1차 세계대전은 전쟁의 성격의 발전을 보여주는 그래프 곡선상의 한 점에 불과했는데, 이 점에서 그래프는 전혀 새로운 요소의 영향을 받아서 급격한 곡선을 형성하게 된다. 이와 같은 이유에서 과거에 지나치게 집착하는 것은 미래에 아무런 도움이 되지 않는다는 교훈을 얻을 수 있다. 왜냐하면 그 미래는 이전에 지나갔던 것과는 근본적으로 다를 것이기 때문이다. 미래는 전혀 새로운 각도에서 접근해야 한다.

만약 이와 같은 사실들을 진지하게 고려하지 않는다면, 그 국가는 국가 방어 체계를 최신의 것으로 개편하는 데에 엄청난 대가를 치르게 될 것이다. 그러나 이 적지않은 대가도 쓸모없게 될 것이다. 그 방어체계가 현대 군사상의 모든 요구 조건을 충족시키지 못하기 때문이다. 이것은 내 주장을 논리적으로 반박할 수 있을 때만 부정될 수 있다.

다시 한번 독자들에게 묻고 싶다. 우리가 모집할 수 있는 최강의 지상군과 해상군이 잘 조직된 적군을 그들의 작전 기지로부터 차단시키는데, 아니면 적군이 전 국가에 몰고 온 공포 분위기의 확산을 차단하는 데에 아무런 쓸모없다는 나의 주장이 과연 타당한 것인지 아니면 잘못된 주장인지를 확인해보고 싶다.

누군가는 이 질문에 대해 "아니오, 그 주장은 타당하지 않소"라고 대답할 수 있다. 그러나 "아니오"라고 대답할 수 있는 경우란, 우리 스스로 적당한 무기로 무장할 의사가 없을 때, 다시 말하면 지상군과 해상군의 무기로 무장하여 이들 무기로 언젠가 발생할지 모를 사태를 맞이할 의사가 없을 때에 한해서이다. 그러나 나는 이미 오래 전부터 "예, 그 주장이 옳습니다"라고 대답했다. 그 이유는 내 스스로 최종적인 사태가 임박했음을 확신하고 항공기라는 신형 무기와 새로운 전쟁 양상이 남긴 문제를 홀로 심사숙고했기 때문이다.

† 1909년에 나는 다음과 같이 기술했다. "지금까지 지표면에 철저하게 구속되어 있었던 우리들에게, 불가능한 것에 현혹되어 있다고 여겼지만 진정한 예언자로 입증된 소수의 대담한 개척자들의 노력을 가련한 눈길로 거만하게 비웃었던 우리들에게, 육군과 해군만을 보유하고 있는 우리들에게 하늘 역시 육지나 바다와 마찬가지로 중요한 또 하나의 전장이 될 것이라는 주장은 당연히 생소하게 보였을 것이다. 그러나 지금부터 이와 같은 전략사상에 적응하여 앞으로 도래할 새로운 전쟁에 대비하는 편이 좋을 것이다. 바다에 둘러싸여 있지 않은 국가는 있을지라도 대기 밖에 존재하는 나라는 단연코 없다. 따라서 미래에 우리는 육지와 바다, 두 개로 잘 분리된 전장이 아닌 세 영역의 전장을 갖게 될 것이다. 설사 각 전장에서 각기 다른 무기로 전쟁을 수행한다 할지라도, 그것들은 예전이나 지금이나 다름없는 공동의 목적을 위해, 즉 전쟁에서의 승리를 위

해 협동하지 않으면 안 된다.

우리는 오늘날 제해권의 중요성을 충분히 인식하고 있지만, 제공권의 장악도 못지않게 중요하다는 사실을 곧 알게 될 것이다. 왜냐하면 제공권을 장악함으로써 항공 관측을 통해 얻어지는 이점, 즉 목표물을 명확히 보면서 가능해진 이점을 활용하게 되었기 때문이다. 따라서 제공권을 장악하기 위한 투쟁은 더욱 치열해질 것이다. 그리고 소위 문명국가들은 전쟁에서 승리하기 위한 가장 두드러진 수단을 창안하는 데 혈안이 될 것이다. 그러나 투쟁은 결국엔 수량의 싸움에서 결판이 나기 마련이고, 때때로 경제적인 요인에 의하여 제지되곤 하지만 최고의 자리를 향한 경쟁은 끊임없이 계속될 것이다. 공중 제패를 위한 항공단의 규모가 커질수록 그 중요성은 날로 더해갈 것이다.

육군과 해군은 항공기를 단순하게 제한적인 효용성을 지닌 보조 무기체계로 간주해서는 안 되고, 훌륭한 전통이 있는 전사 가문의 셋째 동생으로, 막내동생으로 보아야 한다."(1910년, 로마에서 발간된 신문 〈라 프레파라치오네La preparazione〉 기고문)

제1차 세계대전을 경험한 지금 나는 내가 11년 전(1910년)에 기고했던 위의 글의 일자일획도 수정할 필요성을 느끼지 않는다. 비록 제공권에 대한 나의 견해가 아직까지 실현되지는 않았지만, 나의 추론을 확인시켜주었다. 이런 이유로 내가 비난받아야 할 아무런 이유가 없다. 어쨌든 오늘날에 제공권 사상은 급속도로 기반을 확충해가고 있고, 특히 이탈리아 외의 나라들에서는 더욱 그렇다.

7. 최종적인 결론

제공권의 장악이란 곧 전쟁에서의 승리를 의미하고, 반면에 제공권의 상실은 곧 전쟁의 패배를 뜻하며, 승자가 당당하게 요구하는 모든 조건들을 무조건 수용해야 한다는 것을 의미한다. 나에겐 너무나 자명한 논리인 이 말의 의미를 이 책을 읽는 독자들도 이제 분명히 이해하게 될 것이다.

위의 논리로부터 도달할 수 있는 첫번째 결론은, *국가 방위를 위해 전시에 제공권을 장악하는 일이 가장 필수적인 과제라는 점이다.* 그리고 이로부터 두 번째 결론에 이를 수 있는데, *국가 방위에 전력을 다하고 있는 모든 국가들은 전쟁에서 승리할 수 있는 수단을 스스로 보유해야 하므로, 전시에 제공권을 장악하는 일은 전승의 가장 효과적인 수단이라고 할 수 있다.*

그리고 국가의 모든 노력, 행동 및 자원이 이와 같은 본질적인 목적에서 벗어난다면 제공권을 장악할 가능성은 점점 멀어지고, 패전의 가능성이 그만큼 높아지게 된다는 것이다. 따라서 이와 같은 일차적 목적에서 일탈하는 것은 중대한 오류라고 하지 않을 수 없다. 제공권을 장악하려면 적군의 항공기를 공중과 적의 비행장, 그리고 항공기 생산공장에서 파괴시키는 작전, 다시 말해 적의 항공기가 발견되는 어느 곳에서나 적군 항공기를 격파시켜 그들이 보유한 모든 비행 수단을 박탈하는 작전을 수행하는 것이 필수적이다. 그리고 이러한 적군 항공기의 파괴작전은 적국의 영공과 영토에서 전개될 수 있으며 지상군과 해군의 무기가 아닌 오로지 항공기에 의해서만 완수될 수 있다. 그러므로 *제공권 장악은 오직 공군에 의해서만 달성될 수 있고, 전시의 국가 방위 또한 제공권을 장악할 수 있는 능력을 보유한 공군에 의해서만 달성될 수 있다.* 확실히 이 주장은 기존의 국가 방위 개념에 정면으로 배치되는 것이고 무기체계적인 관점에서 볼 때 항공기의 가치를 최상위에 위치시켰다. 이와 같은 단언을 부정하려면, 먼저 제공권의 가치를 부인해야 한다. 과거로부터 탈출하는 일은 혼란스러운 일이긴 하지만, 인간의 우주 정복 역시 혼란스럽기는 매한가지이다.

이미 지적했던 것처럼, 이 결론은 전통적인 가치를 아직 완전히 실현되지 못한 새로운 가치로 전환시키는 작업이라 하겠다. 바로 이 순간에도 전통의 지상군과 해군은 국가 방위의 주도세력이고, 그 누구도 그들이 누리는 특권적인 지위에 이의를 제기하지 않는다. 우주는 인간에게 아직 닫혀 있다. 그러나 왜 항공기가 2차원의 평면 전력인 지상군과 해군과 비교하여 주도적인 전력이 될 수 없는가를 속시원하게 설명할 수 있는 특별한 이유는 없다. 이들 상호 관계를 검토하는 과정에서 내린 결론은 공군의 지상 전력과 해상 전력 지배는 필연적이라는 것이다. 왜냐하면 지상군과 해군의 공세작전반경은 공군의 장대한 작전반경과 비교할 때 엄청난 제한을 받기 때문이다.

현재 우리는 전쟁 양상의 변화가 보여주는 그래프의 전환점에 있다. 이 전환점 후의 곡선은 과거 전쟁의 속성과 차단되면서 새로운 방향으로 급락하는 경향을 보여준다. 그러므로 만약 과거의 잘못된 방식에서 벗어나지 못한다면, 절박한 현실에 머물러 있는 우리 자신을 발견하게 될 것이다. 현실을 있는 그대로 파악하기 위해서는 근본적으로 현재의 방식을 바꾸고, 현실 자체를 수용하지 않으면 안 된다. 상식과 전쟁사의 교훈은 지상군과 해군의 중요성이 이제 공군에 비하여 크게 떨어지고 있다는 사실을 보여주고 있다. 그럼에도 불구하고 만약 우리가 전혀 현실에 근거하지 않은 가상의 전통적인 가치에만 의존하여 지상군과 해군에 대한 신뢰를 고집한다면 결국엔 국가 방어에 큰 해악을 초래하는 어리석음을 범하는 것일 뿐이다.

자연은 결코 하룻밤에 일사천리로 진보하지 않는다. 하물며 인간이야 더 말할 나위 없다. 나는 오늘과 내일 사이에 지상군과 해군의 존재가 없어지고, 대신 공군만이 증가할 것이라고 생각하는 것은 아니다.

단지 지금 요청하고 싶은 것이 있다면, 그것은 항공기라는 신형 무기 체계에 그에 걸맞는 가치와 중요성을 부여해달라는 것이다. 이탈리아의 현실은 이것과는 거리가 멀기 때문에 이행 기간에는 다음의 절충안을 수용해주었으면 하는 바람이다. *공군이 제공권을 장악할 수 있을 정도로 강력해질 때까지 지상군과 해군의 전력은 점진적으로 감소시키고 이에 상응하여 공군의 전력은 점차 증가시켜야 한다.* 이는 우리가 제공권의 개념을 강력하게 추진할수록 점점 더 현실성을 갖게 되는 계획인 것이다.

승리의 여신은 전쟁 양상의 변화를 능동적으로 예측하고 이에 대비하려는 사람들에게만 미소지을 뿐, 이미 변화가 발생한 후에야 이를 수용하려고 머뭇거리며 기다리는 사람들의 손은 들어주질 않는다. 이처럼 한 가지 형태에서 다른 형태로 급격히 변화하는 시대에 위험을 감수하며 과감히 새 길을 먼저 택한 사람들은 구식 전쟁수단에 비해 신식의 전쟁 수행 방식이 가지는 엄청난 이점을 누리게 될 것이다. 공세의 선제권을 강조하는 전쟁의 새로운 성격은 신속하고 압도적으로 전장에 전력을 집중하는 것을 가능하게 할 것이다. 아무런 대비 없이 미래의 전쟁을 맞이한 국가들은 전쟁이 발발했을 경우 변화한 전쟁에 대처하기에 시기적으로 너무 늦을 뿐만 아니라, 전쟁의 기본적인 추세조차도 파악할 수 없다. 반면에 미리 이를 대비한 국가들은 최소의 병력 손실과 최소의 전쟁 비용으로 조기에 승리하게 될 것이다. 이런 변화가 완성되고 전장에서 전력의 집중이 신속하게 이루어진다면, 실제로 전쟁은 점차 강력한 공군에 의해 수행될 것이다. 그러나 변화의 이행기 동안에도 한정적인 항공 전력을 이용하면 적 지상군과 해군의 작전을 충분히 저지할 수 있을 것이다.

만약 누군가가 실례를 제시할 때까지 이와 같은 사실을 확신하고자 무작정 기다리기만 한다면, 우리는 변화의 뒤편으로 처지게 될 것이고 이는 곧 전쟁에서의 패전을 의미한다.* 그러나 아이러니하게 내가 이미 지적했던 이와 같은 사태가 바로 이 순간에도 발생하고 있다. 독일이 제1차 세계대전의 패전에 대한 보복전을 준비할 것이라는 우려에서 연합국들이 선택한 안전 보장 계획의 세부사항이 오히려 독일이 보복전을 성공시킬 확률을 더욱 높여주고 있다는 것이다. 잘 알다시피 독일은 베르사유 조약을 통해 지상군 및 해군 전력을 감축하도록 강요받았기 때문에, 앞으로는 오히려 공군력을 중심으로 무장하게 될 것이 분명하다.

곧 알게 되겠지만, 제공권을 장악할 수 있는 능력의 공군은 이행기에 특히 상대적으로 제한된 수단, 소수의 병력 그리고 적당한 자원이 필요하다. 이와 같은 적정선의 원리는 오히려 잠재적인 적성국들의 감시의 눈길을 따돌릴 수 있다. 연합국들이 부여한 멍에에 분개하고 있는 독일이 전승국의 감시로부터 자유로움을 구가하려는 내적 동인動因에 의해 이 새로운 길을 선택하리라는 것은 자명한 이치이다.[2]

이 새로운 길이란 만약 항공무기, 지상무기 및 해상무기가 각기 그 가치대로 평가된다면, 에너지와 자원 등이 제한되어 있는 현실을 고려해 볼 때 가장 효율적으로 국가 방위를 가능하게 할 가장 경제적인 길인 것이다. 우리는 영국에서 항공기 대 전함의 모의전투 실험을 실시했

---

* 이와 같은 결과는 제2차 세계대전에서 폴란드, 프랑스, 노르웨이, 벨기에, 네덜란드에서 정확하게 발생했고, 현재의 전쟁(제2차 세계대전)에서 준비도 없이 독일과 일본에 의해 당한 영국과 미국의 경우도 어느 정도 해당한다.

2) 내가 이런 말을 사용한 것은 5년이 되었지만 독일은 화학 분야에서 세계 제1위의 위치인 것과 더불어 민간 항공과 항공기 제작 및 생산 분야에서도 명백히 선두를 달리고 있다. 이와 같은 사실은 비밀리에 그리고 신속하게 강력한 공군을 창설할 수 있는 필수조건인 셈이다.

을 때 전함의 가치에 근본적으로 의문을 제기한 해군제독들이 있었다는 사실과 항공기의 공중 공격으로 철갑의 전함을 수장水葬시켰던 미국의 화력 실험을 익히 기억하고 있다. 이제 우리는 더 이상 이 문제를 수수방관할 수 없는 시점에 이르렀고, 국가 방위의 관점에서도 이 문제를 더욱 공명정대하게 다루어야 한다.

8. 독립공군과 보조항공대

국가 방위의 문제를 특히 항공전의 측면에서 개관해볼 때, 평면 전력인 지상군과 해군으로부터 항공 전력이 독립할 필요성과 항공기가 보유한 신속한 기동성을 강조해왔기 때문에 다음의 결론에 이를 수 있다. *국가 방위는 전시에 제공권을 장악할 수 있는 공군 없이는 결코 보장될 수 없다.* 따라서 제공권을 장악하려면 적군의 모든 항공수단을 항공전과 적군 비행장 그리고 적의 항공기 생산공장에서, 다시 말하면 적의 항공기를 발견할 수 있는 곳이거나 항공기가 생산되는 어느 곳에서나 파괴해야 한다는 것은 이미 잘 알려진 사실이다. 그리고 적군 항공기를 파괴하는 일에 지상군과 해군은 별로 도움이 되지 않는다는 사실도 잘 알고 있다. 이와 같은 결과를 종합해보면 제공권을 장악할 수 있는 능력을 보유한 항공기로 구성된 군이 자체적으로 조직되어야 하고, 이들은 지상군과 해군으로부터 독립하여 작전을 수행해야 한다. 다시 말하면 제공권을 장악할 수 있는 능력의 항공기를 포함한 모든 형태의 항공수단으로 구성되는 군대를 독립공군이란 용어로 표현할 수 있다. 나아가 앞서 소개한 결론은 다음과 같이 요약할 수 있다. *한 국가의 방위는 오로지 적정한 전력을 보유한 독립공군에 의*

해서만 보장될 수 있다.

현재적인 관점에서 볼 때 항공기의 군사적 운용은 지상군 및 해군의 작전 지원으로 한정되어 있기 때문에, 항공기 역시 지상군과 해군의 통제하에 있다. 이런 이유로 지금까지 제공권을 장악할 수 있는 항공기군은 지구상 어디에도 존재하지 않았다. 만약 지상 및 해상을 넘어 공중까지의 통일성을 보장할 수 있는 군이 있다면, 이들의 존재나 작전 성격으로 볼 때 지상군이나 해군에 항공기군이 종속될 수 없다. 왜냐하면 독립공군으로 전력을 분산하여 운용하게 된다면, 전장에서 절실한 작전적인 요구를 충족시킬 수 없기 때문이다. 현재 지상군과 해군의 작전 통제하에 있는 항공 전력의 예로 관측기觀測機를 들 수 있다. 관측기의 주요 기능은 포병의 포 사격을 조정하는 것으로, 본질적으로 항공작전으로 분류할 수 없고 또 다른 항공수단이 창안된다면 곧 대체될 것이다. 항공기의 다른 기능으로 폭격작전과 요격작전을 들 수 있는데, 지상군과 해군이 이 작전을 직접 주도하지는 않지만 이들에게 종속되어 있다는 것이 엄연한 사실이다. 지상군의 작전 통제하에 있는 항공 전력의 기본 기능은 당연히 지상군의 작전 목표 달성에 우선적으로 기여하는 것이고, 해군의 작전 통제하에 놓여 있는 항공 전력의 기본 기능은 해군의 작전 목적에 기여할 수밖에 없다. 마찬가지로 지상군의 작전 통제를 받는 요격기 대대는 지상 전력 상공에서 부과된 특수 임무를 우선적으로 수행할 수밖에 없고, 해군의 작전 통제를 받는 요격기 대대는 해상 전력 상공에서 부과된 특수 임무를 제일 먼저 수행해야 한다.

이런 상황에서 우리는 합리적인 판단을 흐리게 하는 몇 가지 요소를 감지할 수 있다. 또한 이와 같은 상황하에서 제공권을 장악하는 데 주력한 적군이 손쉽게 제공권 장악의 기회를 포착하게 되리라는 것은 당연한 이치이다. 지상군과 해군의 작전 목적 수행에만 운용되는 단순한 지원용 항공 전력이 얼마나 무기력할 수밖에 없는가 또한 분명하게 알 수 있다. 다시 말하면, 독립공군의 조직을 갖춘 적군은 항공 전력을 조직화하지 못한 상대에 비해 유리한 입장에 서게 될 것이다. 지상군과 해군의 입장에서 자군 작전이 항공 전력으로 계속 지원되기를 희망하는 것은 당연한 셈이다. 그러나 각각 지상 및 해군작전에 통합되어 운용되는 항공 전력은 지 · 해상군의 단순한 연장에 지나지 않는다. 지 · 해상군 지원용의 항공 전력은 결코 진정한 공군을 구성할 수 없으며 포병의 포 사격을 조정하는 관측기는 단지 고공에 위치한 관측자에 불과할 뿐, 결코 그 이상의 역할과 기능을 담당할 수 없다.

이와 같은 사실은 너무나 분명한 논리이기 때문에 항공전을 논할 때 지상군과 해군으로부터 완전히 독립하여 운영되는 독립공군의 존재가 가장 중요한 것이라는 결론에 이를 수 있다.

우리가 수년 전에 '항공 업무Flying service'라는 새로운 용어를 처음 접했을 때, 이 용어는 곧 항공기라는 전쟁의 새로운 수단에 진정한 승리를 안겨준 것처럼 여겨졌지만 단지 겉보기에 그럴 뿐이었다. 왜냐하면 '항공 업무'라는 용어는, '업무service'라는 용어가 독립적인 것으로 간주될 수 있는 유일한 실체의 일부분이므로 합성어라고 할 수 있다. 우리가 지상군이나 해군이 전혀 참가할 수 없는 새로운 전장에서 전투할 수 있는 능력을 가진 실체를 인식할 수 있는 유일한 시기는 '독립공군'이라는 용어를 받아들일 때이다. 지상군과 해군의 작전 통제권하에 운용되는 항공기는 단지 지원용의 보조 무기체계로, 나는 이들을 '지상군과 해군의 보조항공대'라고 부르도록 하겠다.

지금까지 나는 항공전의 수단에 관해 개괄적으로 서술했다. 그 이유는 일반론을 따라 문제의 본질을 소개하는 것이 최선의 방법이라고 생각했기 때문이다. 비행체는 두 가지 종류로 분류할 수 있는데, 하나는 공기보다 가벼운 것, 즉 기구氣球이고 다른 하나는 비행선보다 무거운 것, 즉 항공기다. 나는 지금부터 새로운 전쟁 양상에 가장 적합한 유일한 형태인 항공기에 한정하여 논하겠다.

제2장 독립공군

1. 독립공군의 구조

우리는 지금까지 제공권을 장악할 수 있는 능력의 총체적인 항공수단을 독립공군Independent Air Force(IAF)이라고 정의했고, 제공권을 장악하려면 적성국의 모든 비행 수단을 반드시 파괴해야 한다는 사실 또한 잘 알고 있다. 따라서 독립공군은 외견상 적군의 항공 전력 파괴라는 목적에 합당하도록 조직되고 운용되어야 한다.

그러나 공중에 날고 있는 새들을 모두 쏘아 떨어뜨린다고 해서 조류가 멸종되는 것은 결코 아니다. 새집의 새들과 둥지의 새알들이 남아있기 때문이다. 조류를 멸종시키는 가장 효과적인 방법은 새집과 새알을 함께 체계적으로 파괴하는 것이다. 왜냐하면 그 어떤 새도 잠시도 쉬지 않고 계속 공중을 날아다닐 수 없기 때문이다. 마찬가지로 공중을 비행하는 적국의 항공기를 하나씩 찾아내어 파괴하는 방법이 전적으로 쓸모없는 행위라고 말할 수는 없지만, 결코 효과적인 방법이라고 할 수 없다. 적의 항공기를 더욱 손쉽게 파괴하는 방법은 다름 아닌 적의 항공 기지, 보급 기지 그리고 생산의 중심지를 직접 공격하여 파괴하는 항공작전인 것이다. 항공기는 공중 전투를 회피하고 어느 곳으로든지 도망칠 수 있다. 그러나 둥지를 잃어버린 새들과 마찬가지로 모기지母基地를 상실한 항공기들은 연료의 고갈로 기지로 돌아온다고 해도 안착할 만한 마땅한 장소를 찾을 수 없게 된다. 그러므로 이와 같은 표적을 파괴하는 가장 효과적인 방법은 '폭격기 부대'에 의한 항공 폭격인 것이다.

그렇지만 폭격기는 원래 항공전을 목적으로 제작된 항공기가 아니다. 따라서 요격용 항공기는 폭격기가 폭격 임무를 완수하도록 적군 항공기의 방공작전을 제압해야 한다. 이 글에서는 요격용 항공기 대대를 '전투기 부대'로 부르겠다.

독립공군은 조직상 폭격기 부대와 전투기 부대로 구성되는데, 폭격기 부대에는 지상 표적에 대한 직접 공세작전 임무가, 전투기 부대에는 적 항공기의 방공작전으로부터 폭격기를 보호하는 임무가 부여된다. 결국 독립공군의 폭격기 부대가 강력할수록 더욱 강한 파괴 능력을 보유하게 된다. 반면에 전투기 부대의 총전력은 적군 항공기의 방어 전력에 비례하여 증강되어야 한다. 다시 말해 전투기 부대의 전력은 적군 전투기의 방어 전력보다 우세해야 한다. 독립공군이 일단 제공권을 장악하게 되면, 전투기 부대는 더 이상 필요 없어질 것이다. 반면에 독립공군이 제공권 장악에 성공하면 적군 항공기의 방공작전으로부터 자유로워진 폭격기 부대는 적 지상군과 해군을 그들의 작전 기지로부터 차단시키기 위해 전체 공세 전력을 운용할 수 있고, 적국 내부 깊숙이 공포감을 확산시켜서 결국엔 적국 국민의 정신적, 육체적 저항 의지를 분쇄할 것이다.

따라서 독립공군의 기본 구조는 첫째, 최대한으로 폭격기를 보유하여 대량 폭격 능력을 구비하며, 둘째, 전투기는 최소한 적군 공군의 방어 전력에 버금갈 정도로 유지되어야 한다.

2. 폭격기 부대

폭격기 부대는 전쟁의 결과에 직접 영향을 미칠 수 있는 충분한 타격력을 보유해야 한다. 공중 공세의 기본 원칙들을 이미 강조했듯이 항공폭격시 선정된 표적은 2차 폭격이 필요 없도록 단 한 번의 폭격으로 완전하게 파괴해야 한다.

폭격기 부대의 기본 단위는 최소한 직경 500미터의 지표면에 위치한 모든 표적을 파괴할 수 있을 정도의 능력을 구비해야 한다. 이와 같은 지표면의 면적은 폭격 단위에 필요한 전력을 산출할 수 있는 토대가 되어야 한다. 이처럼 지표면의 면적이 경험적인 기준이나 지표상에 위치한 표적의 수에 의해 결정되고 나면, 다음 단계는 목표의 반경 안에 위치한 모든 표적들을 파괴하는 데 실제로 필요한 폭발성, 가연성 및 가스 폭탄의 수량을 결정하는 일이다. 폭탄의 양은 실제 폭격에 사용되는 폭탄의 재질에 따라 다소 증가하거나 감소할 수 있다. 따라서 폭격에 참가하는 폭격기의 수효는 폭격에 필요한 폭탄의 수량에 달려 있기 때문에, 폭발성이 뛰어난 재질의 폭탄 제조가 얼마나 중요한가를 알 수 있다.

폭탄의 재질과 무게가 결정되면, 지표상의 모든 표적을 파괴하는 데 필요한 폭탄의 총수량을 손쉽게 계산할 수 있다. 폭탄의 총수량에 대한 계산이 끝나면 곧 폭격작전에 투입할 폭격기의 수를 계산할 수 있다. 만약 100킬로그램의 폭탄 1개가 반경 25미터 내에 위치한 모든 것을 충분히 파괴할 수 있고, 평균적으로 폭탄 1개에 활성 물질의 양이 절반 가량이라면, 직경 500미터의 지표면을 파괴하기 위해서는 약 20톤의 폭탄이 필요하다. 그리고 폭격기 한 대가 2톤의 폭탄을 탑재할 수 있다면 폭격기 부대의 단위는 열 대가 되어야 한다는 결론이다. 이와 같은 단순한 계산에 근거한 가정에 대해 세밀한 분석이 부족하다고 지적할 수 있지만, 이것은 현실적인 모든 조건을 감안한 것이다. 이런 가정이 절대적으로 정확한 것은 아니지만, 현실과 전혀 동떨어지지 않는 상당히 근접한 수치를 제공해준다. 오로지 경험에 의해서만 정확한 전체의 모습을, 즉 폭격기 부대의 세부적인 조직을 결정할 수 있다. 그러나 이것은 그다지 중요한 문제는 아니다. 현재 우리의 관심사는 직경 500미터의 지표면을 파괴할 수 있는 폭격기 부대의 전력이 어떻게 실현될 수 있는가에 관한 것이다.

이로부터 우리는 폭격기 부대가 적군에 상당한 타격을 가할 수 있는 무한정에 가까운 공세 전력을 대표한다고 생각할 수도 있지만 사실은 그렇지 않다. 정확히 말하면, 폭격기 부대는 특정한 지표면에 대하여 한정적인 파괴 능력을 보유한 공세 전력을 대표한다. 폭격기 부대가 특정한 지역 안에 위치한 적국 표적에 대해 폭격을 개시할 때, 이들 표적들이 파괴되리라는 것은 수학적으로도 명확하다. 따라서 전체 독립공군의 공세 전력은 공군을 구성하는 폭격기 부대의 폭격기 수로 계산할 수 있고, 폭격기 부대의 폭격기 수는 파괴할 표면의 면적에서 계산할 수 있다. 이와 같은 공군의 파멸적인 공세 전력은 적군에 대해 어느 면에서나 가장 효율적이고 가장 가혹하게 운용될 수 있다. 예를 들어 2톤의 폭탄을 운송할 수 있는 500대의 폭격기를 보유한 독립공군이 직경이 500미터인 표적 50개를 파괴할 수 있다고 가정하자. 이와 같은 규모의 공군은 매일 50개의 적군 항공 시설——비행장, 보급창 및 항공기 생산 공장 등——을 파괴할 수 있다. 유럽 강대국 중 특정 국가의 공군이 이와 같은 비율로 폭격을 한다면, 과연 얼마의 시간이 소요될까? 이와 같은 항공 공격에 직면하여 상대 국가는 어떤 대응을 할 수 있을까?

전투기 부대를 논할 때 우리는 먼저 공중 대응의 가능성을 고려해야 한다. 전투기 부대가 항공 공격을 극복할 수 있는 유일한 방법이기 때문이다. 지상군의 대응 방식에는 대공포 외엔 없다. 또한 전투기가 대공포의 사격에 대해 어떻게 대응할 수 있는가에 관해서도 언급하겠다. 사실 대공포의 효율성은 매우 제한적인데, 그 까닭은 사격의 부정확성과 방어 자체에 내재한 산개성散開性에 기인한다. 대공화기는 분명 폭격작전을 수행 중인 폭격기 몇 대에 손실을 입힐 수 있으나, 최소한의 위험을 감수하지 않고는 전투를 수행할 수 없다. 따라서 폭격기가 손실되면 곧 대체 항공기를 꾸준히 공급하는 방법으로 폭격기 부대의 전력을 유지시켜야 한다.

따라서 항상 이와 같은 대체 항공기를 적절하게 공급할 수 있는 제도를 완벽하게 준비해야 하고, 항공기의 숫자는 반드시 정해진 수준으로 유지해야 한다. 예를 들어보자. 20톤 분량의 폭탄을 운송할 폭격기 부대는 적재량이 2톤인 항공기일 경우에 10대로, 4톤의 항공기일 경우에 5대로, 만약 20톤을 수송할 수 있는 항공기가 존재한다면 단 1대로 구성된다. 이렇게 보면 폭격기 부대를 소수의 항공기로 조직하는 것이 매우 유리하지만 다른 시각으로 볼 때, 소수의 항공기로 폭격기 부대를 조직하는 일은 현명한 처사가 되지 못한다. 그 이유는 작전 중에 1대의 항공기가 손실을 입을 경우, 폭격작전의 잠재적 능력이 크게 감소하기 때문이다. 이와 같은 이유에서 나는 폭격기 부대의 최소 단위는 4대가 되어야 하고, 이들 폭격기 1대는 약 5톤의 폭탄을 적재할 수 있어야 한다고 생각한다.

이제 폭격기 부대에 적당한 항공기의 일반적인 특성에 관해 논의하기로 하자. 폭격기는 특히 내공성과 안정성을 보유해야 하는데, 이 두 가지 특성은 전시나 평시에 상관없이 모든 종류의 항공기에 필요한 것이다. 우리가 살펴볼 것은 항공기의 성능에 관한 것으로 속도, 행동 반경, 고도, 무장 그리고 탑재량 등이 해당된다.

가. 속도

우리는 적의 방공작전에도 불구하고 공세적 항공작전 임무를 수행해야 하는 폭격기 부대는 전투기 부대의 엄호 지원을 받아야 한다는 사실을 이미 살펴보았다. 이 사실은 폭격기 부대의 항공기가 적군 요격 항공기를 능가할 정도의 높은 속도를 가질 필요는 없다는 것인데, 이 말은 곧 폭격기에게는 그 결과가 미지수인 속도 경쟁이 불필요하다는 것이다. 자신의 안보를 단지 항공기의 속도에 맡긴 국가는 항공기의 비행속도가 기술의 발전으로 날로 증가하는 추세에 미루어볼 때 매우 불확실한 카드로 도박을 하는 것과 마찬가지다. 다른 한편으로 볼 때, 승리란 결코 결전을 회피하거나 도주하는 방법으로는 쟁취할 수 없다. 항공기가 고속으로 비행하는 것은 우선 적재 하중을 감소시키면 가능하다. 하지만 많은 화물을 적재한 항공기는 적당한 속도로 비행하는 것에 만족해야 하고, 실용적인 목적에는 적정 속도가 최선이라는 점은 곧 증명될 것이다. 폭격기는 전투기에 의해 엄호되기 때문에 적기로부터 도주하거나 회피할 필요는 없지만 적정한 속도를 보유한 항공기여야 하고, 속도를 위해 화물을 희생시키지 않으면 안 된다.

나. 작전반경

항공기의 작전반경이란 모기지에서 이륙했다가 동력을 유지한 채 다시 모기지로 복귀할 수 있는 최대거리를 말한다. 그러므로 폭격기의 작전반경은 가능한 최대거리를 유지해야 한다. 왜냐하면 작전반경이 길수록, 적국 영토에 더욱 깊숙이 침투할 수 있기 때문이다. 항공기의 작전반경은 오로지 엔진의 연료 소모율과 항공기의 연료 적재량에 달려 있다. 따라서 연료 적재량이 큰 항공기일수록 작전반경이 증대된다고 할 수 있다. 폭격기의 승무원을 제외한 전체 적재량은 연료 적재량과 폭탄 적재량으로 적절하게 분배되어야 한다. 만약 항공기의 최대 하중이 주어지면, 작전반경은 연료량을 증가시키는 반면에 폭탄의 양을 감소시킴으로써 증대시킬 수 있다. 우리가 여기에서 관심을 갖게 되는 부분이 있다면 그것은 폭격기의 정상적인 작전반경을 결정하는 것인데, 다음의 두 가지 요소에 달려 있다. 하나는 폭격작전에 노출된 적군 표적이 지상에 어떻게 배치되어 있느냐의 문제이고, 다른 하나는 정상적인 작전반경 안에서 표적을 파괴하기에 충분한 양의 폭탄을 운송할 수 있는 항공기를 어떻게 선택하느냐의 문제이다.

오늘날 폭격기의 정상적인 작전반경은 적어도 200~300킬로미터는 되어야 한다는 것이 나의 견해이다. 나는 '정상적인 작전반경'이란 용어를 사용하고 있는데, 이 말은 예외적인 경우에만 수정될 수 있다. 만약 정상적인 작전반경이 300킬로미터인 폭격기가 100킬로미터의 작전을 계획할 경우, 연료의 양을 줄이고 더 많은 양의 폭탄을 적재하는 대신에 300킬로미터의 왕복에 충분한 연료를 실었다면, 이는 낭비이다. 이와 반대로 작전반경이 300킬로미터인 폭격기가 400킬로미터의 작전에 투입될 경우, 폭탄의 적재량은 소모 연료의 양이 증가함에 따라 자연적으로 감소하게 될 것이다. 이처럼 항공기는 작전 임무별로 연료의 무게와 폭탄의 하중을 적절히 조정함으로써 항공기 작전반경의 탄력성을 보유할 수 있다.

다. 작전 고도

항공기의 작전 고도가 높으면 높을수록, 대공포에 의한 작전 항공기의 손실율은 감소된다. 폭격작전은 전체 목표 지역에 폭탄을 분산하여 투하해야 하는 특성을 가지고 있기 때문에, 공습은 높은 고도에서도 효과적으로 수행될 수 있다. 그러므로 정상적인 폭격 고도는 3,000~4,000미터가 되어야 한다. 높은 산과 봉우리가 즐비한 북부 이탈리아 국경 지대의 지형을 고려해볼 때, 알프스의 전 지역을 자유롭게 비행할 수 있는 항공기가 필요하며 이들 항공기는 6,000~7,000미터의 고도를 비행할 수 있어야 한다.

라. 무장

폭격기의 첫번째 조건은 폭탄을 수송하여 공중에서 손쉽게 투하할 수 있는 장치를 구비하는 것이지만, 이것만이 전부는 아니며, 어떤 측면에서는 그 이상의 것이 필요하다. 폭격기 승무원의 사기를 위해 몇 가지 방어용 무장체계가 필수적인 것이다. 폭격기 자체가 항공전에 적합한 항공기가 아니라는 사실은 분명하지만, 승무원들이 폭격기는 적군 요격기의 공격에 무기력하여 아무런 대안이 없다고 판단하게 만드는 것은 결코 바람직하지 못하다. 따라서 항공전이 전투기의 기본 임무이긴 하지만, 폭격기의 자체 방어를 위해 소구경에 고속으로 발사가 가능한 기관총을 장착하는 작업이 중요하다.

마. 탑재 하중

특정 항공기의 최대 적재량은 승무원, 연료 그리고 무장이라는 세 가지 요소를 합산한 총중량으로 사전에 결정된다. 승무원의 숫자는 작전 중의 손실을 고려하여 최소한으로 유지해야 한다. 연료와 무장의 상관 관계에 관해서는 이미 앞에서 다루었다. 폭격기 1대가 정상적인 작전을 수행하려면 최소한으로 필요한 연료와 무장뿐만 아니라, 폭탄 탑재량도 충분히 고려해야 한다. 항공 폭격을 위한 1개 폭격기 부대의 구성은 지나치게 많을 필요 없이 4~12대 정도면 충분하리라고 생각한다.

바로 이러한 사항들이 폭격기를 설계할 때 세밀하게 고려해야 하는 기본적인 특성이다. 나는 이미 폭탄의 재료가 얼마나 중요한지를 설명했다. 폭탄의 파괴력이 증가한다면 독립공군의 전력도 자연히 배가하게 될 것이다. 따라서 폭탄의 성능을 개발하는 연구에 대한 투자나 지원을 아끼는 것은 매우 어리석은 처사이다.

폭탄을 구성하는 세 가지 주요 재료는 폭발성, 인화성, 유독성 가스이다. 우리는 이들 요소의 폭탄 각각뿐만 아니라, 폭격작전시 폭격의 효과를 극대화하려면 어떻게 혼합할 것인가에 대해서도 계속 연구할 필요가 있다. 이에 관한 우리의 지식 수준은 매우 낮은 상태지만 경험으로 미루어볼 때, 이 세 가지 요소를 합성하면 인화성 및 유독성 가스의 효력 범위는 더욱 확대되지만 폭발성 물질의 영향은 상대적으로 크게 나타나지 않을 것이다. 그리고 이와 같은 현상은 공장, 대규모 물품 창고, 식량 창고 등과 같은 민간 표적과 인구 밀집 지역에서 실제로 발생하게 될 것이다. 왜냐하면 이들 목표물에 폭탄이 투하되면 곧이어 화재가 발생하고, 유독성 가스로 말미암아 인간의 활동을 한동안 마비시켜 그 파괴의 정도가 더할 것이기 때문이다. 비행장의 활주로와 격납고 등의 부대 시설을 파괴하는 데에는 고폭발성 폭탄이 사용될 것이다. 1개 폭격기 부대의 구성을 어떻게 해야 하는가의 문제에 대한 사고를 제공하기 위해 나는 여기에서 다양한 표적을 어떤 폭탄으로 공격하느냐의 문제를 제기한 것이다.

3. 전투기 부대

전투기 부대의 주임무는 폭격기들이 작전 임무를 수행하는 동안, 적 항공기가 전개하는 방공작전의 위협을 제거하는 것이다. 따라서 전투기들은 기본적으로 공중 전투용으로 설계되고, 이를 위한 장비로 무장되어야 한다. 제1차 세계대전 전에는 항공전을 불가능한 것으로 보았기 때문에, 특별한 경우를 제외하고 초기에 전장에 동원된 항공기들은 항공전에 적합한 무장을 구비하지 않았다. 그러나 항공전이 수행된 것은 엄연한 사실이고, 현재에도 계속되고 있다.

적 지역 상공에서의 공중 활동은 적에게는 유리하고, 아군에게는 불리하다는 주장이 통설이지만, 이러한 사실도 도전해봄직하다. 제1차 세계대전 동안에 아군 정찰기가 전선의 아군 지역을 정찰하는 적 항공기에 대해 아무런 제재 활동을 하지 못한 데에 비난이 적지 않았다. 그런데 항공전이 갑작스레 발전하면서 항공기들은 필요한 무장을 하기 시작했고, 조종사는 공중에서의 전투 기동을 연구하기 시작했다. 이러한 공중 전투 기동을 통해 고속 항공기가 저속 항공기보다 항공전에서 유리하다는 사실이 분명해졌다. 다시 말하면 고속 항공기는 자기 마음대로 공격하고 회피할 수 있다. 그 후 이와 같은 경험의 산물로 요격기가 출현하게 되었다. 요격기의 기능은 적기에 대한 요격 임무를 수행하는 것과 적기의 폭격 임무 수행을 방해하는 것이다. 이런 종류의 항공기들을 설계할 때 가장 주의해야 할 점은 속도와 무장이라고 할 수 있다. 결국 요격기는 즉시 공중의 패자覇者가 되어 항공전에서 다른 종류의 항공기들을 제압하게 되었다. 요격기로부터 다른 항공기를 보호해야 할 필요성이 증대됨에 따라, 적 요격기만큼 빠르거나 그 이상의 속도를 가진 요격기를 제작하게 되었다.

여기에 상대방도 우수한 성능을 가진 요격기를 개발하면서 항공기 개발을 위한 경쟁이 가속되었고 적의 항공기보다 빠르고 기동성이 더 좋은, 이른바 곡예 항공기까지 요구되었다. 조종사들도 공중 전투에서 속도가 떨어진다고 판단되면, 즉시 전투 기동을 회피하고 도망치게 되었다. 기타 장비들은 적기와의 항공전에서 가장 절실한 속도와 기동성을 위해 희생되었다. 즉 조종사 혼자 조종하고 사격을 가하는 식으로 탑승 조종사의 수까지도 최소로 감소되었고, 작전반경도 최소시간대로 줄어들어 고작 한 시간 내외의 비행 시간이 전부였다.

요격기는 속도가 가장 빠른 항공기이고 특수 비행을 하도록 설계가 되어 있으며, 조종이 매우 어려웠기 때문에 조종사 중에도 가장 탁월한 능력의 소유자들에게 배정되었다. 여기에는 두 가지의 근본적인 이유가 있다.

첫째, 정찰기, 관측기 그리고 폭격기 등은 특정한 임무에만 투입되었는데, 이들 항공기들은 적 전투기들과 조우시 매우 불리했다. 이와 반대로 요격기는 임무의 제한을 덜 받았으며 행동의 자유를 훨씬 많이 가질 수 있었다. 요격기는 다른 종류의 적 항공기들을 공격했으며, 이들이 다른 종류의 적 항공기들과 조우했을 때 분명히 우세했다. 또한 적 요격기와 조우하게 되면 항공전을 하거나 이를 회피할 수 있었으며, 항공전을 하는 도중에도 교전을 중지하고 모기지로 귀환하기도 했다. 이들 요격용 전투기의 성능은 더욱 다양해졌고, 제한을 덜 받았으며 단조롭지 않고 심지어 다른 기종의 항공기보다 작전을 수행하는 데 있어 위험이 적다는 것도 확실했다.

둘째로, 요격기들은 대체로 최고사령부 인근 기지에 배치되어 사령부를 방어했다. 전시에 양측은 최고사령부를 우선적으로 폭격하고자 했기 때문에 이러한 공습에 요격기가 최선의 방어수단이라는 사실은 곧 분명해졌다. 요격기의 신속한 이륙과 빠른 상승 속도는 공격기가 폭격하기도 전에 요격을 가능하도록 했으며, 저속의 적 폭격기들을 격추시키기에 충분했다. 하늘의 경찰 역할은 곧 요격기의 고유한 임무가 되었으며, 적어도 주간에는 요격기 덕분에 적의 공중 공격으로부터 보호받을 수 있다는 안도감을 갖게 된 최고사령부는 요격기와 그 조종사들을 인정하고 신뢰하게 되었다.

이와 같은 호감이 요격기의 급성장을 초래한 계기가 되었지만, 한편으로는 이런 추세가 국가 안보의 문제를 모호하게 했고, 나아가 정확하게 제공권이 무엇인가라는 문제의 본질을 흐려놓은 것도 사실이다. 전쟁시 한 편의 요격기 대대가 적기에게 격추당한 것보다 더 많은 적기를 격추시켰을 때, 그 편은 즉시 제공권을 장악하게 된다. 하지만 실제로 획득한 것은 일시적인 공중 우세로, 이는 당분간 적이 항공작전을 수행하는 것을 어렵게 한다. 그러나 일시적인 공중우세를 확보했다고 해서 항공작전에서 적의 교전 능력을 무력화시키거나 불가능하게 할 수는 없다. 사실 최근까지의 전쟁에서 모든 교전국가들은 적국에 대하여 항공작전을 수행했다.

공격적인 특성을 보유했음에도 불구하고 실제로 요격기는 거의 방어적 수단으로 사용되었다. 거기에는 다른 방도가 없었다. 매우 제한된 작전반경 때문에, 요격기는 적지에서 적기를 색출하는 임무 대신 자국 상공에서 소극적인 작전 정도만을 해야 했다. 그 당시에는 요격기를 달리 사용할 방법이 없었다. 요격기는 기본적으로 정찰 임무 중인 적 항공기 또는 폭격 중인 적기를 격추하는 데 사용되었고, 적 폭격의 주요 대상이 되는 중요한 지점을 방어하기도 했다. 이 외에 이들 항공기의 사용은 작전이 분산되는 것만큼이나 제한되었다. 그리고 항공전은 '하늘의 용사' 개개인이 기량과 용기를 눈부시게 펼치는 결투의 파노라마가 되었다. 요격기 대대는 막강한 타격력을 자랑하는 창공의 기병대라기보다는, 군기 빠진 창공의 멋쟁이 기사단에 불과했다.

이제 이와 같은 상황에 무엇인가 잘못된 것이, 올바르지 않은 그 무엇이 있음을 알 수 있다. 개인이 아무리 용감하고 뛰어난 기량을 가지고 있다 하더라도, 전쟁이란 개인적으로 분산하여 싸우는 전투는 아니기 때문이다. 오늘날의 전쟁은 대규모의 인간과 기계들이 동원된 싸움이다. 그래서 이런 '창공의 멋쟁이 기사단'은 창공의 기병대, 즉 독립공군으로 대체되어야 한다.

앞에서 이미 나는 항공전에서 속도에만 의존하는 것은 도박에서 불확실한 카드에 개인의 모든 것을 거는 것과 마찬가지라고 말했다. 예를 들어 한 대의 요격기가 더욱 빠른 요격기의 추적을 받게 된다고 할 때, 그것은 곧 요격기로서의 종말을 뜻하게 된다. 그 특성으로 미루어볼 때, 본래 요격기는 가장 최신의 기술이 망라된 걸작품이어야 하고, 기량이 탁월한 조종사에 의하여 조종되어야 한다. 그러나 전쟁은 평균 수준의 기계와 사람들에 의하여 전투가 전개되기 때문에 우리는 지금의 항공전 개념을 바꿔야 한다.

항공전에서 승리를 결정하는 것은 화력이다. 속도는 단지 적기를 격추시키거나 적으로부터 이탈하도록 해주는 수단이지, 그 이상의 것은 아니다. 중무장을 한 저속의 항공기——자신의 무장으로 항로상의 위험을 스스로 헤쳐나갈 수 있는——도 항상 고속 요격기 중 최고의 항공기를 격추시킬 수 있다. 저속이지만 중무장한 항공기로 구성된 전투기 부대는 적 요격기들의 화력에 충분히 대처할 수 있으며 자신의 임무를 성공적으로 수행할 수 있다. 실제로 전투기 부대의 임무는 적기를 색출하거나 적기로부터 이탈하는 것이 아니다. 전투기 부대의 기본 기능은 특정 임무를 수행하는 폭격기에 요격작전을 전개하는 적의 항공 세력을 제거하는 것이라는 점을 다시 강조하겠다.

나의 주장에 대한 실례를 제시토록 하겠다. 한 폭격기 부대가 A지점을 떠나 B지역으로 폭격을 하기 위해 갈 경우 이 작전에서 전투기 부대의 목적은 A로부터 B까지의 항로에서 폭격기 부대가 적의 위협과 방해를 받지 않도록 보호하는 임무 외에는 없다. 여기서 B지점에 대한 폭격을 저지할 수 있는 능력은 적에게 달려 있다. 폭격기를 색출하여 공격해야 하는 것은 상대편인 것이다. 이때 만약 적의 전투기가 요격을 해오지 않을 경우에 B지역에 대한 폭격은 더욱 안전하게 수행될 수 있다. 만일 적 요격기들이 공격을 한다면, 전투기 부대는 적의 공격을 차단하고 격퇴시켜야 한다. 적 항공기를 색출하고 적 항공기에게 전투 행위를 강요하기 위해 전투기 부대는 탁월한 속도가 꼭 필요하지는 않다. 이들은 폭격기 부대를 엄호하고, 만일 적이 폭격기 부대의 작전을 방해하려고 시도한다면 이를 저지할 정도의 속도면 충분하다.

전투기 부대의 속도가 폭격기의 속도보다 빨라야 하는 것은 당연한 이치이다. 폭격기를 엄호하고 보호해야 하는 기본 임무를 수행하기 위해 전투기의 작전반경과 상승 고도가 폭격기보다 높아야 함도 두말할 나위 없다.

이러한 사실에서 다음의 결론을 도출할 수 있다. 일반적으로 요격용 전투기와 또 다른 종류의 항공기인 폭격기는 차이가 거의 없어야 한다. 요격용 전투기도 폭격기와 마찬가지로 적절하게 연료를 보충할 수 있는 대체 장치를 추가로 장착해야 한다. 전투기의 탑재 능력의 증가는 가능하다면 무장 능력과 화력 증강으로 이어질 수 있도록 해야 한다. 이것은 단지 항공기의 무장과 일정한 방향으로 화력을 집중할 수 있는 능력을 증대시키는 것이다. 항공기의 치명적인 부분을 가벼운 합금으로 제작한다면 방탄 능력을 높일 수 있다. 그렇지만 모든 적의 공격에 대하여 완전 방탄을 기대하는 것은 아주 어리석은 짓이다. 그러나 가벼운 방탄판이 많은 양의 총탄을 빗나가게 할 것이라고 기대하는 것도 결코 무리는 아니다.

이러한 관점에서 설계되고 제작된 항공기는 현재 존재하고 있는 어떤 항공기보다 화력의 집중 면에서 월등하다고 하겠다. 만약 2톤의 폭탄을 운반할 수 있는 폭격기가 제작된다면, 이 항공기는 1톤 폭탄의 적재 능력을 가진 항공기보다 분명히 속도, 작전반경 그리고 상승 고도 면에서 우월한 능력을 보유하게 될 것이다. 그리고 만일 이와 같이 개선된 운반 능력이 폭탄 대신 무장 능력으로 사용된다면 우리는 현재 존재하고 있는 전투기보다 월등한 화력을 가진 전투기를 보유하게 될 것이다.

전투기 부대는 반드시 여러 대의 항공기가 편대를 이루어 전투할 수 있도록 조직되어야 한다. 그리고 편대의 편성은 적이 공중 공격을 하지 못하도록 어느 방향에서나 최대의 화력을 집중할 수 있도록 하거나 적기의 접근을 막을 수 있어야 한다. 재차 강조하지만, 이들 전투기 부대의 주임무는 공격이 아니고 적기의 공격으로부터 자신을 방어하는 것이다. 우수한 속도와 기동성을 가진 요격용 전투기도 경무장을 한다면, 이점은 별로 없고 오히려 불리해지게 된다. 그와 같은 전투기 부대는 다수의 항공기로 조직되었거나 강력하고 훌륭한 무장 능력을 갖춘 다른 전투기 부대에 의해서만 공격받을 수 있다.

우리는 실제적인 경험에서 전투기 부대의 규모를 결정할 수 있는 자료 즉, 항공기의 수, 편대 대형 및 전술 등의 풍부한 자료를 얻을 수 있다. 이제 전투기 부대에 대한 구체적인 구상과 계획을 제시하겠다.

4. 안정된 무장 능력

독립공군이 어떻게 구성되어야 하는지와 효율적인 임무 수행을 위해 폭격기 및 전투기가 필요하다는 사실을 살펴보았다. 독립공군은 부수적으로 다른 종류의 항공기들, 즉 정찰, 수송 및 각 사령부 간의 연락 업무를 위한 고속 항공기를 보유해야 한다. 그러나 기본은 항상 폭격기와 전투기가 되어야 한다. 거기에 무장의 균형이 위치한다.

공군이 직면하고 있는 많은 문제 중의 하나는 이런 무장의 균형에 관한 것이다. 계속 그리고 급속도로 항공 부문이 기술적인 발전을 이룩하고 있기 때문에 군용기는 3개월마다 다시 설계되고 제작되어야 한다는 것이 통설이다. 오늘날 이와 같은 군의 편성에 통제가 필요하다는 개념은 사실이다. 앞에서 요격기의 중요성에 대해 언급했다. 항공기 분야는 속도에 그 잠재력이 있고 속도의 신기록을 매일 갱신하고 있으므로 요격기 부대는 확실히 불안정하다. 오늘날 기술적인 면에서 최신의 항공기는 내일이면 이미 구식이 되는 것이다.

이것은 요격기에만 해당되는 것은 아니다. '주간폭격기'로 불리는 항공기가 있는데 이는 속도와 폭탄 운반 능력의 조화를 균형 있게 잘 조절한 것이다. 이러한 개념에서 이런 항공기는 주간에만 제한된 폭격작전을 수행하기 때문에 주간 폭격기라고 불리었다. 동시에 적 요격기로부터 회피하기 위해 빠른 속도의 이점을 살린다. 이러한 주간 폭격기는 밤에만 작전을 수행해서 '야간 폭격기'로 불리는 중속도 폭격기들과 같은 입장이 된다.

두 가지 경우 똑같은 개념이 적용되는데, 즉 *적을 피하면서* 작전을 수행하려고 노력하는 것이다. 이것이야말로 수정되어야 할 개념이다. 이 개념은 전쟁은 적의 저항에도 불구하고 지상 · 해상 · 공중에서 작전을 수행할 수 있는 전력을 요구한다는 평범한 주장만큼이나 불합리한 것이다. 이것과는 별도로 주간 폭격기들은 그들이 작전의 효율성을 위하여 영원히 변화하는 요소인 속도 성능에만 의지해야 하는 만큼이나 불안정한 상태에 머물게 된다.

독립공군의 모체가 되는 항공기에 대한 이러한 관념은 사실 많이 다르다. 폭격기든 전투기든 중간 속도 이상일 필요는 없다. 즉 빠른 속도를 강조할 필요는 없다. 기본적이고 변하지 않는 특성을 가지면서 시간당 10~20마일의 속도를 더 낼 수 있도록 기술이 발전되는 것은 문제가 아니다. 무장 면에서 기술적인 개발이 뒤따르면 점차로 무장 능력은 개선될 것이다. 이론적으로 완전함을 추구하는 것은 항상 극단적인 것을 요구하지만, 우리의 관심은 실용성이라는 중간 노선인 것이다.

따라서 실제 효율적인 공군에 필요하다고 생각되는 것은 독립공군의 무장이 될 것이다. 그러나 여기에는 그 이상의 문제가 있다. 만일 우리가 명확하게 하려고 한 것처럼 폭격기와 전투기의 기능적인 특성을 면밀히 살펴보면 민간 항공의 기능적인 특성과 거의 같다는 것을 알 수 있다. 폭격기는 근본적으로 중간 속도로 특별히 폭탄을 운반할 수 있도록 장비가 된 충분한 행동 반경을 가진 항공기면 적당하다. 사실 그런 장비를 변경시키면 바로 민간 항공기가 되는 것이다. 정상 행동반경과 중간 속도의 성능을 가진 전투기의 경우도 마찬가지다. 또한 상호 관계의 원칙하에 민간 항공기는 필요한 경우 군용 항공기로 변형될 수 있다. 이런 민간 항공기의 제작과 변환 적용에 의해서 독립공군은 군 발전과 더불어 요구 및 장비를 민간 차원에 의뢰할 수도 있다.

그런 극단적인 특성에 기초해볼 때 군용 항공은 현 상태에서 이러한 이점을 자랑할 수 없는 것이다. 결국 오늘날의 군용 항공은 설계와 제작에서 균형을 잃었을 뿐 아니라 거의 전적으로 자체에만 의존하고 있다.

군용 항공과 민간 항공의 관련성을 토의할 때 고려해야 하는 중요한 내용은 다음 장에서 다시 거론하고자 한다.

제3장 항공전

1. 기본 원칙

독립공군의 규모에 대하여 정확한 평가를 내리기에 앞서, 다음의 사항을 고려해야 한다. 독립공군은 지상 또는 해상에 위치한 적군의 표적을 어느 방향에서든지 고속으로 공격할 수 있는 공세 전력이고, 더 나아가 항공작전을 통해 적군에게 아군의 의지를 강요할 수 있다. 이와 같은 사실에서 항공작전을 지배하는 첫번째 원칙을 도출할 수 있다. *독립공군의 항공 전력은 항상 집중의 원칙 아래 운용되어야 한다.*

집중의 원칙은 지상전과 해상전을 수행할 때의 주도적인 전쟁 원칙이다. 항공 공세 역시 다른 공세작전과 마찬가지로 시 · 공간적으로 집중될 때 물질적 · 정신적 효과를 최대로 발휘할 수 있다. 덧붙여 말하면, 공군은 작전 수행시 항공 전력을 집중적으로 운영할 때 적군에게 자신의 의도를 성공적으로 관철시킬 수 있다.

독립공군의 작전반경은 명백히 편대를 구성하는 항공기의 행동반경에 좌우된다. 하지만 작전에 참가한 모든 편대는 단일 기지에 위치할 수 없기 때문에 전장에 따라 항공기의 편대가 다양하게 배치될 테고 이는 작전반경에 영향을 미친다. 일단 편대를 어느 작전 기지에 배치할 것인가를 결정하면, 적군 표적에 대해 집중적으로 항공작전을 전개하는 항공 전역의 범위는 작전에 참가한 모든 편대의 항공기가 도달할 수 있는 작전반경으로 군사지도에 표시할 수 있다. 이처럼 항공 전역 안에 표시된 모든 적군의 지상 또는 해상의 목표물을 공격하기 위해서는 작전 기지와 주변 표적 간의 최대거리를 비행하는 데 필요한 몇 시간이면 충분하다는 사실은 분명하다. 그러므로 이와 같은 항공 공격은 완벽한 보안 속에 비밀리에 준비되어야 하고, 적에게 아무런 사전 경고 없이 단행될 때 항공 공세의 작전 주도권을 유지할 수 있을 것이다. 항공 공세의 기습성을 고려해볼 때, 적군이 항공 공세를 공중이나 지상에서 효과적으로 저지하기엔 시간이 절대적으로 부족할 것이다. 설령 적군의 공세 저지 노력이 성공했다고 하더라도, 그것은 적군이 보유한 공군력의 극히 일부에만 해당되는 것이라 하겠다.

단지 몇 개의 폭격기 부대로 구성된 독립공군이라도 항공 공세는 단일 목표물뿐만 아니라 동일 지역에 있는 다수의 목표물에 대해서도 성공적으로 작전을 수행할 수 있다. 폭격기 부대는 특정 지역에 위치한 어떠한 목표물도 공격할 수 있는 잠재력을 갖고 있기 때문에, 공군력은 작전에 참가한 폭격기 수효만큼 지상의 표적을 파괴시킬 수 있다. 각각 직경 500미터 지역을 파괴할 수 있는 능력을 가진 50대의 폭격기로 구성된 폭격기 부대라면, 단 한 번의 출격으로 50개의 적군 목표물——예를 들어 보급품 창고, 공업단지, 대형 상점, 철도 통제소, 대규모 인구 밀집 지역 등——을 완전히 파괴할 수 있다.

공군의 공세작전 범위 내에 위치한 목표물의 경우, 작전 범위의 지역의 표적 50개를 1개 구역의 단위로 세분화하는 것이 바람직하다. 이렇게 하여 10개 구역으로 구분되면, 공군은 이들 구역 내에 위치한 적군의 지상 또는 해상의 표적들을 10일 간의 항공작전으로 파괴할 수 있는 능력을 보유한다는 것을 의미하고, 이 작전이 완료된 후엔 항공작전을 다른 구역으로 이전할 수 있다.

이 모든 것은 매우 간단하게 보이지만 사실, 표적 선정, 구역의 그룹화, 그리고 공격의 우선 순위에 대한 결정 등은 항공전에 있어서 가장 어렵고 민감한 사안이며 항공전략을 구성하는 중요한 요소이다. 표적은 전쟁의 과정 중에 자주 그리고 급격히 바뀐다. 그리고 표적의 선택은, 제공권의 장악을 통해 적 지상군 및 해상군을 효과적으로 마비시키거나 전선 후방에 위치한 시민의 사기를 저하시키는 것과는 상관없이 전적으로 목표물의 선정에 좌우된다. 따라서 이러한 선택은 상황에 따라 변하는 군사적, 정치적, 사회적, 심리적 요소 등 다양한 요소들을 충분히 고려할 때 이루어진다. 나는 지금까지 공군력의 본질적인 목적은 적 공군력을 일시에 제압함으로써 얻어지는 제공권 장악이라고 주장했다. 이와 같은 나의 주장은 독립공군의 첫번째 목표라고 할 수 있다. 하지만 이러한 주장이 언제나 타당하다고 볼 수는 없다. 예를 들어 적 공군력이 매우 약할 때 병력과 장비를 제공권 장악에 집중시키는 것은 시간 낭비이다. 대신 적군에게 다른 형태의 공격 작전을 선보인다면 더 많은 피해를 안겨줄 것이다. 한 가지 가설을 세워보자. 만약 강력한 공군력을 가진 독일군이 열등한 공군력을 보유한 프랑스를 공격하기로 결정했다면, 독일군이 프랑스 공군력뿐만 아니라 프랑스 심장부를 제압하는 데 얼마의 시간이 걸릴까?

적군의 표적을 구역으로 그룹화하는 일도 마찬가지로 다양한 요소들을 고려해야 한다. 항공전의 이러한 양상으로 미루어볼 때, 항공전에 관한 특정한 법칙을 도출하는 일이 가능하리라고 생각하지 않는다. 다만, 지상전 또는 해상전에도 동시에 적용되는 다음과 같은 기본 원칙만을 명심하는 것으로도 충분할 것이다. *가능한 최소시간에 가장 큰 피해를 입혀라.*

이 원칙에 입각하여 생각해볼 때, 기습 공격의 가치는 명백하다. 앞에서 설명한 것처럼 강력한 독립공군은 준비되지 않은 적에게 치명타를 입혀서 수일 만에 완전히 붕괴시킬 것이다. 이러한 사실을 증명하기 위해, 독자들 스스로 다음과 같은 군사 문제를 풀어보길 제안한다.

만약 적군이 각각 직경 500미터의 지역을 파괴할 수 있는 충분한 폭격기 부대를 보유했다고 가정할 때,

(1) 단 하루에 피에몬테와 리구리아, 그리고 이탈리아 나머지 지역 사이의 철도 통신을 두절시키기 위해 얼마나 많은 폭격기가 필요할까?

(2) 단 하루에 로마의 철도, 전신, 전화, 그리고 라디오 통신 등을 두절시키기 위해, 또한 은행, 그리고 기타 공공기관 등을 파괴하여 테러와 혼란 속에 빠뜨리기 위해 얼마나 많은 폭격기가 필요할까?

만약 독자들이 직경 500미터의 지표면이 폭발성, 인화성, 그리고 유독성 가스탄이 투하될 면적이라는 사실을 상기한다면 위의 두 가지 질문에 대한 해답이 단지 몇 대의 폭격기라는 사실을 금방 깨닫게 될 것이다. 그리고 전쟁에서 항공기라는 신무기의 위력에 대한 개념 역시 더욱 명확해질 것이다.

2. 방어

항공 공세가 지닌 엄청난 위력에 대해 다음과 같은 문제를 제기할 수 있다. "우리는 이와 같은 항공 공세에 맞서 어떤 방법으로 우리 자신을 방어할 것인가?" 이러한 질문에 나는 언제나 "역逆공세를 통해서"라고 대답해왔다.

나는 지금까지 수차례에 걸쳐 항공기가 보유한 탁월한 공격 특성을 강조해왔다. 전쟁의 역사에서 최선의 방어는 곧 공세라는 사실이 기병대의 운용을 통해 입증된 것처럼 항공기를 이용한 최선의 방어는 공세력에 의해 크게 좌우된다. 따라서 항공기를 심도 있게 논의하기에 앞서, '공세'의 정확한 의미를 완벽하게 이해해야 한다.

전투기 부대만을 보유한 A국과 독립공군을 보유한 B국 사이에 전쟁이 벌어진다면 개전 초기의 상황은 어떻게 전개되리라고 생각하는가? A국의 전투기로 구성된 공군은 B국의 독립공군을 공중에서 색출하고 항공전에서 승리하지 않으면 안 된다. 문제는 B국의 공군을 공중에서 색출하는 일인데, 공중을 쉽게 관찰할 수는 있지만 과연 어디를 관찰해야 할 것인가가 핵심이다. 공중은 어느 곳에나 동일하게 펼쳐져 있다. 공중에는 B국의 독립공군이 A국을 공격할 때 반드시 선택해야 하는 특정 항로를 가리키는 표지판도 존재하지 않는다. 따라서 '색출한다'라는 단어는 추상적인 개념이 되어버리고, '발견한다'라는 단어는 확률적 개념이 아닌 가능성의 개념인 것이다. A국 공군이 B국의 항공 공세를 격퇴하기 위해선 A국이 보유한 항공기의 속도가 B국의 그것을 능가해야 하며, 승리하기 위해서는 B국보다 강력한 항공 전력을 갖추어야 하고 그 외에도 행운이 뒤따라야 한다. 그러나 A국의 공군의 방공작전, 즉 B국 독립공군을 탐색하는 작전이 성공하지 못할 경우엔 B국의 독립공군은 A국의 영토를 공격하여 막대한 피해를 입히고 나아가 A국은 B국을 공격할 수 있는 능력을 완전히 상실할 수도 있다. 그러나 만약에 B국이 A국의 공군을 위험한 수준으로 평가한다면, B국 독립공군의 항공 공세는 A국 공군의 필수적인 기능을 파괴하는 데 집중될 것이 틀림없다. A국의 공군이 B국의 독립공군을 공중에서 찾으면서 시간을 낭비하는 것은 불필요한 결과를 초래할 것이다. 왜냐하면 A국 공군의 잠재적 공세 능력은 B국 독립공군과 교전할 기회조차 갖지 못한 상태로 무용지물이 될 것이기 때문이다.

만약 A국의 공군이 전쟁에서 승리하기 위해 항공 전력을 집단적으로 운용해야 한다고 할 때, 비행장에 분산 배치되어 있는 항공기를 언제, 어디로 집중시켜야 하는가가 문제가 된다. 이와 같은 종류의 작전은 겉으로는 공세의 특성을 보유하지만 본질적으로는 방어이고, 따라서 방어의 불리한 점을 모두 가지고 있다. 항공기로 공격하는 지상의 표적이란 움직이지 않는 표적이자 동시에 적 공군력의 근원이 되는 표적인 것이다. 하지만 해상에서의 상황은 지상과 다르다. 해군 기지는 대체로 요새화되어 있어서 해군력을 동원하여 적 해군기지를 파괴하는 것은 불가능하다. 이러한 사실 때문에 해상 전투의 중요성은 증대된다. 그러나 만약 해군 기지가 더 이상 방어될 수 없고 적의 해군력에 의하여 수시간 내에 파괴될 수 있다면 문제는 근본적으로 달라진다. 이 경우, 전함의 가치는 무의미해질 것이다. 왜냐하면 적의 해군 기지를 파괴함으로써, 망망한 바다에서 적 전함을 발견하여 격침시키는 데 필요한 시간과 자원을 낭비하지 않고도 적 전함의 작전 효율에 막대한 손해를 입혀 아군측에 큰 이득을 가져올 수 있기 때문이다.

한 국가의 공군이 단지 항공전용 전투기로만 구성된다면 이것은 후방 내부를 위태롭게 하는 처사일 뿐만 아니라 적국 표적에 대한 공격의 기회를 스스로 배제하는 것으로, 심각한 항공 열세의 상황을 초래할 수 있다.

유일하게 효과적인 항공방어는 간접 방식을 통해 달성할 수 있다. 왜냐하면 이와 같은 방어 방식은 항공력의 근원인 비행장을 파괴하여 적 공군의 공격 잠재력을 근본적으로 감소시킬 수 있기 때문이다. 이러한 목적을 달성하기 위한 가장 확실한 방법은 적국 공군의 항공기를 지상의 비행장에서 파괴해버리는 것이다. 이와 같은 상황을 한 가지 원칙으로 표현하면 다음과 같다. 공중을 나는 새(적국 항공기)를 찾아서 사냥하기보다 지상에서 새 둥지와 새알을 찾아서 파괴하는 방식으로 적의 항공력을 무력화시키는 방법이 더욱 쉽고 효과적이라는 것이다. 이 원칙을 무시한다면 우리는 작전상 오류를 범하게 된다. 그러므로 한 국가가 자국 방어 외의 다른 군사적 목적을 가지고 있지 않더라도, 독립공군의 항공력으로 적국의 지상과 해상에 강력한 공격을 가할 수 있는 능력을 보유해야 한다.

여기에서 지상 또는 해상 지역 중 대단히 중요한 단일 지점에 대한 방어라 할 수 있는 지역 방어의 문제가 발생한다. 이론적으로 지역 방어를 효과적으로 달성하기 위한 방법은 두 가지가 있다. 하나는 적 항공기에 의한 폭격을 저지하는 것이요, 다른 하나는 폭격으로 손상된 피해를 즉각 복구하는 것이다. 하지만 두 번째 방법은 언뜻 효과적으로 보이질 않는다. 왜냐하면 철도역, 항만 시설, 보급 기지, 공장 등이 위치한 시가지 전체를 감당할 수 있는 대피호를 구성하는 작업 자체가 불가능하기 때문이다. 적 항공기에 의한 폭격은 대공포나 방공 요격작전으로 예방할 수도 있다. 방공작전시 대공포는 한정된 사정거리와 명중률이 문제가 되기는 하지만 대부분의 경우에 사용해야 한다. 그리고 모든 국가는 반드시 방어해야 하는 중요 시설들을 많이 가지고 있기 때문에 최소한의 방공작전을 준비하는 데에도 엄청난 수의 대공포가 필요하다.*

게다가 폭격기를 호위하는 전투기의 직접 공격을 받으면 대공포가 쉽사리 무력화될 수도 있다는 사실도 반드시 고려해야 한다. 이와 같

* 플레처 프렛Fletcher Pratt은 최근에 저술한 〈미국과 총력전America and Total War〉에서 북동부 도시들과 핵심 시설만을 방어하는 데에 12만 문의 대공포가 소요된다고 주장했다.

은 호위 전투기의 대공포 공격 작전은 낮은 고도에서 수행하는 편이 높은 고도보다 더욱 안전하다고 할 수 있다. 왜냐하면 시야 안에서 급강하하며 접근하는 항공기에 대한 대공포의 사격 각도가 더 크기 때문이다. 100미터 고도를 비행하는 항공기는 2,000미터 고도를 비행하는 항공기보다 격추시키기가 더욱 어려운데, 저고도에서의 사격 각도의 폭이 20배나 더 크기 때문이다. 그러므로 호위 전투기가 대공포 대 정면 상공에서 저고도로 접근하여 기관포 공격을 시도한다면, 대공포 사수들이 자신의 포대를 지키면서 높은 고도로 비행하는 폭격기를 향해 사격을 지속하기란 어려울 것이다. 대개의 경우 대공포 사수들은 직접 위협을 가하는 저고도로 접근하는 전투기를 목표로 사격을 집중할 것이다. 나의 전쟁 경험상 대공포의 운용은 자원과 정력의 낭비일 뿐이다.*

순수하게 방공을 목적으로 항공 전력을 운용할 경우 다음의 사항을 고려해야 한다. 만약 적의 독립공군이 효과적으로, 즉 항공기를 집중적으로 운용하여 작전을 수행한다면, 방어용 항공 전력 역시 최소한 적의 전투기 부대와 대등한 수준으로 유지해야 한다. 적 공군이 공격할 수 있는 전 지역을 효과적으로 방어하려면 적의 공세 전력에다 방어해야 하는 지점의 수를 곱한 만큼의 전투기 전력이 필요하다. 이러한 부정적인 결과라도 얻으려면 적이 긍정적인 결과를 얻기 위해 투입한 양보다 더 많은 양의 자원을 사용해야 한다. 이것은 최고의 상품을 만들 수 있는 곳에 자원을 투자하는 방법, 다시 말하면 항공기를 공세적 목적을 위해 운용하는 방법이 가장 현명한 것임을 말해준다.

* 이 글은 1921년에 저술되었기 때문에 20년이 지난 현재 대공포의 사정거리와 정확도는 크게 개선되었고 효율성도 엄청나게 증대되었다. 하지만 이들의 개선사항이 지은이인 듀헤가 주장하는 논리의 본질적인 타당성을 변화시키지는 않는다.

결과적으로 엄청난 규모의 항공 공세작전이 시도되면 어떠한 형태의 지역 방어도 효과가 없다. 따라서 이처럼 방어를 목적으로 항공 전력을 사용할 때는 정상적인 전쟁 경제학 원칙에 위배되는 결과를 초래한다.

사실적인 관점에서 볼 때, 항공전에서 방어란 있을 수 없다. 단지 공세만이 있을 뿐이다. 그러므로 *우리는 적 공군의 항공 공세를 적극적으로 방어하기보다는 적에게 더욱 강력한 보복 공세를 가하기 위해 전체 항공 전력을 운용해야 할 것이다.* 이것이 항공전의 발전을 지배하는 기본 원칙이다.

3. 항공전의 발전

공군력을 단지 지상군과 해상군을 지원하기 위한 보조 전력으로 인식하는 한, 진정한 의미의 항공전이란 존재하지 않을 것이다. 이 경우 규모가 크고 작은 항공전은 발생하겠지만, 주요 작전은 항상 지상 및 해상작전이 되며 항공전은 이에 종속될 것이다. 진정한 항공전이 발발하기 전에 항공전을 수행하기 위한 기본 요소들, 예를 들면 항공기, 항공기 운용 인력 그리고 이들의 자율적인 조직 등을 일차적으로 편성해야 하고 나아가 이들을 효율적인 전투 조직으로 통합해야 한다.

이와 같은 상황에서 제일 먼저 진정한 독립공군으로 무장한 국가는 최소한 다른 국가가 항공력을 구비하기 전까지 군사적인 우위를 점하게 될 것이다. 그 국가는 가공할 파괴력을 지닌 공격 무기(항공 전력)를 보유했지만 다른 국가들은 단순히 지원용 보조수단의 항공력에 의존할 뿐이기 때문이다. 국가 간에 군사력의 균형이 성립할 수 있는 것은 특정 국가의 군사력 우세의 선례를 다른 국가가 따라가기 때문이다.

항공전의 발달 과정을 알아보기 위해 독립공군을 보유한 A국가와 보유하지 못한 B국가 간의 전쟁과 두 국가 모두 독립공군을 보유한 A국과 B국 간의 전쟁 두 가지 경우를 상정해보도록 하자.

독립공군의 항공 전력은 항상 작전에 투입할 수 있는 준비 태세를 갖추어야 한다. 그렇지 않으면 항공 전력이 보유한 효율성 중 90%를 상실하게 될 것이다. 항공기의 속도를 고려할 때 평화시엔 항공 전력을 여러 기지에 분산하여 배치할 수도 있지만 전쟁시에는 전선을 따라 집중 배치해야 하고 짧은 시간 안에 정상적인 작전을 전개할 수 있도록 준비되어야 한다. 한 국가 전체에 산재되어 있는 민간 항공대가 공군 조직의 일부분이라면, 이들 역시 최대한 신속히 공군으로 통합이 이루어질 수 있는 지점에 위치해야 한다. 요컨대, 독립공군은 조직의 측면과 병참 지원의 측면에서 적이 공격을 시도할 경우 이에 즉각적으로 대응할 수 있도록 편성되어야 한다.

첫번째 사례를 검토해보자. A국의 독립공군은 총동원과 동시에 B국을 제압하기 위한 전면적인 항공 공세작전을 시작한다. 이에 대하여 B국 역시 전체 군 항공 전력을 동원할 수 있지만 단지 요격기와 폭격기만을 방공작전에 투입할 수 있다. 그 이유는 B국의 다른 항공기들은 지상전 또는 해상전을 지원하도록 편성되었기 때문이다. 결국 A국의 독립공군은 B국 요격기의 방공작전에도 불구하고 큰 어려움 없이 항공 공세작전을 성공적으로 수행할 수 있을 것이다. 반대로 상당한 수의 전투기 부대를 보유한 A국 공군이 B국 공군의 요격기 전력에 상당한 타격을 가할 경우를 생각해보자. A국의 독립공군은 B국 항공 부대의 생산 시설, 수리창 그리고 집결지를 파괴하여 신속히 제공권을 확보할 수 있다.

일단 제공권을 확보하게 되면 A국 독립공군의 전투기 부대는 폭격기 엄호라는 일차적인 기본 임무 대신 폭격기의 폭격작전 수행 중에도 지상 목표물, 예를 들면 대공화기, 보급 열차, 수송 중이거나 후속하는 지상군 제대 등을 공격할 수 있다. 뿐만 아니라 필요한 외양과 무장을 갖춘다면 단시일 내에 일급 폭격기로 전환될 수 있다. 그러므로 제공권을 확보한 독립공군은 적국의 영토 상공에서 아무런 위협을 받지 않으면서 자신의 의지대로 적을 강타하는 완전한 자유를 누리고, 나아가 적을 조기에 항복시킬 수 있다.

이러한 자유로운 임무 수행은 적에게는 큰 타격을 주고, 반면에 아군에게는 많은 이익을 가져올 것이다. 철도 화물 집결소, 보급 기지, 주요 정부 관청, 백화점 들로 밀집되어 있는 중앙 주거지역 등을 공격함으로써 공군은 적 지상군의 보급 작전에 큰 피해를 입힐 수 있다. 적의 해군기지(무기고, 유류 저장소, 선착장)와 항구를 공격함으로써 적 함대가 능력을 유지하거나 발휘하지 못하도록 저지하는 것도 가능하다. 또한 적의 중심 주거지역을 쉽게 공격함으로써 적국 내에 공황과 혼란을 일으켜 정신적 · 물질적 저항의지를 꺾을 수 있다.

이탈리아에서 이러한 현상이 일어난다고 가정하면 독자들은 우울한 마음을 가질 수밖에 없을 것이다. 이탈리아의 국경선 가까운 어느 곳에 매일 500미터 직경의 지표면 50군데를 파괴할 수 있는 적 항공력이 존재하다면, 그들은 며칠 안에 우리의 국경 지역의 목표물들을 파괴할 수 있을까? 현재 진행되는 항공 기술을 볼 때, 1,000대 미만의 항공기와 몇천 명의 인원만으로 구성되어 있는 공군이라도 그 전력의 절반만을 투입해도 하루 이틀 정도면 충분히 가능하다.

나는 단지 한 조건에 대해서만 이야기하고자 한다. 즉, 항공 공격이 정신적 사기에 어느 정도로 영향을 미치는가 하는 것이다. 항공 공격은 확실히 물질적인 것보다 정신적인 사기에 영향을 더 끼친다. 만약 단 하나의 폭격기 부대――500미터 직경의 지표면 파괴 능력을 지닌――가 인구 밀집 지역에 공격을 감행했다고 한다면 이로 인한 영향은 엄청날 것이다.

도시의 중심지 250미터 반경 내에 약 20톤의 폭탄이 한꺼번에 투하되었다고 하자. 폭발과 화재, 유독성 가스로 인해 인명피해가 생기고 폭격당한 지역에는 접근할 수도 없을 것이다. 몇 시간이 지나고 밤새 불길이 계속 타올라 그 고통은 더욱 더해가고 피해 지역은 늘어만 갈 것이다. 몇 개의 국도가 피해를 입었다면 도시의 생활은 마비되고, 통행인도 사라질 것이다. 하나의 도시에서 일어나는 이런 현상은 하루 동안에도 여러 중심 시가 지역에서 동시에 일어날 수 있다. 그리하여 중심 시가지가 폭격된 소식이 확산되면 다른 도시의 시민들은 다음날 같은 시간에 폭격이 다시 있을 것이라는 공포를 느끼게 되는 것이다.

적의 위협이 고조되어 있는 이러한 상황에서 어떤 사람이 질서를 지키면서 평상시와 다름없이 일터에서 작업을 할 수 있을 것인가? 비록 외관상으로 질서가 유지되고 평화시 일과가 진행되고 있는 것처럼 보이지만 단 한 대의 적기를 보고도 엄청난 공포가 조성되지 않을까?

그렇다면, 있을지도 모르는 폭격과 계속되는 악몽 같은 죽음 앞에서 정상적인 시민 생활이 지속될지 의문이다. 다음날 10, 20, 50곳이 폭격을 당했다고 하면 누가 감히 적의 표적물이 되어 있는 시내에서 당황하는 시민들을 인도하여 안전한 지역으로 수송할 것인가? 분명히 모든 조직과 기관에도 공포가 퍼져, 인간의 본능으로부터 쫓기고 있는 시민들을 공포로부터 도피시키기 위해서 어떠한 조건에서라도 신속히 전쟁의 중지를 요구하는 분위기를 조성할 수 있을 것이다. 아마 이러한 현상은 지상군과 해상군이 전력을 동원, 전개하기 전에 일어날지도 모른다.

이러한 일을 가상해보는 것이 과장처럼 들릴지는 모르지만 며칠 전 폭격으로 희생된 사람들의 장례식을 치른 브레시아에서는 어떤 사람이 우연히 하늘을 쳐다보고 날아가는 새의 무리를 보고 공포를 느꼈던 예가 실제로 있다.

두 번째로 독립공군 대 독립공군의 경우를 생각해보자. 이 경우에는 적을 먼저 제압할 수 있는 공군이 위에서 얘기했던 경우보다 더 큰 이익을 얻을 수 있다. 적보다 먼저 기선을 잡는 것이 불가능할 경우 적을 능가할 수 있는 시간을 놓쳐서는 안 된다. 그래서 복잡성을 피하기 위해 두 공군이 동시에 작전을 개시했을 때 항공전을 결정하는 기본적인 원칙을 우리는 알고 있다. 즉 적*의 공격을 응징하기 위해 모든 사용 가능한 자원을 미리 준비하여 적이 우리에게 가할 수 있는 공격을 먼저 함으로써 굴복시키는 것이다.* 그러므로 공군은 필연적으로 적이 행할 수 있는 것에 대해 연구해야 한다. 다시 말해서 가능한 짧은 시간에 적에게 많은 손상을 입힐 수 있는 가능한 방법을 강구해야 한다. 이처럼 큰 손상은 공격을 하고자 하는 표적의 선택에 따라 달라지지만 한편 공격기의 능력에도 좌우된다. 그래서 공군은 가능한 많은 수의 항공기를 투입하여 적의 항공방어 전투기와 그 밖의 수단을 유인하여 혼란을 야기시켜 막대한 손상을 끼쳐야 한다.

신중을 기해 선택한 표적은 물질적 · 정신적 파멸에 결정적인 요소로 작용하여 전쟁 기간 동안 지대한 영향을 끼치게 된다. 이미 언급한 바와 같이 이 표적을 선택하는 것은 양쪽이 모두 공군을 보유하고 있다면 항공전 임무 수행에 있어 매우 미묘한 요소로 작용한다. 전쟁의 결과는 적의 저항 정도와 적에게 가한 손상의 정도에 따라 좌우되기 때문에 적이 우리를 공격하기 전에 먼저 가능한 신속하게 타격을 가해야 한다. 따라서 공군력을 이용하여 제공권을 확보해서 최후의 승리를 얻도록 해야 하는 것이다.

그러나 어떤 경우에는 이렇게 하는 것이 추천할 만한 것이 못 될 때도 있다. 예를 들자면 적이 먼저 강타에 성공하여 나라 전체가 큰 혼란에 처해 있을 때다. 이러한 경우에 적의 표적 선택은 그때의 상황과 지원, 사기와 정신 상태, 비록 실질적으로 필요하더라도 중요성의 정도를 쉽게 판단하지 못할 경우 등에 따라 좌우될 것이기 때문에 융통성 없는 일반화된 규칙을 적용한다는 것은 불가능하다. 앞으로 공군의 지휘관들은 이러한 상황에서 표적을 정확히 선택할 수 있으리라고 생각한다. 적의 표적이 선정되고 명령이 하달되었다면 공군의 임무는 매우 단순하다. 즉 단시간 내에 공격 명령을 수행하는 것이다.

두 나라의 공군이 각각 동시에 공격하기 위해 모든 전력을 준비하여 이미 선정된 목표 지역 상공으로, 서로 만나지도 찾지도 않고 발진했다고 하자. 만약 그들이 서로 만났다면 전투는 불가피했을 것이지만 반복하거니와 서로 만나려고도 찾으려고도 않았다.

여기서 매우 중요한 고려사항 하나만을 말하려 한다. 즉, 두 나라의 공군 중에서 하나가 나머지 공군을 찾는 대신 다른 공군은 찾으려고 하는 공군을 발견할 수도 있고 하지 못할 수 있다. 적을 찾으려는 공군은 표적을 공격할 것인지 적을 찾아야 할 것인지 망설이면서 시간을 허비하여 충분한 지상 공격 시간을 갖지 못할 것이다. 그리하여 끝내는 적 공군을 발견하지 못할지도 모른다. 이것은 쓸데없이 시간을 허비하여 자신의 제한된 능력을 소모하는 결과가 된다.

이러한 형태의 전투에서는 시간이 매우 중요한 요소로 작용한다. 그것은 바로 공격을 받아 커다란 손상을 입는 것이나 마찬가지이므로 절대적으로 피해야 한다.

앞에서 공군의 임무 수행에 대해 기술하면서 나는 하루 내지 이틀에 걸쳐 작전을 수행할 가능성을 언급했다. 이것은 단지 상대적으로 적은 숫자인 사용 가능한 전력의 반을 투입해도 상당한 성과를 얻을 수 있다는 것을 지적하려고 한 것이다.

공군의 임무는 가능한 빠른 시간 내에 최대의 손상을 적에게 입히는 것이기 때문에 짧은 시간 내에 적에게 손상을 가할 수 있는데도 며칠에 걸쳐 전력을 투입하는 것은 잘못이다. 항상 임무 성과를 최대한으로 높일 수 있도록 전력을 운용해야 하고 특히 적이 우리에게 심대한 타격을 가할 수 있는 전력을 보유하고 있을 때는 경제적인 면을 고려할 수 없다. 그러므로 예비적인 인원과 장비를 보유하고 있으면 매우 잠재력 있는 공군이 되어 적 표적에 폭격을 가하기 위해 항상 공중에서 대기할 수 있다. 결국 최단 시간에 많은 공격을 할 수 있는 국가가 승리할 확률이 높은 것이다.

항공전에 관한 일반적인 생각을 소개하는 나의 의도는 임무를 성공적으로 달성하기 위해서 매우 복잡한 문제——전장의 외관상 매우 단순한 것처럼 보이지만——들을 해결해야 한다는 것을 설명하기 위해서였다. 이제까지의 설명을 토대로 공중 공격을 특징지을 수 있는 어마어마한 폭격의 위력을 상상할 수 있을 것이다. 만약 적이 가하는 어떠한 폭격에도 우리가 항복하고 말 것이라고 한다면 이것은 방어할 수 있는 효과적인 방법도 없고 공중 공격의 비참함을 생각해보려고 하지도 않고 공군력을 방어 목적에만 전용하려 하는 등의 비극적인 상황일 것이다. 적의 공격을 의미심장하게 생각할 때 극단적인 조건에 처해 있는 모습을 연상하면 어떠한 항복이 될 것인가를 확실히 이해할 수 있다.

모든 국민의 사기가 저하되고 국가의 모든 자원이 적의 공격으로 인하여 파괴되는 동시에 도처에서 사회적 유대 관계가 붕괴되는 공포 상황에서의 전쟁의 결과 또한 비극이 아닐 수 없다.* 이러한 형태의 전쟁에서 전력 운용 결정은 매우 신속하게 하달되기 때문에 전쟁의 영향에서 동떨어져 있는, 전혀 준비되지 않은 후방까지 직접 폭격이 가해질 것이다. 아마도 이처럼 처참한 전쟁이 되더라도 이런 전쟁은 과거의 전쟁보다 인명 피해는 적을 것이다. 결국에는 피를 적게 흘리는 전쟁이 될 것이다. 그러나 대비를 하지 않거나 전쟁을 하지 않으려고 준비하지 않는 나라는 모든 것을 잃게 될 것이 분명하다.

4. 미래

지금까지 서술한 것은 현 시점에서 이용 가능한 수단으로 실제 가능성 있는 것과 용이하게 실행할 수 있는 상황들이다. 즉 시대적인 추세에 맞추어 적응하면서 변신하는 국가는 전투 목적에 현대의 항공기를 쉽게 응용할 수 있을 뿐만 아니라 내가 지금까지 기술한 이점을 얻을 수 있을 것이다.

여기에서 좀더 먼 미래에 대해서 고찰해볼 필요가 있다. 가까운 장래에 우리가 의견 일치를 볼 수 있는지를 단순히 상상하기 위한 목적이 아니라, 존재하는 것을 통해서 경향성이 있게 된 이유를 찾아내기 위해서이다. 경향성이란 기술을 이용하여 우리가 바라는 목적을 달성하는 데 기여하고, 기술로 성취하려고 하는 개량에 대한 방침을 제시해주

* 정확히 말해 1939~41년까지 제2차 세계대전 초기 독일군이 항공 전격작전을 전개하면서 폭격을 가했을 때 폴란드, 네덜란드, 벨기에, 프랑스, 그리스, 유고슬라비아, 그리고 정도는 미약하나마 노르웨이에서 국민들의 저항의지가 분쇄되었다.

는 것이다.

항공기와 관련하여 야기되는 실무 기술 문제는 항공기가 항상 좀더 안전하고, 더욱 정확하고 경제적이고, 보편적인 필요에 따라 신속하게 이용될 수 있도록 하는 것이다. 그래서 근본적으로 연구해볼 필요가 있다.

(1) 비행 안전과 이 · 착륙 시설의 안전성을 높이기 위한 방안
(2) 현재 사용 중인 항공기 부품 중 부식과 변형이 쉬운 부품을 교체하기 위한 방안
(3) 항공기의 수송 능력과 작전반경을 향상시키기 위한 방안
(4) 속도와 연료 효율을 향상시키기 위한 방안

이러한 방향으로의 모든 개선 방안은 평화시나 전시를 막론하고 항공기의 유용성을 한층 더 증대시키게 될 것이다. 그러면 이와 같은 발전의 추세에 관해 간략하게 고찰해보도록 하자.

(1) 비행 안전과 이 · 착륙 시설의 안전성을 높이기 위한 방안

공중에서 비행 중인 항공기는 기체의 안정성을 자동으로 유지한다. 항공기는 어떤 경우에서나 균형을 잃게 되면 다시 회복하려는 특성이 있다. 그래서 조종사가 공중에서 균형성을 갖춘 본래의 위치로 돌아가려고 하는 경향성에 반대로 조종하지 않는다면 항공기는 정상 위치로 되돌아가기 마련이다. 이런 현상을 기초로 이미 말한 바와 같이 특수 기동이 본질적으로 존재할 수 있는 것이다.

특수 기동을 계속하기 위해 조종사는 제한된 범위 안에서 항공기의 균형을 항공기가 유지하지 못하도록 하면서 조작해야 한다. 정상 상태

로 회복하기 위해 조종사는 다만 작용시켰던 동작을 멈추기만 하면 항공기는 자동적으로 정상 균형을 유지하게 된다. 비행 중의 항공기는 난기류로 말미암아 불안정의 상태가 발생되지만 이러한 경우에도 기류가 안정되면 항공기는 자동적으로 균형을 회복된다.

다시 말해, 항공기가 공중에서 정상적인 균형을 잃어버리는 상황은 공기와 조종사에 의해 야기될 수 있다. 난기류는 더욱 저고도에서 일어나는 현상이다. 즉, 대기가 지면 근처에서 하강하는 곳이다. 해상에서도 마찬가지로 파도는 해변 근처에서 더욱 불규칙적이고 대기의 움직임도 지표면에 가까울 때 좀더 불규칙한 것이다. 조종사가 항공기 균형을 방해할 수 있는데 이것은 조종사의 의지에 의한 경우와 조작 실수로 일어나는 경우가 있다(이러한 경우 항공기를 원위치로 할 수 있는 이론적 근거가 있다).

비행 계기의 조작 실수는 일반적으로 어떤 고도에서든지 우연히 일어날 수 있다. 실수를 인식하는 순간 조종사의 몸은 대체로 바로 굳어버린다. 조종 중에 조작 실수를 했다고 해도 충분한 고도를 확보하고 있다면 항공기는 회복할 수 있다. 만약 조종사의 몸이 계속 굳어져 있다면 연속적으로 조작 실수를 하게 되어 충분한 고도에 있다고 해도 끝내 실패할 수 있다.

항공기가 높은 고도에서 비행할수록 비행의 안전성이 높다는 사실을 쉽게 알 수 있다. 만약 조종사가 자의적이든 아니든 항공기가 불안정한 상태에 있었던 것을 바로잡는 데 성공을 했다면, 이것은 비행 사고를 유발시킬 수 있었던 원인의 절반 이상을 제거한 것이다. 거기에는 여기서 언급해도 아무 소용이 없는 여러 계통의 도움으로 비행 중에 항공기 균형을 자동적으로 바로잡으려는 경향이 있다.

자동적으로 평행을 유지한 항공기는 자동차처럼 단순한 상태로 바뀐다. 즉, 상승하기 위해서는 엔진의 출력을 증가시키고 하강하기 위해서는 출력을 줄이는데, 이것은 출력 조절 장치의 개발로 가능해졌다. 좌우 방향 전환은 조종사에 의해 이루어진다. 이것을 개선하는 것은 확실히 성공할 것이다. 1913년 초에 비출라에 있는 무기공장에서 단순한 가속 조절 장치와 조종 장치만으로 이착륙과 조종이 가능한 항공기를 생산했다.[3] 조종사가 평형을 잃지 않고 난기류에도 자동적으로 작동되는 이 비행기는 1시간 이상 비행하여 자동 비행의 지속으로 세계적인 기록을 보유했다. 좀더 연구하면 이러한 진보의 실질적인 결과를 쉽게 상상할 수 있을 것이다.

항해에서 입항과 출항이 가장 어려운 조작인 것처럼 이륙과 착륙은 비행에서 가장 어려운 조작이다. 그 이유는 유체에서 단단한 매개체로 통과하는 비행기의 물리적인 저항에서의 차이라든가 또는 지표면 근처의 공기의 흐름 때문이다. 착륙은 더 어려운 기동이다. 땅에 닿을 때 충격이 항공기의 속도에 비례하기 때문에 착륙 속도가 빠를수록 그 위험이 더 크다.

따라서 비행 안정성은 항공기가 착륙할 때 저속을 전제로 하는 반면에 비행을 할 때는 더 빠른 비행 속도를 요구한다. 시간당 300킬로미터를 비행한다는 것은 1초에 83미터, 음속의 4분의 1보다 약간 빠른 속도에 해당하는 것이다.[4] 그러므로 항공공학은 더 빠른 속도로 비행하고, 저속으로도 더욱 안전한 착륙과 이륙이 가능한 항공기를 개발하고 발전시키는 일에 노력하고 있다. 더 좋은 시설의 비행장, 활주로 그리고 관제 통신 시스템의 발달이 항공 안전을 증진시킬 것이라는 것은 의심

---

3) 뿐만 아니라, 조종사가 없이 지상에서 발신하는 전자기파만으로 원격조정이 가능한 항공기(무인 항공기)가 제작되었다.

4) 현재의 항공기는 시속 400킬로미터의 기록을 경신했다.

할 여지가 없다.[5]

(2) 현재 사용 중인 항공기 부품 중 부식과 변형이 쉬운 부품을 교체하기 위한 방안

현재 항공 분야의 기술 개발로 항공기 제작용 양질의 부품이 공급되고는 있지만 아직은 항공기를 완벽한 기계 제품이라고 믿기는 어렵다. 아직도 목재나 면직물과 같은 부패성 재료가 항공기의 부품으로 사용되고 있기 때문이다. 목재나 면직물은 오늘날 금속물질과 비교할 수 없는 탄력성과 가벼운 특성을 가지고 있으나 구조적으로 동질성이 적고 기상 상태의 변화에 따라 쉽게 변질되기 쉬운 단점 또한 안고 있다. 이상적인 기계는 전적으로 금속으로 제작되어야 한다. 그 이유는 금속은 형태가 뚜렷하고 쉽게 변형되지 않기 때문이다.

전적으로 금속제 항공기를 제작하는 경향은 안정성을 향상시킬 수 있는 이점 외에도 항공기를 항상 격납고에만 보관해야 하는 필요성을 최소화시켰다. 이 방식은 특히 전쟁 중에 노동과 시간을 극도로 절약하는 효과를 가져올 것이다.

(3) 항공기의 수송 능력과 작전반경을 향상시키기 위한 방안

항공기의 수송 능력을 향상시키려는 노력은 경제적인 동기와 항공기의 행동반경을 향상시키려는 이중의 필요성에서 그 검토가 제기되었다. 사실 항공기의 수송 능력이 좋으면 제작 및 운용 비용이 비례적으로 절감된다. 즉 1인승 항공기에 한 사람이 아닌 두 사람을 탑승시켰다고 해서 두 배의 승무원이 필요한 것은 아니다. 승객 10명 또는 1톤의

5) 이미 라디오 주파수만에 의존하는 야간 비행이 현실화되었다.

화물을 운반하기 위해 열 대의 항공기를 동원하는 것보다는 한 대의 항공기를 이용하는 것이 비용이 적게 든다. 항공기의 성능이 향상되면 연료와 화물을 항공기 탑재량의 범위 내에서 적절하게 조절할 수 있기 때문에 항공기의 작전반경을 증대시킬 수 있다. 오늘날의 항공기보다 훨씬 많은 화물 수송 능력을 구비한 항공기가 개발되어야 대양 횡단 비행이 효율적으로 운항될 수 있다.

항공기는 날개의 힘으로 유지되고, 항공기의 전체 중량은 날개 면적 전체에 분산되어 있다. 날개 표면 1입방미터에 미치는 중량은 구조상의 제한치 내로 해야 한다. 따라서 더 많은 중량을 수송하려면 날개 면적을 더 넓혀야 한다. 삼엽기三葉機도 날개 면적을 최대로 증대할 수 있는 방법의 하나지만, 이것도 어떤 한계 중량 이상을 초과하는 것은 불가능하다. 최근 이탈리아에서 새로운 원리를 적용한 항공기가 제작되었는데, 이 항공기는 삼엽기의 일종으로 꼬리날개를 없애고 대신 새로운 제어장치를 발명하여 조종에 응용했으며 시험 비행에서도 실용성이 입증되었다.

이 중량重量의 항공기들은——현재 2,000마력의 항공기가 있고, 6~12기통에 6,000마력의 항공기가 제작 중에 있다——수면을 제외하고 이 · 착륙이 불가능하기 때문에 결국 이와 같은 항공기의 착륙지로 인공호수를 만들어야 할 것이다. 이런 측면이 군사적으로 이용 가치가 있을 수도 있다. 왜냐하면 전쟁시에 수상 기지는 지상 기지처럼 폭격으로 손쉽게 손상받지 않기 때문이다.

(4) 속도와 연료 효율을 향상시키기 위한 방안

항공기의 증대된 속도는 근본적으로 성능이 우수한 엔진의 동력 덕분이라고 할 수 있다. 따라서 엔진의 동력이 증가할수록 항공기의 속도가 증대되어 항공기는 공기 저항을 손쉽게 헤쳐나간다. 그러나 이와 같이 엔진의 동력만을 증가시켜 속도를 증대시키는 방법은 결코 경제적이라 할 수 없다. 이제는 엔진의 동력을 증가시키지 않고 공기의 저항을 감소시켜서 속도의 증가를 도모할 수 있는 방법이 필요하다. 현재 우리에겐 그러한 방법이 없다. 공기의 저항은 있는 그대로이다. 하지만 항공기가 고도를 상승하여 비행하면 공기의 저항이 감소된다는 사실을 우리는 잘 알고 있다. 그래서 동력을 일정하게 유지하면서 고도를 상승시키는 것이 비행 속도를 증가시키기 때문에 결국엔 경제적인 방법인 셈이다.

하지만 실제로 이 방법은 그리 단순하지 않고, 엔진 동력을 일정하게 유지하는 데에도 어려움이 있다. 엔진 동력을 이끌어내는 요소 중의 하나는 엔진 실린더의 흡입 부피이다. 즉 엔진의 동력은 실린더에 의해 흡입된 공기와 연료의 혼합양에 따라서 좌우된다. 실린더의 부피가 1리터라면 이것은 공기와 연료 혼합양 1리터가 소모되어 각 폭발시 1리터의 탄화혼합물이 발생한다는 것을 의미한다.

공기의 밀도는 고도에 따라 변화한다. 해변의 공기 밀도를 1이라고 하면, 500미터 상공에서는 약 절반 정도이고, 1,800미터의 고도에서는 약 4분의 1이 된다. 실린더 부피가 고도의 변화에도 일정하다면, 5,000미터 상공에서 엔진은 해면 고도에서 흡입할 수 있는 공기와 연료의 혼합량(무게)의 절반을 흡입하고, 1,800미터에서는 10분의 1을 흡입한다. 엔진의 동력이 해면고도에서 1이라고 하면, 고도가 상승하면서 줄어들게 된다. 즉 5,000미터에서는 2분의 1로 감소하고, 18,000미터에서는 10분의 1로 감소하게 된다.

이 현상은 매우 복잡하다. 그렇지만 공기 밀도가 희박해짐에 따라 그리고 고도가 상승함에 따라 엔진의 동력이 감소하게 되는지를 이해할 수 있으면 충분하다. 이것은 왜 모든 항공기가 상승 한계 고도를 갖는가에 대한 답이기도 하다. 다시 말하면 항공기는 어떤 고도 이상은 상승하지 못한다. 이 고도에서 엔진의 동력은 모두 소모되기 때문에 항공기는 더 이상 상승할 수 없다.

이론적으로 항공기가 고도의 변화에도 동일한 엔진의 출력을 내려면, 어느 고도에서나 해면 고도와 똑같은 공기밀도를 흡입해야 한다. 또한 이론적으로 이런 결과를 얻으려면 엔진에 공급되는 공기를 압축해서 해면의 공기밀도처럼 1이 되도록 해야 한다. 이 문제를 해결하기 위한 연구가 세계적으로 진행되고 있지만 언젠가 이 문제가 이론이 아니라 실제 해결될 수 있다는 희망적인 증거는 아직은 없다. 실제적인 문제가 해결된다면 미래에는 유익하게 이용할 수 있을 것이다.

그러나 공기의 저항은 그 밀도에 비례하기 때문에, 만약 공기 저항이 해면고도에서 1이라고 하면 5,000미터에서는 절반이 되고, 18,000미터에서는 10분의 1이 될 것이다. 만약 엔진의 성능을 고도와는 무관하게 유지할 수만 있다면, 해면 고도에서 시속 150킬로미터의 항공기가 이론적으로 5,000미터의 고도에서는 시속 300킬로미터로, 18,000미터의 고도에서는 시속 1,500킬로미터의 속도로 비행할 수가 있다. 그리고 최대 상승고도에 대한 한계가 없을 것이다. 왜냐하면 높이 상승하면 할수록 더 쉽게 올라갈 수 있기 때문이다.

사실 이와 같은 설명은 실제로는 그렇게 도달할 수 없는, 단지 현재 항공공학의 발전 추세에서 예측할 수 있는 이론적인 목표인 것이다. 그렇지만 항공공학 전문가들은 가까운 장래에 10,000미터의 고도에서 시속 500킬로미터의 속도로 비행할 수 있을 것이라고 생각한다. 이런 고도에서 정상적으로 비행을 하려면 조종실은 완전히 밀폐되어야 하고, 밀폐된 조종실의 공기는 엔진에 유입되는 공기처럼 해면 고도상의 공기 압력을 유지해야 한다.

이처럼 항공기가 많은 화물을 수송할 수 있고, 또한 경제적으로 높은 속도를 낼 수 있다면 당연히 항공기의 작전반경이 증가되고 항공기 여행도 더욱 편해질 것이다. 오늘날 항공 기술의 발전 추세를 미루어볼 때, 가까운 장래에 항공운항이 큰 발전을 하게 될 것이고 특히 장거리 비행이 가능하게 될 것이 틀림없다. 오늘날 대양을 횡단할 때 돛단배를 생각하지 않는 것처럼, 미래에는 어느 누구도 대양을 횡단하는 데 더 이상 증기선을 이용하려고 생각하지 않을 것이다. 전쟁 수행의 무기체계로 항공기의 공격 성능은 꾸준히 증대될 것이며 머지않은 미래에 일본이 항공기에 의한 공중 공격으로, 또는 그 반대의 공격도 미국을 공격할 수 있다는 생각을 막을 것은 아무것도 없다.

지금까지 나는 오로지 현재의 필요성을 강조하기 위해 미래를 생각해보았다.

제4장 항공전의 조직

1. 개관

나는 1910년에 이렇게 기술했다. "기존의 무기가 지닌 기술적인 문제 외에도 항공전에서는 항공력을 준비하고 조직하며 이를 효과적으로 운용하는 문제를 해결해야 한다. 다시 말하면 그것은 새로운 것, 전쟁술의 세 번째 영역인 항공전의 기술을 창조하는 것이다."[6]

나는 내가 한 이 말이 오늘날, 여론의 지지를 받고 있다고 믿고 있다. 그리고 항공 전술에 관한 연구서를 집필하면서, 항공전이 도달할 수 있는 고도의 문제를 살짝 강조함으로써 전쟁학도들이 전쟁술의 세 번째 영역인 항공전을 창조할 수 있도록 했다.

이에 관련된 문제들은 많고도 난해하지만 해결되어야 한다. 왜냐하면 하나의 무기를 생산하기 전에, 먼저 이 무기를 가지고 무엇을 할 것인지, 그리고 어떻게 사용해야 하는지에 대해 알아야 하기 때문이다. 지금까지 이 연구를 하면서 나는 관련된 여러 문제들을 해결하기보다는 단지 항공전의 성격과 범위만을 전반적으로 제시하며, 독립공군을 태동시키기 위한 방법만을 정의하려고 시도했다.

비록 내가 지금까지 말한 것은 많지는 않지만, 독립공군의 창설은 단

---

6) 《공중 항해술의 문제*I Problemi dell aeronovigazione*》(Rome, 1910).

순한 경험주의를 넘어 독립공군의 작전을 가능하게 할 모든 분야의 병참상의 조건들에 대한 광범위한 연구를 기초로 이루어져야 한다는 것은 분명하다. 독립공군의 전략적 운용은 몇 가지 기본원리들을 현명하게 활용함으로써 가능한 반면에, 전술적 운용을 위해서는 휘하 단위부대의 무장과 조직에 대한 논리적이고 실용적인 연구가 필요하다. 항공병참, 또는 항공전술에 대한 연구는 사실 이 책의 목적과는 거리가 있다. 대신에 나는 항공전의 조직에 대해 좀더 깊이 연구하는 것이 시기적절하다고 믿는다. 항공전술의 연구도 항공권을 조직하는 것에서부터 시작해야 하기 때문이다. 독립공군을 조직하는 일이란 어떠한 상상의 날개를 펴는 일이 아니기 때문에, 현재와 미래가 필요로 하는 것에 나의 능력을 최대한 붓고자 한다.

2. 협동

전시에 육 · 해 · 공군 전력을 운용하는 목적은 오로지 승리라는 목표를 달성하기 위해서이다. 목표 달성을 위한 최대 효과를 얻기 위해 이들 3군은 철저히 협동하고 일사분란하게 조화를 이루어야 한다. 이들 3군의 전력은 단일 제품의 부속품처럼 기능을 해야 한다. 그리고 제품이 최고의 가치를 얻으려면 당연히 부속품을 적재 적소에 배치해야 한다.

아무리 부유한 나라라 하더라도 국가 방위를 위하여 사용할 수 있는 자원은 한정되어 있다. 3군의 전력을 적절하게 조화한다면 제한된 자원을 가지고도 국가 방위를 효과적으로 이룰 수 있다. 이들 세 요소(3군)를 더욱 적절하게 조화시킬수록, 국가 방위를 위해 지출되는 방위비는 점점 더 감소하게 될 것이다. 그렇지만 이들이 적절히 균형 잡힌 조화를 이룬다 하더라도, 완벽하게 조정되지 않는다면 최상의 결과를 얻을 수 없다. 육 · 해 · 공군 본부에 최대한의 행동의 자유를 부여하는 한편, 단일 최고사령부하에서 이들 3군 전력이 합동으로 조직되는 편이 국가 방위에 훨씬 도움이 될 것이다. 그러나 이것만으로는 충분하지 않다. 더욱 필요한 것은 전시나 그와 유사한 사태가 발생했을 때, 가장 효과적으로 사용할 수 있도록 자원을 적절히 세분하여 할당하는 것이다. 이러한 고려사항들은 너무나 당연하기 때문에 더 이상의 설명이 필요하지 않다. 다음은 그 계획을 수행하기 위해 필요한 것들이다.

(1) 국가 방위에 필요한 자원의 수요를 연구하고, 이를 육 · 해 · 공군에 적절히 배분하는 기구
(2) 3군의 작전 활동을 지휘하고 이들을 협조시킬 수 있는 최고사령부의 기능을 맡을 수 있는 기구

현재는 이처럼 권위 있는 상위기구는 존재하지 않는다.[7] 대신 국가 방위를 위한 자원이 경험적인 방식에 의해 주먹구구식으로 배분되고 있어서, 각 군의 지출비 내역은 계획적이라기보다는 우연한 상황적 요인에 의해 결정되고 있는 실정이다. 그것은 각 군이 독립적인 조직의 통제를 받고 있고, 각 군별로 자신의 특권을 지키기 위해 노력하기 때문이다. 전시에 이들 사이에 협조가 있다면, 그건 우연의 결과일 것이고, 특히 상호 협조의 전례가 없는 경우라면 더욱 어려워질 것이다. 수

7) 이탈리아군의 최고 상위기구인 합동참모본부는 무솔리니의 지시로 1927년에 설치되었다.

많은 전쟁의 역사는 각 군의 협동이 이루어지지 않으면 항상 심각한 어려움에 처하게 된다는 사실을 보여주고 있다. 점차 국가의 모든 활동을 포함하는 총력전의 경향으로 전쟁이 발전하고 있고 또한 날로 그 중요성이 더해가는 항공 전력이라는 새로운 요소가 있기 때문에 미래에는 더욱 그럴 것이다.

과거 어느 때보다 오늘날의 우리는 엄격한 필요성의 논리를 가지고 육군도 해군도 아닌 국가 조직을 창조할 필요가 있고, 그 조직은 3군 간의 협력에서 최상의 결과를 얻기 위해 전쟁의 총체성에 대한 명확한 비전을 가지고 아무런 편견 없이 3군이 가지고 있는 기본 화력의 가치를 측정할 수 있어야 한다.

그러나 우리는 현재 알고 있는 상황 그대로에서 시작할 수밖에 없다. 비록 민간인들 못지않게 육 · 해군이 항공공학과 항공술의 발전에 참여하고 있지만, 오늘날의 항공공학은 육군이나 해군에 속한 것은 아니다. 있는 그대로의 상태를 말하자면 현재 존재하는 공군 조직의 형태는 공군의 잠재력에 비해 크게 뒤떨어진다. 따라서 다음과 같은 기본원리를 설정할 필요가 있다.

(1) 육군과 해군의 작전 영역에서 운용되고 있는 항공력은 그 작전형태가 어떤 것인가를 떠나서 육 · 해군 전력의 일부이고 당연히 그렇게 간주되어야 한다.

(2) 육 · 해군의 작전반경으로 수행할 수 없는 작전을 수행하는 항공력은 육 · 해군 전력과 분리되어 독립공군으로 존속해야 하고, 육 · 해군의 작전과 협력 관계는 유지하되 독립적으로 운용되어야 한다.

(3) 다른 모든 국가 활동과 마찬가지로 민간 항공도 국가 방위에 얼마나 기여하고 있나를 떠나서 국가가 직접적으로 지원해야 한다. 여기에

서 내가 '직접적'이라는 용어를 사용한 것은 모든 국가 활동 자체가 '간접적으로' 국가 방위를 위해 일정한 몫을 하고 있기 때문이다.

(4) 그러나 국가 방위와 직접 관련된 활동 중에서, 민간 항공은 한 국가의 국방조직에 의해 지원되어야 한다.

앞으로 알게 되겠지만 이 네 가지 기본원칙을 잘 적용한다면, 논리적이고도 효율적인 조직을 창출하게 될 것이다.

3. 보조항공대

'육군과 해군의 보조항공대'라는 용어는 육군과 해군의 작전 영역에서 운용되고 있는 항공력을 의미한다. 만약 이들 보조항공력이 육·해군 작전의 필수적인 요소로 기능한다면 이들 보조항공대는 첫째, 육군과 해군 예산에 포함되어야 하며 둘째, 조직부터 인사에 이르기까지 육군과 해군의 직접적인 지휘 계통 아래 있어야 한다.

왜 육군과 해군의 보조항공대가 각 군의 분리된 예산으로 운영되어야 하는가에 대한 논리적인 이유는 없다. 그와는 반대로 양군의 보조항공대를 위한 예산은 각 군의 전력과 조직에 비례하여 배분되어야 한다. 보조항공대의 적절한 조직을 결정할 수 있는 유일한 부서는 이들 조직을 직접 운용하는 육군과 해군이다. 이들만이 자군의 작전 수행에 기여할 수 있는 항공무기가 무엇인가에 대한 정확한 자료를 보유하고 있기 때문이다. 예를 들어 육군이 그들이 운용하는 포병 조직──포의 종류와 수, 탄약 등──에 대하여 스스로 결정하면서 포병 사격의 통제에 필요한 항공기의 종류와 대수를 결정하지 않을 이유가 없는 것이다.

만약 육군 군사령부 휘하에 정찰 및 관측용 항공기를 배속시키는 것이 바람직하게 보인다면, 이 사령부는 최대의 작전 효과를 얻기 위해 평시의 조직에서 전시의 운용에 이르기까지 항공기에 대한 완벽한 통제권을 가져야 한다. 이렇게 함으로써 이들 사령부는 그들이 운용할 수 있는 정확한 항공 전력을 보유하게 되고, 아울러 보조항공대를 지상군의 전술과 일치시킬 수 있게 된다. 이러한 시스템은 항공대의 조직과 운용 개념에 논리적으로 부합될 뿐만 아니라, 보조항공대가 육군에서 분리하여 독립할 때 발생할 수 있는 이중 통제의 위험을 피할 수 있게 한다.

현 육군 전력의 중요한 요소인 군사 항공은 준비, 훈련 및 운용에 관해 육군의 직접 통제를 받아야 한다. 그러나 그 전에 조직의 첫번째 원리가 채택되어야 하는데, 그것은 항공대와 육군 간의 상호 작용을 방해하는 선입견이 불식되어야 한다는 것이다. 즉 항공대는 육군이 다루기에는 너무 기술적인 영역이어서 전적으로 전문가들이 맡아야 함을 의미한다.

일단 우리가 문제의 본질을 정확하게 기술한다면, 이러한 선입견을 불식시키는 일은 아주 손쉬운 문제이다. 군사 항공 역시 다른 항공 분야와 마찬가지로 고도로 기술적인 분야이고 고도로 숙련된 조종술을 가진 조종사들에게 크게 의존하게 된다. 그러나 무기체계라는 관점에서 볼 때, 항공대 역시 무기로서 효율성의 조건을 충족시켜야 한다. 예컨대, 포병의 사격을 통제하기 위해서는 항공기와 훈련된 요원이 필요하다. 그리고 이들은 비행을 할 때 이와 같은 요구조건에 부응해야 하며, 이것이 실패로 끝나면 포병 사격은 완전히 무용지물이 된다. 따라서 항공기의 필수조건을 결정하고 항공기 조종사를 어떻게 교육시킬 것인가는 그 필요성을 잘 알고 있는 포병 부대에서 결정하는 것이 당연하다.

이 문제를 철저하게 검토한 후에, 포병 부대는 다음과 같이 말할 수 있다. "우리는 이런 저런 형태의, 이런 저런 장비를 갖춘, 이런 저런 제한구역에도 착륙할 수 있는 등의 필요조건을 충족하는 많은 관측용 항공기가 필요하다." 일단 포병이 항공기의 형태와 구비 장비를 선택한 다음엔, 그 책임은 포병 부대의 몫이다. 육군의 다양한 병과에 필요한 항공기가 어떠한 형태인가를 결정하는 것은 항공 기술자가 할 일이 아니다. 그들의 책임은 군의 요구에 따라 항공기를 생산하는 것이지, 그 군사적 유용성을 판단하는 것이 아니다. 만약 육군이나 해군이 현재 존재하지 않는 새로운 형태의 항공기를 요구한다면, 이런 항공기를 연구하고 생산하는 것은 항공 기술자들의 몫이다. 동시에 항공 기술자들은 새로운 항공기의 생산을 위해 항공공학이 올바른 방향으로 발전하도록 노력해야 한다. 물론 새로운 항공기의 성능에 대한 필요조건은 합리적이고 실현성이 있어야 한다. 그렇지 않고 공중에서 움직이지 않는 항공기를 요구하는 것은 너무나 어처구니가 없는 것이다. 이와 같은 불합리성을 배제하기 위하여 우리는 공동의 문화유산인 보편적인 사고방식에 대해 인식할 필요가 있다. 그리고 항공대를 운영하는 사람들이 자신들의 선택에 책임을 느낀다면, 항공 분야의 문화 역시 머지않아 인류의 공동의 유산이 될 것이다.

결론적으로 항공 기술자가 관심을 가져야 하는 것은 요구에 따라 가치 있는 항공기를 생산하는 것이고, 군은 이들 항공기를 유지하고 운영할 수 있는 항공교관을 양성해야 한다. 이러한 방식으로 군과 항공 기술자는 상호 적절한 기능을 수행하고, 자신의 행동에 대하여 책임을 지며, 상대방의 활동영역에 대한 침해를 피해야 하는 것이다.

나는 육군 보조항공대를 조직하는 책임은 전적으로 육군에 있다고 감히 주장한다. 그리고 여기에서는 그 문제에 관한 논의를 더 이상 하지 않으려고 한다. 반대 논리에 대한 기선을 제압하기 위해 내가 말할 수 있는 것은 육군에 보조항공대를 배속하는 조치가 군 조직의 중복을 뜻하는 것은 아니라는 것이다. 이 부분에 대해서는 계속 나의 관점을 제시하겠다.

4. 독립 항공대

처음부터 극단적인 표현을 피하기 위해 나는 용어상으로 '보조항공대'와 '독립 항공대'를 분명하게 구분할 것이다. 이 글에서 내가 사용하는 '독립 항공대'라는 용어는 독립공군을 대신하는 용어로, 전시에 육군이나 해군이 수행할 수 없는 모든 형태의 항공수단을 의미한다. 이와 같은 항공수단은 현재는 아직 맹아기萌芽期에 있다고 할 수 있는데 항공폭격과 요격 전투가 이에 해당한다.

지상군 무기나 해군의 무기로 도달할 수 없는 적진의 배후에서 수행하는 항공 공세는 육군이나 해군에게도 큰 도움이 된다. 그러나 양자에게 도움이 된다는 이유 때문에 항공 무기체계가 육군이나 해군의 직접적인 통제 아래 놓여야 한다는 것은 결코 아니다. 폭격 작전에서 지상군은 지상에서 이륙하는 항공기만을, 해군은 선박에서 이륙하는 항공기만을 운용해서는 안 된다. 제1차 세계대전의 역사는, 적의 항구나 내륙에 있는 도시들이 아군 폭격기가 지상이나 함상에서 이륙한 것과는 아무런 상관없이 폭격당했음을 교훈으로 보여주고 있다. 현재의 제한적인 제공권의 개념에서도 요격용 전투기의 기본 기능은 전면적인 항공전의 양상을 띠지 않더라도 공중에서 이루어져야 한다. 이런 이유들로 인하여 항공 전력은 지상군이나 해군의 통제하에 있어서는 안 된다. 만약 지상군이나 해군이 그들의 작전구역 상공을 초계하기 위해 요격용 전투기 부대를 운용하기를 희망한다면, 자군 소속의 보조항공대를 조직해야 한다.

나는 오랫동안 전시에 제공권을 장악할 수 있는 능력을 지닌 독립 항공대를 보유해야 하는 불가피한 이유를 강조했다. 그리고 폭격 및 추적 임무에 대한 현재의 지배적인 개념만이 독립 항공대를 보유하는 목적은 아니라고 주장했다. 나아가 이들 목표 달성을 위한 방안을 제시했다. 이와 같은 항공력 조직화의 국면에 대해 반대하더라도 최소한 다음의 것들은 인정되어야 한다고 생각한다. "*제공력 장악을 위해 미래의 투쟁을 준비하지 않는 처사는 진실로 어리석고 무모한 행위다.*"

첫번째의 준비 단계는 육군과 해군으로부터 폭격기 부대와 전투기 부대를 분리하여 가까운 미래에 독립공군으로 발전이 가능한 1단계의 중핵을 설정하는 것이다. 이러한 독립 항공대는 사용 가능한 수단에 따라 강력해질 수도 있고 오히려 약화될 수도 있다. 그러나 제한된 한계 내에서 최대한의 행동의 자유를 보장하기 위해 독립 항공대의 자원은 독립 예산에 따라 지원되어야 한다. 그리고 여론이 제공권의 중요성을 더욱 크게 인식해간다면 그 예산이 증가할 것이라는 점은 분명하다. 마찬가지로, 독립 항공대의 조직과 기능도 외부의 통제로부터 자유로워야 한다. 비록 항공력이 육군과 해군에서 유래했지만, 항공력은 이미 성숙했고 따라서 해방되지 않으면 안 된다. 따라서 독립 항공대의 성장을 감독하려면 전쟁술 일반과 새로운 사상을 습득한 사람들로 구성된 능력 있는 조직을 만들어야 한다. 하지만 이들이 기술적인 전문가일 필요는 없고, 단지 새로운 항공기라는 무기체계의 큰 가능성을 인식하고 있으면 된다. 그것으로 시작은 충분하다. 이들의 임무란 항공기 날개의 형태를 결정하는 것이 아니라, 항공 전력을 창출하고 이를 전시에 활용하는 최선의 방법을 결정하는 것이기 때문이다.

독립 항공대는 관련된 문제들을 고찰하고 해결해야 한다. 비록 이러한 문제들이 복잡하고 해결 가능성이 요원하다 하더라도, 우리가 이제 출발점에 있다는 사실을 알고 있다면 과정상 발생하는 실수는 차츰 수정이 가능하고 그렇게 심각한 것은 아니다. 그리고 항공전과 관련있는 새로운 전쟁술의 세 번째 분야를 창조하는 것도 바로 이 독립 항공대이다. '창조하다'라는 용어를 사용한 이유는 현재 아무것도 존재하지 않기 때문이다. 그러나 현재의 폭격기 부대와 요격용 전투기 부대가 독립적으로 운용된다면, 이것 또한 하나의 경험이 될 수도 있다.

지금까지 설명한 독립 항공대의 조직은 육군 최고사령부가 예하 육군 부대에 대해 갖는 지휘상의 관계와 마찬가지로 제한된 범위 안에서 동일한 지휘 기능을 행사해야 한다. 지금까지 여러 가지의 견해를 제시했는데 나의 직관과 주장에도 한계가 있기는 하지만, 이 글을 읽는 독자들이 내 주장에 포함된 실용적인 측면을 충분히 헤아릴 것으로 믿는다.

5. 민간 항공대

인류 문명 진보의 한 수단으로서 항공 운송의 장래에 대해서는 다양한 견해가 있지만, 한 가지 분명한 사실은 이 새로운 운송수단이 바로 이 자리에 있다는 것이다.* 오랜 시행착오를 거듭한 끝에 인간의 천재성과 대담성으로 만들어진 이 항공기라는 기계는 수송의 역사상 가장 빠르고 경이로운 발명품이다. 이 발명품의 지속적인 발전을 현재 정확하게 예견할 수는 없지만, 주변의 모든 상황과 징조들을 종합해볼 때 항공기의 장기적인 발전 가능성은 매우 높다. 이 새로운 운송수단은 두 가지 측면에서 다른 수송수단과 근본적으로 차이가 있다.

첫째, 항공기의 실제 운항 속도를 다른 수송수단과 비교해보거나 항공기가 출발지에서 착륙지까지를 직선으로 연결한다는 사실을 고려할 때, 지금까지 알려진 것 중에서 가장 빠른 수송수단이다.

둘째, 항공기는 통상적인 의미의 도로가 필요하지 않다.

지금까지의 모든 수송수단은 두 가지 요소로 구성되어 있었는데, 그 중 하나가 바로 도로이다. 기관차는 그 자체만으로 수송수단으로서의 역할을 할 수 없고, 자동차도 협소한 길에서 운전할 수는 없다. 대양을 항해하는 데 도로가 필요하지는 않지만, 항해거리를 단축하기 위해 수에즈나 파나마 운하 건설 같은 힘든 노동이 필요할 때가 있다. 오직 항공기만이 육지든 바다든 지구의 전체 표면을 아무런 제한 없이, 이륙 지점과 착륙 지점만을 제시해주면 비행할 수 있다.

이 두 가지 특징 때문에 항공기는 통신수단으로 급부상하게 되었고, 지표면의 상태와 거리에 관계 없이 두 지점을 더 빠르고 더 경제적으로 연결해줄 수 있게 되었다. 오늘날의 사회구조를 볼 때 좀더 나은 통신수단 확보가 필수적인 요소인데, 이 점 또한 항공 운송의 발전을 촉진시키는 요인으로 작용하고 있다. 위의 두 가지 특징으로 인해 앞으로 항공 운송의 발전 방향은 시간을 더욱 절약하고, 차나 기차가 이를 수 없는 험한 지역까지도 손쉽게 갈 수 있는 장거

---

* 이 말은 듀헤가 인간적으로 미래를 가능한 한 멀리 바라보려고 했다는 점을 시사해준다.

리 항로의 형태를 띠게 될 것이다. 로마와 런던을 단 몇 시간에 연결할 수 있는 교통수단이 있는데도 이를 경시한다는 것은 상식적으로 생각할 수 없는 일이다. 또한 이집트의 알렉산드리아와 남 아프리카의 케이프타운 연결은 기차보다 훨씬 빠른 항공기 항로가 이루어놓을 것이 틀림없다.*

단거리를 연결하는 지역 항공선과 장거리 주요 간선 항공노선은 점차 대중적으로 실용화될 것이다. 또한 오늘날 스포츠나 개인적인 여행에 항공기 이용이 급격히 늘어날 것이라고 쉽게 예견할 수 있다. 항공기는 이미 여러 차례의 실험을 성공적으로 통과했고, 인간이 대담하게 바랐던 것까지도 성취시켜주었다. 그리고 지난 제1차 세계대전은 항공기에 대한 우리의 회의론이 얼마나 근시안적이었나를 극명하게 보여주었다. 이탈리아가 관심을 가져야 하는 점은 대규모의 항공로가 반드시, 그리고 머지않아 개설되리라는 것이다. 그 항공로의 대부분은 지중해 연안까지 확장될 것이다. 유럽 3대 강대국을 연결하는 축선軸線은 북서에서 남동방향으로 향하게 되고, 만약 이 축선이 지중해를 통과하게 되면 아시아와 아프리카가 만나는 수에즈까지 연결될 것이다. 따라서 대부분의 항공로가 이 축선을 따라 형성될 것이다. 그렇게 되면 영국, 프랑스, 이탈리아를 통합하는 거대한 항공 네트워크가 형성되고, 항공망은 이곳에서부터 아시아, 아프리카, 발칸 반도로 확장될 것이다.

지정학적 위치와 정치적인 상황 때문에 이탈리아는 전 유럽 항공 교통의 교차로 역할을 해야 한다. 이러한 부인할 수 없는 사실 때문에 이탈리아는 항공 교통 분야에서 특권적인 지위를 부여받았지만, 동시에 이것은 이 특권을 계속 향유하기 위해서는 앞으로 발생 가능성이 있는 비상사태에 어떤 나라보다 재빨리 대처해야 한다는 의무이기도 하다.

---

* 실제로 이 항로는 1931년 대영제국 항공사에 의해 개통되었다.

만약 우리가 지중해상의 이익을 위해 지정학적 · 정치적 위치를 활용하고자 한다면, 왜 항공노선에서도 유리한 지위를 차지해야 하는지에 대한 분명한 이유를 알게 될 것이다. 국가 안보뿐만 아니라, 정치적, 도덕적, 경제적 이유에서도 우리의 영토와 지중해 상공을 비행하는 항공기는 이탈리아 국기를 달아야 한다. 그것은 우리 항공정책의 지도 원리가 되어야 한다. 이탈리아는 단순히 외국 항공을 연결해주는 부두 역할에 만족해서는 안 된다. 이탈리아가 현재의 특권적 위치를 최대한 활용하려면 지중해에서의 항공 운송의 요구조건을 충족시켜야 하고, 그러한 항공 운송 자체를 자극할 수 있는 조건들을 예견할 수 있어야 한다.

튜린에서 로마, 알렉산드리아로 이어지는 항공노선의 개설은 분명히 런던에서 파리, 튜린으로 이어지는 노선의 개설을 촉진할 것이며, 더 나아가 알렉산드리아에서 수단, 팔레스타인으로 이어지는 항공노선의 개설을 촉진할 것이다. 따라서 우리는 지방적인 항공노선을 개설할 뿐만 아니라, 우리의 해안에서 아시아, 아프리카, 발칸 반도에 이르는 항로를 개설해야 한다. 이처럼 우리 이탈리아는 전 유럽 항공로의 중심지가 되어야 한다. 유럽 강대국 중 우리와 인접해 있는 발칸 반도에 항공산업이 발달해 있기 때문에 이 지역을 연결하는 지역 항공노선을 개설해야 한다. 아드리아 해 동쪽 해안의 우리 항구들은 발칸 반도를 횡단하여 남부 러시아와 소아시아 지역으로 연결되는 곳에 있기 때문에, 이 지역을 총괄하는 지역 항공망 구성 작업은 어려운 일이 결코 아니다.

이와 같은 사항들을 고려해볼 때, 이탈리아가 다른 나라들보다 항공운송의 발달에 더욱 결정적인 조건을 가지고 있다는 것은 명백하다. 위에서 기술한 일반적으로 유리한 사항 외에도 적절한 항공운송의 발전은 다음과 같은 장점을 수반하게 된다.

(1) 경제적 · 산업적 이점

항공 운송의 발전은 항공산업 전반의 발전을 자극하게 된다. 이 항공산업은 우리 나라의 우수한 인적 자원과 물적 자원의 활용에 아주 적합한 산업이다. 이 산업은 천연자원을 많이 필요로 하지 않는 반면에 우수한 기술력이 절대적이다. 이탈리아의 천연자원은 매우 빈약하지만, 우수한 노동력은 매우 풍부하다. 항공산업에 이탈리아가 잘 적응한다면, 이는 다른 나라를 능가하여 빛을 볼 수 있는 산업인 것이다.

(2) 국가 안보상의 이점

우리는 지난 제1차 세계대전이 마지막 전쟁이기를 희망하지만, 그러한 희망에 전적으로 의존하는 것은 아주 바보 같은 짓이다. 이 전쟁에서 항공기라는 신형 무기체계가 선보였지만, 항공기의 진가를 다 보여줄 만큼 충분한 시간은 아니었다. 민간 항공수단의 완성은 항공기의 군사적 효용 가치를 강화시켰고, 전쟁의 마지막 단계에서는 제공권 장악이 제해권 장악보다 큰 장점이 되었다는 사실은 분명하다. 군사력의 관점에서 볼 때 마음대로 사용할 수 있는 항공 운송수단을 보유하는 것은, 한 국가의 권리를 수호할 준비가 되어 있는 막강한 독립 공군을 보유한 것과 마찬가지다.

결론적으로 이탈리아가 지중해의 항공 교통을 집중 개발하는 사업은 지정학적 위치를 활용하는 것이며, 또한 국민들이 전쟁의 피값으로 산 정치적인 특권을 빛낼 수 있는 기회인 것이다. 항공 교통의 개발은 강력한 산업국가로 도약할 수 있는 기회이고, 정치 권력, 국부 그리고 군사적 안보의 수단을 도모할 수 있는 기회인 것이다.

국내, 식민지 그리고 지중해 항로를 개발하는 계획을 수립할 때는 좀더 포괄적인 개념으로, 즉 앞으로 얻을 많은 이점을 우선 고려하여 사업에 착수해야 한다. 분명히 처음에는 높은 비용과 예기치 않은 어려움으로 인해 적어도 처음 몇 년 간은 적자를 면치 못할 것이다. 그러나 이러한 초기의 단점은 곧 극복될 것이고, 경쟁이 본격화되면서 항공 비용도 급격히 감소할 것이다.

항공기는 말로 다 표현할 수 없는, 상상을 초월하는 경이로운 발명품이다. 제1차 세계대전 전에는, 장차 항공기 대수가 수천 대 이상 증가할 것이라는 생각을 단순한 공상으로 치부했지만, 이제 교통의 수단으로서의 항공기는 그만큼 크게 증가할 것이다. 앞으로 몇 년이 지나면 특급열차는 하급의 교통수단으로 전락하게 되고 국제우편은 항공기를 통해 운송될 것이다. 따라서 좀더 장기적인 안목을 가지고 항공운송 사업을 추진하는 것이 현명한 처사라 하겠다. 그러므로 항공회사를 설립하기 위한 초기 비용은 무가치한 낭비라기보다는 미래를 위한 투자라 할 수 있다.

항공운송 분야의 발전은 국가적 차원의 문제이며, 정부가 더욱 적극적으로 나서야 할 사업이다. 항공회사를 설립하는 데 나타난 정치적 · 경제적 · 군사적 및 다양한 분야의 문제점을 해결하기 위해 정부와 장관들이 나서야 한다. 지난 제1차 세계대전 중에 항공위원회는 특정 무기(항공기)의 획득으로 활동이 한정되어 전쟁성 예하로 편성되었다. 그러나 전쟁이 끝난 후의 평화기에 항공운송을 촉진하는 기능이 부여된 이 기구는 더 큰 권위와 더 많은 행동의 자유를 가져야 하며, 동시에 교통성, 산업성, 체신성, 전쟁성 등과 긴밀한 상호 협조 관계를 유지해야 한다.

항공성은 권위와 항공에 관련된 다양한 문제들을 취급할 수 있는 능력을 지녀야 한다. 사실, 항공에 관해 많은 문제가 나타나고 있고 중요성도 점차 커지고 있다. 그리고 항공 분야가 아직은 생소하고, 교육받은 고급 인력이 매우 적다는 점을 고려하더라도, 그 증가 추세가 급격하지 않고 점진적이기 때문에, 항공 분야의 중요성을 국민들에게 인식시키고 미래의 항공력 개발에서 발생하는 많은 문제들을 해결할 수 있는 더 많은 고급 인력을 준비할 시간을 벌 수 있다는 점에서 이점이 있다.

항공 노선과 관련하여 항공성의 기능은 적극적인 협력이나 통제 중 하나가 될 것이다. 즉 주요 항공 노선은 국가가 직접 운영하거나 아니면 국가의 감독하에 민간 기업에 의해 운영될 것이다. 그러나 항공 분야는 완전히 민간 주도로 운영되어서는 안 된다. 왜냐하면 이들의 관심은 오로지 이윤의 추구이지, 국익은 관심 밖이기 때문이다. 평화시의 민간 항공은 전시에는 군사 항공으로 신속하게 전환될 수 있어야 하기 때문에 항공성은 전환될 항공대의 조직과 장비에 대해 세밀하게 연구해야 한다. 나아가 항공성은 지역 항공 노선, 스포츠 항공 활동, 발칸 반도와 남아메리카의 항공 노선 그리고 항공산업 분야까지를 통합적으로 관리할 수 있어야 한다. 이런 노력이 전제될 때 이탈리아는 세계 제1위의 항공국가가 될 것이다.

지금까지의 설명과 최근 항공 분야의 급속한 발전 추세를 미루어볼 때, 항공 분야에 대한 관심과 개척이 조국을 위해 얼마나 절실한 것인가를 알 수 있다. 최근 단기간 동안 항공기를 활용하는 분야와 항공기 자체가 놀라운 속도로 발전해왔다. 이와 같은 발전의 추세를 따라가지 못하고 지체한다면 이는 국가 발전에 치명적일 수 있다. 따라서 우리는 항공 분야에 대한 대비를 해야 하고, 나아가 이 분야를 개척하여 발전시켜서 장래의 전쟁에서 승리할 수 있도록 해야 한다. 지금 세계 도처에서는 수많은 엔지니어, 숙련 노동자 그리고 기업들이 항공산업에 관심을 가지고 전환을 서두르고 있고 용기 있는 젊은이들이 항공기 조종을 배우려고 줄지어 서 있다.

이렇게 새로운 에너지는 모두 하늘이라는 새로운 길로 방향이 잡혔고, 국가들 간에는 주요 항공 노선을 확보하기 위한 경쟁이 가속화되고 있다. 따라서 주요 항공 노선의 가운데 위치하고 있는 이탈리아와 지중해는 유럽 내 국제 항공운송의 평화로운 경쟁 지역이 될 것이 틀림없다. 이러한 국제적인 경쟁에서 선두를 차지할 수 있는 유일한 방법은 항공운송이라는 새로운 수단의 요구조건을 먼저 준비하고 나아가 이를 신속하게 실행하는 것이다. 이 일을 주저하거나 소심하게 실행한다면 후일 크게 후회할 것이다.

결론적으로 나는 우리 국가가 다음과 같은 사항을 고려하여 현명한 항공정책을 신속히 추진해야 한다고 생각한다.

첫째, 아프리카, 아시아, 발칸 반도 그리고 남아메리카로부터 국내, 식민지, 지중해 연안에 이르는 항공 노선에서는 이탈리아 국기를 게양한다는 원칙하에 국내, 식민지, 지중해의 항공운송 발전을 장려할 것.

둘째, 항공산업을 보호하고 홍보하며 이에 대한 연구와 실험에 재정적인 지원을 함으로써 발전을 장려할 것.

셋째, 전시에 항공운송과 항공산업이 신속하게 전쟁의 도구가 될 수 있도록 발전을 장려할 것. 이렇게 함으로써 국방 예산의 일부분이 평시에 민간 항공의 발전에 유용하게 쓰일 수 있다.

여기에서 간략하게 소개한 내용에 대해서는 좀더 세밀한 검토가 필요하다. 이런 문제들은 실제로 항공 분야의 발전에 사활이 걸린 문제인데도 때때로 쉽게 간과되거나 아니면 별로 중요하지 않은 것으로 인식되고 있기 때문이다.

잠시 로마제국의 지도를 놓고 살펴보면, 로마제국의 권력이 어떻게 로마에서 지중해를 가로질러 유럽으로 발산되었는지를 알 수 있다. 당시 로마의 권한 발산은 곧 군사적인 정복과 문명의 전파인 것이다. 오늘날 이탈리아가 처한 새로운 위치와 인간을 우주의 지배자로 만든 항공기라는 새로운 수단은 과거 로마제국과 마찬가지로 권력 발산의 근원이 될 수도 있지만, 이번 경우에는 평화로운 방법을 통해서이다. 고대 가장 위대한 제국의 수도였던 로마는 이번에는 가장 신속한 교통망의 중심으로서 세계에서 가장 중요한 공항이 될 것이다. 그리고 이 문명의 중심지인 로마 상공을 비행하는 모든 항공기는 이탈리아의 삼색 국기를 달아야 한다.

이 글은 내가 제1차 세계대전 직후인 1919년 1월 16일 〈누오바 안톨로지아Nuova Antologia〉지에 "지중해의 항공정책"이라는 제목으로 쓴 기고문이다. 내가 당시에 기술했던 것이 아직도 유효하고, 이 내용을 무효화할 수 있는 일은 아무것도 일어나지 않았다. 그러나 이탈리아는 불행하게도 항공 분야의 발전에 아무런 관심도 보이질 않았던 반면에 지난 2년 동안 다른 국가들은 이 분야에서 큰 성공을 이루었다. 만약 유럽지도상에 표시된 현재의 그리고 장래에 계획된 항공 노선을 살펴보면 모두 이탈리아를 둘러싼 모습을 하고 있다는 것을 알게 될 것이다. 이런 모습은 마치 이탈리아가 유럽에서 항공 교통의 장애물인 것처럼 보인다.

이와 같은 상황은 우리들 자신이나 국가적 이익의 측면에서나 더 이상 지속되어서는 안 된다. 만일 우리가 더 이상 조국의 항공 교통상의 가치를 발전시키지 않으면, 외국인들에게 이탈리아 항공 노선의 권리를 양도하는 상황이 발생할 수도 있다.[8)]

내가 지금까지 민간 항공에 대하여 역설한 내용의 핵심은 국가가 국가의 안보 차원에서 항공운송의 발전을 촉진시켜야 한다는 것이다. 민간 항공 분야의 일부는 국가 방위에 직접적으로 기여하고, 다른 일부는 그렇지 않다. 따라서 국가 방위에 직접적인 기여를 하는 민간 항공 분야에는 관심을 가져야 한다.

---

8) 이 말은 이미 1921년에 쓰여졌다. 올해(1926년) 나는 이 말에 표현된 기본 개념들이 효과를 나타내기 시작했다는 점에 대단히 만족한다.

6. 국가 방위에 직접적인 관련이 있는 민간 항공 활동

민간 항공 활동은 국가 방위의 목적에 직접적으로 쓰일, 즉 독립공군이나 보조항공대로 통합될 수 있는 수단을 준비하는 것이다. 이러한 활동을 하는 이들은 장래에 독립공군의 핵심을 이루게 될 폭격기 또는 요격용 전투기 요원들이다.

민간 항공은 항공기를 보유하고 조종사를 훈련시켜서 항공 업무에 종사하게 한다. 그리고 민간 항공은 다양한 비행부품들을 활용한다. 이 모든 것들은 전시에는 국방 조직으로 직접 전환이 가능하므로 민간 항공기는 쉽게 전투기로 전환될 수 있다. 그러므로 국방 조직으로서 민간 항공의 발전은 국방을 위한 필요조건을 충족하는 것이라 하겠다. 항공 종사자를 훈련시키는 문제에서 민간 항공이 준수해야 할 한 가지 조건은 전시에 이들이 즉각 동원되도록 하는 것이고, 평시에는 전시 동원이 가능하도록 최소한의 훈련이 필요하다. 국방성은 이러한 조건을 충족시키는 문제를 감독해야 하고, 이런 목적을 위해 민간 항공에 보조금을 지원해야 한다. 그러므로 보조금은 상당한 규모가 될 수도 있다.

항공기 자체만을 말할 때 군사 항공의 종사자들까지도 민간 항공기의 특성 때문에 이들 항공기가 전투 목적에 사용될 수 없다는 잘못된 생각을 가지고 있다. 그러나 이 지구상에는 즉각적인 동원이 가능한 적절한 항공력을 보유할 정도로 부유한 나라는 없다. 따라서 부유하거나 가난하거나 모든 나라는 필요에 따라 민간 항공기를 손쉽게 군사용으로 활용할 것이다.

절대적인 의미에서 어느 특정 항공기의 성능이 민간 항공의 목적과 군사용 목적을 모두 충족시킬 수 있다면 어느 편에서도 완전한 항공기는 될 수 없다는 사실을 그 누구도 부인하지 않을 것이다. 그러나 이런 절대적인 것은 존재하지 않으므로 실제로는 이 두 가지 극단적인 목적을 절충해야 된다. 이와 같은 절충안은 특히 군사 항공에 유리하다. 즉 군사 항공이 항상 활력 있는 민간 항공에 그 기반을 둔다면 가장 최신의 항공기를 운용할 수 있는 반면에, 만약 자신들의 항공 자원에만 의지한다면 고물 항공기들만 출격하는 일이 곧잘 일어날 것이기 때문이다.

앞에서 말한 잘못된 개념은 또한 다음과 같은 점에서도 기인한다. 오늘날 군사 항공은 극단적인 성능의 항공기를 거의 전적으로 운용하고 있는 반면에, 민간 항공은 보편적인 성향의 항공기를 활용하고 있다는 점이다. 반복하지만, 항공전은 결코 극단적인 성능의 항공기를 가지고 수행하는 것이 아니다.* 전쟁은 대규모의 인간과 기계에 의해 수행된다. 그리고 그 집단성은 인간이나 기계에 상관없이 극단적인 것이라기보다 평균적 구성이다. 독립공군을 논하면서 나는 독립공군에게 민간 항공기와 유사한 보편적인 성능의 항공기가 어느 정도 필요하다고 지적했다. 따라서 군사 항공은 예외적인 경우가 아닌 한, 몇 가지 특별 장치를 부착한 민간 항공기를 이용할 수 있다. 그리고 민간 항공도 군과의 관계에서 볼 때 이와 같은 조건을 이행하는 데 아무런 어려움이 없을 것이다. 군사용으로도 사용이 가능한 항공기를 운용하는 항공사에게 얼마의 운영보조비를 지원해야 하는가의 문제는 군용 항공기 하루의 운영비를 기준으로 산출할 수 있다.

재정 지원용 예산은 논리적으로 군사 항공의 예산안에 포함되어야

---

* 현재 진행 중인 전쟁(제2차 세계대전)에서 선보인, 미국이 제작한 나는 요새(B-29) 폭격기에 대한 찬사는 곧 듀헤의 항공전략적 관점이 정당했다는 명백한 증거인 셈이다. 그 이유는 이들 폭격기들이 상업용 수송기의 기본 설계에서 진보되었기 때문이다.

한다. 민간 항공이 발전해감에 따라 재정의 자립이 가능해질 것이고, 따라서 재정 지원도 점차로 감소하게 된다. 그리고 군사 항공이 최소한도로 유지되더라도 전시에는 이들 민간 항공을 흡수하여 공격전력을 유지하게 된다. 군사 항공에도 이익이 되는 이와 같은 재정 지원은 전적으로 군사 당국의 재량에 맡겨야 하는데, 이들만이 민간 항공의 자원과 활동이 군사용으로 직접 전용될 수 있는가를 결정할 수 있기 때문이다.

하지만 이것으로 충분하지 않다. 군사 항공은 엄밀하게 군사적이지 않은 모든 활동을 민간 항공에 위임함으로써 민간 항공의 발전에 보조를 같이할 수 있다. 조종사와 기술자의 훈련, 그리고 엄밀히 군사적이지 않은 모든 기술교육도 민간 항공에 위탁할 수 있다. 결국 민간인이든 군인이든 조종사는 항공기의 주인이어야 하고, 제복을 입었든 안 입었든 기술자들은 자신의 모터와 작동법에 대해 알아야 한다. 따라서 모든 항공기술 교육은 민간 기업의 몫이 될 수 있으며, 이 방식으로 군 당국은 부담과 비용을 줄이고 민간 항공의 책임을 강조할 수 있다.

7. 국가 방위에 직접적인 관련이 없는 민간 항공 활동

다른 모든 분야의 활동과 마찬가지로 이들 분야의 활동도 국가 방위에 간접적으로 기여하지만, 자신들의 범위를 벗어난 문제로 군 당국에 부담을 주지는 않는다. 이와 같은 활동들이 전체적으로 국가이익에 부합하도록 국가의 지원이 뒤따라야 한다. 그러나 이러한 지원은 그들의 용도에 따라 독립 예산으로 편성되어야 한다. 여기에는 항공 분야의 과학 및 산업 발전과 관련된 모든 것과 국제 경쟁 분야에서 우리 항공산업의 지위를 향상시킬 수 있는 모든 활동을 포함된다.

모든 국방조직은 항공과 관련된 과학 및 산업 발전으로부터 간접적으로 혜택을 받지만, 국방조직이 이러한 발전을 촉진시킬 수 있는 것은 아니다. 항공 분야의 연구와 실험을 주도하고 있는 군 소속 연구기관의 책임자는 교육부의 감독하에서 훈련받은 민간인 전문가여야 한다. 항공기술에 관한 과학적 연구와 실험 자체는 특별한 군사적 성향을 가지고 있지 않기 때문이다. 이러한 모든 연구기관은 군인이든 아니면 민간인이든 모든 항공학도에게 문호를 개방함으로써 독점적인 성격을 배제해야 한다. 이러한 상황에서 만약 군 당국이 특별한 형태의 비행기나 특수한 장치를 갖춘 비행기 제작을 요구할 경우, 이들 민간 주도의 항공연구소에 사양서를 제출하여 전문가들이 연구하여 생산하면 된다. 이와 같은 방법을 통해 군 당국은 어떤 방법보다 만족스러운 결과를 신속히 얻을 수 있으리라고 확신한다.

민간 기술이 생산하는 항공기의 가치를 측정하고 조종사 훈련을 감독하는 일을 할 때 군 당국은 자동차를 생산하고 도로 교통법을 감독하는 선 이상의 특별한 부담을 가질 필요는 없다. 만약 국가가 이런 문제에 개입하는 것을 자신의 의무로 여긴다면, 민간기구를 통해 개입해야 한다. 만약 군 당국이 이런 문제에 개입하게 되면, 군은 군대로 추가적인 부담을 안게 되고 군과 민간 사이에 분쟁이 발생할 것이며, 이는 양자의 이익에 배치되는 것이다.

이러한 국가산업에 대한 인식을 증진시키기 위해 항공기 경주, 에어쇼 그리고 전시회 등을 열어 널리 선전을 해야 한다. 그렇지만 이와 같은 활동 역시 민간 주도로 이루어져야 한다. 군 당국은 군이 직접 감당해야 하는 군마軍馬 경연 등의 특별사업을 제외하고 일체 개입을 해서는 안 된다. 그리고 항공 스포츠나 항공기 경주 등이 더욱 발전하게 되면 자연적으로 이와는 다른 성격의 새로운 항공 활동이 개발될 것이다. 그러나 이와 같은 활동에 군 당국은 더욱 개입해서는 안 되고, 민간 주도로 항공 분야가 활성화될 수 있도록 보조를 같이해야 한다는 점을 나는 재삼 강조한다. 민간기구들은 이런 항공 활동을 이끌어갈 수 있는 충분한 능력을 가지고 있다.

이미 강조했듯이, 국가는 국가 방위와 직접적인 관계가 없는 민간 항공 활동에 대한 특별예산을 책정해야 한다. 그러나 군 당국은 다양한 분야를 지원해야 하기 때문에 이러한 예산을 할당할 수 있는 능력이 없다. 현재 필요한 것은 이와 같은 문제점들을 연구하고 예산 규모를 제시할 수 있는 민간 자문위원회를 시급히 설립하는 일이다.

8. 중앙 항공조직

앞에서 고찰한 내용을 바탕으로 우리는 국방 항공력(공군)과 민간 항공을 통합하여 관리할 수 있는 중앙 항공조직은 다음과 같은 원칙에 기초해야 한다는 결론에 이를 수 있다.

(1) 보조항공대의 육 · 해군 통합 운용 및 자체 예산 편성

(2) 미래 독립공군 창설시 중핵을 형성할 독립 항공대의 독립 예산 편성

(3) 민간 항공에 대한 별도 예산 편성

위의 세 가지 원칙을 적용한다고 해서 항공 분야의 발전을 위한 지출이 큰 폭으로 증대된다는 것을 의미하지는 않는다. 오히려 그 반대로 현재 주먹구구식으로 시행하고 있는 예산 편성과 집행을 좀더 합리적

으로 운영하려는 것이다.

(4) 모든 비군사적 목적의 항공 활동을 군에서 민간기구로 이양함으로써 군사 항공의 부담을 경감
(5) 육 · 해군 소속의 보조항공대와 독립 항공대에 배당된 모든 항공수단에 대해 정확한 질적 · 양적 정의와 통제를 통해 동일한 기관에게 이들 항공조직을 통제할 절대적인 통제권 부여

위에서 기술한 주요 원칙에 근거한 중앙 항공조직이 실현되려면 다음의 조건을 충족해야 한다.

(1) 육 · 해군의 보조항공대는 자신들이 운용하는 자원에 관한 어떠한 항공기술적 기능도 담당해서는 안 된다. 이들 기술적 자원은 뒤에 논의될 다른 연구기관이 제공할 것이기 때문이다.
육 · 해군의 보조항공대는 어떠한 항공기술적 교육도 담당해서는 안 된다. 이러한 기술 교육 역시 뒤에 논의될 항공기술 기구가 제공할 것이기 때문이다.
(2) 위에서 언급했듯이 예산의 범위 내에서 독립 항공대를 감독할 기구가 창설되어야 한다. 처음에 이 기구는 독립 항공대의 조직, 명령, 교육 및 운용을 결정하기 위해 현존하는 폭격기 부대와 요격용 전투기 부대의 항공기를 검사하게 될 것이다. 그리고 위의 (1)항에서와 같이 독립 항공대도 항공과학기술 분야에 대하여 어떠한 간섭도 하지 말아야 한다.
(3) 다양한 항공기구에서 필요로 하는 자원을 질적, 양적 수준에서 제공할 수 있는 조직(자원관리국)이 창설되어야 하고, 이러한 자원의 공급

은 반드시 민간 기업이 담당해야 한다.

(4) 육 · 해군의 보조항공대와 독립 항공대 요원에게 양적, 질적으로 시행하는 특별한 교육을 전담할 수 있는 조직(인사관리국)이 창설되어야 하고, 이들 교육의 담당자들은 전적으로 민간 자원으로 구성해야 한다.

(3)과 (4)에서 언급한 자원관리국과 인사관리국의 기능은 민간 활동을 관리하고 필요한 인적, 물적 자원을 적재적소에 공급하는 것이다. 하지만 이들 기구는 항공과학기술에 관련된 인적, 물적 자원의 질에 대하여 책임을 져야 한다. 그리고 이들 양 조직에 대한 관리와 감독은 독립 항공대를 관리하는 조직의 통제를 직접 받아야 한다.

(5) 민간 항공에 대한 예산과 현재 군의 통제하에 있지만 본질적으로 비군사적인 모든 항공 활동을 민간 분야로 이양하는 문제를 전담할 민간 자문위원회가 창설되어야 한다.

지금까지 제시한 견해를 종합해보면, 현재 난립해 있는 수많은 조직들을 폐지하고 다양한 기능을 통합하여 이를 대신할 수 있는 새로운 조직이나 기구가 창설되어야 한다는 것이 핵심이다.

나는 지금까지 '충분하다'는 말을 자주 사용했는데, 실제로는 그렇지 못하다. 다양한 항공기구들과 이들의 기능을 전체적으로 책임지고 원활하게 조정할 수 있는 단일한 기구가 필요하다는 것이다. 이와 같은 단일한 기구는 항공성을 통해서만 가능할 것이다. 이를 위해 누군가(항공성 장관)에게 모든 책임을 감당할 수 있는 권한이 주어져야 하고, 이 사람은 시간과 온 정열을 다 바쳐 이 임무를 수행해야 한다.

현재 우리 나라의 항공 분야의 수준이 소규모라고 해도 이는 문제되지 않는다. 군사 항공과 민간 항공이 급속도로 팽창일로에 있기 때문에 장래에 이들의 규모와 수준이 어떻게 될지는 지금으로서는 예측할 수 없다. 만일 현재 우리의 항공 분야가 적당한 수준이라면 우리의 항공성 역시 똑같이 적당한 규모로 미래의 변화에 대비하면 된다. 만약 우리에게 굳건한 의지만 있다면, 작은 규모로 시작해도 끝은 크게 될 것이다. 새로운 미래를 제대로 대비하지 못한 현실을 감안할 때 일단은 작은 것이라도 시작해야 한다.

나는 주장하건대 현재 우리의 항공 분야는 방향 설정이 시급한데, 그것은 다름 아닌 항공성 창설이다. 중앙 항공조직의 세부 항목을 길게 설명하는 것은 불필요하다. 중앙 항공조직이 실현되면 세부항목은 자연히 추가되기 때문에 우리가 관심을 기울여야 할 부분은 바로 이와 같은 조직을 실현시키기 위한 계획과 노력이다.

9. 항로

이 연구를 마무리하기 전에 매우 중요한 항로에 대하여 잠깐 살펴보기로 하자. 항공기는 통상적인 의미에서의 도로를 필요로 하지 않는다. 모든 우주 공간이 항공기가 다닐 수 있는 길이 될 수 있기 때문이다. 바다 역시 선박에게는 모든 방향으로의 길이지만, 최선의 항해를 하려면 지상에서 항해 계획을 미리 수립해야 한다. 항공 운항 역시 마찬가지라 할 수 있다. 이론적으로 항공기는 출발 지점(이륙지)과 착륙 지점만을 필요로 하지만, 실제로 비행을 하기 전에 지상에서의 철저한 준비가 필요하다. 비행의 용이함과 안전성은 지상에서 얼마나 사전 준비를 잘 했느냐에 달려 있는데, 특히 이탈리아처럼 인구 밀도가 높고 지형이 험난한 곳에서는 사전 준비가 더욱 필요하다.

따라서 항로를 잘 준비하기 전에는 항공 운항을 거의 발전시킬 수가 없다. 우리는 지난 제1차 세계대전을 별다른 준비 없이 치렀다. 전쟁 그 자체가 지닌 위험이 너무나 커서 다른 위험들을 거의 무시할 정도였기 때문이다. 그러나 평화시에 모든 위험은 최소한의 수준으로 감소해야 한다.

항로는 많은 것을 요구하지 않는다. 이 · 착륙이 가능한 비행장, 비상 착륙을 위한 활주로, 효과적인 통신신호체계 그리고 효율적인 유지와 정비를 위한 시설 등이면 충분하다. 하지만 이 불가피한 최소한의 시설들은 반드시 구비되어야 한다. 항공 네트워크는 대동맥을 연결하는 거대한 망으로 구성되고, 이는 국가 이익의 증진에도 크게 이바지하게 될 것이다. 그리고 이 항공 네트워크는 민간 항공의 발전과 군사 항공의 활용을 더욱더 용이하게 할 것이다. 따라서 새로운 항로를 개척하는 것은 곧 국가이익을 촉진하는 것이라 하겠다.

전체적으로 볼 때 항공사의 설립은 국익의 증진이기 때문에 국가의 의무라고 할 수 있다. 이탈리아의 지리적 형상은 우리가 선택해야 할 항공 노선, 즉 이탈리아 반도 양쪽 해안을 따라 지중해에 이르고 여기에서 포 계곡으로 연결되는 3각 항공망을 분명하게 보여주고 있다. 이 3각 항공 교통망의 국제적 중요성은 날로 더해갈 것이고, 그렇게 되면 항공 장애물인 이탈리아는 스페인, 남부 프랑스를 발칸 국가들과 연결하는, 그리고 중부 유럽, 아프리카를 아시아와 연결하는 항공 교통의 요지로 전환될 것이다. 동시에 이 3각 항공 교통망은 그 자체가 전략적인 항공 기동이 될 수 있는데, 유사시엔 포 계곡이나 해안 지역으로 신속하게 항공 전력을 집중시킬 수 있다.

이러한 3각 항공망은 이탈리아의 항공 운항의 발전을 위해 필요한 절대적인 최소치라 하겠다. 따라서 정부는 무엇보다 먼저 이를 계획하고 준비해야 한다. 그러나 이것을 이 사업의 추진자 또는 항공 노선의 경영자가 정부여야 한다는 것으로 해석해서는 안 된다. 오히려 정부는 항공 노선을 개발되고 이 노선이 효율적으로 운영되도록 단순한 지원만 하면 된다. 지금까지 정부 직속하의 사업체들이 보여주었던 의심스러운 결과를 고려해볼 때 항공 노선과 항공사의 경영은 반드시 민간 업체가 맡아야 한다. 올바른 비행장과 지상 시설이 건설되고, 정부에 의하여 원활하게 지원받는 민간 항공 기업이 설립된다면, 권위 있는 상위 기구의 통제하에 군민 간의 협조가 원활하고, 미래를 향한 새로운 모험심과 새로운 영감에 대한 열정이 있다면, 항공 분야는 마침내 창공을 마음대로 휘저을 수 있는 힘찬 날개를 펴게 될 것이다. 천재성과 용기를 소유한 우리들에게, 고대 로마 문명이 탄생했으며 삼면이 바다로 둘러싸인 이탈리아 반도에 살고 있는 우리들에게 항공 분야는 구름 한 점 없는 하늘인 셈이다.

10. 결론

지금까지 나와 보조를 같이한 독자들은 내가 감히 미래의 변화 상황을 예측했다는 점을 확신할 것이다. 그러나 나의 항공사상은 한심스런 상상력에 기초한 것이 아니고, 곧 내일이 될 오늘의 현실에 근거하고 있다는 것이다. 뿐만 아니라 나의 항공사상은, 비록 냉정한 현실주의자들에 의해 방해받게 될 미래의 현실을 논하고 있기는 하지만, 결코 혁명적인 제안이 아니고 현재 해결해야 할 실질적인 문제들만을 다룬 것이라 하겠다. 그 대신에 내가 여기에서 주장하는 것은 이미 존재하고 있는 것들을 조정하고 통합하는 단순한 제안들인 것이다.

현재 우리가 직면하고 있는 것은 현재의 생산량을 증가시키기 위한 계획을 수립하고, 현재에 안주하지 않고 미래의 가능성을 개척하는 일이다. 대담하게 보일지 모르지만, 나는 '미래 전쟁에서 항공전은 가장 중요한 요소가 될 것이고, 따라서 독립공군의 중요성은 증가하는 반면에 육군과 해군의 중요성은 상대적으로 감소할 것'이라는 나의 주장을 확신하고 있다. 그럼에도 불구하고 현실로 돌아와서는 독립공군의 창설을 제안하지는 않았다. 내가 제안한 것은 단지 이와 같은 목적의 연구를 하고 이에 필요한 실험을 진행할 수 있는 능력을 가진 기구의 창설인 것이다. 이것은 현실 상황을 고려하여 내가 제안할 수 있는 최소한도의 것이다. 그러나 우리의 머리를 모래밭에 파묻지 않으려면, 이 제안을 결코 무시해서는 안 된다.

이러한 제안이 아무리 사소한 것이라고 해도 나로서는 충분하다고 생각하는데, 문제를 제안하는 것이 곧 문제를 해결하는 것이라고 확신하기 때문이다. 항공력이라는 새로운 문제에 대한 나의 깊은 관심과 장기간에 걸친 연구가 정부와 군 당국자들에게 좋은 씨앗을 뿌릴 수만 있다면, 나는 그것으로 충분히 보상받았다고 생각할 것이다. 항공력이라는 초목은 무성하게 자라서 이내 거목이 될 것이다.

1921년, 로마

제2부
1926년의 보완본

[1]

《제공권》 초판이 1921년에 발행될 당시[9] 나는 항공공학의 문제들에 관한 나의 모든 견해를 밝히지 않는 편이 오히려 현명하다고 생각했다. 왜냐하면 내 스스로도 항공공학에 관한 당시의 일반적인 견해를 한꺼번에 뒤엎기를 원하지 않았기 때문이다. 당시의 나의 목적은 미래 항공력의 발전을 위해 출발점이 되는 최소한의 계획을 수용하고 이를 실행할 수 있는 기반을 조성하는 것이었다.

1921년에 우리는 보조항공대——사실 이 용어조차도 사용하기가 어렵지만——만을, 다시 말하면 지 · 해상작전을 지원하는 약간의 항공수단만을 가지고 있었다. 제1차 세계대전 중에 항공력이 수행한 탁월한 역할에도 불구하고 많은 사람들, 특히 군부에서는 항공력을 불필요한 것으로 간주해왔다. 그 당시 육군과 해군의 필요성을 인식한 사람들은 소수였을 뿐이고 누구도 공군의 필요성에 대해선 주목하지 않았

9) 초판에는 제1부만이 포함되어 있었으며 제2부는 1927년에 출판된 제2판에 처음 나타났다.

다. 이런 상황은 사실이었다. 이 당시에 '제공권'의 개념에 관하여 대중에게 주의를 환기시키고 제공권의 중요성을 역설하며, 제공권을 확보할 수 있는 수단을 생각하고, 나아가 육군과 해군으로부터 독립된 공군을 창설하는 등의 활동은 결코 수월한 문제는 아니었다. 이러한 것들은 공군이 단지 보조 전력으로서 기능했던 제1차 세계대전 이후 짧은 기간 내에 이루어졌고, 그것은 과거 역사를 조망함으로써 미래를 대비하는 많은 사람들의 소중한 신념의 결과였다.

이것은 매우 위험한 영역의 문제였다. 그리고 전쟁성의 후원하에 발간된 《제공권》의 반半공식적인 지위에도 불구하고 육 · 해군의 고위 장성들은 제공권이 제기했던 다양한 문제에 대하여 '로마 행군'(1922년 10월 무솔리니와 그를 추종하는 파시스트당이 행군을 주도했다. 이후 무솔리니가 내각 수반에 임명되었다—옮긴이주)이 있기까지 침묵으로 일관했다. '로마 행군' 후에야 사고의 전환을 가능하게 한 일대 혁명이 일어났다. 일반적으로 볼 때 무관심이 정신적인 게으름의 결과가 아니라면, 《제공권》 제1부에서 언급한 내용에 대해 많은 사람들은 의심을 하고 있는 것 같았다. 하지만 실제로 세인의 무지함을 달래기 위해 육 · 해군도 보조항공대를 가지도록 나를 희생시키지 않았던가? 나는 이처럼 큰 양보를 했다. 제1부에서 나는 독립 항공대의 본질적인 중요성을 분명히 인식하도록 노력했지만, 아울러 보조항공대도 당분간 존속해야 한다는 사실을 인정했다. 하지만 당시나 지금이나 나는 육 · 해군의 보조항공대와 독립 항공대는 동시에 존재할 수 없다고 확신하고 있다. 이것은——보조항공대의 존재를 인정한 것——나의 큰 단점이라는 사실을 인정한다. 우리는 상식적으로 살아야 할 필요가 있다. 《제공권》 제1부를 정독한 독자라면 내가 보조항공대를 '전혀 무가치하고, 불필요하며 오히려 해로운 것'으로 여기고 있음을 확실히 이해했을 것이라고 생각한다.

〈독립공군과 보조항공대〉 부분에서 나는 "국가 방위는 전시에 제공권을 장악할 수 있는 공군 없이는 결코 보장될 수 없다"고 말한 뒤에 다음과 같이 덧붙였다. "제공권의 장악을 위해 독립공군을 보유한 적군과 마주칠 때 항공력을 잘 조직한 적이 얼마나 수월하게 전쟁을 치르고, 단지 육 · 해군에 의하여 항공 전력이 보조 전력으로만 운용되는 아군이 얼마나 무기력할 수밖에 없나의 상황을 예측하는 것은 불을 보듯 자명한 사실이다." 이는 제공권을 장악하지 못한 상태에서의 보조항공 전력이란 전혀 가치가 없음을 의미한다. 따라서 전시에 보조항공대는 불필요하고, 이러한 불필요한 전력을 유지한다는 것 자체가 낭비요, 전력의 손실이라고 볼 수 있다.

결론적으로, 나는 제1장 〈전쟁의 새로운 형태〉에서 "제공권 확보라는 가장 본질적인 목표에서 벗어난 모든 노력, 행동, 자원은 제공권의 확보를 더 어렵게 할 것이며, 패전의 가능성을 더욱 증대시킬 것이다"라고 언급했다. 이와 같은 본질적인 목표에서 전환하는 것은 곧 실책이라 할 수 있다.

나는 제공권을 확보할 능력이 없는 보조항공대를 보유하는 것을 실책이라고 간주했다. 그러나 당시에 나는 보조항공대가 존재할 권리를 인정했다. 그 이유는 보조항공대를 폐지하고 연후에 유일한 공군이라 할 수 있는 독립공군 창설을 주장하는 것을 너무나 큰 도약이라고 생각하는 사람들이 거세게 반발할 것으로 예상했기 때문이다.

비록 양보하기는 했지만 나는 후에도 이에 대해 토론하는 것을 원하지 않았다. 그리고 '보조항공대' 부분에서 "육 · 해군의 보조항공대 구성은 육 · 해군의 의사에 달려 있다. 나는 여기에서 보조항공대의 장단점을 토론하지 않을 것이다"라고 썼다. 그리고 같은 장 앞부분에서 보조항공대는 "육 · 해군의 독립예산에 포함시키고, 조직의 편성과 운영까지 육 · 해군의 직접 지휘권에 편성되어야 한다"고 했다.

보조항공대를 인정하는 한 이와 같은 나의 견해는 완전한 논리적 근거를 가지고 있다. 그러나 내가 보조항공대를 인정하는 데에는 또 다른 목표가 있었다. 그 목표란 실제로 충분한 가치가 있는 보조항공대가 조직되었을 때, 육 · 해군이 자체 예산으로 이를 운영하고 군 고위층이 보조항공대의 조직과 운영에 대해 세밀하게 연구한다면, 그들은 보조항공대가 전혀 쓸모가 없고 공공의 이익에도 위배된다는 결론에 자연스레 이를 것이다.

이런 내용들이 내가 1921년 당시엔 주장하지 않았고, 오늘에 와서 주장하는 것으로, 그 핵심은 유일하게 정당성을 부여받는 항공조직이란 바로 독립공군이라는 것이다.

[2]

1921년 후부터 나에 의해 더욱 명백해진 독립공군이란 용어의 의미는 모든 군사작전을 수행할 수 있는 항공력을 뜻하는 것이 아니고, *제공권을 장악하기 위한 목적에서 편성된 항공력*을 의미한다. 또한 제공권의 의미도 공중 제패나 항공수단의 절대적인 우세가 아니고, "아군 항공기가 적군이 보고 있는 앞에서 적으로부터 아무런 방해를 받지 않고 자유롭게 비행할 수 있는 능력과 상태를 구비한 반면에, 적군은 그렇지 못한 상태"를 말한다. 따라서 제공권에 대한 나의 정의에서 다음의 주장은 논리적인 타당성을 갖는다. 즉 *제공권을 장악한 국가는 적의 항공 공세로부터 자국의 영토와 영해를 보호할 수 있는 능력과 동시에 적의 영토에 항공 공세를 가할 수 있는 능력을 보유한다.*

현대 항공기의 무장 탑재 능력, 작전반경 그리고 항공무기의 파괴력을 고려해볼 때, *적절한 수준의 항공력을 가진 국가*는 적의 물리적 · 정신적인 저항력까지도 파괴시킬 수 있는 우세한 위치에 있게 되고, 이처럼 우세한 항공력을 갖춘 국가는 나아가 *어떠한 상황*에서도 전쟁에서 승리한다고 말할 수 있다. 이는 부인할 수 없는 사실이다. 왜냐하면 적국의 물리적 · 정신적인 저항력은 오로지 공격력에 의해 파괴될 수 있고 이 공격력은 항공기라는 수단으로 수행될 수 있기 때문이다. 이러한 문제는 적국의 심리적 · 물리적 저항력을 파괴할 수 있는 항공력의 양과 질을 정하는 것으로 여기에서 언급할 문제는 아니라고 생각한다. 그리고 '적절한 수준의 항공력을 보유한다'는 말의 의미를 나는 다음과 같이 설명하고자 한다. 항공력의 수준은 작전 목표의 수준과 일치해야 하고, 적의 물리적 · 심리적 저항력까지도 무력화시킬 수 있는 항공 공세의 양과 질을 갖는다는 의미다. 따라서 충분한 항공력을 구비하여 제공권을 장악하면 어떠한 상황에서도 전쟁에서 승리한다는 것이다. 이와 같은 의미에서 논리적으로 다음의 결론에 이르게 된다. 항공력은 제공권 장악을 목표로 편성되어야 하고, 독립공군은 적절한 공격 전력을 갖춰 제공권을 장악했을 경우 어떠한 상황에서도 승리를 보장할 수 있는 가장 적절한 수단이 된다.

제공권을 장악――아군의 자유로운 비행은 보장하고 적군의 비행활동을 무력화――하려면 우선 적군의 항공기를 파괴시켜야 한다. 파괴수단에 대해서는 여기서 언급할 필요가 없다고 생각한다. 적군의 항공기는 항공전으로 또는 지상 표적인 항공기 정비소, 보관 창고, 항공기 생산공장에 대한 항공 폭격으로 파괴시킬 수 있다. 적군 항공기를 최우선적으로 파괴시키려는 아군의 항공 공세는 반대로 아군 항공력에 대한 적군의 반격을 초래한다. 공격과 반격이 계속되고 바로 여기에서 항공전이 성립하게 된다.

독립공군은 제공권 장악을 위해 전투를 할 수 있는 능력을 구비한 항공 전력이라고 내가 말한 것은, 독립공군이 적군의 항공반격을 제압하고 나아가 적 항공기까지도 파괴시킬 수 있는 능력을 갖출 수 있도록 편성되어야 한다는 것을 강조한 것이다. 적의 자유로운 비행 활동을 방해한다는 것은, 물론 적군의 항공기가 전혀 비행조차도 하지 못하도록 한다는 것은 아니다. 절대적인 의미에선 적군의 모든 비행수단을 완전히 파괴한다는 것은 거의 불가능에 가깝다. 따라서 제공권을 장악했다는 말은 적군 항공기의 수효가 무시할 수 있을 정도로까지 극히 줄어들어서, 전반적으로 보아 전쟁에서 실질적으로 중요한 항공 활동을 전개할 아무런 능력도 지니지 못한 상태를 의미한다. 이것은 적 해군이 비록 몇 척의 함정을 보유했더라도 아군이 제해권을 확보했다고 말할 수 있는 경우와 같다. 따라서 적군이 소규모 항공기만 보유할 정도로 줄어든다면 우리는 아군의 독립공군이 제공권을 장악했다고 말할 수 있다. 제공권 장악이 아군 항공기의 자유로운 비행을 보장하고 적의 비행 활동을 제한하는 것을 의미한다면, 이것은 다른 표현으로 *적에게 상해를 입히기 위해 적군을 향하여 자유롭게 비행을 할 수 있는 능력을 의미하고, 반면에 적군은 이러한 상해를 가할 수 있는 능력이 없음을 뜻한다.*

내가 너무 오랫동안 제공권의 정의만을 가지고 심층적으로 토론한데 대해 독자들이 너그럽게 이해해주기를 바란다. 하지만 지금까지 제공권의 정의가 자주 '항공력의 우위Preponderance in the Air' 또는 '공중 제패Supremacy in the Air' 라는 개념과 혼동되어 애매하게 사용되어왔기 때문에 많은 지면을 할애할 수밖에 없었다. 그러나 이 두 가지 개념은 제공권의 개념과 분명한 차이가 있다. '항공력의 우위' 또는 '공중 제패'

를 이룬 측은 좀더 손쉽게 제공권을 장악할 수 있을 것이다. 하지만 이를 장악하기 전에는 (절대적) 우위를 가졌다고 말할 수 없고 또한 이를 유리한 방향으로 활용할 수도 없다.

제1차 세계대전 말기에 우리는 제공권을 장악했다고 곧잘 말했다. 그러나 당시 우리는 항공 전력의 우위만을 확보했을 뿐이고 이러한 항공력의 우위를 활용하여 제공권을 장악하려는 시도에 태만했기 때문에 아군 항공 전력의 우위에도 불구하고 제공권을 장악하지 못했고 적군은 휴전이 성립하는 날까지도 항공 공세를 계속했다. 최근에 들어와 몇몇 사람들은 상대적인 제공권, 즉 특정 지역 상공에서의 제공권이라는 개념을 생각하여 항공력의 우위와 제공권을 혼동하고 있다. 비행 활동 구역의 구분을 불가능하게 할 정도로 빠른 항공기의 속도와 광범위한 작전반경을 생각할 때 상대적 혹은 특정한 공역에서의 제공권 개념은 잘못된 생각이다. 공중에서의 강력한 항공력이 반드시 제공권을 뜻하는 것은 아니다. 왜냐하면 제공권이란 아군이 창공의 주인이 되어서 그 어떤 것도 상대가 될 수 없는, 즉 대상 그 자체가 배제된 것을 의미하기 때문이다. 만일 우리가 우세한 항공력을 보유한 것으로만 만족한다면 상대적으로 약한 적군의 항공력이 우리에게 피해를 입혀도 만족한다는 것과 같은 이치가 된다.

따라서 *독립공군은 제공권을 장악할 수 있도록 적절히 편성되고 제공권을 활용할 수 있도록 알맞은 전력을 갖출 경우에 어떠한 상황에서도 승리를 보장할 수 있는 가장 효과적인 방법*이라고 말할 수 있다.

독립공군이 전쟁을 승리로 이끄는 본질적인 요소로 작용하려면 다음의 두 가지 조건을 충족시켜야 한다.

첫째, 독립공군은 제공권을 장악하기 위한 작전에서 승리할 수 있는 능력을 갖춰야 한다.

둘째, 독립공군은 일단 제공권을 장악한 후에 이를 활용하여 적군의 물리적 · 정신적인 저항의지를 분쇄할 수 있는 전력을 갖춰야 한다.

이 중 첫째 조건을 필요조건이라고 한다면, 둘째 조건은 필요충분 조건이다. 첫번째의 조건만을 충족시킬 수 있는 공군, 즉 제공권을 장악하기 위한 작전에서 승리할 수 있는 능력을 지녔지만 이를 활용하여 적절한 전력으로 적군의 저항의지를 충분히 분쇄할 수 없는 공군은 아군의 영토를 적군의 항공 공세로부터 방어할 수 있고 적의 영토와 영해에 항공 공세를 감행할 수 있는 능력은 보유했지만, 적의 물리적 · 정신적 저항의지를 분쇄시킬 수 있는 충분한 공격수단은 확보하지 못한다는 것이다. 다시 말해서 첫번째의 조건만을 충족시킬 수 있는 독립공군은 전쟁의 승패를 결정지을 수 없고, 항공전 외의 다른 상황이 이 전쟁의 승패를 결정짓게 될 것이다. 그러나 위의 두 가지 조건, 즉 필요조건과 충분조건을 모두 충족시킬 수 있는 독립공군은 다른 상황이 어떻게 전개되더라도 전쟁의 승패를 결정짓는 요소가 될 것이다.

독립공군이 첫번째의 조건만을 충족시킬 경우 전쟁의 승패는 지상 및 해상작전의 향방에 따라서 전개될 것이다. 제공권을 장악한 측이 지 · 해상작전에 어떤 영향을 미칠 수 있겠는가? 간단히 말해서 대단히 유리한 조건하에서 지 · 해상작전을 전개할 수 있는데, 그 이유로는 첫째, 적군의 지 · 해상 정찰 능력을 무력화시켜서 적군을 장님으로 만드는 한편, 아군은 정확한 공중 정찰을 통해 적군의 지 · 해상작전의 기동과 정보를 손바닥 보듯 잘 알 수 있기 때문이다. 둘째로 적군의 물리적 · 정신적 저항력을 완전히 무력화시키지는 못하더라도 심각한 수준으로 피해를 입힘으로써 적군에 대한 항공 공세의 가능성을 항상 가질 수 있기 때문이다. 이처럼 첫번째의 필요조건만을 충족시키는 독립공군이라 하더라도 전쟁에서 승리를 위한 작전 수행에 순기능을 할 것이 틀림없다.

[3]

보조항공대는 육 · 해군의 작전이 잘 수행되도록 보조하는 대규모의 항공력, 또는 육 · 해군에게 할당된 한정된 임무만을 수행함으로써 제공권의 장악이라는 임무와는 어느 정도 거리가 있는 임무를 수행하는 대규모의 항공력으로 정의할 수 있다. 결과적으로 *보조항공대는 제공권을 장악하기 위한 작전에 아무런 영향력을 행사할 수 없다.* 반면에 제공권 장악이란 적군의 자유로운 공중 활동을 무력화시키는 것을 의미하므로 제공권을 상실한 측은 *보조항공대를 운용할 능력조차도 박탈당하는 셈이 될 것이다.* 다시 말해서 *보조항공대를 운용할 수 있는 가능성은 제공권을 장악하기 위한 작전의 성사 여부에 좌우된다고 하겠고, 보조항공대는 실제로 제공권 장악에 아무런 기여도 할 수 없다.*

결과적으로 *보조항공대로 구성되는 항공 전력은 본질적인 목표로부터의 일탈이라고 할 수 있는데, 만약 본질적인 목표가 추구되지 않을 경우 이와 같은 항공 전력은 아주 무가치한 것이라 할 수 있다.* 본질적인 목표로부터 전력을 전용하는 것은 목표 달성의 실패를 유발하게 될 것이기 때문에 보유한 항공수단을 보조항공대의 개념으로 운영한다면 곧 제공권을 장악하기 위한 작전에서 패배를 당할 수 있다. 다시 한번 말하면 보조항공대는 무용지물인 셈이다.

만일 제공권을 장악한 후에 독립공군의 일부 항공 전력을 육 · 해군

작전을 지원하기 위한 보조항공대로 사용해도 무방하다고 고려한다면, 보조항공대가 얼마나 무가치하고 불필요하며 해로운 것인가에 대한 논리적인 결론에 이를 수 있다. 제공권 장악을 목표로 하지 않는 보조항공대는 제공권을 장악하기 위한 작전 능력이 없기 때문에 '무가치'하고, 제공권을 장악한 후에 독립공군의 일부 전력을 보조항공대로 사용할 수 있기 때문에 '불필요'하며, 보조항공대는 본질적인 목표로부터 전력을 다른 데 전용함으로써 오히려 본질적인 목적 달성을 더욱 어렵게 만든다는 측면에서 '해로운' 것이라고까지 말할 수 있다. 보조항공대의 형태가 지배적인 현 상황에서 이런 주장을 한다는 것이 무모하게 보일 수도 있지만, 이런 극한 상황은 지난 1909년 당시에는 더욱 심했다.

……제공권의 중요성은 제해권의 중요성과 전혀 다를 바 없다. ……선진국들은 최후의 전쟁을 위해 무장과 준비를 서두를 것이며, 지금까지 육 · 해군이 해왔던 것과 마찬가지로 한 국가의 재정 능력이 허락하는 한 치열한 군비 경쟁을 가속화하여 이제는 항공력 분야에서 불이 붙게 될 것이다. …… 자동적으로 항공력은 현기증이 날 정도로 하늘로 급부상하고, 창공을 장악하기 위해 치열하게 경쟁할 것이다. ……항공공학은 필연적으로 항공전의 중요성을 폭넓게 대두시키게 될 것이다. 따라서 우리는 항공전이라는 개념에 익숙해지지 않으면 안 된다. …… 지금부터 우리는 항공전의 수단에 대한 개념을 지 · 해상전의 수단과 마찬가지로 다루어야 한다. …… 전투기는 단순한 관측과 정찰 그리고 연락 등의 특수임무뿐만 아니라 공중에서 적의 항공수단과 싸울 능력을 필수적으로 구비해야 한다. …… 항공기가 갖는 몇 가지 기술적인 문제점 외에도 항공전을 수행하려면 항공 전력을 준비하고 조직하며 이를 운용하는 등 여러 가지 측면을 고려해야 한다. 이러한 제반 문제의 해결을 위해서는 항

공전이라고 정의되는, 지금까지의 전쟁과는 전혀 새로운 형태의 전쟁, 즉 제3의 전쟁영역의 탄생이 필요하다. …… 육군과 해군은 항공기를 특수임무(정찰과 연락)에 활용하는 단순한 보조수단으로 간주할 것이 아니라, 위대한 전사 가문의 전통에서 태어난, 가장 어리지만 오히려 책임이 막중한 셋째 동생으로 생각해야 할 것이다. …… 우리는 이제 항공전의 시발점에서 이를 보조하고 항공전의 발달에 기여하게 될 것이다. …… 만일 이와 같은 변화를 인식하지 못한다면, 실로 이상하기 짝이 없는 일이 아닐 수 없다(〈라 프레파라지오네La preparazione〉, 1909).

이와 같은 논리 정연하고 과감한 나의 주장은, 비록 세상 사람들이 그 진실한 내막을 이해하고 있지 못하더라도, 이미 단순한 상식이 되었다. 따라서 오늘 내가 주장하는 것 또한 얼마 후에는 일반적인 상식으로 통용될 것이라고 기대해도 무방하리라 생각한다. 왜냐하면 오늘의 나의 주장도 실은 과거와 동일한 논리적인 기반을 가지고 있기 때문이다.

다음과 같은 예로 설명해보기로 하자. 항공력 분야에서 동일한 수준의 자원과 과학기술을 보유한 A와 B라는 두 나라가 있다고 가정하자. 이 중 A국은 모든 항공자원을 제공권 확보를 위해 독립공군으로 편성한 반면에, B국은 이들 항공자원을 양분하여 일부는 독립공군으로, 나머지 일부는 보조항공대로 편성시켰다고 가정해보자. 이 경우 A국의 공군 전력이 B국의 공군 전력보다 강력한 것은 너무나 자명한 일이고, 다른 모든 조건이 동일하다고 생각할 때 전쟁이 발발하면 A국이 즉시 제공권을 장악할 것이고 B국은 보조항공대조차도 운용하지 못하게 될 것이다. 다시 말하면 B국은 보조항공대를 창설하여 운영함으로써 공군력을 약화시켰고 항공전에서 패배하게 될 것이다. 따라서 보조항공대는 아무런 가치가 없다. 이런 사실을 우리가 어떤 관점에서 보든지 결론은 똑같다. *보조항공대는 무가치하고 불필요하며 오히려 해로운 것이다.*

제1차 세계대전 중에 항공기는 오로지 보조 전력으로만 운용된 것이 사실이다. 이와 같은 사실은 과연 무엇을 말해주고 있는가? 한마디로 그 누구도 제공권의 진정한 가치를 인식하지도, 추구하지도 않았고, 따라서 제공권을 장악하기 위한 수단을 강구하지도 않았다. 항공술이 아직도 유아기인 시점에서 제1차 세계대전이 발발했다. 극소수 사람 들만이 항공력의 중요성을 인식했으나, 그들은 아무런 힘이 없는, 즉 정책 결정 과정에 참여할 수 없는 사람들이었다. 하지만 이들은 실로 매우 열정적이어서 심지어는 광적이라는 평가까지 받았다. 제1차 세계대전에 참전한 국가의 군 수뇌부들은 항공력을 신뢰하지 않았는데, 더욱 한심한 것은 이들의 절대 다수가 항공력에 관한 한 무지한 사람들이었다는 것이다. 독일만이 항공전의 의미에 대하여 잘 인식하고 있었지만 (연합국들에게는) 다행스럽게도 독일인들은 항공기보다는 제펠린Zeppelin(1838~1917. 독일의 비행선 발명가) 비행선의 발전에 관심을 집중했다.

항공력을 전쟁에 투입한 것은 항공력의 과학적인 가치를 인식해서라기보다는 여론의 홍미에 부응하기 위해 마지못해 이루어진 것이었다. 사실 항공력이 충분한 가치를 지닐 것이라는 당시 여론의 안목이 군 소속 과학자나 군사과학연구소보다는 훨씬 높았다. 항공력은 보조 업무만을 담당했다. 이탈리아에서는 한때 항공대가 병참 부대에 배속되는 일이 있었고, 참모본부 건물에 폭탄이 비 오듯 떨어지고 난 후에야 군 고위층은 항공력의 위력을 인식하기 시작했다.

이러한 상황에서 항공기라는 신형 무기체계를 어디에다 무슨 목적으로 사용할 수 있었겠는가? 그 대답은 매우 간단하다. 항공기는 부분적이고 특정한 표적에만 사용될 수밖에 없었고, 따라서 보조 임무밖에 수행할 수 없었다.

제1차 세계대전 당시에 항공력에 의해 수행되었던 모든 것들은 용기와 신념을 가진 소수의 사람들 덕분이었고 이들은 때때로 육군 수뇌부와 정면으로 충돌했다. 전장의 전 영역을 포용할 수 없었던 이들 소수의 항공 종사자들은 제한된 일부 임무만을 수행했다. 나는 이미 1915년에 독립공군의 창설을 주장했고 1917년에는 독립된 연합공군의 창설을 주장했지만 군 수뇌부는 나의 주장을 고려하지도 않았다. 이러한 상황에서는 진정한 의미의 항공전이 이루어질 수도 없었고, 이루어지지도 않았다. 그 대신에 지역의 수준에서 무질서한 항공 활동이 이루어졌는데, 그 이유는 이들이 논리적으로 판단하기보다는 그때 그때의 기분에 따라 업무를 수행했기 때문이다.

높은 고도에서는 목표물을 훨씬 잘 볼 수 있고 폭탄도 쉽게 투하할 수 있다는 점에서 정찰과 폭격 임무가 먼저 수용되었고, 이러한 임무를 수행하는 적 항공기에 대한 방어가 필요했으므로 요격 임무도 인정되었다. 이러한 간단한 사실로부터 항공전의 모든 것들을 쉽게 설명할 수 있다. 제1차 세계대전 전 기간 동안 적의 항공력에 대해 정찰, 폭격, 요격 임무가 수행되었다. 결국 하늘에서 우위를 점하는 국가는 열세한 국가보다도 더 많은 정찰과 폭격, 요격을 할 수 있다. 하지만 지상군에게 철저하게 매여 있던 항공 부대는 지상군을 떨궈내지 못하고 지상군의 전역에서 이들을 보조하고 지원하는 역할만 수행했다. 이와 같은 지상군 작전과 항공 부대 운용 간의 연결고리가 항공기의 특성을 해치고 있다는 사실을 이해하는 사람은 아주 드물었다. 그럼에도 불구하고 전쟁이라는 상황은 사람들에게 항공기라는 신형 무기체계의 위력적인 가치를 인식하게 해주었다. 나는 항공기라는 신형 무기체계가 그 특성을 진정으로 이해하고 있는 항공 선각자들의 수중에 있을 때 무엇인들 해내지 못할 일이 있겠는가라는 물음을 던져본다.

이러한 관점에서 볼 때 우리는 지난 제1차 세계대전의 경험에서 무엇을 배웠는가? 사실 별로, 아무것도 배운 것이 없다. 왜냐하면 항공력은 수준 이하의 판단력을 가진 사람들에 의해 운용되었기 때문이다.

지난 제1차 세계대전에서 항공력이 분명한 운용 방침도 없이 시험적으로 사용되었다고 해서 미래의 전쟁에서도 항공력을 무계획적으로 운용해야 할 것인가? 이에 대한 나의 대답은 보조항공대에 대한 지금까지의 평가보다 더 대담한 것이 될 것이다.

[4]

나는 독립공군은 최소한 다음의 두 가지 필요충분조건을 충족해야 한다고 줄곧 주장해왔다. 첫번째의 필요조건은 *독립공군은 제공권을 장악하기에 충분한 능력을 보유해야 한다*는 것이고, 두 번째의 충분조건은 *제공권을 장악한 후에도 적의 물리적 · 정신적 저항의지를 분쇄할 수 있는 전력을 계속 유지할 수 있어야 한다*는 것이다.

만약 내가 이미 정의한 것처럼, 제공권이 적의 눈앞에서 아군 항공기가 자유롭게 비행할 수 있는데 반해 적은 자유로운 비행을 방해받고 있는 상태를 의미한다면, 다음과 같은 두 가지 결론을 도출할 수 있다.

(1) 만일 독립공군이 일단 제공권을 장악하는 데는 성공했지만 계속

제공권을 유지하지 못하고 나아가 이를 적군의 저항의지를 분쇄하는 데에까지 활용하지 못했다고 하더라도 전쟁에서 승리를 쟁취하기 위한 여러 군사작전을 매우 효과적으로 수행하게 될 것이다.

(2) 제공권을 장악하고 후에도 계속 제공권을 유지하며, 나아가 적의 저항의지를 분쇄하는 데에 이를 활용할 수 있는 독립공군은 지·해상 작전의 결과와 무관하게 전쟁에서 승리를 쟁취할 수 있을 것이다.

이와 같은 두 가지 조건은 너무나 자명한 공리이기 때문에 여기에 제시된 제공권의 정의를 변경시키지 않고는 결코 부정할 수 없다.

제공권을 장악——아군의 자유로운 비행을 보장하면서 적의 자유로운 비행을 불가능하게 하는 상태——하려면 적의 모든 비행수단을 박탈하는 일이 필수적인데, 이는 적군의 비행수단을 완전히 파괴하거나 또는 최소한 아군의 비행수단 중 일부를 온전한 상태로 유지할 수 있을 때 가능한 것이다. 제공권을 적군의 물리적·정신적 저항의지를 분쇄하기 위한 수단으로 활용하려면 제공권을 장악한 후에도 적군의 저항의지를 산산조각으로 분쇄시키기에 충분할 정도의 항공 공세 전력을 보유하는 일이 필수적이다. 이 두 가지 조건 역시 명백한 공리이며, 결코 이중적인 의미로 해석될 수 없다.

적의 항공력은 공중과 지상에서, 항공기 정비창, 보관 집결지, 생산공장 등에서 발견할 수 있다. 이들에 대한 공격은 오직 항공 공격을 통해서만 가능한 것이지 지상군, 해군과의 합동작전으로 적군의 항공력을 파괴시킨다는 것은 불가능한 일이다. 제공권을 장악한 후에 전개되는 적의 영토와 영해에 대한 항공 공격은 명백히 공군력에 의해서만 수행될 수 있고, 육군이나 해군은 이와 같은 항공 공격에 어떤 형태의 합동작전도 수행할 수 없다. 그러므로 제공권 장악을 위한 작전과 항공 공격의 성격을 고려할 때 이러한 임무가 부여된 공군, 즉 독립공군은 육군이나 해군에 예속되어서는 안 되고, 또 결코 그렇게 될 수도 없다.

이와 같은 사실은 독립공군이 전쟁에서의 승리라는 최종 공동목표를 위해 육·해군과 합동작전을 펼 수 없다는 것을 의미하는 것은 아니다. 단지 합동작전이 한 국가의 모든 전력을 통제하고 지휘할 수 있는 권위 있는 기구에 의해 계획되어야 한다는 것이다. 이는 육군과 해군이 상호 합동작전을 하듯이, 독립공군도 어떤 상황에서도 육·해군의 특수작전 수행에 직접적으로 도움이 될 수 있다는 것을 의미한다. 간단히 말하면 한 국가의 모든 전력을 책임지고 운용하는 권위 있는 기구는 일단 제공권을 장악한 후에 독립공군의 전력을 그대로 유지할 것인지, 아니면 독립공군 전력의 일부를 한시적으로 육군이나 해군 지휘권 휘하에 둘 것인지를 신중히 고려해야 한다.

적의 항공수단을 완전히 파괴하려면, 적이 준비한 장애물들을 극복해야 한다. 이러한 싸움의 논리적인 귀결이 바로 항공전인 것이다. 사실상 제공권을 장악하는 사람이라면 누구나 비행 능력을 상실한 적과 싸우고 있는 자신을 발견하게 될 것이고, 자신의 항공수단을 모두 박탈당한 적과의 싸움에서 항공전이라는 용어는 더 이상 성립되지 않는다. 제공권을 장악한 후 전개하는 독립공군의 모든 작전은 필수적으로 지상 공격, 즉 공대지空對地 작전으로 변경된다. 이 공대지 작전도 승리에 큰 몫을 담당한다고 하지만, 엄밀히 말해 공대지 작전을 항공작전으로 분류할 수는 없다. 그러므로 제공권 장악을 위해 투쟁하고 노력하는 것이야말로 독립공군 스스로가 반드시 정립해야 할 항공전의 유일한 목표의 기본요소라 할 수 있다.

적의 비행수단은 공중이든 지상이든 발견되는 어느 곳에서든지 파괴해야 한다. 그러므로 만일 독립공군에게 제공권을 장악하는 임무가 부여된다면, 공중이든 지상이든 적의 비행수단에 대한 파괴작전을 수행할 수 있어야 한다. 한 국가의 공군은 항공전을 제외한 그 어떤 수단으로도 적의 공군력을 파괴할 수 없다. 다시 말하면, 공중에서의 파괴작전은 오직 항공전에서 채택된 단순한 전투수단을 통해서만 달성할 수 있다. 일반적으로 공군이 지상군을 파괴하는 것은 폭격으로만 효과적으로 성취할 수 있다. 지상에 위치한 적의 항공력은 폭격이라는 수단에 의해서만 파괴될 수 있다. 그러므로 독립공군은 전투기와 폭격기를 모두 보유해야 한다. 다른 경로를 통하긴 했지만 이것은 내가 제1부에서 내린 것과 같은 결론이다.

이 두 가지 독립공군의 항공 전력 중에서 어느 하나를 남겨둘 수 있는가? 나의 대답은 '절대로 안 된다'이다. 그 이유는 다음과 같다.

(1) 전투기만으로 구성된 독립공군, 즉 공중에서 적기에 대한 파괴작전만을 수행할 수 있는 능력을 보유한 독립공군의 경우에, 적군이 아군 공군에게 노출되지 않도록 지상으로 도망을 하거나 아니면 아군 공군과의 조우를 회피하기만 한다면 이들의 공대공空對空 작전은 실패하게 된다. 전투기만으로 구성된 독립공군은 보유 전력과 작전 능력이 제아무리 우수하다 할지라도 텅 빈 공중을 쓸모없이 휘젓고 다니다가 제풀에 지쳐버릴 것이다. 만일 전투기의 성능은 떨어지지만 폭격기를 보유한 적 공군의 공격을 받는다면, 우리는 적의 공중 공격으로부터 우리의 영토를 방어하는 소극적인 작전 목표마저도 이루기 어려울 것이다. 왜냐하면 신속한 공중 공격을 감행할 수 있는 적군은 우리 공군과의 항공전을 회피하고 항공 기습 공격을 시도할 수 있기 때문이다. 그러므로 전투기만으로 구성된 독립공군은 진정한 의미의 독립공군이라 할 수

없다. 왜냐하면 이와 같은 독립공군은 제공권을 장악하기에 부적절하며, 적의 공격으로부터 아군의 영토를 보호하는 단순한 임무를 수행하는 것조차도 벅차기 때문이다.

(2) 폭격기만으로 구성된 독립공군은 항공전을 회피해야 하는 것과 기습 공격 능력이 없다는 것을 제외하고도 다른 항공작전을 수행할 수 없으며, 적의 저항의지를 분쇄하는 데에도 아무런 역할을 할 수 없다.

이에 비해 전투기와 폭격기 모두로 항공 전력을 구성하는 독립공군은 적 상공을 자유롭게 비행하며 지상 공격, 즉 공대지 공격을 감행할 수 있다. 따라서 전투기를 덜 보유하고 있는 편이 그래도 낫다고 할 수 있고, 폭격기만으로 구성된 공군은 결코 독립공군이 아니고 독립공군으로 발전하기 위한 초기 단계라 할 수 있다.

결론적으로 독립공군은 전투기와 폭격기 두 종류의 항공기를 모두 갖추고 있어야 한다. 그렇다면 양자의 적정 비율은 얼마가 되어야 하는가? 독립공군이 자유롭게 작전을 구사할 수 있고, 적에게 우리의 강력한 의지를 강요할 수 있는 위치에 있으려면 적의 집요한 저항에도 불구하고 적국 영공의 특정 지점까지 비행할 수 있어야 한다. 이 말은 적의 공대공 대응 전력을 스스로 극복할 수 있는 전력을 갖춰야 한다는 사실을 의미한다. 다른 모든 객관적인 조건이 동등한 상황에서 승리하려면 전장에서 좀더 강력해져야 한다고 생각한다. 그러므로 아군 전투기의 성능은 적의 것보다 강력해야 한다. 폭격기는 어떠한 상황에서도 대규모 항공 공세를 감행할 수 있기 때문에 가능한 한 많이 보유해야 한다. 그러므로 전투기와 폭격기의 구성 비율은 매우 다양한 각각의 상황에 따라 다르게 나타날 수 있으므로 산술적으로 정할 수는 없다.

이러한 여러 가지 이유를 고려해볼 때 독립공군은 다음과 같이 구성해야 한다.

즉 요격용 전투기 전력은 적의 전력보다 강력해야 하고, 최대의 효과를 낳기 위해 폭격기 전력은 최대의 능력을 발휘할 수 있어야 한다. 그리고 항상 기억해야 할 사실은 독립공군이 반드시 서로 다른 형태의 항공기(전투기와 폭격기)를 배제한 채 단독 형태의 기종으로 존재해서는 안 되고, 어떠한 대가를 치르더라도 서로 고립되어서는 안 된다는 것이다.

이제까지 언급한 사항을 고려해볼 때, 우리가 보유해야 할 독립공군은 적보다 우수한 전투력을 보유하고, 항공 공세를 위해 폭격 능력을 어느 정도 보유하고 있어야 한다. 이러한 조건이 갖추어진 상태에서 독립공군은 우리가 선정한 공격 목표물을 향해 적국 상공 어디든지 비행할 수 있고, 가장 효율적인 항로를 따라서 신속하게 표적에 접근할 수 있을 것이다. 왜냐하면 적의 독립공군이 우리를 정면으로 상대하지 못함에 따라서 아군은 자유로운 항로를 확보할 수 있기 때문이며, 적이 저항한다 할지라도 아군과 조우할 수 없기 때문에 자유로운 항로를 확보할 수 있을 것이다. 그리고 적이 열등한 전투기 전력을 동원하여 저항을 하더라도 그들의 저항이 곧 분쇄됨으로써 우리는 자유로운 항로를 확보할 수 있을 것이다.

결론적으로 말하여 앞의 두 경우 우리는 아군의 폭격 능력과 비례하여 적 지상군에 대한 작전을 무사히 수행하여 적군에게 피해를 입히게 될 것이고, 세 번째 경우는 항공전에서 적을 패배시킨 다음 아군의 폭격 능력과 비례하여 적 지상군에게 피해를 입히게 될 것이다.

만일 우리가 적의 항공수단——항공기 정비창, 보관 창고, 생산공장 등——을 공격 목표물로 선정했다면, 어떠한 경우든 적의 잠재적인 항공 전력에 타격을 입힐 것이다. 따라서 *어떠한 경우에도 아군의 독립공군은 항상 적의 지상 목표물을 공격해야 하는데, 그 결과 적의 잠재적인 항공 전력은 큰 손실을 입을 것이다.* 아군의 항공작전이 집중적으로 전개되어 적 공군의 잠재력이 거의 완전히 파괴되면, 아군 항공 전력을 공대지 공격에 집중적으로 투입할 수 있을 것이고, 손쉽게 공격 목표를 선정할 수 있을 것이다.

이와 같은 우리의 항공 작전에 적의 독립공군은 어떻게 대응할 것인가? 과연 적이 대응 항공작전을 시도할 것인가? 분명히 말하면 적은 제대로 된 항공작전을 수행할 수 없다. 그 이유는 적이 아군 항공기를 찾지 못해 텅 빈 공간을 홀로 비행을 하든지 아니면 설사 아군 항공기를 색출했다고 하더라도 항공전에서 패배할 것이 분명하기 때문이다.

그렇다면 적 공군은 항공전을 회피한 채 우리의 영공을 침투하여 지상 공격을 감행할 것인가? 간략히 말하여 이 방법이야말로 적 공군이 택할 수 있는 공격 방법이 될 것이다. 우리 공군과의 항공전을 회피하는 데에 성공한 적 공군은 우리의 항공 잠재력에 타격을 가할 수 있는 방법으로 이와 같은 지상 공격을 시도할 것이기 때문이다.

서로 다른 전투기 전력을 보유한 양국의 두 독립공군이 제공권 장악을 위하여 전개할 작전은 다음과 같은 형태일 것이다.

(1) 다수의 전투기 전력을 보유하고 있기 때문에 적의 대응작전에 별다른 구속을 받지 않고, 나아가 아군의 의지를 강요할 수 있는 위치에 있는 독립공군은 전쟁 목표 달성에 가장 부합하는 목표물을 자유자재로 선정하고 완전한 기동의 자유를 누리면서 항공작전을 전개할 것이다.

(2) 전투기 전력이 취약한 쪽의 독립공군은 직접적인 공중 전투를 회

피하면서, 전쟁 목적을 달성하는 데 유효할 것이라고 생각하는 목표물을 공격하게 될 것이다.

이와 같은 양측의 항공작전은 매우 유사하게 전개되겠지만, 전투는 오히려 지속적으로 작전을 전개하는 약한 쪽 공군의 선점으로 판세가 확연해질 것이다. 이러한 전투가 진행되는 동안 좀더 약한 전력을 가진 공군은 항공전을 회피함으로써 자신의 항공작전을 성공적으로 수행할 수 있다. 이러한 경우 양측 공군의 모든 작전은 상대 공군의 잠재력을 약화시키는 방향으로 전개될 것이고, 초기에 상대방의 항공 잠재력에 일대 타격을 가한 쪽이 제공권을 장악하게 될 것이다. 따라서 훨씬 강한 전력을 가진 공군은 가능한 한 집중적으로 작전을 전개해야 하며, 공대지 공격시 최대의 파괴력을 동원해야 하고, 적의 항공 잠재력을 단번에 초토화시킬 수 있는 가장 효율적인 목표물을 선정해야 한다. 하물며 약한 전력의 공군이 어떤 항공작전을 전개해야 할 것인가에 대해서는 더 이상의 설명할 필요도 없다.

이로부터 우리는 다음과 같은 실용적인 결론을 얻을 수 있다.

(1) 전쟁이 발발하자마자 항공전은 가능한 한 가장 강력하게 이루어져야 한다. 독립공군은 언제든지 작전에 투입할 준비가 되어 있어야 하며, 일단 작전을 개시하면 제공권을 장악할 때까지 끊임없이 지속적으로 실시해야 한다. 독립공군이 전개할 수 있는 작전의 범위와 수행되어야 할 작전의 강도를 고려해볼 때, 전쟁이 발발하기 전에 미리 준비되지 못한 항공기가 항공전에 투입된다는 것은 사실상 불가능하다. 다시 말해 전쟁의 승패는 전쟁 발발과 동시에 작전에 투입될 수 있는 항공수단에 의해 결정될 것이다. 전쟁 발발 후에 준비된 항공기는 기껏해

야 제공권을 장악한 후에 제공권을 활용하는 수준의 작전에나 사용될 것이다.

(2) 만일 어느 한 편에서 공격 목표물을 선정하는 일이 매우 중요한 문제라면, 그 목표물이 영토 안 어디에 위치하고 있는가와 이들 목표물이 적군에게 어떻게 노출되었는가 하는 사실도 마찬가지로 중요하다. 즉 한 국가의 전쟁 수행 잠재력과 관련된 시설은 적이 파괴하기 어려운 지점에 있어야 한다. 만일 독립공군의 항공기나 기지가 국경 지역과 인접한 몇몇 특정 지대에 집중해 있다면, 적은 그것들을 손쉽게 파괴할 것이다.

(3) 항공전에서 승패의 문제는 물론 대적하고 있는 상대방의 전력에 따라 차이가 나겠지만, 특별히 이 전력을 어떻게 운용하느냐가 승패의 관건이라고 할 수 있다. 즉 항공전의 승패는 항공 부대 지휘관의 천재성, 작전 수행을 위한 신속한 의사 결정과 기민성, 그리고 적의 항공력에 대한 정확한 정보 등에 달려 있다.

우리는 앞에서 항공전은 반드시 두 개의 독립공군 간에 전개될 것이라는 것과 일단 항공전이 시작되면 자신이 당하는 피해와는 무관하게 서로가 상대방에게 최대의 피해를 가하는 방향으로 전개될 것이라는 결론을 내렸다. 이미 제1부에서 고찰했듯이, 이와 같은 전쟁 개념은 *적에 대한 총공세를 목적으로 가능한 모든 수단들을 사용하기 위해 적의 공격에 자신을 내버려두는 행위인 것이다.* 일반인들이 이러한 전쟁 개념을 수용하기란 결코 쉽지 않다. 왜냐하면 이는 과거에 유행한 총력전의 개념에서 출발하기 때문이다. 우리는 모든 전쟁에서 공격적인 측면과 방어적인 측면을 구분하는 경향이 있다. 그리고 방어 없이 모두가 공격에만 열을 올리는 전쟁 개념을 이해하지 못한다. 그러나 항공전에는 오로지 공격적인 측면만 존재하고, 그 외의 다른 것은 없다. 왜냐하면 항공무기의 특성은 특별히 공격적이지 방어 목적에는 부적합하기 때문이다. 중요한 사실은 바로 이것이다. 즉 항공기는 방어를 위한 것이라기보다는 바로 강타를 위한 수단이라는 점이다.

이제 한 국가의 독립공군의 전투기 전력이 적보다 훨씬 강한 국가의 경우를 생각해보자. 이러한 독립공군이 적 공군으로부터 국가를 방어할 수 있겠는가? 이 경우에는 두 가지의 방어수단이 있을 수 있다. 하나는 적 공군을 색출하는 방법이고, 다른 하나는 적 공군이 나타날 때까지 기다렸다가 격파하는 방법이다. 그렇다면 독립공군이 적의 공군을 색출할 수 있는가? 물론 할 수 있다. 그렇지만 찾아낼 수는 없을 것이다. 만일 찾아낸다고 할지라도 항공전을 할 수 없을 것이며, 따라서 공격의 기회를 찾지 못할 것이다. 적 공군에 대한 정찰만을 실시하고 공격 기회를 찾지 못하는 독립공군은 텅 빈 공간에서 아무런 목적 없이 아군의 전력만을 고갈시키지만, 공격을 교묘하게 피한 적 공군은 아군에게 간접적인 손실을 입힐 수 있을 것이다. 그러므로 이와 같은 방어제일주의 방식은 환상에 불과할 뿐이고, 적 공군에게 이 방법은 오직 하나의 스포츠에 불과할 뿐이다.

적 공군을 수색하는 임무 중인 공군이 폭격기에 가해오는 적의 공격으로부터 방어할 수 있는 수단은 아무것도 없다고 말할 수 있다. 이는 사실이다. 그렇지만 이 경우 이 공군은 목표물을 자유롭게 선택할 수 없다. 왜냐하면 이들은 부수적인 목표이며, 적 공군을 색출하는 과정에서 특정 지점에서 우연히 발견되었기 때문이다.

두 번째 방법으로 공군이 접근하는 적을 기다렸다가 이들을 공격할 수 있다고 생각하는가? 물론 그렇게도 할 수 있다. 그러나 여기에서 얻을 수 있는 기회란 무엇인가? 만일 적 공군이 승리의 기회를 얻기 위해 대규모로 전력을 투입한다면, 상대적으로 우위의 전력을 보유하고 있는 공군 역시 전력을 집중해야 한다. 특별히 강하다고 생각되는 독립공군 역시 적이 나타나기만을 수동적으로 기다리면서 적에게 주도권을 넘겨주면서까지 적의 공격을 막아낼 수 있다고 생각하는가? 확신할 수는 없다. 그러므로 이 두 번째 방어수단 역시 환상에 지나지 않으며, 이 또한 적에게는 하나의 스포츠에 불과하다.

따라서 항공전에서 우리가 택해야 할 유일한 방안은, 비록 적군이 저항할 위험이 있다 할지라도 강력하고 집중적인 공격을 해야 한다는 사실이다. 적의 공중 공격으로부터 우리의 영토를 방어하는 효과적인 방법은 가능한 최대 속도로 신속하게 적의 항공력을 파괴하는 것이다.

적의 항공작전에 대항하는 그 어떤 방어수단도 성공하지 못할 것이며, 오히려 적에게 이득을 주게 될 것이다. 이러한 사실은 이미 설명한 항공작전에서 여실히 증명되었다. 항공 공세에 대항할 수 있는 대공對空 전력은 항공기와 대공포로 구성된다. 기지에 대한 항공방어 효과를 높이기 위해서는 기지 공격을 목적으로 하는 적의 항공작전을 분쇄해야 한다. 한 기지에 대한 항공방어가 효과적으로 이루어지려면 최소한 적 공군과 동일한 수의 전투기를 보유하고 있어야 한다. 그렇지 않으면 항공방어는 실패할 것이고, 그 기지는 파괴될 것이다.

그러나 항공기의 장거리 작전반경으로 인해 독립공군의 존재는 잠재적으로 적의 다른 핵심 시설에도 위협적인 존재가 된다. 그리고 신속한 공중 공격으로 인해 잠재적으로 위협받고 있는 모든 부대의 방어를 위해서는 공군 기지가 여러 곳에 있어야 하며, 그들의 보유 전력은 적 공군의 전투기 전력과 동등해야 한다. 이 외에 완벽한 통신망이 필수적으로 구축되고, 이를 통해 모든 공군 기지가 작전의 항상성恒常性을 일관되게 유지해야 한다.

반복하여 강조하건대, 항공기는 근본적으로 공격 성능의 무기체계이기 때문에 이를 방어용으로 사용한다는 것은 적보다 전력이 강하다고 생각되는 우수한 공군을 완전히 비효율적으로 만드는 것으로 결코 바람직하지 못하다. 왜냐하면 방어는 목표를 달성하기 위해 적극적인 작전을 전개할 수 없으므로 오히려 적에게 유리한 조건을 제공해주기 때문이다.

방어적 성격의 공군도 특정 작전을 수행할 때는 항상 정해진 시간 내에 전력을 투입할 수 있다는 사실은 인정되지만, 과연 공군을 이런 식으로 운용하는 것이 바람직한가? 그렇지 않다. 왜냐하면 이는 극도의 위험을 초래할 수 있는 전력 분산을 의미하기 때문이다. 의심할 여지없이 한 국가는 반드시 가능한 한 모든 자원을 사용하여 독립공군의 전력을 강화해야 할 것이다. 왜냐하면 공군력이 강하면 강할수록 그 국가는 적의 공격으로부터 보호될 수 있는 효과적이고도 유일한 방법인 제공권을 쉽고 신속하게 장악할 수 있기 때문이다.

효과적인 대공 방어를 위해서는 적 공군이 기지에 대해 공중 공격을 감행하지 못하도록 해야 한다. 대공무기의 작전반경은 매우 제한적이다. 따라서 각각의 기지 방어를 위해서는 충분한 대공무기를 갖추고 있어야 하며 대공 방어는 전국적으로 산재되어 있는 수많은 장비들을 필요로 한다.

한편, 대공포는 공중작전에 의하여, 또는 저고도 및 구름 속에서 가해지는 원거리 공격에 의해서도 쉽게 제압될 수 있기 때문에 효과적인 대응책이 있을 수 없다. 대공 방어에 투입되는 자원의 양만큼 독립공군의 전력이 강화될 수 있다면, 그 효과는 확실히 크게 나타날 것이다. 왜냐하면 한 나라를 방어하는 유일한 방법은 바로 제공권을 장악하는 데 달려 있기 때문이다. 그러므로 공군 방어가 없으면 대공 방어도 없을 것이다. 해군에 의해 해안선이 방어되는 것처럼, 영토는 제공권을 장악한 공군에 의해 방어된다. 그 누구도 적의 함포 사격으로부터 보호받기 위해 군함을 분산시켜 배치해야 한다거나 또는 전 해안선을 따라 대포를 설치해야 한다고 생각하지는 않는다. 해안도시들은 무방비 상태에 놓여 있으나 이들에 대한 방어는 간접적으로 함선에 맡겨져 있다.

그러므로 모든 사용 가능한 자원은 독립공군의 전력을 강화하는 데에 사용되어야 하며, 한 국가는 독립공군의 집중적이고 강력한 항공 공세작전을 통해서만 효과적으로 방어된다고 할 수 있다. 나는 이와 같은 항공 전력의 운용방식이 근본적인 것이라고 생각하고 있기 때문에 이에 대한 예외를 절대로 허용할 수 없다는 사실을 강조하고 싶다. 이것만이 항공 전력의 구성과 운용의 기초를 제공해준다.

이와 같은 결론에 이르기 위해 우리는 기술적인 세부사항을 언급하지 않아도 항공전의 일반적인 성격이나 항공기 자체의 특징이 광범위한 작전반경, 속도, 비행 능력, 공대지 공격 능력이라는 사실을 인정해야 한다. 따라서 결론 그 자체는 본질적으로 일반적이며, 임의대로 항공기의 근본적인 특징을 변경시킬 수 있는 기술적인 세부사항에 의존하지 않는다. 이러한 결론에 대한 증거는 항공 전력에 관한 다른 개념과 항공 전력에 관한 나의 개념에 따라 운용되는 독립공군을 간단히 비교해보면 쉽게 얻을 수 있다.

나의 독자적인 개념에 따라 창설된 독립공군과 기존의 작전 개념에 따라 조직된 공군――조직하는 데 소요되었던 자원은 두 경우 모두 동일하다고 가정할 때――이 서로 항공전으로 대결한다고 상상해보자. 전투기 부대와 폭격기 부대의 편성 등 모든 자원을 마음대로 활용할 수 있는 독립공군은 그렇지 못한 공군보다 뛰어난 전투력을 발휘할 것이다. 왜냐하면 후자의 공군은 전투기를 제외하고 특수 목적에 사용되는 다양한 항공기를 제작하기 위해 자원을 세분하여 분배할 것이기 때문이다. 같은 이유로 독립공군은 폭격기 부문에서 우위를 점할 것이다.

이런 상황에서 독립공군은 즉시 선제권을 장악하고 적 공군과의 조우에 관심을 두지 않으면서, 즉 적기를 찾아다니거나 아니면 이들을 회피하지 않으면서도 적 지상군에 대한 일련의 성공적인 공대지 작전을 통하여 아무런 방해도 받지 않고 자신의 목적을 추구할 수 있을 것이다. 이러한 작전에 대항하여 후자의 공군은 자신들의 추격기가 독립공군과 마주치는 경우와 독립공군보다 성능이 뒤떨어지는 폭격기를 동원하지만 항공전을 회피하는 방법으로 작전을 수행할 것이다. 하지만 공중 전투와 폭격작전에 투입되지 않는 보조 전력은 제공권 장악을 위한 전투에서 아무런 영향력을 행사할 수 없다. 이들 보조항공 전력은 지상에서 파괴되는 신세를 면하기 위해 피하기에 급급하고, 지상에서 거의 아무런 활동도 하지 못하는 상태로 머무르게 될 것이다.

따라서 다른 모든 조건들이 동일하다면, 제공권은 틀림없이 독립공군이 장악할 것이다. 그 어떤 공군도 나의 사상에 따라서 운용되는 또 다른 독립공군에 필적할 만한 것은 없다. 어떤 다른 종류의 공군도 그리고 어떤 다른 표준 작전도 항공기라는 새로운 무기체계의 운용에 적합하지 않다. 나는 나와 상반되는 견해를 갖고 있는 사람이라면 누구에게든지 감히 도전하겠다.

[5]

지금까지 주장한 나의 논리는 다음과 같이 간단하게 요약할 수 있다. 첫째, 전투기는 항공전에 적합해야 하며, 둘째, 폭격기는 공대지 공격에 적합해야 한다. 이제 독립공군의 항공수단으로 반드시 보유해야 할 전투기와 폭격기의 성능에 관해 좀더 구체적으로 논의하자.

1. 전투기

항공전은 한 편의 전투기가 보유한 화력을 다른 편의 항공기를 향해 발사하면서 시작된다. 따라서 특정 항공기가 항공전에 얼마나 적합한가 여부는 그 항공기가 보유한 공격용 화력과 방어용 화력에 의해 결정된다. 전투기는 항공전이 전개되는 동안에 어느 방향에서든지 적기로부터 공격을 당할 수 있다. 따라서 전투기는 적기의 공격에 대하여 반격을 가할 수 있는 능력을 보유해야 하는데, 모든 조건이 동일하다고 가정할 때, 적기의 화력을 잘 견디어내려면 자기 방어수단을 최대한 갖춰야 하기 때문에 적기보다 중무장이 가능하고 화력이 우수한 무기를 장착할 수 있는 전투기가 더욱 유리하다고 하겠다.

항공전에서 적기보다 빠른 속도와 기동성을 가진다는 것은 매우 유리한 위치를 차지함을 의미한다. 이 두 가지 조건이야말로 항공전을 할 것인지 아니면 이를 회피할 것인지에 대한 판단을 제공하기 때문이다. 그리고 일단 항공전이 시작되면 신속하게 끝낼 수 있기 때문이다. 다시 강조하지만 다른 조건이 동일하다고 가정할 때는 속도가 빠르고 기동성이 우수한 항공기가 유리하다고 할 수 있다. 더 나아가 작전반경이 넓은 항공기는 적국 영토 깊은 곳에서도 작전이 가능하기 때문에 더욱 유리하다.

따라서 전투기는 기술적으로 항공기에 비상상황을 초래하지 않는 한 다음과 같은 네 가지 특성을 최대한 갖춰야 한다. 그 네 가지란 바로 *공격용 무장, 방어용 무장,* 속도, *작전반경*이다. 이와 같은 특성들은 항공기의 공기역학적 구조에 의해 결정되는 총중량, 즉 항공기의 무게를 고려하여 감소될 수도 있고, 서로 조화를 이룸으로써 이들 네 가지 특성을 세분화할 수도 있다. 이 문제는 전함에서도 마찬가지다. 양자의 목적의 유사성을 고려해볼 때 다른 방법이 있을 수는 없다. 하지만 이 경우에 설명해야 할 다른 고려사항들이 있다.

가. 공격용 무장

독립공군의 전투기들은 단독으로 전투하지 않고, 편대를 구성하여 항공전을 전개하도록 편성되어 있다. 따라서 이들은 함께 전투를 전개할 수 있는 동일한 성능의 전투기로 편대를 구성해야 한다. 이와 같은 편대의 구성이 전투작전의 기본이라 할 수 있다. 그러므로 전투기 한 대의 단독작전이 아니라 편대 전투단위 전체가 보유한 최대한의 화력을 필요로 하고, 이와 같은 편대 전투단위의 구성은 적기의 공격 방향과 적기에 대한 아군기의 공격 방향에 따라서 융통성 있게 변경될 수 있다. 그러므로 전투기 무장의 문제는 각 항공기의 개별 무장을 강조하느냐 아니면 편대 전투 단위별 합동 무장을 강조하느냐가 결정적인 요소다.

마찬가지로 공격용 화력에서도 더욱 중요한 것은 단독으로 작전하는 개별 항공기가 아니라, 편대 전투단위로 구성된 항공기들이며 이와 같은 편대 전투단위는 결코 분리될 수 없다. 여기에서도 중요한 사항은 단독작전을 수행하는 개별 항공기가 아니고, 가능한 한 개별 항공기가 보유한 화력을 편대 전투단위별로 최대한 통합할 수 있어야 한다. 그렇지만 개별 항공기들이 최소한의 수준을 넘는 잠재적인 공격력을 보유하는 것은 매우 바람직한 것이어도, 어떠한 경우에서도 이와 같은 공격의 잠재력을 과장해서는 안 된다는 사실을 우리는 잘 알고 있다. 왜냐하면 두 개의 편대 전투단위의 공격용 화력이 동일하다고 가정할 때, 더욱 많은 수의 항공기를 보유한 쪽이 더 큰 화력을 갖게 되기 때문에 포위 공격작전에 유리한 위치를 차지할 수 있기 때문이다. 오직 실전에서 체득한 작전 경험만이 실용적인 목적을 위해 이런 것을 결정할 수 있다.

나. 방어용 무장

방어용 무장의 목적은 자신의 취약점을 감소시켜서 공격용 화력을 보존하는 것이다. 만일 두 항공기의 무장 능력이 동일하다고 가정할 때, 방어용 무장 능력이 뛰어난 항공기는 동일한 작전 방향에서 두 배 이상의 공격거리를 유지할 수 있고, 동일한 작전 시간대에서 두 배 이상의 작전 능력을 보유하게 됨으로써 상대편 항공기보다 두 배의 공격 능력을 가지게 된다. 이러한 방어 능력은 물질적인 측면뿐만 아니라 사기 고양에도 크게 기여한다. 그러므로 방어용 무장을 위해 사용된 중량이——비록 방어용 무장을 위해 공격용 무장을 희생시켜야 가능한 것이지만——전력과 물질적인 낭비를 초래한다고 생각하는 것은 그릇된 사고이다. 일반적으로 방어용 무장에 관한 문제는 개별 항공기에 관련된 문제이지, 전체적으로 편대 전투단위에 관련된 문제는 아니다. 그럼에도 불구하고 방어용 무장의 총중량은 편대 전투단위의 전체적인 공격력을 전혀 변화시키지 않고 유지한다고 해도 항공기 숫자가 감소하는 것만큼 감소되는 것은 분명한 사실이다.

다. 속도

비록 항공전에서 뛰어난 속도가 필수적인 이점이기는 하지만, 지금까지 주장해왔듯이, 독립공군은 공중에서 적기를 색출하려고 노력하거나 또는 항공전을 추구해서는 안 된다. 그러므로 전투기의 뛰어난 속도는 항공전을 회피하고자 하는 전력이 약한 독립공군에게도 상대적인 중요성만을 지닐 뿐이다. 따라서 다른 세 가지의 특성을 희생하면서까지 전투기의 속도를 증가시킬 필요는 없다.

라. 작전반경

적국 영토에 대한 가능한 공격작전은 어느 정도 항공기의 작전반경에 의존한다. 그러므로 적국 목표물에 도달하기 위해 필요한 작전거리에 따라서 작전반경이 결정되고, 수준 이하의 작전반경을 보유한 독립공군은 그 가치를 상실하게 된다. 그러므로 작전반경은 최대한 확대되어야 한다.

2. 폭격기

폭격기는 적군의 공중 장애물을 완전히 제거하는 전투기 작전과 통합적인 기능을 가지고 있다. 그러므로 폭격기의 기본 성능은 다음과 같은 조건이 갖춰야 한다.

· 작전반경 : 전투기의 작전반경과 동일.

· 속도 : 전투기의 속도 성능과 동일.

· 방어용 무장 : 만일 방어용 무장이 전투기에 반드시 필요한 조건이라면, 폭격기에서도 동일한 필요조건이라 할 수 있다. 따라서 방어용 무장 역시 전투기와 동일하다.

· 무장 : 근본적으로 폭격기의 무장은 지상 공격을 위한 폭탄으로 구성된다. 그러나 모든 항공기는 공중에서 공격을 받을 수 있기 때문에 승무원의 안전과 사기를 위해 폭격기도 완전무장을 해야 한다. 그리고 무장 측면을 제외하고 전투기와 폭격기의 특징은 모두 동일해야 한다. 두 항공기 간에 차이점이 있다면 그것은 전투기의 공격용 무장과 폭격기의 폭탄 적재 중량에 관한 것이다.

3. 전폭기

이와 같은 전투기와 폭격기의 성능으로부터 항공전과 공중 폭격이라는 두 가지 기능에 적합한 항공기의 개념이 출현할 수 있는데, 나는 이것을 단순하게 전폭기Battleplane라고 명명할 것이다. 이러한 형태의 항공기는 이미 위에서 설명했던 것과 마찬가지로 작전반경, 속도, 방어용 무장과 같은 능력은 물론 항공전과 공대지 공격을 위한 충분한 무장 능력을 구비해야 한다. 다른 세 가지의 특성을 모두 만족스럽게 갖춘 후에, 폭탄, 기총 그리고 승무원을 포함하여 무장을 위하여 자유롭게 사용할 수 있는 나머지 무게를 W라고 표시해보자. 만약 특정 독립공군이 C라는 전투기 부대와 B라는 폭격기 부대로 구성되어 있다면 이 독립공군의 공격용 전력은 CW이고, 폭격용 전력은 B(W－w)가 될 것이다(여기에서 소문자 w는 폭격기에서 방어용 무장의 무게이다). 만일 특정한 독립공군이 보유한 항공기가 전적으로 전폭기로만 구성되어 있다면, 이들 전폭기의 수효는 C+B이며, 전투무장의 총중량은 W (C+B) 혹은 CW+BW가 될 것이다. 항공전과 공대지 공격을 위한 두 가지 형태의 무장을 각각의 항공기에 적절하게 배치한다고 가정할 때, 공대지 공격에 사용될 수 있는 총무장 가치는 BW이다. 다시 말하면 이와 같은 독립공군은 항공전 능력에서 다른 공군의 전투력과 동일하지만, 공대지 작전 능력에서는 방어용 무장을 감소시켰기 때문에 약간 우위를 차지할 수 있다.

이와 같은 측면에서 우리는 다른 견해를 살펴보아야 한다. 만일 독립공군의 전체 보유 항공기를 전투기와 폭격기로 구분한다면, 이들 항공기의 작전 투입은 동시에 이루어지는 것이 아니라 시간적인 차이를 두고 이루어질 수 있다. 첫째, 적기의 공중 공격을 방어하려고 항공전을 전개할 것이며, 둘째로 적국의 지상 목표물에 대한 항공 폭격작전을 전개할 것이다. 따라서 첫번째 작전에는 전투기만이 투입될 것이고, 두 번째 작전은 전폭기만이 담당하게 될 것이다. 동일한 관점에서 볼 때 첫번째 단계의 작전에서는 전투기의 기총 사수만이, 그리고 두 번째 단계의 작전에서는 폭격기의 폭격수만이 작전에 참가하게 될 것이다.

그러나 만일 독립공군이 전적으로 폭격기로만 구성되어 있다면, 동일 승무원들은 첫 단계 작전인 항공전에 투입된 다음, 즉시 두 번째 단계인 공대지 공격작전에 투입될 수 있다. 이것은 동일한 승무원들이 기총 사수 또는 폭격수라는 이중의 역할을 모두 수행할 수 있다는 사실로, 일반적으로 독립공군은 전력을 증가시키기 위해 개별 작전 요원의 능력을 최대한 발휘하도록 해야 할 것이다.

더욱이 폭격기와 전투기로 혼합하여 구성된 독립공군은 적기와 조우할 경우 항공전이 진행되는 동안 자유롭게 공대공 작전도 하지 못하고 폭격기를 보호해야 하기 때문에 제한된 수의 항공기로 적기와 싸워야 한다. 만일 공군이 오로지 전폭기만으로 구성된다면, 작전에 참가하는 모든 항공기는 최대한 자유를 보장받고 교전에 참가할 수 있을 것이다. 그러므로 이와 같은 모든 관점에서 볼 때 독립공군은 항공전과 공대지 폭탄 공격의 이중 작전이 가능한 전폭기들로 구성되는 것이 최상의 조건이라고 할 수 있다.*

우리는 이러한 주장을 좀더 발전시킬 수 있다. 사실상 이러한 특징들을, 아니 그 중에서 최소한 몇 가지만이라도 탄력적으로 응용한다면 더욱 효과적일 수 있다. 예를 들어 작전반경, 공격용 및 방어용 무장의 무게는 작전거리에 의해 변경될 수 있으며, 항공기의 총중량이 일정하기 때문에 무장 능력은 다른 요인들을 희생시켜서 증가시킬 수도 있다. 결론적으로 이러한 특징들을 융통성 있게 변화시킬 수 있는 전폭기 부대를 구성하는 데 이와 같은 세부사항을 참고하는 것은 매우 유용할 것이다.

만일 독립공군이 짧은 작전반경 내에서 작전한다면 연료의 적재량을 줄이고 대신 그만큼의 무장을 증강하는 것이 더 바람직하다. 반대로, 작전 기지에서 멀리 떨어진 지역에서 항공작전을 수행할 때에는 방어용 무장뿐만 아니라 공격용 무장까지도 감소시키는 방법이 바람직하다. 일단 제공권을 장악하면 독립공군은 더 이상 항공전이 필요 없을 것이며, 이에 따라서 더 이상 중무장 방어나 방어용 무장의 필요성이 사라지게 된다. 그러므로 전폭기는 항공기의 작전반경을 넓히고, 공대지 공격의 파괴력을 증진시키는 방향으로 특성이 조정되고 대체되어야 한

* 만약 이와 같은 듀헤의 해석이 옳다면 그가 소개하고 있는 항공기는 현재(1943년) 운항 중인 '나는 요새flying Fortress B-29' 폭격기와 유사하거나 더 강력한 항공기인 셈이다.

다. 다른 모든 조건들이 동등하다고 가정할 때, 탄력적이고 융통성 있게 성능을 변화시킬 수 있는 전폭기는 그렇지 못한 항공기보다 우수하다고 하겠다. .

지금까지 우리는 독립공군이 갖추어야 할 전폭기의 기본적 특성들에 대해 모두 논의했다. 기술자와 제조자에게 남은 문제는 주어진 제한된 실용성 내에서 바람직한 최상의 항공기를 생산하는 것이고, 이러한 모든 요구사항이 충족된 항공기는 여러 개의 엔진을 장착하여 적절한 속도를 유지할 수 있는 중형 항공기이다. 독립공군은 바다 위에서 여러 국가들과 항공작전을 수행해야 하기 때문에 독립공군의 전폭기는 수륙 양용이어야 한다. 만일 지금 이러한 항공기 제작이 가능하지 않다면 독립공군 전력 중 일부는 수상 착륙 항공기로, 또 다른 일부는 지상 착륙 항공기로 구성되어야 하며, 이들 두 종류의 항공기는 근본적으로 동일한 성능이어야 할 것이다. 현재의 기술 발전 상태를 볼 때 이러한 요구조건이 부과된 항공기의 생산이 어느 정도 가능한 단계에 있으며, 기술적 진보가 더 이루어지면 더욱 효율적인 전폭기를 제작하게 될 것이다.

우리는 연역적인 방법을 통해 전폭기가 반드시 갖춰야 할 특성과 성능을 알아보았다. 전폭기야말로 독립공군이 작전용으로 구성할 *유일한 형태*의 항공기이고, 항공전을 할 만큼 충분히 있으므로 필요한 무기이다. 그러나 독립공군은 적의 기습을 예방하기 위해 충분한 정보망을 유지해야 하는데, 이러한 정보는 정찰에 의해 제공된다. 이에 관한 설명에 앞서 먼저 모호한 의미의 '정찰'이라는 용어를 정의해야 한다. 정찰이란 다른 모든 군사작전과 마찬가지로 아군에게 이득을 주고 적군에게 손해를 입히는 작전 중의 하나이기 때문에 적군의 대응 공격에 쉽게 노출된다. 이러한 정찰 임무를 성공적으로 완수하기 위해서는 먼저 적군의 저항을 회피하거나 좌절시킬 수 있는 지점에 위치하는 것이 필요하다. 이러한 지점은 지상이나 바다 상공 또는 공중이 적합하다. 예를 들어 기병대는 대규모 병력을 투입하여 적진을 돌파한 후 후방 상황을 파악하거나 또는 적군과의 정면 접촉을 피해 후방으로 숨어 들어가 필요한 정보를 수집하여 되돌아오는 방법으로 정찰 활동을 할 것이다. 공중에서의 상황 역시 이와 유사하다. 만일 적군의 저항을 제압하기 위해 정찰이 필요하다면, 이 임무의 달성을 위해 독립공군이나 최소한 그 일부분의 전력이 이용될 것이다. 만일 적의 작전에 관한 정보를 얻기 위한 정찰 임무에서 적군과의 조우를 피하기 위한 소규모의 작전이 계획된다면, 전투기와는 완전히 다른 형태의 항공기가 필요하다. 이와 같은 형태의 항공기를 *정찰기*라고 부를 것이다.

적기의 항공방어와 전투기를 피하기 위해서는 적기보다 뛰어난 속도와 더욱 능숙한 비행기술이 필수적이다. 성공적인 정찰 임무를 수행하려면 독립공군은 항공작전이 진행되는 동안 언제든지 사용할 수 있는, 일반 항공기보다 훨씬 뛰어난 작전반경을 지닌 특별 관측기를 보유해야 한다. 간단히 말하면 성공적인 정찰 임무의 기본은 감시하여, 이해하고 분석한 후 보고하는 것이다. 그러므로 정찰기는 두 개의 눈, 경보를 발령할 수 있는 빠른 두뇌 그리고 독립공군과 교신할 수 있는 적절한 통신수단을 구비해야 한다.

4. 정찰기

정찰기의 특성은 다음과 같아야 한다.

· 속도 : 항공공학적 기술 발전의 현실적인 수준에서 가능한 최고 속도를 보유해야 한다.

· 작전반경 : 최소한 독립공군의 작전반경과 같아야 한다. 예를 들면 독립공군이 6시간의 비행거리 내에서 작전반경을 갖는다면 정찰기 역시 최소한 동일 반경을 유지해야 한다.

· 공격 및 방어용 무장 : 항공전을 회피하도록 계획, 설계된 항공기(정찰기)에게 무장은 필요하지 않다. 그러므로 감소된 무장의 중량은 속도를 증가하고 작전반경을 확대하는 것으로 대체되어 사용되어야 한다.

· 통신수단 : 가장 완전한 상태여야 한다.

· 승무원 : 반드시 최소 인원을 유지해야 하는데, 가능하면 1명이 좋다.

항공전을 회피하기 위해 정찰기는 단독으로 작전에 투입되거나 또는 소규모 단위로 작전 임무를 수행하는데, 작전하는 동안 손실의 가능성을 인정해야 한다. 적절한 거리에서 정찰기에 의해 선도되는 독립공군의 대규모 항공작전은 적기의 어떠한 기습 공격으로부터도 보호될 것이다. 이와 함께 정찰기는 궁극적인 공격 대상인 지상의 목표물을 발견하는 데에도 크게 이용될 것이다.

[6]

지금까지 정의한 전투기와 정찰기의 특징은 그 어떤 독립공군에도 유용하다. 그러나 여기에서는 *우리의* 독립공군에게 특별히 적용할 수 있는 두 가지 조건을 논의하도록 하자. 우리의 궁극적인 적국은 알프스 산맥 너머, 또는 이탈리아 반도를 에워싸고 있는 좁은 해협을 지나 저 멀리 위치하고 있다. 그러므로 이들 적국들을 분쇄하기 위해서는 우리의 독립공군이 알프스 산맥을 횡단하거나 좁은 해협을 건너야 한다. 이러한 상황이 의미하는 첫번째 조건은 우리의 독립공군이 반드시 보유해야 하는 최소한의 비행고도를 결정하는 것이며, 두 번째 조건은 우리의 독립공군이 수행할 수 있는 최소한의 작전반경에 관한 것이다. 만일 이 두 가지 조건을 충족시키지 못한다면 우리 독립공군의 가치는 사라지게 될 것이다.

이와 관련하여 우리는 개별 항공기의 작전반경과 독립공군 자체의 작전반경을 혼동하지 않도록 주의해야 한다. 독립공군 자체의 작전반경이 오히려 개별 항공기의 작전반경보다 그 범위가 작을 수도 있다. 대량으로 작전을 수행하는 독립공군은 먼저 모든 예하 전력을 통합·집중시킨 후에 작전에 투입시키고, 마지막으로 작전에 투입된 전력은 각 전투 단위별로 흩어져서 자신의 모기지로 복귀해야 한다. 독립공군의 작전반경은 이를 구성하고 있는 항공기들의 작전반경에서 집결 지점에서 가장 먼 곳에 위치한 기지까지의 거리의 두 배를 뺀 것과 같다.

이와 같은 조건을 고려해볼 때 독립공군을 구성하고 있는 각 항공기의 작전반경을 가장 효과적으로 운용하기 위한 공군 기지를 선정하는 문제가 얼마나 중요한지 알 수 있다. 이들 공군 기지들이 집결 지점에 가까울수록 항공작전의 효율성은 증대된다. 그렇지만 집결 지점은 적군이 어떠한 상태에 있느냐 또는 적군에 대한 항공작전의 강도에 따라서 다양하게 변화할 수 있다. 이러한 사실로부터 개별 항공기의 작전반경을 최대한 활용하기 위한 많은 수의 공군 기지의 필요성이 대두되며, 이를 통하여 전체 독립공군은 최대의 작전반경을 확보하게 된다.

이것은 공군이 최대한의 항공작전 효과를 높이기 위해 사용할 수 있는 최상의 조건을 결정해야 하는 항공 병참의 일부분이다. 그렇지만 지금 이 문제에 관해 언급하지는 않겠다. 지적하고 싶은 것은 단지 착륙기지로 사용할 수 있는 공군 기지가 많이 필요하다는 것뿐이다. 전시의 공군 기지는 적합한 격납고를 모두 갖출 수 없다. 왜냐하면 항공기 수만큼 많은 격납고를 배치할 수도 없으며, 각 공군 기지는 적기에 너무나 쉽게 노출될 수 있기 때문이다. 그러므로 항공기는 어떠한 기후 변화에도 견딜 수 있는 금속으로 제작되어야 한다. 평화시에 규모가 큰 공군 기지 중 최소한의 이용 가치도 없는 기지는 전쟁 개시 즉시 포기해야 하며, 항공기들은 다른 대체 기지로 분산, 배치해야 한다.

독립공군의 항공기는 지상에 착륙하는 즉시 모습을 감추어야 하며, 개방된 곳에서 적기의 공격에 노출되어서는 안 된다. 전력이 약할지라도 능력과 용기를 갖춘 적 공군이라면 이러한 결정적인 순간을 놓치지 않을 것이다. 항공기를 지상에 계류시킬 때에는 가능한 한 넓은 공간에다 위장, 은폐시켜놓아야 한다. 그리고 우리가 보아왔던 것처럼 독립공군은 기동의 자유를 유지하면서 전력 분산이 용이하도록 공군 기지들을 다양하게 분류해놓아야 한다. 공군력은 지상군과 독립되어 자신의 전력만을 가지고도 고유한 항공작전을 수행할 수 있는 능력이 있어야 한다.

그러므로 독립공군은 생활, 기동 및 전투의 모든 요구조건을 충족하는 항공 병참 부대를 필수적으로 창설해야 하고, 이와 같은 항공 병참 부대는 자체 항공 조직에 의해 점차 충원되어야 한다. 목적 달성을 위해 독립공군은 공중에서는 기동할 수 있고, 지상에서는 위치를 자유자재로 변경시킬 수 있는 완전히 자급자족형의 조직이 되어야 한다. 이것은 독립공군이란 명실공히 우리가 일반적으로 생각하고 있는 것과는 아주 다른 그 어떤 존재라는 것을 입증한다.

[7]

우리의 독립공군에 적합한 항공기인 전폭기의 형태——광범위한 작전반경, 알프스 산맥을 넘어서 비행할 수 있는 높은 상승한도, 충분한 속도 그리고 최소한의 안전을 위해 공격용 및 방어용 무장을 수용할 수 있는 충분한 공간을 보유하는——는 공격 및 방어용 무장중량을 승객, 화물 그리고 우편의 총중량으로 대체하여 생각할 때, 민간 항공에서 운영하고 있는 상업용 항공기와 비슷하다. 이러한 사실은 적절한 기술적인 작업으로 민간 항공기를 전폭기로 개조하여 사용할 가능성을 시사해준다. 나는 우리가 온갖 노력과 정열을 다해 이와 같은 목적의 개조작업——*국가의 필요에 따라서 민간 항공기를 강력한 군사용 항공기로 전환*시킬 수 있는——을 서둘러야 한다고 확신하고 있다.[10] 평화시에 군용 항공기는 전쟁이 발생했을 때 수행할 수 있는 잠재적 기능만을 갖는다. 국가의 운영이 정상적인 상태였을 때, 군용 항공기 전력을 유지하는 데 소요되는 모든 재원은 앞으로 발생할지 모르는 전쟁의 가능성을 대비하는 일에 소모된다. 반면에 적대 행위가 발생하는 즉시 군용으로 전용될 수 있는 민간 항공기는 군용기와 비교하여 잠재적인 가치를 가지고 있다. 그렇지만 민간 항공기는 평화시에 민간 서비스를 효율적으로 담당할 수 있다는 측면에서 진정한 가치를 갖는다고 할 수 있다.

---

10) 이 이념은 독일에서 장대하게 추구되었다.

그러므로 군용 항공기로만 구성된 편과 전시에는 군용으로 동원될 수 있는 민간 항공기로 구성된 편 중에서 어떤 것을 선택할 것인가는 그리 어려운 문제가 아니다. 두 번째의 선택에는 정신적 · 물질적인 이점이 있다. 물질적인 측면에서 볼 때 민간 항공기의 장점이 제한되어 있기는 하지만 그 장점은 항상 긍정적 요인으로 작용할 것이다. 그러므로 군용으로 전용될 수 있는 다수의 민간 항공기는 같은 대수의 군용기보다 적은 비용으로도 유지가 가능하다. 이처럼 우리가 군용으로의 전환이 가능한 민간 항공기를 운용한다면 동일한 예산을 가지고 항공 전력을 증강시킬 수 있을 뿐만 아니라 동시에 매우 포괄적인 민간 항공사를 보유할 수 있는 가능성을 갖는다. 이런 사실은 너무나 이점이 크기 때문에 나는 감히 다음과 같은 주장을 하는 데 주저하지 않는다. 즉 *우리는 평화시에 민간 항공을 교육과 지휘체계 등 기본 골격만을 유지하는 수준으로 감소시키고, 유사시엔 이를 즉시 강력한 군사 항공으로 전환할 수 있는 강력한 민간 항공체제를 조직해야 한다.*

나는 지금까지 나의 항공전략 사상에 입각하여 대규모의 항공기를 독립공군으로 구성하는 데에 필요한 강력한 민간 항공체제의 존재 가능성을 보여주었다. 하지만 일반적으로 항공의 세계는 이러한 사실을 부정하고 있다. 현재 통용되고 있는 항공력의 개념――특수한 성능, 심지어는 극단적인 형태의 성능을 가진 아주 다양한 항공기를 요구하고 있는――을 고려해볼 때, 이를 부정하는 것이 과연 그릇된 견해인가? 지금 당장은 전폭기로 즉시 전용할 수 있는 민간 항공기를 제작하는 일이 불가능할 수도 있다. 왜냐하면 이들 민간 항공기들은 항공전과 공대지 공격을 위해 필요한 무장 외에도 방어용 무장에 필요한 장비들을 갖춰야 하기 때문이다. 그러나 지금이라도 폭격기로 전용할 수 있는 민간 항공기의 제작은 분명히 가능하다. 왜냐하면 이 일에 필요한 것은 민간 항공기의 승객이나 화물 그리고 우편물의 중량만큼 폭탄의 무게로 대체하는 것뿐이다.

따라서 이제부터는 민간 항공기를 활용하여 폭격기를 대체할 수 있기 때문에 독립공군의 폭격 능력이 현저히 증가할 것이다. 이와 같은 항공 전력의 보강은 상황에 따라 제공권을 장악하기 위한 작전 과정에서 또는 제공권을 장악한 후에 독립공군의 폭격 능력을 강화하는 데에 사용될 수 있다. 따라서 우리는 이와 같은 목표 선정을 망설이지 말아야 한다.

나는 지금까지 제공권을 장악할 수 있는 방법을 배운 사람들만이 항공력을 육 · 해군과 함께 보조수단으로 사용할 수 있는 위치에 있을 것이라는 것과, 한 국가가 자국의 안전을 위해 반드시 창설해야 하는 유일한 항공력이 독립공군이라는 사실을 주장했고 또 이를 증명해왔다. 역설적으로 제공권을 이미 장악한 독립공군은 독립공군을 보강하기 위한 전력인 민간 항공의 일부 항공기들을 육 · 해군의 보조수단으로 지원할 수도 있다.

그렇지만 이와 같은 보강 전력이 과연 이러한 보조 업무에 적합한 것일까? 대부분의 경우는 확실히 그렇다. 무엇보다도 독립공군이 비행 능력도 없고 어떠한 항공작전 수행도 불가능한 적군과 조우할 경우, 이들 적군에 대한 항공작전은 보강 전력이든 아니든 적군이 회복할 수 없는 치명적인 상태에 있기 때문에, 중요한 승리를 아주 쉽게 쟁취하게 될 것이다.

일단 제공권을 장악하면 독립공군의 보강 전력은 전투기 부대, 폭격기 부대 또는 정찰기 부대의 임무를 담당함으로써 육 · 해군의 보조 작전수단이 될 것이다. 이러한 단위부대는 육 · 해군이 필요로 하는 탐색, 정찰, 관측과 같은 보조적인 기능을 안전하게 수행할 것이다. 모든 면에서 완벽하게 무장되어 있고 모든 방향으로 최대의 화력을 구사할 수 있는 전투기 부대는 행진 중인 부대, 물자 수송용 기차 및 철도 등을 공격하는 데 최적이다. 이에 비해 폭격기 부대는 지상작전에 직접적으로 영향을 주는 목표물을 파괴하는 데 사용될 수 있다. 그러므로 일단 제공권을 장악하면 더 이상 요격용 전투기가 필요 없어진다. 따라서 나의 항공전략 사상에 따라 구성되는 독립공군은 제공권을 장악한 후에 이용 가능한 모든 항공 보조수단을 제공하게 될 것이다.

[8]

앞 장에서 서술한 내 주장의 핵심은 일단 독립공군이 제공권을 장악하면 전쟁이라는 긴급 상황에서 요구되는 모든 보조 업무의 필요성을 충족시킬 수 있다는 사실을 입증하는 것이다. 그리고 나의 논리는 충분히 입증되었다. 왜냐하면 비록 제공권을 장악한 후라 할지라도 독립공군은 독자적으로 작전을 수행해야 하며, 부수적인 작전을 위해 절대로 시간과 전력을 낭비해서는 안 되기 때문이다. 일단 제공권을 장악하면 독립공군은 적의 물질적 · 정신적 저항을 분쇄할 수 있을 정도로 대규모 공격 작전을 시도해야 한다. 설사 이 목적을 달성할 수 없다 할지라도 적의 저항을 약화시키기 위해서는 가능하다면 대규모가 필요하다. 그것은 그 어떤 다른 방법보다도 육 · 해군의 작전을 수월하게 해주기 때문이다. 그러나 이 목적을 달성하려면 우리는 전력의 분산을 예방하고 최대한 집중적으로 이용해야 한다.

항공 공격의 최대 성과는 전장에서 멀리 떨어진 곳에서 찾아야 한다. 이러한 성과는 적의 효과적인 반격이 이루어질 수 없는 곳과 가장 핵심

적이지만 공격에 쉽게 노출되는 목표물이 발견되는 곳에서 찾아야 한다. 전과戰果라는 측면에서 철도역, 제빵소, 군수공장을 파괴한다거나 혹은 병참선, 수송 열차나 기타 다른 후방의 목표물을 공격하는 것이 참호에 대한 공격이나 폭격보다 훨씬 중요하다. 적군의 전의를 분쇄한다거나 훈련된 조직의 규율을 와해시키는 것, 그리고 공포 분위기를 확산시킴으로써 얻을 수 있는 전과는 잘 조직된 적군의 저항을 분쇄함으로써 얻는 전과보다 측정할 수 없을 정도로 크다. 제공권을 장악한 강력한 독립공군이 적군에게 수행할 수 있는 능력은 끝이 없을 정도로 막강하다.

미래전에서 최종적인 승패가 시민들의 사기에 가해지는 타격에 의해 결정될 수 있다는 주장에 이의를 제기하는 사람들이 있을 것이다. 그러나 그것은 지난 제1차 세계대전이 증명했고, 미래의 전쟁은 이를 더욱 명백하게 증명할 것이다. 제1차 세계대전의 결과는 첫눈에는 군사 작전에 의해서만 이루어진 것처럼 보인다. 하지만 실제적으로 이 결과는 패배한 국민들의 전의의 붕괴에서 비롯된 것이며, 전의의 붕괴는 전쟁에 참전한 국민들의 지구전에서부터 야기된다. 항공기는 전선 후방에 위치한 일반 시민들에게까지 이를 수 있으며, 이처럼 직접적으로 국민들의 정신적 저항력을 무력화시킬 수 있다. 그리고 이와 같은 직접적인 항공작전은 자신들이 믿을 만한 육 · 해군을 파견했다고 믿고 있는 국민들의 정신적 저항력을 극도로 와해시킬 수 있는데, 실제로 이러한 작전을 예방할 수 있는 수단이 아무것도 없다는 게 사실이다. 독일 육군은 무장해제당한 시점에서도 여전히 전투를 할 수 있지 않았던가? 독일의 해군 함대는 독일 국민의 저항의식이 약화되었을 때에도 적군의 공격을 분쇄하지 않았던가?

오늘날 우리가 반드시 명심해야 할 사항은 어떤 항공기를 *보유하고*

*있느냐*가 아니라 이들 항공기를 가지고 *무엇을 할 수 있는가* 하는 문제이다. 확실히 각 국가가 보유하고 있는 실질적인 공군력이 전쟁의 승패를 좌우한다고 말한다면, 우리는 이것이 궤변일 뿐만 아니라 명백히 잘못된 생각이라고 말할 것이다. 그러나 그것은 오늘날의 항공기가 실제적으로 얼마나 효과적인가라는 사실을 언급하지 않았으므로 별다른 의미를 갖지 않는다. 만일 적들이 자신들의 독립공군을 통해 제공권을 장악하여 피에몬테, 롬바르디아, 리구리아 상공을 자유롭게 비행하면서 북부 지역의 중요 지점에 막대한 양의 폭탄을 투하하고 소이탄과 독가스를 살포한다고 가정할 때, 무슨 일이 일어날 것인가에 대해 생각해보자. 이를 염두에 두고 있다면, 우리는 항공 공세를 받고 아군 지상군의 저항이 일어난 이들 세 지역에서 일상생활이 파멸되기 때문에 곧 격파당하게 될 것이라는 결론을 내려야 한다.

오늘날 독립공군이 필요로 하는 수준으로 항공 공세를 감행하는 것이 불가능한 것이라고 해도, 항공기의 꾸준한 발달과 살상무기의 효과 증진은 머지않은 장래에 필요한 수준이 충족될 것이라는 사실을 암시해준다.

우리는 다른 나라들도 우리와 마찬가지로 공군을 조직화하여 운용할 것이라는 사실에 의존하지 말아야 한다. 어느 날 우리 적국 중 한 나라가 우리가 한 것처럼 공군을 조직하고 운용할 수도 있을 것이다. 이 경우 우리의 잠재적인 적국이 우리 영공에 대한 제공권을 신속하게 장악할 수 있을 것인지 아닌지를 묻는다면 쉽게 대답하지 못할 것이다. 나는 적이 제공권을 장악했다 할지라도 우리에게 치명적인 손상을 입힐 수는 없을 것이라고 대답할 것이다. 만일 누군가가 양심적으로 분명하게 '아니다'라고 말할 수 있다면, 나는 내가 틀렸다는 사실을 인정할 것이다. 하지만 '아니다'라는 그의 의견이 분명해질 때까지 나는 확고한 주장을 굽히지 않을 것이며, 오히려 있는 힘을 다해 신성한 의무를 위해 강력히 투쟁할 것이다.

다음은 항공 전력의 구성에 관한 나의 개념을 요약한 것이다.

(1) 항공전의 목적은 제공권을 장악하는 데 있다. 제공권을 장악하려면, 항공 공세는 적의 물질적 · 정신적 저항을 분쇄시키려는 의도에서 지상 목표물에 직접적인 항공 공격을 수행해야 한다.

(2) 만일 적군의 속임수에 빠지지 않으려면, 위에서 언급한 두 경우를 제외한 그 어떤 목표물도 추구해서는 안 된다.

(3) 이와 같은 목적을 수행하는 유일하고 효과적인 방법은 독립공군의 창설인데, 독립공군은 대규모의 전투기 부대와 정찰 부대로 구성된다.

(4) 독립공군은 주어진 자원을 최대한 활용하여 최상의 전력을 발휘해야 한다. 그러므로 어떠한 환경에서도 항공 전력이 보조 비행대, 지역 항공방어, 대공 방어 등과 같은 부수적인 작전 목적으로 전용되어서는 안 된다.

(5) 폭탄의 파괴력은 가능한 최대로 증대시켜야 한다. 다른 조건이 동일하다고 가정할 때, 독립공군의 공격력은 강한 파괴력을 보유한 폭탄의 효율과 비례하기 때문이다.

(6) 전시에 민간 항공기는 군용 항공기를 보강할 수 있도록 조직되어 있어야 한다. 이러한 조직은 즉각 공군력으로 전환 가능한 강력한 항공 수송단이 통제하는 방향으로 이루어져야 한다. 하지만 평화시에는 교육과 지휘 통제를 위한 조직으로 단순화시켜 축소해야 한다.

(7) 항공전은 방어적 태도가 아닌 유일한 공세적 태도이다. 두 개의 독립공군 중에서 전력이 강한 공군은 굳이 항공전을 추구하지 않을 것

이며, 이를 피하지도 않을 것이다. 이에 반해 약한 공군은 반드시 항공전을 피하려 할 것이다. 그렇지만 양쪽이 모두 똑같이 강하다거나 약하면 적대 행위가 발생하기 전이라도 작전에 들어갈 수 있다. 그리고 일단 작전이 시작되면 양쪽은 적의 물질적 · 정신적 저항을 말살시킬 수 있는 가장 핵심적인 목표물을 강타하기 위해 자신이 보유한 최대의 항공력을 끊임없이 동원할 것이다.

(8) 일단 독립공군이 제공권을 장악하고 나면 적에 대한 공대지 공격을 부단히 감행하여 적국의 물질적 · 심리적 저항의지를 완전히 말살시켜야 한다.

(9) 독립공군은 자신의 영공에서 잠재적인 적의 위협을 분쇄하기 위해 모든 수단을 동원하여 가능한 신속한 기동이 이루어지도록 조직되어야 한다.

(10) 항공전은 적의 기습 공격에 대하여 즉각 대응작전에 투입될 수 있도록 준비, 계획되어야 한다. 만일 적의 항공 전력이 수준급이며 완벽한 준비를 갖췄다면, 항공전은 매우 급속히 진전될 것이다.

(11) 한 국가의 모든 자원이 투입되어 창설되는 독립공군은 항공 전력의 구성 비율, 즉 대규모 전폭기와 소수의 정찰기 전력을 구성하는 데에서 자율권이 보장되어야 한다. 그리고 이들 항공 전력을 오로지 공세적 개념하에 운용하고 있는 독립공군은 이와는 다른 방식으로 조직, 운용되고 있는 적 공군에 맞서 제공권을 곧 장악할 수 있을 것이다.

이러한 합리적인 결론에도 불구하고, 나는 항공 전력 건설에 너무 많은 비용이 소요되는 것처럼 보일 수 있다는 사실을 알고 있다. 하지만 이것이 나의 커다란 관심사는 아니다. 나는 이미 지나간 사상을 열광적으로 고수하고 있는 반대자들이 나의 주장을 낭비이고 옳지 못하다고 비난하는 소리를 자주 들어왔다. 하지만 그것이 나의 사상을 방해하지는 못한다. 오히려 나의 항공전략 사상은 가장 급진적인 것임에도 불구하고 일반인들에게 보편적 사상으로 점차 받아들여지고 있다. 모든 국가의 공군이 시간이 지나면 내가 위에서 서술한 사상들을 정확하게 수용하게 될 것이라는 사실을 확신하고 있기 때문에 나는 이러한 완고한 태도를 변화시킬 필요성을 추호도 느끼지 못한다.

당연히 나는 조국 이탈리아 역시 나의 주장에 따르기를 바란다. 왜냐하면 이상의 논리적이고 합리적인 이유를 수용하여 먼저 공군을 창설한 국가는 다른 국가에 비해 헤아릴 수 없는 장점을 갖게 될 것이라고 믿기 때문이다. 하지만 나의 이러한 희망이 성취되지 못한다 할지라도 나는 인간적으로 할 수 있는 모든 일에 최선을 다했기 때문에, 내 양심이 이로 인하여 비난받는 일은 없게 될 것이다.

〈레포카L'Epoca〉지에서 본자니Bonzani 장군은 다음과 같이 언급했다.

이탈리아에는 적대 행위가 발생한 후 신형 항공기 생산에 필요한 산업 시설을 보호하기 위해 하늘을 지킬 수 있는 공군이 필요하다.

이는 지상군의 방패와 창에 적용된 개념을 항공 분야로 확대하여 적용한 것이다. 이에 따르면 항공방패aerial shield는 항공창aerial lance에 대하여 충분한 보호막 역할을 할 수 있다. 즉 이는 공군이 공격작전을 전개할 수 있는 능력을 갖추는 데 필요한 시간 동안 적의 공격으로부터 아군의 생산 시설과 인적 요소를 보호할 수 있는 능력을 보유하고 있다는 사실을 인정하는 것이다. 동시에 결정적인 전투를 위한 최신 과학 및 산업 부문과 연계되어 있다는 사실을 의미한다.

방패와 창의 개념이 수많은 오합지졸의 군대가 잘 정비된 방어망을 돌파하기 위해 공격의 필요성을 인정하는 지상군에 적용되는 것은 당연하다. 하지만 방어적 수단의 가치보다 공격을 지고의 가치로 인정하는 항공전에 적용하는 것을 정당하다고 인정할 수는 없다. 불행히도 우리는 공중에 참호를 팔 수도 없고 철사를 설치할 수도 없으며, 적의 침투를 막아낼 수도 없다. 더구나 우리의 항공산업은 불행히도 적의 항공공격 작전반경 안에 위치한다. 결코 안전하다고 혹은 그럴 가능성이 있다고 말할 수는 없다. 오히려 전쟁 초기에 우리가 대량 생산체제로 돌입하는 동안 과연 우리의 항공 방어 체제로 항공산업에 대한 적의 공격을 완벽하게 막아낼 수 있겠는가? 만약 그럴 가능성이 있다 하더라도, 과연 그들이 대량생산 체제로 돌입하지 않고 조용히 놀고만 있다고 생각할 수 있겠는가?

이러한 생각은 환상이다. 항공전은 자신이 보유한 유용 가능한 수단에 의해 운용되고 결정될 것이다. 항공전을 준비하지 않은 자는 분명히 패배할 것이다. 강한 자는 신속한 승리를 위해 노력할 것이다. 나약한 적에게 기쁨의 기회를 주지 않을 것이며, 코앞에서 적에게 계속적인 투쟁을 위한 생산 활동을 허용하지 않을 것이다. 자선이라는 이름하에 자행되었던 제1차 세계대전 때의 일을 잊었는가! 따라서 처음부터 산업 설비 확충과 다양한 항공기의 생산을 통해 공군의 창설이 가능할 것이다. 어느 나라든 항공 분야 발전 초기 단계의 여건은 동일하다. 그렇지만 미래 전쟁에서의 항공기 역할은 확대될 것이며, 그 가치는 더욱 높아질 것이다. 그리고 이것은 또 다른 별개의 문제가 될 것이다.

이에 관한 언급으로 쓸데없는 시간을 낭비할 필요는 없다. 우리는 이 과업을 완수해야 하는데, 여기에는 반드시 신형 무기체계의 발달 측면이 고려되어야 한다. 따라서 산업은 최상의 자원을 생산할 수 있도록, 그리고 긴급 상황을 위해 평상시보다 훨씬 더 많은 자원을 생산할 수 있도록 준비하고 있어야 한다. 이는 국가 방위를 위해 아주 긴요한 사항이다. 따라서 우리는 항공산업을 대단위 수출산업으로 발전시켜나가야 한다. 왜냐하면 이를 통해 전쟁과 같은 긴급 상황시의 대규모 요구에 맞춰 우수한 자원을 많이 생산할 수 있기 때문이다. 국가 방위와 관련된 수출 가능한 항공산업을 보유하고 있다는 사실은 무한한 이득을 초래할 것이며, 어중간한 생산공장보다 적은 최신예기로 무장된 비행대는 수입 자원과 임시적으로 편성된 많은 무장 비행대에 의존하지 않을 수 없다. 그러므로 국가 방위의 이익을 위해 항공산업은 외국 산업과 경쟁할 수 있도록 어느 정도는 희생되어야 한다.

하지만 경제적 희생은 충분하지 않다. 우리의 항공산업 팽창을 위해 필요한 것은 확고한 의지이며 안전을 위한 조치인데, 이 목표는 우리가 항공산업 정책을 공고화하지 않는다면 결코 이룩할 수 없다.

주요 국가의 공군을 분석해보면, 우리는 이들이 제1차 세계대전 동안 유행하던 군사사상에 따라서 조직되었음을 알 수 있다. 오늘날 우리는 종종 항공전에 대해 언급한다. 전쟁이란 무시무시한 무기를 사용하는 무력투쟁이다. 각 국의 공군은 여러 목적의 갖가지 형태의 항공기를 보유하고 있으나, 전투기는 단지 전투 목적만을 위한 것은 아니다. 이것은 전투하는 것 외에 다른 어떤 일을 위해 준비된 것처럼 보인다. 내가 아는 한 추격기가 그 실례이다. 그러나 추격기는 전투용이 아니고, 근본적으로 방어를 위한 것이다. 그 재원과 한정된 작전반경으로 인해 추격기는 적의 영토 내에서 효과적으로 작전을 수행하는 데 제한적이다.

적에게 아군의 의지를 강요할 수 있는 진정한 의미의 전투기는 아직 나타나지 않았으며, 조만간 그럴 가능성도 거의 없다. 왜냐하면 초보적인 항공 작전이 수행되었던 세계대전도 이미 종식되었고, 전쟁에서 가장 필요한 일은 바로 전투에 적합한 것이 되어야 한다는 사실을 아직까지 터득하지 못하고 있기 때문이다. 이와는 대조적으로 항공전에서는 실제로 전투하지 않고도 많은 일들이 해결될 수 있으리라 확신하기 때문에 항공전을 위해 그렇게 많은 전투기들이 필요하지는 않을 것이다.

항공 폭격작전이 그 근거를 두고 있는 것은 일련의 전투 없이도 공세적인 작전을 전개할 수 있다는 이와 같은 작전개념이다. 일반적으로 폭격작전은 주간 폭격과 야간 폭격으로 구분할 수 있다. 주간 폭격대는 적기보다 월등한 속도를 기반으로 작전을 전개하는 반면에, 야간 폭격대는 어둠을 이용한 작전이라 할 수 있다. 폭격작전을 수행하는 자는 적의 작전이나 특수한 상황에 좌우된다. 따라서 그는 폭격작전의 통제자가 될 수 없으며, 선제권 행사 역시 제한받는다. 그렇다면 만일 그가 적을 제압하는 수단이나 개념을 갖고 있지 못한다면, 과연 그가 할 수 있는 일이란 무엇이란 말인가?

지난 제1차 세계대전에서 폭격작전의 목적은 단순히 적을 괴롭히는 수준으로 제한된 것이었으며, 이를 위해서는 적의 반격작전을 피해야 했다. 하지만 오늘날에는 폭격작전이 긍정적이고도 매우 광범위한 결과를 낳기 때문에, 이는 더 이상 받아들여지지 않는다. 세계대전 동안 제한된 항공기를 투입하여 적의 목표물에 폭탄을 산개하여 투하한 적이 있었는데 이소노초 전선 최북단과 피아베 강을 횡단하여 실시한 폭격작전이 그것이다. 그러나 지금 상태에서 폭격작전을 감행하기 위해서는, 우리의 궁극적인 주적이 누구든, *상당히 많은 비행편대가 저지대*

에서 이륙하여 알프스를 횡단하고, 적의 공격목표 지점에 도착하여 폭격한 다음, 다시 알프스를 넘어 되돌아와야 한다. 이러한 작전이 하룻밤 사이에 가능할까? 만일 가능하다면 얼마만큼 실효성이 있을까? 만일 우리가 새벽 폭격의 가능성을 인정한다면 야간 비행에 필요한 조건은 무엇일까? 왜 우리의 전력을 단일한 공격력으로 통합하지 않고 오히려 둘로 분열시키는가?

독립공군에 대한 분명하지 못한 개념은 그것의 편성에 대해서도 여러 가지 생각을 불러일으킨다. 이 해석에 따르면 독립공군은 일반적으로 주간 폭격대, 야간 폭격대 그리고 추격대로 편성되어 있다. 독립공군이란 용어는 통합된 전력을 의미하지만 사실상 일반적으로 인정되고 있는 것처럼 독립공군은 다음의 세 가지 전력으로 편성된다. 즉 빠른 속도와 광범위한 작전반경을 요하는 주간 폭격기, 그리고 그다지 빠르지 않은 속도와 광범위한 작전반경을 요하는 야간 폭격기, 그리고 최고 속도와 넓지 않은 작전반경을 요하는 추격기 등이 그것이다.

현재의 공군에는 정찰기 부대가 있다. 이와 같은 특수한 항공기에 관심을 갖는 것은 큰 전투를 하지 않고도 작전을 성공시킬 수 있다는 과거의 지배적인 군사사상에서 비롯된 것으로 생각한다. 이러한 사상 때문에 정찰기는 군사작전뿐만 아니라 전장에서 동떨어진 지역을 정찰하는 데에 적합한 특성을 보유한 이상적인 항공기로 여겨진다. 따라서 정찰기는 이상적인 시계성視界性, 중간 정도의 속도, 고도의 사진장비, 부대 대형을 알아낼 수 있는 기구, 기타 통신장비 등을 구비해야 한다. 사실상 정찰기는 모든 장비는 말할 필요도 없이 전시에 적의 동정을 살피기 위해 적절하고 편리하다고 생각되는 모든 것을 평시에 갖춰야 한다.

다음의 경우를 가정해보자. A와 B라는 정규군이 대적하고 있다고 하

자. A군이 500대의 정찰기를 보유하고 있는데 비하여, B군은 추격기 500대를 가지고 있다. A군은 자신들의 정찰기가 상대방의 추격기에 피격되지 않고 B군 상공을 비행할 수 없기 때문에 주어진 임무를 제대로 수행할 수 없다. 이에 비해 B군은 비록 추격기가 정찰기로 부적합하다 할지라도 A군에 도달할 수 있기 때문에 적의 동정을 일부라도 살필 수 있을 것이다. 이는 전투 행위가 기본인 전장에서 공격 무기가 정찰을 위한 사진장비보다 더욱 효율적이라는 사실을 입증해준다.

전쟁의 다른 모든 작전처럼 정찰은 적에게 타격을 입히기 위한 수많은 작전 중 하나이다. 따라서 적 역시 이를 예방하기 위하여 최선을 다할 것이다. 그러므로 항공 정찰 임무를 성공적으로 완수하기 위해서는 적의 대응을 무장 능력으로 제압하거나, 격추당하기 전에 빠른 속도로 도망칠 수 있어야 한다. 결론적으로 정찰대는 반드시 전투기나 전투 행위를 피할 수 있도록 추격기 등이 엄호를 해야 한다.

우리는 작전에서 무엇보다도 전투 능력 구비가 최우선이라는 인식이 부족하여 자주 항공기의 전투 능력보다 부수적인 기능에 더 많은 관심을 보이곤 했다. 그 결과 항공기의 부분적인 전문화는 크게 발전했지만 항공 전력을 부문별로 세분화함으로써 항공 전력의 집중적인 운용이라는 본래 목적에서 이탈하게 되었다.

평화시에 이것은 동일한 항공기로 전력을 갖춘 두 편으로 나누어져 있기 때문에, 모든 것이 잘 되어나갈 것이다. '적군'이나 '우군' 모두 전투 대대를 가지고 있지 않으므로 전투 행위는 발생하지 않을 것이며, 양편은 비록 전투와 같은 행위는 하지 않는다 할지라도 전투기를 운용할 수는 있다. 하지만 전시에는 모든 상황이 변할 것이다. 어느 한 편이 항공전을 무시하는 반면에, 다른 한 편이 이를 전쟁 수행의 기본적인 수단으로 간주하여 이에 따라 무장한다고 가정한다면 상황은 완전히 변할 것이다. 왜냐하면 전투 준비를 하지 못한 측은 전투 그 자체는 물론 정찰, 폭격, 그리고 기타 다른 항공수단 등을 이용할 수 없을 것이기 때문이다. 그 결과 공군의 근본적인 존재 목적까지도 의심하도록 할 것이다.

전쟁을 준비할 때 우리는 다음과 같은 사항을 항상 고려해야 한다. 즉 적도 우리만큼 용감할 뿐만 아니라, 우리가 작전을 전개할 때 우리의 장점을 활용하지 못하도록 적극적으로 방해할 것이라는 점이다. 항공전에서 적은 방어, 정찰, 추격을 목적으로 다양한 보조 무기를 활용했는데, 당시 우리의 항공작전을 방해하고 우리 영토를 폭격할 수 있는 전투기와 폭격기를 충분히 보유하지 못했기 때문이다.

이런 전쟁사의 교훈을 역이용하여 우리는 그 반대의 경우, 즉 적이 보유하고 있는 모든 전투기와 폭격기를 동원하게 될 것이라는 사실도 고려해야 할 것이다. 이와 같은 최악의 상황까지도 고려하여 무장한다면, 과거보다 양호한 상황을 맞이하게 될 것이다.

누가 적이 되든지, 우리는 육군이 오랫동안 점유하고 우세한 전투력을 점하고 있는 국경선 근처 상공에서 그들과 조우할 것이다. 따라서 우리 공군은 알프스 산맥 상공에서 작전을 전개하게 될 것이며, 국경선이 적군의 수중에 들어갈 경우에는 가장 높은 고도에서 작전을 펼 것이다. 그러므로 공군은 지상 3,000미터, 최소 상승고도 5,000~6,000미터의 상공에서 항공작전을 펼 수 있는 능력을 갖추어야 한다. 따라서 우리의 독립공군은 마음만 먹으면 알프스를 횡단하여 적의 주요 목표물을 공격할 수 있는 능력을 지녀야 할 것이다.

이것은 우리의 공군이 갖추어야 할 특수하고 본질적인 조건이고, 이를 위해서는 특수 무장이 필요하다. 만일 이를 충족시키지 못한다면, 그 가치는 극히 적어질 것이다. 그러나 그 이상의 요구조건이 있다. 우리는 육군이 적군을 퇴각시킬 것이라는 희망에 의존해야 하기 때문에, 그리고 (알프스) 산악 지역에서 비행장으로 사용할 적합한 공간을 발견하기가 쉽지 않기 때문에, 공군은 육군이 산맥 저 너머에 있는 적의 저지대에 도착할 때까지 저지대에 위치한 비행장에서 이륙하여 작전을 수행해야 한다. 따라서 공군은 반드시 후방 기지에서 이륙하여 알프스 산맥을 넘고 적국 영토 상공에서 작전을 수행할 수 있는 능력을 갖춰야 할 것이다.

사람들은 항공기라는 무기체계의 특징이, 전쟁이 발발하면 가장 먼저 작전에 투입되고 심지어는 전쟁이 발발하기 전에도 작전에 동원될 수도 있다는 사실에 동의한다. 이러한 이유로 인해 항공기는 항상 쉽게 기동, 전개, 배치될 수 있어야 한다. 기동성이란 손쉽게 여러 지역으로 이동, 배치됨으로써 생존성을 증대시키면서 작전에 투입될 수 있는 것을 의미한다. 이에 비해 전개성이란 적에 대한 군사작전을 실시할 때 아군을 최상의 지점에 배치시키는 것을 의미한다. 보조항공대는 육군이나 해군 함대의 작전 배치와 관련하여 이들이 최적의 상태로 배치되도록 하는 보조적인 역할을 담당한다.

전개는 전쟁 상황에 따라 다양하게 변하지만, 각 부대와 지휘관은 상황이 요구하는 방향을 정확하게 인식해야 한다. 결론적으로 모든 항공부대는 언제나 즉각 동원되고, 지정된 곳으로 전개하며 주어진 임무에 따라 작전을 수행할 수 있는 준비를 갖추고 있어야 한다.

이와 같은 기동성을 보유하기 위해 항공 부대는 언제나 생존성과 작전성에 필요한 모든 수단을 갖추고 있어야 한다. 그리고 일단 배치가 완료되면 적의 방해를 받지 않으면서 정기적으로 공군 부대와 후방 부대 사이에 지원이 이루어져야 한다. 이런 모든 것은 '동원 물자'라는 용어로 설명될 수 있다. 여기에는 대체부품, 항공기, 수리부품, 연료, 탄약,

무기 등 각종 군수품이 포함된다. 이러한 물자 공급은 계속 이루어져야 하며, 평화시에 필요로 하는 양보다 훨씬 더 많이 보급되어야 한다. 지속적으로 작전을 수행하려면 각종 장비를 가장 좋은 상태로 유지해야 하며, 최상의 작전 효율성을 높이기 위해 항공 부대는 동원되는 것보다 더 많은 항공기와 기타 장비를 갖추고 있어야 한다.

공급의 효율성을 높이고 전개의 변화 가능성에 대체하기 위해 보급되는 모든 장비는 가능한 한 공중 보급보다는 다른 보급수단을 이용해야 한다. 일반적으로 생각할 때 유일한 대체 보급수단은 차량수송이라 하겠다. 따라서 항공 부대의 공급은 비상시에 요구되는 기동 공급 뿐만 아니라, 항공기에 의해서도 수송될 수 없는 다른 운송수단을 보유해야 한다. 이처럼 충분히 물자와 장비를 공급받을 수 있는 항공 부대만이 전시에 신속하고 효과적으로 기동하고, 나아가 창의적으로 작전을 전개할 수 있을 것이다.

항공 부대는 전시에 반드시 임시 기지로 분산되어 가능한 은폐하거나 또는 위치를 신속히 이동시켜 적의 공격을 피할 수 있도록 해야 한다. 이와 같은 사실로부터 항공 부대는 반드시 고도의 기동성과 자율성을 갖추고 있어야 함을 알 수 있다. 또한 전선 근처에 위치한 대규모 영구적인 기지는 적의 물리적인 피격을 예방하기 위해 후방으로 이동해야 한다.

우리는 항공 전력에 관한 문제가 그리 쉽지만은 않고 매우 복잡하다는 사실을 인식해야 한다. 이는 단순히 항공기를 몇 대 생산하고, 이것을 운용할 몇 명의 인적 요소를 훈련시킬 것인가 하는 문제에 국한되는 것은 아니다. 이를 운용하기 위해서는 매우 많은 필요조건들에 봉착하게 된다. 이들은 서로 매우 밀접한 관련성을 지니고 있어서 이들 중 하나가 제대로 작동하지 않는다면, 전체적인 항공력 운영의 효율성은 크게 감소하게 될 것이다.

나는 지금까지 매우 다양한 전황에 따른 항공력의 전개 방식을 설명했다. 항공 부대는 반드시 분산되어야 한다는 주장은 전쟁 수행에서 반드시 필요한 조건을 의미하는 것이다. 그러나 이러한 필요조건을 만족시키기 위해 즉각적으로 작전에 투입되는 강력한 공군 부대의 경우에는 위에서 언급한 조건들 외에 항공작전의 목표물과 육 · 해군의 배치 상황이 고려된 공군 기지의 최적 배치 상황에 대한 연구가 필요하다. 이것은 아군 영토의 자연조건하에서 반드시 이동되어야 하는 각각의 항공 부대 위치를 결정하고, 이 · 착륙에 적합한 지점을 미리 선정해야 한다는 사실을 의미하는 것이다.

나는 이미 물자 및 장비의 원활한 공급 문제에 대해서도 충분히 설명했다. 항공작전의 효율성을 유지하기 위해서는 작전을 수행하는 동안 모든 물자가 조달될 수 있어야 한다. 이와 관련된 수많은 문제점을 극복하기 위해서 우리는 제1차 세계대전의 경우를 참조해야 한다. 다시 말해 100대의 항공기를 최전방에 투입하여 작전하기 위해서는 300대의 예비대가 필요하며, 이를 효율적으로 지원하려면 매달 약 100대의 항공기 생산 능력이 필요하다. 미래 전쟁에서 항공 전력은 과거보다 훨씬 더 집중적으로 운용되기 때문에 항공기의 공급 문제에 대해서는 더 많은 연구가 필요하다.

그때에는 공군의 실질적인 전력이 어느 것도 제로(0)화될 수 없는 많은 관련계수에 의존하게 될 것이며, 항공력의 실질적인 가치를 판단하고자 할 때는 반드시 함께 협력하여 이루어 나아가야 할 모든 관련계수를 고려해야 한다.

군용 항공기는 군사력 측면에서 볼 때 공중에서의 비행 그 자체가 목적이 아니라, 전쟁에서의 성공적인 작전 수행이 목표이므로 수가 그렇게 많지는 않다. 따라서 전쟁을 효율적으로 수행하기 위해 항공수단(항공기)은 반드시 유기적인 단위로 편성되고 무장하며, 항상 항공전 훈련을 받아야 하고, 즉각 작전에 동원될 수 있는 준비를 갖추어야 한다. 그리고 이 모든 것을 구비한 항공기들은 실질적인 항공전을 위하여 조화롭게 협동할 수 있는 체계를 갖추어야 한다.

결론

오늘날에 항공 전력 문제의 중요성이 여전히 부차적이라고 인식하는 사람은 거의 없을 것이라고 확신한다. 항공 전력은 나날이 더욱 더 확고해지고 있다. 작전반경이 확대되고, 수송 능력은 증가하고 있으며, 물리적 파괴력의 효율성 역시 계속 증대되고 있다. 지리적 · 정치적 상황으로 볼 때 이탈리아의 영토와 영해는 적의 작전기지에서 발진하는 공세작전에 노출되어 있다. 알프스 산맥으로 둘러싸여 있는 지역은 이탈리아에서 가장 부유한 산업 중심 지역으로, 이 지역 전체는 산맥 건너편에서 접근하는 적국의 항공 공격에 노출되어 있으며, 이를 둘러싼 좁은 해협은 적 해안선으로부터의 항공 공격에 대하여 효과적인 방어를 할 수 없다.

이처럼 지나친 산업 시설 집중과 이에 따른 인구 집중 그리고 쉽게 파괴될 수 있는 통신망 등 모든 상황을 미루어볼 때 이탈리아는 다른 어떤 나라보다 항공 공격을 두려워해야 할 지점에 위치하고 있다. 알프스 산맥의 방벽이 우리 집 대문의 튼튼한 빗장 역할을 하기도 하지만, 다른 한편으로는 험준한 지형과 철로 부족으로 인해 적은 손쉬운 항공 공격을 선호할 것이며, 산맥에서 작전 중인 우리 육군 부대를 작전 기지에서 고립시킬 것이다.

이 모든 상황을 진지하게 고려한다면 우리 상공에 대한 제공권 장악이야말로 이탈리아의 안보를 위해 절대 양보할 수 없는 조건이라는 사실에 동의하지 않을 수 없다. 그럼에도 불구하고 오늘날에도 미래 전쟁에서 항공 전력의 중요성을 지적하는 사람들을 하나의 공상가 집단으로 매도하고 있는 실정이다. 적이 항공공격을 가해 모든 산업 중심 도시의 시민들로 하여금 피난을 가도록 할 수 있다는 사실은 인정되지만, 이것이 알프스 산맥에 배치된 육군이 밀라노, 튜린, 제노바 시민들의 철수에 영향받지 않는 것처럼, 혹은 한 도시에서의 철수가 한 아파트에서의 이사에 비유되는 것처럼, 전쟁의 승패를 좌우할 것이라는 사실은 부정한다. 항공 공격이 산업 생산을 중단시킬 것이라는 사실만큼은 인정하더라도, 이러한 불편함은 마치 전시에 모든 공장이 집중 생산을 강요받지 않는 것처럼 내륙 공장으로부터의 수송으로 견딜 수 있을 것이다. 전쟁의 승패가 전 국민적 사기 붕괴로 인해 결정될 수 있다는 생각은, 패전국 국민의 정신적인 저항력 붕괴가 제1차 세계대전 승패의 결정적 요인이었다는 사실에도 불구하고 역설로 간주된다.

전쟁에 군대를 동원하는 것은 참전한 양측 국가들이 상대방의 저항을 분쇄하기 위한 유일한 방법이다. 그렇기 때문에 비록 패배한 국가의 군대가 가장 큰 전투에서 승리했다 할지라도 국민적 사기가 약화된다면 이들 군대는 결국 곧 해체, 또는 패배하거나 적에게 투항하게 된다. 제1차 세계대전에서 간접적으로는 지상군의 군사작전으로부터 이러한 국가의 붕괴가 야기되었고, 이것은 장차 직접적으로 공군작전에 의해 달성될 것이다. 사실상 과거와 미래 전쟁의 차이는 바로 여기에 있다.

지난 제1차 세계대전 기간 동안에 뚜렷한 전과도 없이 전투만 지속했던 수많은 지상군 작전보다 한 도시에 거주하는 수십만 주민들에게 피난을 강요하는 항공 폭격은 승리를 쟁취하는 데 더 많은 영향력을 행사했음은 틀림없다. 일단 제공권을 빼앗김으로써 직접적으로 가장 중요한 지점을 적의 끊임없는 공중 공격의 목표물로 노출시켜버린 국가는 다시는 소생할 가능성이 없어지고, 비록 지상군이 여전히 작전 능력을 가지고 있다고 하더라도 모든 것이 소용없으며 모든 희망이 좌절된다. 이것은 결국 패전의 인정을 의미한다.

적절한 항공 전력을 보유하여 제공권을 장악할 수 있는 능력이 있는 공군이라는 어떤 다른 조건을 고려하지 않았을 때 적을 패배시킬 수 없다는 사실을 인정——나는 이와 같은 주장에 결코 동의하지 않지만——함에도 불구하고, 제공권이 적에게 심각한 물질적 · 정신적 손실을 입혀서 결국엔 효과적으로 패배시킨다는 사실은 논박의 여지가 전혀 없다고 하겠다. 그러므로 제공권의 가치에 대한 인식과는 별개로, 우리가 우리의 하늘을 지배해야 한다는 것은 영원히 중요한 문제다. 육 · 해군의 일차적 관심도 자국의 공군이 제공권을 장악해야 한다는 것인데, 그렇지 못하면 이들의 작전이 적의 제공권 아래 놓이게 됨에 따라 위험한 상태에 빠지기 때문이다.

비록 육군과 해군이 아직까지 항공기의 가치를 완전히 인식하고 있지는 않지만, 그들 스스로 항공작전으로부터 자신을 보호해야 한다는 필요성은 인식하고 있다. 비행할 수 있고 그리고 비행을 통해 작전을 수행한다는 단순한 사실이 육군과 해군의 전투 방식을 수정하는 데 결정적인 요소로 작용한다. 이는 단순한 하나의 예로 충분할 것이다. 항공공세에 대해 개방된 공간에서 연료 보관소를 보유하는 일은 이제 더 이상 가능하지 않다. 그러므로 우리는 새로운 항공요소 자체가 해군과 육군의 작전뿐만 아니라 모든 국민에게 미칠 영향력을 진지하게 고려해야 한다. 그러나 만일 우리가 우리 하늘을 통제할 수 있는 위치에 있다면, 우리가 제국의 운명을 개척해나가기를 원했을 때 지중해의 제해권을 장악했던 것처럼, 우리는 자연히 지중해의 하늘을 통제하게 될 것이다. 결국 독립공군은 이탈리아를 난공불락의 방패로 만들 것이며, 이탈리아의 미래를 개척하는 날카로운 칼날이 될 것이다.

현재 이와 같은 나의 항공전략 사상은 아직은 태동 단계에 있지만, 먼저 항공 전력을 올바르게 운용하는 방법을 배운 국가가 다른 국가들에 비해 유리하다는 것은 너무나 분명한 사실이다. 시간이 지나고 비용을 투자하면, 모든 국가의 독립공군은 지난날 육군과 해군이 그랬던 것처럼 유사한 형태를 띠게 될 것이다. 오늘날에도 재능은 여전히 유효하지만, 내일은 질적인 수준만이 고려될 것이다. 국민들의 타고난 성향 덕택에 다른 국가보다 가난하긴 하지만, 이탈리아는 다른 국가들의 존경을 받기에 충분한 능력을 갖춘 독립공군을 자력으로 창설해도 무방할 것이다.

나는 수년 동안 이 논제를 거듭 강조해왔고, 앞으로도 이를 계속 주장할 것이다. 그리고 정부가 조국 이탈리아의 밝은 미래를 향해 노력할 때, 나는 한 명의 시민으로서, 또한 한 명의 군인으로서 이와 같은 건전한 일에 기꺼이 나의 몫을 다할 것을 약속하는 바이다. 우리는 공군력을 최고에 이르게 하는 데 필요한 모든 자원들——용맹스런 조종사, 풍부한 기술자, 대규모의 숙련공 및 기술자 노동조합, 독특한 지리적 조건, 강한 공군을 원하고 이를 위해 무엇을 해야 할 것인가를 잘 인식하고 있는 강력한 정부 등——을 보유하고 있다. 우리가 해야 할 것은 최고의 정상에 오르고 거기에서 머무르려는 강한 신념과 함께 조용한 가운데 연합하며 열심히 노력하는 것이다.

항공 분야는 이미 원시적인 단계를 지나서 지금은 중대한 산업 생산

단계에 들어서고 있다. 초기 단계에서의 목적은 단순히 날고자 하는 것이었다. 하지만 지금의 목적은 비행을 통해——평화시에는 거리를 단축시키고, 전시에는 항공작전을 수행하는——가치 있는 것들을 성취하는 것이다. 우리는 결연한 마음의 자세로 창공에서 세계의 다른 어떤 것보다 좋은 무엇인가를 시도하기 위해 반드시 2단계로 진입하지 않으면 안 된다.

† 여러 가지 이유로 이 글의 원고를 탈고한 후 출판하기까지 거의 1년의 세월이 흘러갔다. 이 기간 동안 여러 국가에서는 2,000마력의 항공기를 운영하고 있고, 이제는 6,000마력의 항공기가 제작되고 있다. 이와 같은 항공기들이야말로 이 책에서 내가 주장한 개념인 전폭기, 즉 진정한 독립공군을 실현시킬 수 있는 바로 그 수단인 것이다.

이처럼 강력한 무장 능력을 갖추고, 대양을 횡단하기에도 충분한 작전반경과 도시의 중심부를 강타할 수 있는 능력을 구비한 항공기의 출현에 직면하여, 아직도 제1차 세계대전 동안 유행했던 항공기 운용 이론에만 집착해야 하겠는가?

6,000마력의 항공기 100대를 생산하는 비용은 대형 전함 한 척을 건조하는 데 소용되는 비용과 같다. 하지만 일단 제공권을 장악하면, 그 나라는 이런 항공기 100대까지는 필요 없고, 50대 또는 20대면 항공작전을 충분히 수행할 수 있으며, 전쟁에서 결정적으로 승리하게 될 것이다. 왜냐하면 적의 육군과 해군이 어떠한 작전을 전개한다고 하더라도 이와 같은 항공 전력을 보유한 국가는 일주일 내에 적의 사회구조 전체를 파괴시킬 수 있기 때문이다.

이와 같은 사실을 미루어볼 때, 군사상 일대 혁명이 일어나고 있다는 사실을 그 누가 부인할 수 있겠는가? 이 책의 기반을 형성하고 주장의 진실성, 즉 제공권이 승리의 필요충분조건이라는 사실을 과연 누가 부인할 수 있겠는가?

제2권
미래전의 가능한 양상들

이 글은 1928년 4월에 발표된 논문이다.

서론

전쟁, 특히 미래의 전쟁에 대해 연구를 하면 몇 가지 매우 재미있는 특징을 발견할 수 있다. 첫째, 전 국민이 눈먼 장님이 되어 한동안 자신들이 인간이라는 사실을 잊어버리고, 나아가 그들이 인간의 이상적인 완전함이라는 동일한 목표를 향해 함께 노력하는 인류의 한가족이라는 사실을 철저히 망각하고, 서로 적대시하며 앞다투어 전쟁에 참전하여 스스로 잔인한 야수가 되어 고통과 파괴의 혈전 속에 자신을 내던지는 광범위한 현상을 들 수 있다. 둘째는 인상적인 전쟁의 규모라 할 수 있는데, 이것은 단 하나의 목표인 전쟁에서의 승리를 위해 전 국민의 정신적 · 물질적인 전력――이는 적에 대항하여 전투를 수행할 수 있는 파괴적인 전력이고, 좀더 파괴적인 전력으로 전환할 수 있는 생산적인 전력이라고 할 수 있는――을 동원하고, 명령하며 지시한다. 이는 그러한 위기가 닥치기 전에는 통찰력을 가지고 예비해야 하고, 위기 중에는 열정으로 하나가 되어야 하는 광대하고도 다양한 시도다. 하지만 이와 같은 시도는 국가의 자원을 동원하여 최선의 결과(전승)를 낳을 수 있도록 항상 과학적으로 진행되어야 한다. 그리고 마지막으로 전쟁의 신비스러운 측면이라고 부를 수 있는 것이 있는데, 그것은 한 개인이 아무리 생각해보려고 노력해도 손에 잡히지 않고 저 멀리 있는 그 무엇이지만, 모든 사람의 심리를 압박하는 신비스럽고 무거운 장막에 가려져 있는 것으로, 우발성이 농후한 미래인 것이다.

전쟁을 준비하는 것은 이처럼 어렴풋이 느껴지는 미래의 우발성에 대비하는 것이라 하겠다. 따라서 전쟁 준비는 상상력을 발휘하는 연습이 필요한 것이다. 다시 말하면 우리는 미래로의 정신적 여행을 해야 한다. 좋은 도구를 만들고자 하는 사람은 먼저 그 도구가 무엇을 위해 사용될 것인지를 정확하게 이해해야 한다. 그리고 전쟁에 쓰일 좋은 도구를 제작하고자 하는 사람은 먼저 앞으로의 전쟁은 무엇과 유사할 것인가에 대해 스스로 물음을 던져야 할 것이다. 그 다음 그는 미래 전쟁의 현실에 가장 근접한 예상 해답을 찾을 수 있도록 노력해야 할 것이다. 왜냐하면 그 해답이 실제에 더 근접하면 할수록, 미래의 현실을 다루는 더 적합한 도구가 될 것이기 때문이다. 그러므로 미래 전쟁에 대한 연구는 한가한 오락이 될 수 없다. 그것은 어느 때보다 실질적으로 필요한 것이다. 그리고 이와 같은 연구가 인간의 역사에서 나타난 대변혁의 본질을 발견하도록 해주고 이러한 분석이 확고한 논리의 범위 내에서 상상력의 훈련 없이는 달성될 수 없다는 사실을 고려할 때, 이 일은 매우 매력 있는 연구라 하겠다.

미래 전쟁의 형태와 특성이 어떤 것인가를 정의하는 일은 일부 나태한 지성인들이 주장하는 것처럼, 결코 점쟁이나 게으른 투기꾼의 영역이 아니다. 이 일은 원인과 결과를 논리적으로 해결해야 하는 중요한 문제인 것이다.

미래를 예측하는 간편한 방법이 있는데, 그것은 단순히 미래를 위해 현재 무엇을 준비하고 있는가를 묻고, 그 원인에 대하여 그것의 효과가 어떻게 될 것인가를 묻는 방법이다. 내일은 오직 현재의 산물이다. 그래서 내일을 예측하는 사람은 씨를 뿌리는 순간부터 무엇을 추수할 것인지를 알고 있는 농부나 금성과 화성의 결합이 일어나는 정확한 순간을 말할 수 있는 천문학자와 같다고 할 수 있다.

우리 인류가 헤쳐온 역사를 통해 볼 때 전쟁은, 내가 이제 보여주듯이, 그 성격과 형태에서 심오하고 급진적인 변화를 경험하고 있다. 따라서 미래의 전쟁은 과거 모든 전쟁과는 판이하게 다를 것이다. 나는 이와 같은 미래로의 여행에 당신을 동반할 것이다. 우리의 여정은 단순하다. 다시 말해 과거에서 시작하고, 현재를 고찰하고, 바로 여기에서부터 미래로 뛰어들 것이다. 그러기 위해 우리는 전쟁의 본질적인 양상을 투사하기에 충분한 과거의 기나긴 전쟁을 잠시 살펴볼 것이다. 그리고 현 시점에서 미래를 위해 무엇을 준비해야 할 것인가를 물을 것이며 마지막으로, 전쟁의 필연적인 결과들을 도출하기 위해 오늘날 연구 중인 전쟁의 원인을 밝혀냄으로써 전쟁의 성격을 어떻게 수정해야 할 것인가를 결정해야 할 것이다.

여러분들은 이 길이 쉽고 평탄하다는 것을 곧 알게 될 것이다. 그렇지만 나는 이 길이 어떻게 될 것인지 잘 모르기 때문에 심오하거나 상상 밖의 문제에 대해서는 언급하지 않을 것이다. 전쟁은 아주 단순한 것이다. 마치 어떤 좋은 느낌처럼. 아마도 나는 여러분이 일반적으로 인식하고 있는 것과는 아주 다른 것을 설명하게 될지도 모른다. 하지만 이런 것들조차도 상식적인 느낌의 결과에 불과할 것이다.

제1장

여기에서 우리는 제1차 세계대전을 간단히 살펴보고, 이 전쟁의 본질적인 특징들에 관해 고찰해보고자 한다. 이 전쟁은 우리가 참전했던 하나의 역사적인 사건일 뿐만 아니라, 연합국의 하나로서 승리했고, 이탈리아로서는 세 번의 승리를 기록한 전쟁이기도 하다. 첫번째 승리는 이탈리아가 삼국동맹에서 탈퇴하고 프랑스로 하여금 마른Marne 전투에서 승리하게 한 것이며, 두 번째는 연합국들이 위기에 처한 순간에 이탈리아가 전쟁에 개입한 것이며, 세 번째는 연합국들이 결국 전쟁에서 승리한 것이라고 할 수 있다. 따라서 제1차 세계대전은 우리의 심장 맥박을 더 빨리 뛰게 할 수 있는 일대 사건으로서 자부심을 가지고 기억해야 할 것이다. 그럼에도 불구하고, 만약 우리가 미래에 대한 여행에 앞서 출발 준비를 확실히 하기를 원한다면, 당분간 그것의 정신적인 아름다움과 도덕적인 위대함 따위는 잠시 접어두고, 마치 외과의사가 숨쉬는 생명의 고귀함에 대한 생각에 동요되지 않고 생명의 신비를 연구하기 위해 이름 없는 시체를 냉정하게 해부하듯이 냉철하게 전쟁을 조사하지 않으면 안 된다.

제1차 세계대전은 전 세계를 무대로, 전 인류를 주역으로 공연한 엄청난 비극이었다. 그 전쟁의 경과를 살펴보기 위해 시간별이 아닌, 월 단위로 시각을 알리는 시계의 작은 손으로 시간을 쪼개면서, 망원경을 통한 고도의 관찰력을 동원하여 분석해야 한다. 만약 여러분들이 이와 같은 과정을 밟는다면, 지난 세계전쟁이 전에 일어났던 전쟁들과는 다른 하나의 성격——이것을 나는 '사회적'이라고 부르고 싶다——을 지니고 있음을 발견하게 될 것이다. 과거의 전쟁은 다소 눈에 두드러지게 차이가 나는 군사력 간의 크고 작은 전투의 연속이었다. 그런 시대에 국가들은 최후 통첩을 위한 무언의 전통적인 합의의 하나로, 이러한 목적을 위해 조직되고 준비된 특수 집단에 국가 간 분쟁의 해결을 위임했다.[11] 이리하여 관련국들은 육지와 바다에서 일어난 이들 집단 간의 충돌 결과를 받아들였다. 수천, 수만 명이 벌이는 한 번의 전투가 한 국가 국민 전체의 기나긴 운명을 자주 결정했던 것이다.

국가 지도자들은 국민들로부터 군대 유지를 위한 물자를 동원했으며, 이와 같은 물자와 병력을 가지고 전 국민의 운명이 걸린 전쟁이라는 큰 게임을 치렀다. 전쟁에서 승리하든 실패하든 전쟁이 끝나면 새로운 군대가 곧 조직되었다. 때로는 국민 전체 역량 중 일부가 개입된, 때로는 정말 매우 적은 부분이 개입된 이들 군대에 의해 분쟁의 해결 방법이 결정되었다. 비록 대다수 국민들이 국가의 중대사인 전쟁에 완전히 초연한 것은 아니었지만 많은 국민들은 전쟁 자체를 거의 알지 못한 상태에 있었다. 간단히 말하자면, 국가의 지도자들은 자신과 국민의 운명을 위해 육군과 해군이라 불리는 특별한 인질과 함께 전쟁 게임을 한 것이다. 따라서 전쟁이라는 게임의 결과는 인질의 수와 질 그리고 게임 진행자의 능력에 달려 있었다. 그리하여 '전쟁술'은 이와 같은 전쟁 게임을 운영하기 위한 원칙과 규칙을 구성하고, '조직'은 군대를 조직하며, '전략'과 '병참'은 이들 군대를 움직이고, '전술'은 군대로 하여금 공격하게 하는 것이다. 그리고 이 원칙을 얼마나 잘 적용하

11) 과거 이와 같은 형태의 전문 군대는 용병 부대들이었다.

느냐에 따라서 명장이 되었다.

이와 같은 전쟁 게임의 원칙과 규칙은 거의 변하지 않은 채 그대로 남아 있다. 왜냐하면 비록 군대의 형태는 변했더라도 전쟁의 감독은 언제나 동일했고, 전쟁 게임은 항상 같은 방식으로 진행되었기 때문이다. 그러나 만약 주요 원칙이 변화하지 않았더라도 특수한 경우에 그것들의 적용은 게임을 끌어가는 감독의 재능에 달려 있었다. 그리고 위대한 감독은 항상 자신이 열등한 상대방을 대하고 있다는 사실을 발견하고, 적보다 수고를 좀 덜 하더라도 승리할 수 있는 능력을 보유한 명석한 게임 진행자였다. 뿐만 아니라 그들은 기본적으로 게임 진행에서 전통과의 고리를 끊고 낡은 방법에 새로운 활기를 불어넣어줄 수 있는 능력을 지닌 감독이었다. 사실상 위대한 전쟁의 감독들은 위대한 도박꾼의 심리를 갖춘 사람들이다. 그들은 자신의 행운에 자신감을 가지고 적당할 때 대담함을 보였고, 적의 게임 진행에 대한 직관적인 이해력과 허세를 부릴 능력도 있었고, 책략과 기습작전을 활용할 줄도 알았다. 그리고 마지막 카드에 대한 절대적인 믿음이 있었다.

역사적 타당성이 없어 보이는 몇 가지 사건들은 이런 것으로 염두에 두고볼 때에야 비로소 설명이 가능하다. 예를 들어 소수의 병력을 대동하고 자신의 독수리에게 유럽을 두루 원정하게 했던 나폴레옹의 경우를 생각해보자. 그러나 국민들, 특히 제1차 세계대전 직전의 국민들은 자신들의 힘을 깨닫기 시작했고, 총체적 전력의 극히 일부분에 해당하는 군대의 작전 결과에 자신들의 운명을 건다는 사실이 너무나 터무니없는 것이라고 무의식적으로 인식하기 시작했다. 두 명의 사람이 또는 두 마리의 동물이 죽음을 불사하고 싸울 때, 그들은 자기들의 모든 힘을 그 대결에 쏟아 붓는다. 그들은 단 하나의 목적을 가지고 있다. 일단 한 국가의 국민들이 국가 간의 갈등과 분쟁의 특성에 대해 자각하게 되면, 국가 간의 분쟁에서도 동일한 현상이 일어나기 마련이다. 그들 역시 보유한 모든 힘과 자원들을 그 전쟁 게임에 투입하기 마련이다. 사망선고를 받은 사람에게 저축과 절약이 무슨 의미가 있겠는가!

전 국민을 대상으로 한 징병제도는 군사력의 양적인 크기를 증대시켜왔으나, 그것만으로는 충분하지 않았다. 국민들을 전선에 배치하는 것 외에도 국가의 모든 자원이 전쟁 게임에 동원되었다. 그리하여 제1차 세계대전은 참전국의 모든 에너지, 자원, 신념으로 무장된 국민들 간의 삶과 죽음을 건 거대한 투쟁의 성격을 띠게 되었다.

제1차 세계대전에서 전쟁 게임의 최대 희생자는 자신들의 정신적 · 물질적 재산을 송두리째 바친 참전국 국민 자신이었다. 군대는 그 전쟁에 투입된 국민들의 힘을 시위하는 방법 중의 하나에 불과했다. 예전의 전쟁에서 군대는 분쟁을 해결할 수 있는 유일한 대리인이었지만, 세계대전에서 그 대리인은 각 국의 국민들이었고, 군대는 국민 자신이 굳건하게 존재하는 한 손으로 사용할 수 있는 수단에 불과했다. 그러나 독일의 경우에서처럼 각 국의 국민이 정신적으로 붕괴되기 시작하면 강력하고 훈련이 잘 된 군대조차도 더 이상의 작전이 불가능했고 나아가 군대 전체가 항복하지 않을 수 없었다.

그러한 전쟁 해결은 우수한 지휘관으로 구성된 위원회의 결정에만 맡길 수 없으며, 전쟁의 결과는 이제 단순한 군사적인 사실 또는 군사적인 측면으로만 결정될 수 없는 것이다. 시민들은 양심적으로 자신의 운명과 직접 관련된 결정을 군대에만 위임해서는 결코 안 되며, 나아가 다분히 충동적으로 움직이는 용병 부대의 군사작전이나 일개 무장집단의 무용에 그들의 운명을 더 이상 내버려둘 수는 없음을 집단적으로 의식하기 시작했다. 그리하여 불가피하게도 세계 열강들은 두 편으로 나

뛰어 무모한 자포자기의 소용돌이 속으로 자신들을 내던지면서, 직접적으로 전쟁에 개입해야 했다. 그리고 완전하고 일반적인 붕괴가 아니라면, 어떠한 집단도 전쟁에서의 패배를 인정하기를 거부했을 것이다. 그리고 장기간에 걸친 정신적 · 물질적 분열의 과정이 아니었더라면, 이와 같은 붕괴는 발생하지도 않았을 것이다.

이것이야말로 군사적으로, 다시 말해 작전에서 승리한 국가가 왜 결국엔 패배했는가에 대한 해답이기도 하다. 단순히 군대라는 집단이 아니라, 국가를 상대로 승리해야 했기에 전쟁은 장기간에 걸쳐 진행되었던 것이다. 간단히 말하면, 이것은 승리자와 패배자 양측이 전쟁 후에 처했던 상황과 조건들을 설명해준다.

국가 자원의 작은 부분인 군대에 의해 전쟁이 결정되었을 때 그 전쟁에 동원되지 않았던 나머지 모든 자원들은 승리자와 패배자 양측 모두 전혀 손대지 않은 상태로 남아 있었다. 전쟁의 영향력은 지극히 상대적인 것이다. 과거의 전쟁에서는 국민이 전혀 느끼지 못하는 상태에서 전쟁을 다시 시작하기 위해 단순히 패배자에게서 물자를 징수하는 것이 전부였다. 그러나 제1차 세계대전은 개입된 모든 나라들의 자원을 고갈시켰다. 한쪽이 가진 군사력의 압력에 의해 다른 한쪽이 완전 분해됨으로써 승전국은 기진맥진한 상태가 되었고, 패전국은 모든 것을 빼앗겼다. 패전국은 마치 폭풍이 지나간 것처럼 엉망진창이 되었고 처참하게 파멸했다. 승전국들도 그들이 쏟아부었던 극도의 노력으로 녹초가 되었고, 자신이 패배시킨 적국으로부터 손실을 보충하는 일이 더 이상 불가능하다는 것을 알게 되었다.

이처럼 과거의 전쟁을 통해볼 때, 우리는 오늘날 전쟁의 사회적 특성과 그 결과를 알 수 있다. 나는 1914년 8월 11일 '(제1차 세계대전에서) 과연 누가 승리할 것인가?'라는 다음과 같은 글을 튜린에서 발간되는

〈포폴로 신문Gazzetta del Popolo〉에 기고했다.

오늘날, 이처럼 대규모 전쟁의 결과가 무엇일까에 관해 말하는 것은 매우 대담하게 보일 수 있지만 실상은 그렇지 않다. 이 엄청난 전쟁의 요소들에 관한 큰 윤곽은 이미 잘 알려져 있다. 왜냐하면 그것은 참전한 국가들의 물질적·정신적 능력으로 구성되어 있기 때문이다. 오늘날의 국가들은 더 이상 자신들의 운명에 대한 결정을 한때는 승리했다가, 한때는 패배를 안겨주는 군대에 일임하지 않는다. 오늘날의 전쟁의 규모는 더욱 커지고 복잡해졌으며, 전쟁은 군대 간의 대결이라기보다는 국가 간의 대결이라 하겠다. 이와 같은 현대 전쟁의 특성을 고려해볼 때, 전장에서 한 차례 또는 여러 차례의 승리만을 가지고 전쟁의 성패를 결정하기엔 아직 충분하지 않다. 전장에서의 군사적인 승리보다 더욱 중요한 것은 전쟁을 끝까지 수행하려는 참전국들의 저항력인 것이다.

만약 우리가 참모본부의 크고 작은 전쟁계획만을, 또 군대의 전력, 전선 배치 그리고 가능한 군사적 행동만을 고려하여 전쟁의 결과를 예견한다면, 중대한 오류를 범하게 될 것이다. 왜냐하면 이 행위야말로 우리가 전쟁에서 진정한 이해 당사자인 국가 그 자체를 무시──군대는 분쟁이 일어날 때 국가가 동원하는 요소 중 하나이다──하는 것이기 때문이다. 오스트리아-독일 제국 군대에 대항하여 배치된 프랑스-러시아 군대는 그러한 경우가 아니다. 그것은 오히려 오스트리아와 독일을 대항하여 동맹한 프랑스와 러시아 그리고 영국이다. 그 차이는 매우 엄청나다.

이와 같은 엄청난 전쟁에서 오스트리아-독일군이 지리적인 내선內線의 위치를 통한 군사작전으로 큰 이익을 얻으리라는 발상은 공허한 꿈에 불과하다. 빠르거나 늦을 수는 있지만 오스트리아-독일 세력은 자기들의 손아귀에 프랑스, 러시아, 영국의 모든 것이 들어 있음을 언젠가는 발견하게 될 것이다. 그리고 궁극적인 승리는 더욱 큰 저항수단, 에너지, 신념을 전쟁으로 동원하는 방법을 알고 있는 편에게 돌아갈 것이다. 봉쇄된 항구 그리고 생존을 위해 싸우고 있는 적들에게 둘러싸인 국경선과 함께, 독일과 오스트리아는 마치 철제 고리에 매인 것처럼 철저하게 감금되었다. 이들 두 나라는 한 무리의 사냥개들에 의해 쫓기고 있는 멧돼지 한 쌍처럼 궁지에 몰렸고, 멧돼지들은 한쪽에서 압박하는 동안에 다른 한쪽에서는 고리를 넓혀가면서 살길을 찾고자 하는 바람으로 이쪽 저쪽으로 필사적으로 맹렬하게 돌진해갔다. 그리하여 멧돼지들이 지쳐 쓰러지고, 입가에 피를 흘리며 다가선 사냥개들이 숲 속의 연회를 준비하며 승리의 환호를 울릴 때까지 위협은 더욱 더 강렬하고 집요해진다.

제1차 세계대전이 시작된 첫 주에 쓴 이 글에서 이 전쟁의 근본적인 성격을 예측하는 일은 그리 어렵지 않았다. 하지만 유감스럽게도 이 일은 발생하지도 진전되지도 않았고, 참전한 나라의 정부들은 자신들이 막 시작하려고 하는 이 전쟁의 성격이 무엇인지 알 수 있는 능력도 없었다.

오늘날 독일의 국가國歌인 '가장 뛰어난 독일Deutschland über alles'이 독일군 참모본부 장교처럼 세련되고, 지적인 사람들의 마음속에 깊숙이 뿌리내릴 수 있었다는 것을 믿는 것은 불가능——하지만 얼마나 현명했든지 간에 그들의 군사행동은 다분히 국가를 부르며 애국심의 발로에서 실행한 것이 틀림없지만——한 것처럼 보인다. 그리고 군대 지휘부 외에도 독일의 지배층이 이와 같은 사상을 받아들였고 나아가 이를 자기들의 것으로 만들었을 것이라는 점은 더욱 믿기 어려워 보인다. 그러나 이것은 역사적 사실이었다.

이와 같은 전쟁 현상의 불합리성은 오랫동안 효력을 발휘해온 다른 불합리성의 영향을 받아 유지되어왔다. 비록 이러한 경향이 점차 전면전——전쟁에 참가하는 시민의 수를 증가시키는——을 지향하는 방향으로 전개되고 있었지만, 사실은 정치 지도부와 군사 지도부 간의 구분은 좀더 분명해졌다. 국민을 통치할 때, 이들 두 지도부의 관심은 서로 일치한다. 그러나 정부가 국민들의 의지를 대변하는 책임자로 변화할 때, 정치 지도부와 군사 지도부 간의 일종의 상존할 수 없는 갈등과 경향은 불가피하게 증가한다. 전쟁이 자연적인 진보의 과정 속에서 시민들을 더욱 개입시키면 시킬수록, 시민들은 전쟁에 적합한 모든 물자들을 절대적인 불문율로 처리하도록 위임받은 특별한 집단의 사람들 수중에 맡겨지게 된다. 시민과 군대 사이에 하나의 벽이 생겨나고, 생성된 벽은 양자 사이의 모든 관계를 끊어버리고 이들을 서로 분리시킨다. 그리고 그 벽의 내부 사람들은 세속적인 눈에는 신비스럽게 보이는 무엇인가에 관련되어 있기 때문에, 바깥쪽에 있는 사람들은 자기들이 이해하지 못할 그 무엇을 생각하며 거의 종교적인 믿음을 가지고 그것에 존경심을 표했다.

결과적으로 이와 같은 벽 안쪽에서 선포되는 어떠한 결정과 판단은 더 이상의 논쟁이 불가능한 것으로 인식되었고, 전쟁 발발 시점에 국가의 운명은, 국가를 살리거나 국가를 위해 행동하게 하거나 운영하는 것에 전혀 관여하지 않았던, 본래부터 능력 있는 사람들 수중으로 완전히 넘어갔다. 전쟁 선포와 함께 정치 지도부는 창 옆에 앉아서 방관할 수밖에 없었고, 전쟁을 수행하는 중대한 사안들을 군사 지도부에 맡긴 채 기능이 마비되었다. 군사 지도부 역시 자체적으로 정치가의 행동을 제한하려는 경향과 자신의 영역을 확대하려는 움직임이 있었다. 본래 군사적인 일에 무능한 정부는 군대의 최고사령관을 임명하고 해임하는 권한을 가졌다. 임명과 해임은 하나의 결정을 수반하지만, 그러한 결정은 전적으로 그 전쟁을 책임져야 하는 무능한 사람들이 내린 것이다. 이처럼 국가는 분명히 능력 면에서는 유능하지만, 새로운 관점의 정의正義라는 측면에서는 무능할 수밖에 없는 사람들이 추는 이상한 춤 때문에 그에 상응하는 대가를 지불해야 했다.

이와 같은 사례는 많은 국가에서 여전히 존재한다. 이탈리아에서는 국가 통수권자(무솔리니)의 지혜가 이 문제를 해결했다. 정부의 지도자는 전쟁 준비를 위한 군대의 통수권을 보유하고, 필요하다면 전쟁 수행에 관한 최고의 지침을 지시하는 군대의 지도자이기도 하다.

이처럼 전쟁의 새로운 성격에 대한 몰이해가 가져온 가장 큰 효과는 전쟁 그 자체였다. 군사적 측면만을 고려하고 전선에 배치된 군대의 준비와 그 작전 계획의 탁월함에 스스로 자신감을 가졌던 독일군 참모본부는 결정적인 승리를 더욱 빨리 그리고 비교적 적은 비용으로 획득할 것이라고 결론지었다. 그러나 이러한 확신은 전쟁 상황에 대한 잘못된 평가에서 기인하는 것이었다. 그럼에도 불구하고 그 평가는 당시 가장 유능한 두뇌집단이라 평가되는 참모본부 장교들이 내린 것이었기 때문에 정치권은 아무런 의심을 품지 않고 수용했던 것이다. 만약 독일의 정치 지도자들이 독일군 참모본부가 누렸던 높은 명성에 현혹되지 않았다면, 즉 자신들이 개입된 문제의 실상을 조사할 수 있었다면 희박한 승리의 가능성과 전쟁 게임을 위해 투자해야 할 막대한 비용에 대한 분명한 통찰력을 가질 수 있었을 것이다. 그리고 아마 전쟁이라는 주사위를 던지기를 주저했을 것이다.

제1차 세계대전의 지상전은 크게 두 기간으로 구분할 수 있다. 첫번째 기간은 전쟁 발발에서부터 마른 전역까지, 두 번째 기간은 지루한 전선의 연속적인 확장에서 종전까지라고 할 수 있다. 두 번째 기간에 비해서 매우 짧은 첫번째 기간은 하나의 조정 국면이었고, 이전의 전쟁과 거의 유사한 측면을 보여주고 있다. 그것은 적의 정면에서 행한 기동전이었기 때문에 '거의 유사한'이라는 용어를 사용했다. 그리고 전쟁의 성격을 규정지은 군사적 충돌은 결정적이지 못했고, 제1차 세계대전의 기본적인 형태가 되어버린 오직 지루한 전선의 연속이었다.

독일의 전쟁 계획은 무엇보다도 전통적인 관점에서 볼 때, 전략적으로 난공불락이었다. 그것은 나폴레옹을 연상시키는 것이었고, 내선에 위치하여 그 유명한 기동에 기반을 둔 전략이었다. 중앙에 위치를 차지한 사람은 중앙의 장점을 이용하여 외선에서 하나 또는 그 이상의 적을 계속 공격할 수 있다. 물론 승리를 위해 그는 다른 사람들이 공격하기 전에 그들 중 하나를 결정적으로 패배시켜야 한다. 그렇지 않으면 그는 외선에 위치한 적에게 포위된다. 독일의 경우, 그들은 러시아가 전력을 다해 군사행동을 취하기 전에 프랑스 군대를 패배시켜야 했다. 그러므로 막강한 전력과 조직이 뛰어난 군대를 보유한 독일군은 프랑스에 대해 빠르고 단호한 공세를 취했다. 전선을 신속하게 돌파하기 위해 독일군은 왼쪽에서 프랑스에 접근함으로써 정면 공격을 회피했다. 따라서 이 작전을 위해 벨기에를 통과해야 할 필요성이 생겼다. 전략상 필요하다고 판단했을 때 그들은 망설이지 않았다. 독일군은 벨기에를 공격하면 영국이 곧장 참전할 것이라는 사실을 알았지만, 영국군이 아직 준비가 되어 있지 않다는 것 또한 알고 있었다. 프랑스를 왼쪽으로 돌아 파리로 신속하게 도달한다는 작전의 장점을 벨기에와 영국의 전쟁 개입보다 중요한 것으로 평가했다. 일단 프랑스 군대가 패배하면, 독일군은 러시아 군대를 꺾고, 영국이 그 동안 어떻게 군대를 준비하든지 영국군을 패배시킬 수 있는 시간을 벌게 될 것이었다.

이리하여 독일군 참모본부는 전쟁의 일반적인 상황을 충분히 인식하지 못하고 전쟁을 단지 전장에서 하는 전통적인 체스 게임으로만 생각하고, 전통적인 군사전략에 의거한 작전을 실행함으로써 독일에 대항하여 모든 전력을 동원할 영국을 전쟁으로 이끌어내었다. 독일 정부는 참모본부의 전쟁 계획과 작전을 충실하게 수행했으며, 이제 국제조약의 문구들은 한낱 휴지조각으로 변했다.

프랑스 참모본부의 전쟁 계획은 동일한 이론에 근거한 다분히 단순하고 공격적이며, 적의 계획과 그 군대의 규모에 종속된 군사전략이었다. 프랑스가 추구한 전략이 다음의 몇 마디 말보다도 단순했다는 것을 상상하기란 어렵지 않다. "전진, 승리를 확신하라!" 실증주의가 활보하는 19세기에 그 누구도 이와 같은 순수한 이론에 국가의 안보를 전적으로 맡겨버린다는 생각은 하지 못했을 것이다. 그러나 숭고한 조국애의 열정에 사로잡힌 프랑스 참모본부는 현실에서 동떨어지고 거의 신화적인 이데올로기에 영향을 받아서 이와 같은 순진한 계획을 착상하고 독선적인 자세로 실행에 옮겼다.

실제로 프랑스 군대는 벨기에로부터 스위스 국경까지 선형으로 전개되었다. 중앙 배후에는 예비대가 위치했으며, 전 군대는 적(독일군)이 어떠한 기동과 작전을 수행하기 전에 제압하도록 훈련을 받았다. 따라서 프랑스 군대는 전쟁이 시작되자마자 모든 전력을 좌 · 우익에 집중하여 동시에 양면에서 공격하는 작전을 세웠다. 프랑스 참모본부 역시 독일군이 왼쪽으로 회전하여 공격할 것이라는 의도를 틀림없이 알고 있었지만 이와 같은 독일군의 공세가 동반하는 가능한 위험성에 관해서는 거의 생각하지 않았다. 독일군이 벨기에를 통과하여 프랑스를 향하여 왼쪽으로 접근할 경우, 프랑스군의 좌익은 단지 북서쪽으로 조금 더 전개하도록 작전이 계획되어 있었다. 그것이 전부였다.

그러나 전쟁이 시작되자, 프랑스군의 공격은 별로 결정적이라 할 수 없는 초기 작전의 성공에 뒤이어 곧 소멸되었고, 독일군의 우익은 빈약한 프랑스군을 압도했다. 마침내 9월 2일 프랑스군 참모본부는 100킬로미터 후퇴를 명령했고, 밀레랑Millerand(1859~1943. 프랑스의 정치가. 제1차 세계대전시 전쟁상, 대통령을 역임했다—옮긴이주)은 내각회의에서 수도 파리를 소개 도시open city로 선포할 것을 요청했다. 그러나 신은 프랑스에 그다지 혹독한 벌을 내리지는 않았다. 마른 전역이 시작되었고, 샤넬 항구를 향한 독일 · 프랑스 양측 군대의 연이은 돌진이 있었으며, 이것이 이후 전쟁 기간 동안 지속된 지루한 참호전을 초래했다.

그 순간부터 종전 때까지 계속된 전쟁의 전반적인 양상은 매우 정적인 것이었고, 국가 간의 진정한 갈등이 표출된 것도 바로 이 순간부터였다. 이 전쟁을 과거 전통적인 기동의 전쟁과 동질화할 수 있었던 모든 것은 이제 사라져버렸다.

양측 군대는 접전을 벌이는 전선에서 참호를 파고 난간을 세웠으며, 철조망을 둘러쳤다. 병사, 소총 그리고 기관총이 긴 전선을 따라 배치되었고 적을 내몰기 위한 전쟁놀이가 한 번은 이편에서, 한 번은 저편에서 시작되었다. 한 번은 여기에서, 한 번은 저기에서. 그것은 차라리 수만 킬로미터에 걸쳐서 펼쳐지고 있는 끝없는 단일전투였다. 이런 현상은 수년 동안 계속되었고, 전선은 결코 돌파되지 않은 채 지루하게 고착 상태로 머물러 있었다. 이는 전통적 의미의 전쟁은 결코 아니었다.

그것은 수백 또 수백 킬로미터 이상 끝없이 혼자 싸워야 하는 전투였다. 전쟁에 대한 강렬한 열망은 섬광처럼 타올랐다가도 기나긴 전선에서 치러야 하는 갖가지 전투를 따라 소리없이 사그라들었다. 이와 같은 상황이 몇 년 동안 계속되는 동안에도 전선은 결코 무너지지 않았다.

그것은 어느 곳에서든 전선이 한번 붕괴되기 시작하면 절단된 끝지점은 전방이나 후방에 있는 서로 다른 전선을 따라 재빨리 다시 결합했기 때문이었다. 그것은 하나의 정적인 전쟁이었지, 상호 간에 싸우는 전통적인 의미의 육군의 전쟁이 아니었다. 서로를 포위한 국가들 간의 전쟁이었다. 어깨를 마주하고 서로 힘겨루기를 하면서 상대를 넘어뜨리려고 노력하는 레슬링 선수처럼, 양측의 군대는 근육과 신경 긴장이 계속되어 신경쇠약으로 상대가 주저앉기를 끈질기게 바라고만 있을 뿐이었다. 그것은 전례가 없는, 전적으로 새로운 양상의 전투였고 전쟁의 모든 전통적인 규칙을 부끄럽게 만든 전쟁이었다.

기동이라는 것은 말도 안 되는 것이었다. 아무도 만리장성에 대항하여 군대를 기동시킬 수 없듯이, 전략은 쓸모없는 것이 되어버렸다. 전략이란 전장에서 집중적으로 병력을 운용하는 예술인데 이 전쟁에서는 병사들이 집단적으로 서로를 향해 견고한 상태로 이미 전개되어버렸기 때문이다. 한 개인별로 또는 소규모로 공격하고 방어하는 방법을 선택하는 전술 역시 쓸모없는 것이었다. 왜냐하면 이 전쟁에서는 선택의 방법이 없었기 때문이다. 이 전쟁에서는 오직 하나의 전장만이 있었고, 그 누구도 그것을 변화시킬 수 없었다. 이 전쟁에서는 잠재적인 전력을 실전에 직접 활용할 수가 없었기 때문에 전쟁술은 더 이상 유용한 것이 아니었다. 모든 물리적 전력은 이미 전선에 배치되었다. 가장 야만스러운 대학살이 끝없이 이어졌다. 이 전쟁은 가능한 한 많이 죽이고 파괴하는 단순한 전쟁이었다.

끊임없이 구축되는 전선은 모든 사람들을 놀라게 했다. 이와 같은 전쟁 현상은 독일군 참모본부 장교들이 지금까지 지녔던 사고와 현존하는 모든 군사이론에 정면으로 대치되는 것이었다. 전쟁의 역사를 통해 볼 때 견고한 방어선을 구축하여 방어한 몇 가지 선례가 있었지만, 항상 공격자는 대규모 군대를 동원하여 방어선을 쉽게 돌파했다. 세계대전에서 나타난 이러한 현상은 사실 이단적인 것——전 세계 모든 전쟁학교의 노학자들은 그렇게 간주했을 것이다——으로까지 여겨졌는데, 그 이유는 공격측이 적의 견고한 방어선 맞은편에 공세 방향에 따라 병사들을 전개시켜야 했기 때문이다. 그러나 이제 과거는 지나가버렸다. 이 공격과 방어의 두 전선은 서로 마주 대한 채 아무것도 하지 않고 단지 상대방에게 망치질만 해댈 뿐이었다.

이제 이상한 현상이 발생했다. 다른 국가들도 이 전쟁에 개입했고 즉시 군대를 가능한 한 긴 전선을 따라서 전개했다. 이탈리아 군대도 1915년 5월 25일 스텔비오에서 바다에 이르기까지 전혀 방해를 받지 않고 전선을 따라 전개되었고, 바다에서 스텔비오까지 전선을 따라 우리 군대를 마주한 채 전개된 오스트리아 군대를 발견했다. 이와 같은 전쟁의 형태를 전혀 예측하지 못한 참모본부는 이런 생소한 현상에 그저 놀랄 뿐이었으며, 작전상 후퇴도 시도해보았지만 아무런 소용이 없었다. 왜냐하면 끊임없이 형성되는 전선은 잔혹하고 위협적이며 변경할 수 없는 현실이었기 때문이다.

이와 같은 전혀 생소하고 광범위한 현상의 원인은 무엇이었을까? 이 전쟁을 계획하고 작전을 수행했던 사람들의 생각과는 무관하게 일어난 이러한 현상은 틀림없이 일반적인 성격을 지닌 어떤 것, 어느 곳에든 있으며, 인간의 의지만으로 결코 제거될 수 없는 그 어떤 것이 원인이었을 것이다.

그 원인은 순전히 개인용 화기, 특히 *소구경 캘리버 소총의 효율성이 엄청나게 향상되었기 때문인데, 캘리버 소총의 화력 증대는 곧 방어의 이점을 증대시켰던 것이다.* 만약 내가 1분에 한 발씩 사격할 수 있는 소총을 가지고 참호 속에 있다면, 기껏해야 1분 거리에서 나를 향해 공격해오는 적 한 사람을 저지할 수 있다. 만약 두 사람의 적이 나를 동시에 공격한다면, 그 중 한 사람을 저지할 수 있지만 다른 사람을 어쩔 수는 없는 것이다. 그러나 만약 내가 가진 소총이 분당 100발을 발사할 수 있다면, 나는 1분 거리에서 나를 향해 공격하는 100명의 적을 저지할 수 있다. 따라서 나를 공격하는 적은 한 사람인 나를 공격할 수 있기 위해 101명이 되어야 한다. 첫번째 경우 방어적인 측면에서 나는 한 사람의 공격자를 저지시킬 수 있지만, 두 번째의 경우 나는 혼자서 100명의 적군을 저지시킬 수 있다. 그리고 동일한 상황에서 내 소총의 효용성 외에는 변한 것이 아무것도 없다.

만약 내가 적군의 공격을 5분간 지연시킬 수 있는 방어용 철책을 세울 수 있다면, 첫번째의 경우, 철책이 없는 경우보다 4명을 더 저지할 수 있다. 그리고 두 번째의 경우 500명을 저지할 수 있다. 여기에서도 소총의 효용성 외에 변한 것은 아무것도 없다. 그러나 첫번째의 경우엔 나 혼자서 4명의 공격자를, 두 번째의 경우엔 400명의 공격자를 저지한다고 했을 때, 이와 같은 효율성의 가치는 간접적으로 방어용 철책의 기능이라고 하겠다.

이러한 고려사항은 방어 시스템 구축에 아주 중요한 요소다. 즉 자신이 소지한 무기와 참호를 보호하기에 적당한 수단 그리고 참호와 그 부근에 적의 접근을 늦추도록 설치한 방호용 철조망과 같은 수단들은 소규모의 전투 부대들로 하여금 규모가 훨씬 큰 군대의 전진을 충분히 저지할 수 있도록 했기 때문이다. 그러므로 소화기 분야에서의 모든 발전은 방어하는 쪽에 유리하게 작용되었으며, 공격하는 쪽은 아주 우세한 전력을 동원하고도 더 큰 대가를 치러야 했다.

실전에서도 방어의 가치가 증대되는 현상은 당장 분명하게 나타났다. 참호와 철조망을 황급히 설치했음에도 불구하고 참호를 갖춘 소규모

부대는 적의 맹렬한 공격을 손쉽게 저지할 수 있었다. 일단 양측이 만나 접전을 벌인 후 전진을 멈춘 다음에는 다시 참호를 파야 했으며, 참호 구축이 끝나면 양측은 서로를 돌파할 수 없었기 때문에 참호는 전선의 결정화結晶化 현상을 초래했다. 마른 전투와 샤넬 항구로의 진격 후에 양측의 전선에서는 북해에 이르는 모든 도로를 따라 구역별로 이와 같은 참호의 결정화 과정이 진행되었다. 방어측이 누린 대가는 그들이 스위스로부터 북해에 이르기까지 파괴되지 않는 상태에서 뻗어나갈 수 있는 데까지 전선의 종심을 얇게 만드는 것을 가능하게 했다. 비록 종심은 얇아졌지만 월등한 전력 덕분에 방어는 여전히 난공불락이었기 때문이었다.

만약 소총이 여전히 구식인 전장식이었다면, 이러한 종류의 방어 형태는 발생하지 않았을 것이다. 더구나 양측의 모든 병사들은 빠른 속도로 발사할 수 있는 소총을 소지했으므로 그 누구도 과거의 전장식 소총으로 전쟁을 치르는 전통적인 방식으로의 복귀를 원치 않았던 것이다.

독일군을 제외하고 그 누구도 이러한 현상을 예견하지 못했다. 오히려 그와는 반대로 정반대의 신조가 어느 국가에서나 지배적이었는데 그것은 곧 소총의 발전이 공격측에 유리하게 작용할 것이라는 믿음이었다. 이러한 개념은 공식문서와 당대의 교범에 공개적으로 표현되었다. 왜 이러한 심각한 결과를 초래한 기술적인 오류가 발생할 수밖에 없었던가? 그 이유를 말하기는 쉽지 않지만 한 가지 분명한 것은 이런 오류는 일종의 집단적인 암시 같은 것에서 기인했던 것이다. 1870~71년의 프러시아-프랑스의 전쟁에서 교훈을 끌어내기 위한 연구가 있었다. 이처럼 기존의 전쟁으로부터 교훈을 얻는 것은 지극히 전통적인 방법이었다. 1870년에 독일군은 끊임없이 공세의 입장에 서 있었고, 항상 승리했다. 따라서 그들은 공격적인 자세를 취했기 때문에 승리한 것이라고 스스로 추론하게 되었고, 자신들의 전력이 적보다 강력했기 때문에 항상 공격적인 자세를 취할 수 있었다는 사실은 무시했다. 한 단계 더 나아가 공격이야말로 승리를 위한 올바른 처방이라고 선포되었고 전략사상은 전적으로 공세 위주로 급선회했으며 어떠한 희생과 대가를 치르더라도 항상 공격 만능주의가 판을 치게 되었다. 당시 프랑스의 공세 위주의 작전 관념은, 모름지기 지휘관은 적에 대한 정보를 얻기 위해 귀찮게 노력할 필요 없이 모든 것을 공격에만 집중해야 한다는 정도로 공격을 열렬히 주창했다.

평화시에 공세 기동은 항상 성공적이었는데 그 이유는 어떤 심판도 감히 방어측에게 영예를 줄 생각을 꿈도 꾸지 않았기 때문이다. 비록 결정적이지는 못하더라도 방어가 시간을 벌고 전력을 집결하는 데 도움이 될 것이라는 발상은 철저히 무시되었으며, 어떤 나라의 군대의 전술 지침서에는 방어라는 단어조차 언급되지 않을 정도였다. 이와 같은 사고, 소총의 효율성 증가가 결국 공격보다는 방어의 가치에 대한 인식 증대를 낳을 수 없었다는 사실 또한 크게 놀랄 일이 되지 못한다. 그 대신에 증가된 소총의 효율성은 '아마 분당 100발을 발사하는 소총이 오직 한 발을 발사하는 소총보다 공격적일 것이다'라는 사고 덕택에 오히려 공격 잠재성의 증대로 보여졌다.

자생적이었고, 전혀 예상 밖으로 끊임없이 형성된 전선, 방어의 효율성에 대한 놀라운 발견 그리고 기존의 전쟁 수행 규칙의 실패는 곧이어 심각한 방향 상실을 야기했다. 가장 대담하고 잘 훈련된, 가장 열성적인 군대가 소총과 권총 등 발사율이 높은 화기의 화력에 의해 방어용 철책 앞에서 저지되었다. 공격은 반복되었으나, 항상 동일한 결과를 가져왔다. 그것은 방어자가 제 위치를 지키거나 물러설 동안 또는 그 싸움이 소멸되거나 새로 시작되기 전에 잠시 기다리곤 할 때, 스스로 지쳐버린 공격자들과 함께 끝이 났다. 보주 출신의 보병 중위 아벨 페리Abel Ferry는 육군위원회와 국무성 예하기관의 대표로 세계대전에 참전했으며 1918년 9월 25일 전선에서 사망했다. 그는 이 전쟁이 시작된 지 1년 10개월 후에 다음과 같은 글을 남겼다.

이 전쟁에 참가한 사람만이 전쟁의 성격, 기관총의 화력과 방어용 철조망의 값어치와 중형 대포의 필요성에 대해 프랑스 참모들이 도대체 얼마나 무지했었는지를 깨달을 수 있다. 우리의 참모들은 고귀한 도덕적 의무와 위대한 개인적 미덕을 가지고 전쟁을 치르기 위해 매우 열심히 준비했지만 불행하게도 그 방향이 잘못되었다. 우리 참모진의 장교들은 나폴레옹 전쟁의 전문가가 되었지만 경제적 · 산업적 능력과 정치적 능력의 기능을 무시했다. 그들은 민족국가 간에 전개되는 현대 전쟁의 전문가는 아니었다. 규모는 작았지만 너무나 빈번히 전개되었던 참호전을 예측하지도 못했고 충분히 연구하지도 못했다. 능력이 출중하다고 하는 참모본부조차도 전쟁의 새로운 현상에 대해 아직 아무것도 모르고 있는 실정이고, 그들은 그것을 살리지도 못했을 뿐만 아니라 이끌지도 못했다. 새로운 경험은 하층 계급으로부터 최고지휘관에 이르기까지 아직은 침투하지 못하고 있다.

모든 전략 계획이 실패했을 때, 한 방벽에 대항하여 또 다른 방벽이 건설되었을 때, 그 싸움은 평면적으로 확산되고 보조를 맞출 수 없게 된다. 대량 희생의 대가에도 불구하고 전략적으로 아무런 결과를 얻을 수 없기에 적과 싸우는 군대는 전술적인 결과에만 만족해야 했다. 그리고 매우 큰 희생이 뒤따랐기 때문에 이러한 전술적 결과도 매우 큰 중요성을 가지게 되었다. 대가를 지불하면 어느 곳에서나 전술적인 소득을 얻을 수 있었기 때문에 전술적인 기동은 전 전선을 따라서 하나의 규칙이 되어버렸다. 기후 조건이 양호한 계절 동안 많은 병사와 무기들이 지원되고 배치된 후에 대규모 군사적 기동이 이따금씩 시도되었다. 하지만 이러한 기동은 기껏해야 적의 전선에 움푹 팬 자국만을 남길 뿐이었다. 이러한 전술적인 기동을 연속적으로 시도한 후에도 전선은 환상적으로 꼬여갔고 오히려 더욱 기묘하게 전개되었다. 이것은 어떠한 전략적 · 전술적 요구조건 때문만은 아니었고, 양측의 온갖 효과 없는 공격이 멈추는 지점에서 발생했다. 매우 드물게 전선을 통과하여 깊숙한 돌파구를 형성하기도 했지만, 그러한 경우에도 전선은 곧 원상 복구되었다. 과거 어떠한 전쟁보다도 희생자가 컸음에도 불구하고, 실제로 이 전쟁의 각개 전투는 마른 전투에서 마지막 승리까지 휴전도 없이 계속되었던 단일 전투와 같은 에피소드에 불과했다.

공세가 방어를 압도하는 데 성공할 때까지, 공세적 기동은 항상 방어보다 비용을 더 치러야 한다. 하지만 정복을 마친 후에는 수확을 크게 거두게 된다. 그러나 목표지점에 도달하기 전에 공세를 멈추었다면 그것은 순전히 손실이라고 할 수 있다. 이 경우에 공격은 방어보다 더 많은 희생을 요구하기 때문이다. 그러나 이와 같은 사실은 잘 관찰되지 않는다. 공격을 위한 공세라는 이와 같은 발상을 프랑스에서는 그리노타주Grignotage 이론(쥐가 먹이를 잡아먹듯이 적을 서서히 갉아먹는 작전 및 전략—옮긴이주)이라 불렀다.

이 이론은 연합국이 중부 유럽의 동맹국에 비해 병력이 수적으로 매우 월등하다는 점을 전제조건으로 하고 있다. 우리가 시도하는 모든 공격은 적이 하는 것보다도 더 많은 희생을 요구하는 것은 사실이다. 그러나 적이 우리보다 숫자상 적은 병력을 가지고 있으면, 비록 우리가 당분간 적이 겪는 것보다 더 심각한 손실을 감당해야 하지만,

결국엔 적을 소진시킬 수 있다. 이 이론은 전쟁술을 파산시켰고 최후의 승리이론을 심각한 위험에 빠뜨렸다. 왜냐하면 러시아가 붕괴되었을 때, 연합국은 더 이상 수적인 우세를 보유하지 못했고 그들이 당한 심각한 손실은 이미 서부 전선의 연합군에게 곤혹스러운 효과를 가져왔다.

1916년 6월에 아벨 페리는 비비안Viviani 내각의 각료들에게 봐브르Woëvre 작전에 대하여 다음과 같은 메모를 보냈다.

전략적인 무능함에 대한 명백한 인정이자 미래의 프랑스를 황폐하게 만든 것 외에도 소모전은 언론 지향적인 공식이었지 결코 군사작전적인 공식은 아니었다. 그리고 결국 그러한 종류의 전쟁은 우리 자신에 대한 전쟁이기도 하다. 3월 18일 내가 연대에 다시 배속되었을 때, 전쟁은 영웅적인 어리석음으로 생동감이 넘쳐흘렀다. 내 동료 중 250명의 병사가 공격작전에 투입되었고, 오직 29명만이 살아서 돌아왔다. 동일한 사건이 8연대에서도 일어났다. 한 번 빼앗았다가 다음엔 잃고 했던 독일군 참호에서 그들은 이미 죽어버린 독일군 병사 한 명을 발견했을 뿐이었다. 우리는 스물일곱 번째 공격을 다시 시작했고, 다시 저지당했다. 4월 5일, 6일, 12일 우리는 다시 공격했다. 트라이언 요새의 영광스러운 방어대장인 X대위는 혼자서 참호에서 너무 멀리 전진했다가 목숨을 잃었다. 이러한 용감한 연대는 이제 모든 공격력을 잃고 기껏해야 참호 속에 머물기에 걸맞게 되었다. 나는 내가 알고 있는 20여 개의 다른 연대에서도 같은 일들이 발생하고 있다고 자신있게 말할 수 있다.

그들은 전혀 준비가 되어 있지 않은 적군에게 포도탄을 발사하는 것이 도덕적인 우월함을 나타낸다고 주장한다. 그러나 독일군 참호 속에서 죽어 있는 수천 명의 프랑스인은 적에게 도덕적 우세함을 안겨준 격이 되었다. 만약 이처럼 인간(병사)을 소모품처럼 계속 사용한다면, 이미 심각하게 약화된 우리 군의 공격력이 완전히 파괴될 날이 멀지 않을 것이다. 공격 행위 자체를 위해 모든 것을 정당화한 위대한 공세의 이면에는, 이처럼 매일의 공식 발표에만 써먹을 수 있는 유익한 소규모의 지역 공격에 동원되어 아무런 의미도 없이 전사한 3, 40만 병사들만이 의미를 지닐 뿐이다. 지난해 12월 동안에 하르트만 빌러코프Hartmann Willerkopf에 대한 공격작전 하나에서만도 우리는 참호에서 단 1미터도 전진하지 못한 채 15,000명의 병사를 잃었다.

그리고 1917년 5월 이렇다 할 전과도 없이 수많은 프랑스 병사들의 목숨을 앗아간 유명한 니벨 공세작전 후에 페리는 육군위원회의 대변인으로서 다음과 같이 보고서를 끝맺고 있다.

비극적인 시간이 다가왔다. 프랑스의 사기는 심각하게 손상되었다. 휴가 중의 어떤 군인들은 '평화여 영원하라!'는 외침을 들었다. 이러한 것들이 지난 3년 동안 우리가 수행했던 전쟁의 시스템에서 수확한 열매인 것이다. 프랑스 정부는 아무런 생각 없이 전쟁을 계획하고 수행한 최고사령부 때문에 수많은 프랑스 군인들의 생명을 잃어야 했다.

그 시간은 프랑스인뿐만 아니라 모든 연합국에게 참으로 비극적인 것이었다. 가까운 미래에 러시아 제국의 몰락을 피부로 느끼고 있던 니벨을 방문한 페탱Pétain(1856~1951. 프랑스 장군, 정치가. 1917년 프랑스군 총사령관, 1940년 전쟁상, 비시 정부 수상을 역임했다—옮긴이주) 원수는 병사들의 생명을 구하고 군대의 사기와 프랑스 국가 자신을 살리기 위해 쓸모없는 공격적인 작전을 회피하는 새로운 군사정책을 출범시켰다. 그러나 1917년의 여름부터 가을까지 영국은 연속 공세작전을 시행했고 이 작전에서 자그마치 약 40만 명 이상이 희생되었다. 그리고

1917년 후반기에 러시아가 독일과 정전협정에 서명했을 때, 연합국의 병력은 부족하고 병사들의 사기도 크게 저하되었다. 이와 같은 현상은 미국 군대가 프랑스 도로를 따라 행진을 시작했을 때야 비로소 다시 균형을 형성할 수 있었다.

전쟁이 끝나갈 무렵엔 방법과 정책에서 급격한 변화가 있었다. 연합국은 증원된 미군이 충분히 훈련할 때까지 자국군을 관리하고 시간을 벌어야 한다는 것을 깨달았다. 이에 비해 독일군은 가능하면 미국의 도움이 모든 후방의 군사적 균형을 깨기 전에 신속하게 결전을 실행해야 한다고 인식했다. 게다가 모든 연합국들은 이전의 소모전 이론을 뒤집으면서, 적이 스스로 소진하여 역으로 공격해올 때까지 독일군에 대한 공세를 중단하는 것이 유리함을 깨달았다. 이와 같은 인식에서 시작된 전쟁은 승리가 예정된 것이었다.

공세의 선제권을 보유하는 것이 반드시 마음대로 공격할 자유를 가짐을 의미하지는 않는다. 그것은 또한 좀더 유익하다면 적이 공격하도록 유도하는 자유를 가진다는 것을 의미한다. 이것은 전쟁이 일어났을 때 연합국들이 취했어야 할 합리적이고 경제적인 방법이다. 그리고 공격이 모든 것이라는 신화에 현혹되지 않았다면 그들은 그것을 할 수 있었을 것이다. 연합국들은 준비되지 않은 채 전쟁에 사로잡혔다. 그들은 자신들의 잠재 전력을 증가시키고, 방어 기동이 낳는 가치에 필요한 인원과 물자를 동원하는 데 시간을 운용했어야 했다. 시간은 최고의 동료이자 적에게는 최대의 적이었으므로 그들은 쓸모없는 노력들을 회피했어야 했다. 우리는 항상 적이 원하는 것과는 정반대의 일을 해야 한다. 따라서 그들은 필요한 모든 수단을 준비할 때까지 작전을 연기하도록 노력했어야 했다. 이것은, 적이 화려하게 수놓아진 붉은 천을 향해 무조건 돌진해가는 투우장의 황소가 아니기 때문에, 그들이 처음부터 준수했어야 하는 것들이었다.

만약 동맹국들이 공세를 취하지 않고 기다리고 있는 동안에 오히려 연합국들이 공세를 취했다면, 상황은 훨씬 호전되었을 것이고 동맹국의 전력은 좀더 빨리 소진되었을 것이다. 이렇다 할 전과도 없이 사용할 수 있는 모든 병력과 화력을 투입하여 축차적으로 공격을 하는 대신에, 그들로 하여금 배후에 위치한 전선을 난공불락으로 만들 수 있는 전력으로 활용하고, 나아가 작전을 전개할 때 효과적으로 전력을 발휘하도록 잠재적인 전력으로 유지하는 편이 더욱 나았을 것이다.

항상 정당화될 수 없는 병력의 엄청난 낭비는, 그 자체의 오류는 제쳐두더라도 연합국에 심각한 정치적 불이익으로 판명되었다. 왜냐하면 그들은 전황을 유리한 쪽으로 변화시킬 수 있는 것은 미국의 도움뿐이라는 사실을 인지했기 때문이다. 이와 같은 사실은 평화조약과 그 후 전개된 국제무대에서 미국이 지배적인 위치를 차지하는 데 결정적으로 기여했다.

제1차 세계대전 중 지상작전을 살펴보면 전쟁의 근본적인 성격을 알 수 있다. 그것은 국가 간의 전쟁이었고 참전국들은 상대 국가를 소모전으로 분쇄하면서 가진 전력을 모두 전쟁에 쏟아부었지만, 소화기에 의해 가치가 한층 높아진 방어가치 때문에 기동전을 수행할 수 없는 서로의 전선에 대해 함정을 만들면서 전쟁에 열중했다. 우리는 지금까지 개선된 소화기라는 과학기술적 요인에 대한 잘못된 평가 때문에 어떻게 군대가 도덕적 · 물질적으로 그들이 싸워야 하는 전쟁 양상에 준비하지 못했는가를 보아왔다. 사실 모든 것은 변화해야 했고, 위기가 전쟁으로 변화하는 과정 중에도 많은 것이 개선되어야 했다. 민간 부문의 전쟁동원은 서서히 진행되었다. 영국에서는 군대 징집 문제에 대해 장기간 토론이 진행되었고, 프랑스 참모본부는 사격률이 향상된 중야포 프로그램을 개전 22개월이 지난 1916년 5월 30일에야 채택했다. 다가올 전쟁이 어떤 모습일까에 대해 아무런 해답을 줄 수 없었던 전쟁 전의 무기력 증세는 전쟁의 성공적 결과를 위기에 빠뜨렸고 장기전으로 내몰았으며, 매우 값비싼 승리의 대가를 치르도록 했다.

그것은 사람의 문제가 아니라, 잘못된 시스템의 문제였다. 그들이 어떤 조건 아래에서 행동해야 했는가를 고려해볼 때, 사람들은 가능한 모든 일을 인간적인 자세로, 열정적인 애국심과 불타는 신념으로 해냈다. 우리는 이들에게 경건한 마음으로 경의를 표해야 한다.

그러나 실제로 전쟁은 무시할 수 없는 경제적 필요를 요구한다. 실제 승리는 최소의 수단으로 획득해야 하는 최대 결과를 목표로 가진다. 이번 전쟁의 경우 수단은 시민들이 흘린 선혈이요, 목적은 국가의 안위 보전이었다. 전쟁은 모든 것을 포괄하는 성격이 있고, 누구도 그것을 전쟁에서 분리시킬 수 없으며, 이것 없이 전쟁에 참가할 수 없다. 최전성기를 누릴 당시 로마는 최강의 군대를 시민들로 충원했다. 군인들은 모두 전쟁술에 열정적인 관심을 보였다. 로마의 청년들은 시민의 공적인 생활에 필수적인 정치학, 법학, 행정학, 철학, 웅변술에 대한 공부를 끝낸 후에 명성을 얻고 유명해지기 위해 군대에서 장교로 복무했으며, 이를 통해 자신의 정치 · 행정 경력을 쌓아갔다. 율리우스 카이사르는 명장이 되려는 목적으로 군인이 되지는 않았지만, 그가 로마의 최고 정치가로 성공한 것은 타고난 군사적 재능 덕분이었다. 천재성, 지혜, 혜안, 놀라운 적응력, 강인한 의지 등은 그가 군대 지휘관으로 복무하면서 획득한 군사적인 명성에 크게 기여했다.

전쟁에서 지휘관은 군사적인 것뿐만 아니라, 한 나라의 다양한 삶과 다른 것들에 대해서도 관심을 가져야 한다는 사실은 그 당시에도 진리였고 앞으로도 진리일 것이다. 다시 말하면, 진정한 리더여야 한다는 것이다.

만약 과거를 바라보면서 우리가 범한 오류에 대한 책임을 스스로 볼 수 있는 눈을 가진다면, 우리의 승리에 좀더 자신감을 가질 수 있을 것이다. 왜냐하면 우리는 적뿐만 아니라 우리 자신을 정복하지 않으면 안 되기 때문이다. 이것이야말로 지나치게 비판적이라는 평판을 받고 있는 내가 모든 것에 대해 승리를 구가했던 위대한 (이탈리아) 국민의 성결한 표상으로서 무명의 군인에게 모든 영광을 돌리는 발상을 하게 된 이유다.

제2장

제1장에서 우리는 제1차 세계대전 중 지상전의 측면, 가장 두드러진 특성 그리고 기술적인 요소의 평가에서 드러난 오류의 결과 등을 분석해보았다. 이번 장에서는 제1차 세계대전의 해상전 측면을 고찰하여 해상전과 관련되어 지금까지 잘못 평가된 기술적인 요소를 발견하게 될 것이다. 이와 같은 실수는 지상전에서 나타난 것과 거의 유사한 결과를 초래했다.

빈센트Vincent 해군제독은 상원의회에서 어뢰와 잠수함에 관련된 실험을 장려했다는 이유로 피트Pitt 수상을 비판했다. 해군제독은 이렇게 말했다. "만약 당신이 지금까지 바다를 지배하고 있는 우리들(영국해군)이 전혀 필요 없다고 생각하는 무기체계에 대해 우호적인 입장이라면, 그리고 그 무기체계에 대한 당신의 선호로 인해 우리가 제해권을 상실하게 된다면, 나는 당신이 지금까지 살았던 사람 중에서 가장 어리석은 바보가 될 것이라고 단언합니다."

분명히 대영제국의 수상은 바보가 아니었다. 하지만 빈센트 제독 또한 잘못된 예언자가 아니었다. 그 무기체계는 완벽했고, 거의 한 세기 후에 영국으로부터 제해권을 빼앗아갔다. 풀튼Fulton이 지휘한 잠수함 노틸러스 호와 잠수함에 장착된 어뢰가 역사상 처음으로 거대한 전함 도로테아를 격침시켜버린 지난 110년 동안 잠수함이라는 무기체계가 발전했음에도 불구하고, 영국 해군의 기술자들은 빈센트 제독의 말 속에 담겨 있는 진실을 깨닫지 못했다. 따라서 독일이 잠수함 전쟁을 시작했을 때 영국 해군은 놀라움에 사로잡혔고, 그들 스스로 전혀 준비가 되어 있지 않았음을 발견했다.

그 오랜 기간 동안 상상력이 풍부한 사람들은 전쟁을 위해 잠수함 무기의 가능성을 예견해왔고 주의를 일깨워왔지만 그것은 소용이 없었다. 영국의 소설가 웰스H.G.Wells는 잠수함 전쟁을 분명히 예견했다. 그러나 그가 소설가였고 게다가 환상에 가까울 정도로 상상력이 풍부한 작가라는 점 때문에 진지한 사람들은 그를 심각하게 받아들일 수 없었다. 유명한 해군 함포전술 개혁자인 영국의 스콧Scott 제독은 세계대전이 발발하기 직전에 다음의 글을 썼다.

잠수함이 실제적인 전력을 자체적으로 구비한 후 전함은 방어뿐만 아니라 공격에서도 쓸모없는 것이 되어버렸다. 따라서 전함을 계속 건설하는 사업은 시민들이 제국의 방위를 위해 납부한 세금을 낭비하는 것이다.

그러나 이와 같은 스콧 제독의 견해조차도 대형 군함 건설 지지자들의 비판적인 포화에 의해 잠잠해졌다. 1913년에 영국 해군은 기동 훈련 중이었다. 한 잠수함이 기동 함대 사령관이 승선한 제독의 지휘함을 여섯 차례나 연속 공격했고, 제독은 이 무례한 잠수함 지휘관에게 "지옥에나 떨어져라!"라고 저주를 퍼부었다. 미 해군의 심스Sims 제독은 다음과 같은 글을 남겼다.

그 위대한 전쟁 전까지 대부분의 제독과 함장들이 지녔던 잠수함에 대한 견해는 "잠수함은 경탄할 만한 장난감이요, 놀라운 재주를 가지기는 했지만 오직 특정한 장소, 좋은 기후나 해양조건에서만 신중하게 고려한 후 선택할 수 있는 무기체계"라는 것이었다.

해군의 주류인 전통적인 해전의 주창자들은, 잠수함은 오직 주간에 좋은 기후 조건하에서만 운용할 수 있고 안개가 낄 때는 사용할 수 없으며, 어뢰를 발사하기 위해서는 수면 위로 부상해야 하고, 승무원들을 매주 교체해야 할 정도로 내부 상황은 열악하고, 깊은 바다에서는 성공의 가능성이 없을 뿐 아니라, 잠수함을 작전에 투입하려면 먼저 모선母船을 확보해야 한다고 주장하는 등 여러 부정적인 요인들을 부각시켰다. 심지어 이들 잠수함 불가론자들은 잠수함이 이미 위의 요소들을 극복하여 현실화했음에도 반대 주장을 굽히지 않았다.

하지만 이러한 이상한 선입견은 헤이그 호, 크레시 호 그리고 아부키르 호가 잠수함의 공격으로 침몰된 후에도 잠잠해지지 않았다. 오히려 이 세 척의 순양함은 잠수함에 지극히 유리한 조건에서 침몰되었다고 주장했다. 독일의 해군 기지에서 수백 마일 떨어진 아일랜드 해안 북서쪽에서 오더키우스 호가 가라앉은 후에야 비로소 잠수함이라는 새로운 무기체계의 가능성을 제대로 인식하기 시작했다.

스콧 제독은 다음과 같이 기록하고 있다.

독일의 잠수함은 영국 전함의 자유로운 기동을 박탈했다. 그들 때문에 영국의 대형 선박들은 어뢰선과 구축함의 엄호를 받지 않은 채 해군 기지 바깥에서 감히 항해할 수 없었다. 이들 독일의 잠수함들은 대영제국의 함대가 독일 항구를 포격하지 못하도록 방해했고, 10만 톤의 영국 전함을 수장시켰으며, 영국의 전함들이 독일의 해안선으로부터 가능한 한 멀리 떨어져 작전을 하도록 강요했다. 또한 이들 잠수함들은 원정 중에 침몰한 전함을 제외하고 영국 함대가 전술 훈련을 위해 버뮤다 해까지 원거리를 항해하도록 했고, 다르다넬스 해협을 봉쇄하기 위해 파견했던 전함들이 잠수함의 공격을 피해 도망갈 장소를 찾기에 급급하도록 만들었다. 다시 말하면, 독일의 잠수함들은 세계에서 가장 강력한 영국 함대의 작전 수행 능력을 매우 약화시켰고 이로 말미암아 장구한 영국 해군 역사상 처음으로 함대가 더 이상 영국을 보호할 수 없다는 무능함을 인식토록 했다.

장난감으로 조롱당했던 잠수함은 결국 무시무시한 무기체계로 둔갑해버렸다. 빈센트 제독의 예언은 현실이 되었으며, 영국은 지금까지 이론의 여지가 없었던 제해권을 잃었다. 사실 잠수함 전쟁이 최고점에 달했던 1917년 봄 동안에 영국 해군과 영국 정부는 독일 잠수함의 활발한 작전 때문에 전쟁에서 더 장기화될지 모른다고 걱정하기 시작했다. 같은해 4월 초에 미 해군의 심스 제독과 해군장관 젤리코Jellicoe 제독 사이의 회의에서 다음과 같은 의견교환이 있었다.

심스 : 독일이 전쟁에서 승리할 것으로 보입니다.

젤리코 : 우리가 이러한 손실을 즉시 멈추게 하는 데에 성공하지 못한다면, 그들(독일)이 승리할 것입니다.

심스 : 이 문제에 대해 어떠한 대책이 있습니까?

젤리코 : 적어도 내가 아는 한은 현재까지 아무것도 없습니다.

이러한 의견 교환은 미국이 바로 그 순간에 전쟁에 개입했다는 사실보다도 잠수함 전쟁의 심각성을 일깨워준다. 대영제국의 해군, 이 의심할 여지가 없었던 바다의 지배자는 프랑스와 이탈리아의 해군을 우군으로 가졌음에도 불구하고, 또 미국의 도움에 의지할 수 있었음에도 불구하고 독일의 잠수함 작전으로 말미암아 패배를 감지하고 있었다. 그것은 바로 영국 해군의 해양 패권 상실을 기록하는 순간이었다.

하지만 독일의 잠수함 전쟁은 다음의 이유로 그 목표를 이루지 못했다.

1. 연합국은 자신과 나머지 국가의 함정 생산으로 독일 잠수함의 파괴적인 작전에 대항할 수 있었다.

2. 독일군 자체는 잠수함 무기의 가치를 충분히 인식하지 못했다. 만약 그들이 잠수함의 작전적 가치를 제대로 인식했더라면, 그들은 쓸모없는 것으로 판명된 거대한 해상 함대의 창설에 사용되었던 예산의 일부를 잠수함 생산에 전용했을 것이다. 나아가 독일해군은 전쟁 초기부터 잠수함 작전을 개시하여 작전 목표를 달성할 수 있었을 것이다. 잠수함 전쟁이 최고조에 달했던 1917년 중반경 영국 근해에서 활동한 독일 잠수함의 수가 35척을 넘지 않았다는 사실을 상기해볼 때, 우리는 잠수함이라는 신형 무기체계의 중요성을 다시 한번 인식하게 된다.

3. 독일은 1917년까지 보유하고 있는 잠수함을 모두 작전에 투입하는 것을 망설였고, 독일군 지휘부와 정치 권력자들, 그리고 육군과 해군 참모들 사이의 쓸데없는 논쟁으로 결정적인 기회를 놓쳤으며, 잠수함전이 시작된 후에도 계속 주저했다. 다시 말하면, 잠수함 작전에 절반의 마음만 쏟아부었는데, 그것은 전쟁 수행 방식에서 무엇보다도 잘못된 것이었다.

이와 같은 요인은 연합국에게 방어를 위해 필요한 시간을 충분히 허용했으나 독일군에게는 많은 잠수함을 새로 건설하고 준비할 수 있는 충분한 시간을 주지 않았다. 드디어 독일에서 잠수함의 주전파가 주류를 형성했지만, 그때는 너무 늦었다. 새로운 잠수함 건설이 시작되었으나, 필요한 원자재와 숙련된 노동력의 확보가 나날이 어려워져갔다. 1917년 말에 가면——이것은 독일군 참모본부와 해군 사이에는 협력이 거의 없었다는 증거라고 할 수 있는데——참모본부는 당시 육군에서 근무하던 2,000명의 노동자들을 해군에 제공하기를 거부했다. 심지어 장시간 체류에 따른 사기 저하로 승무원을 구하기조차 힘들었다. 이런 사실에도 불구하고 프랑스 해군 참모본부의 전사실은 다음과 같이 주장한다.

> 만약 독일이 잠수함 전쟁의 시작을 주저하지 않고 해군 지휘관들과 수병들의 놀랄 만한 용기에 대해 황제와 그의 내각이 의심하지 않았다면, 우리는 그 전쟁에서 패했을 것이다.

따라서 연합국들이 전승한 요인은 절반은 자신들이 지닌 장점, 나머지는 독일이 지닌 요소 덕분이라고 설명할 수 있다. 결국 해상전의 실상을 깨닫지 못한 양측의 실패는 독일에게는 전쟁에서 패배를, 동맹국들에게는 승리를 위험에 빠뜨리는 결과를 가져다주었다.

1917년 4월 7일에 결정된 미국의 참전은 연합국의 파멸뿐만 아니라 미국에도 큰 위험을 가져올 수 있는 독일의 승리 가능성이 매우 높았던 시점에서 결정되었다. 이처럼 미국은 해상전에 관한 문제에서도 우월한 지위를 차지하게 되었는데, 그 이유는 미국이 연합국의 편에서 참전함으로써 해전을 마무리 장식할 수 있었기 때문이다. 따라서 미국이 자신의 해군력이 영국에 비해 열등하다는 사실을 인정한다는 것은 불가능한 일이었고, 미국 함대가 영국 함대와 나란히 작전을 하는 순간부터 미국과 영국 사이의 해군경쟁이 시작되었다고 할 수 있다.

쉬어Sheer 제독은 다음과 같이 쓰고 있다.

지금까지는 극히 소수의 나라에만 해양을 지배할 수 있는 대형 선박을 보유하는 사치가 허용되어왔다. 그러나 지금 잠수함은 이러한 상황을 뒤엎어놓고 있으며, 호소력을 가진 정치적인 도구로서의 영국 해군의 위협은 사라져가고 있다.

이것은 강력한 정치적 도구로 활용이 되는 대형 선박을 소유한 부유한 국가들이 잠수함을 혐오감과 동시에 공포의 시선으로 보면서 비인간적이라고 선언한 이유이기도 하다.

제1차 세계대전의 해전 양상 중에는 때로 잘못 해석되어왔던 특별한 점들이 있다. 피상적으로 관찰하는 사람들에게 해군의 기능은 단순히 수송 중인 적을 공격하고 자신들의 수송을 방어하는 것이 다인 듯이 보일 수도 있다. 해군 간의 약간의 충돌이 있었고 그것은 사실이다. 그러나 그들은 규모와 결정력에서 제한되었다. 이것은 어떤 사람들에게, 아마도 그들 중 많은 사람들에게 미래 해군작전의 기본적인 목표는 단순히 자신들의 수송을 방어하거나 수송 중인 적을 공격하는 것이기 때문이다. 이러한 맥락에서 잡지와 신문들은 다소 심각한 기사들을 실었다.

그러나 이러한 생각은 완전히 잘못되었고 심각한 오류를 가져올지도 모른다. 세계대전 중 해상전은 몇 가지 예외적인 조건하에서 수행되었다. 연합국 함대와 그들의 지리적 · 전략적 위치는 적 함대에 비해 매우 유리했기 때문에 동맹국들은 해전이 시작되기도 전에 자신들이 패배할 거라고 생각할 정도였다. 자살을 원치 않았던 이들 동맹국들은 요새화한 기지 안에 숨었고 잠수함으로 난공불락의 방어를 하면서, 오로지 연합국이 저지를 몇 가지 실수가 낳을 절호의 기회를 기다리며 잠복하고 있었다. 결국 동맹국들은 자발적으로 해상 수송을 포기했으며 자신들의 수송선을 자국, 또는 중립국 항구에 대기시켰다. 실제로 연합국 해군은 적 해군과 정면 충돌하지는 않았다. 그러나 그들은 계속 대기 상태를 유지해야 했고 자발적으로 봉쇄된 채로 손이 닿지 않는 곳에 있는 함대를 철저히 감시해야 했다. 그리고 그들은 만약 적 함대가 나타난다면 격침시킬 것을 내심 희망하면서 전쟁 기간 내내 이렇게 해야 했다. 적의 수송선은 존재하지 않았기 때문에 그들이 적의 수송수단을 공격해야 한다는 것은 말도 안 되는 것이었다. 적은 이미 그것을 기꺼이 포기했었다. 이제 그들의 임무는 잠복한 적 잠수함의 공격으로부터 자신의 수송선을 방어하는 것이었다.

따라서 진정한, 전통적인 의미에서의 해상전은 없었다. 작전을 시작하기 위한 잠재적인 힘이 적으로 하여금 해군 활동을 스스로 억제하고 이러한 잠재적인 힘이 현실화되기를 기다릴 것 없이 해상 수송을 포기하도록 강요했다는 측면에서 영국 함대는 잠재적인 역할을 충분히 수행했다. 독일이 자신이 보유한 해군력을 열등한 것으로 인정하지 않았다면, 이런 일은 결코 발생하지 않았을 것이다. 이러한 이유를 가지고 단지 피상적인 시각으로 해상전을 분석한 사람들은 거대한 해상 함대, 특히 대형 함정이 세계대전에서 큰 도움이 되지 못했다고 가볍게 말한다. 그렇게 본 사람들은 큰 실수를 한 것이다. 그리고 그들은 잘못된 전제에서 잘못된 결론을 도출한 것이다.

사실 전쟁이 선포된 순간부터 거대한 해상 함대 세력은 잠재적인 역량 덕분에 단 한 발의 함포도 발사하지 않고 승리했다. 그리고 이들이 얻은 해상전 승리의 즉각적인 결과는 적의 모든 수송 중단과 적 해상 전력의 소멸이었다. 적은 오로지 잠수함의 매복에 의존해야 했다. 잠수함 활동은 이러한 상황을 역전시킬 수 있었고 그것은 엄연한 사실이다. 그러나 이러한 사실이 해상전에서 초기 해군의 승리의 가치를 딴 데로 돌리려는 것은 아니다. 이것은 또한 비록 해상전에서 해군의 승리가 적의 수송을 막는 확실한 방법일지라도, 해상전에서 승리한 후에 잠수함으로부터 방어되어야 하기에 아직은 수송을 안전하게 지키는 확실한 방법이 아니라는 사실을 증명한다. 적 해군력을 밀어넣도록 강요하거나 다른 방법으로 그들의 항해를 막는 측은 해상수단으로 적 수송을 공격할 수 있다. 그는 그 목적을 위해 잠수함 무기에 의존할 필요가 없고 그것을 위해 지불하려고 하지도 않을 것이다. 왜냐하면 수송을 파괴하기 위한 해상전의 수단은 잠수함보다 훨씬 우수한 역량을 가졌기 때문이다.

제해권이라는 용어는 과거에 지녔던 의미를 잃어버렸다. 즉 적의 행동의 자유를 불가능하도록 하는 반면에 자신은 자유롭게 항해할 수 있는 능력이라는 전통적인 의미를 상실해버렸다. 왜냐하면 해군 기지를 가진 적의 모든 해상 전력을 파괴하는 것은 매우 어렵기 때문이다. 한 해군이 대폭 감소된 전력으로 해상전에 나온다면, 독일 함대가 제1차 세계대전 동안 수행했던 작전을 취할 것이고, 그 다음 승리한 측의 함대는 패배한 함대의 잔류 전력에 주의해야 할 것이다. 따라서 완전히 자유로운 항해를 할 수는 없을 테지만 적 잠수함의 위협으로부터 자신과 자신의 수송선을 보호하면서 적 수송을 완전하게 막을 수는 있을 것이다.

오늘날 *제해권* 의 의미는 제해권을 보유한 측이 적보다 훨씬 더 항해의 자유를 누리는 상대적인 상태로만——세계대전 동안 연합국 해군들과 유사한 상태——이해되는 것이다. 비록 전통적인 의미의 제해권을 가지지는 못했다고 하더라도, 그들은 적군의 수송을 봉쇄하고 적이 항복할 때까지 적 해군력을 억류했다는 측면에서는 제해권을 가졌다. 해군의 근본적인 임무는 그러한 제해권을 회복하는 것이다. 그리고 그러한 작전이 결정되기까지, 어떠한 함대도 자신의 수송을 보호하고 적의 수송을 공격하기 위해 전체 함대에서 떨어져나오는 위험을 감수할 수 없었다. 그러한 것은 작전에서 승리하고 난 후에야 수행될 수 있었다. 그러한 제해권을 가진 측은 즉시 적의 모든 수송을 중지시킬 수 있을 것이지만 그 자신은 잠수함의 위험으로부터 보호되어야 할 것이다.

이것이 지난 세계대전의 해상전에서 볼 수 있었던 특징이다. 하지만 해상전에서 해군 전함의 근본적 가치에 영향을 준 차별성은 아니었다.

제1차 세계대전에 관한 지금까지의 설명에서 다음과 같은 결론을 이끌어낼 수 있다.

1. 제1차 세계대전은 국가 간의 전쟁이었고, 모든 국민들의 이익과 복지에 영향을 주었다.

2. 전쟁에서의 승리는 자신이 보유한 것들이 고갈되기 전에 적의 물질적 · 정신적 저항력을 효과적으로 분쇄한 국가들에게 돌아갔다.

3. 전쟁에서 육군은 참전국들이 치르는 소모전의 대리자 역할을 담당했다. 참전국들은 기꺼이 그들의 인적 · 물적 자원을 전쟁수단으로 만들어가며 소모전으로 인해 없어져버린 전선에 수시로 투입했다. 투입된 자원을 다 사용하고 나면, 그것들은 다른 것들로 대체되었고 이 소모와 재배치의 과정은 두 그룹 중 하나가 물질적, 시기적으로 소진될 때까지, 그들이 소진한 수단들을 더 이상 교체할 수 없을 때까지 계속되었다.

4. 해군은 이와 같은 소모의 과정을 가속시키거나 지연시키는 기능을

했다. 즉 교체 자원의 전선 유입을 차단하기 위해 작전을 펼 때는 *가속의 역할*을, 이러한 자원의 유입을 위해 작전을 전개할 때는 *지연의 역할*을 했다.

5. 지상전은 그것을 계획하고 전장을 지휘했던 사람들의 의지와는 정반대로 정적인 형태를 띠었다. 그 이유는 소화기 소총의 뛰어난 효율성 때문이었다.

6. 지상전은 각 국이 길고 고통스러운 소모 과정을 견딜 수 있을 때에만 결정되었지만 이들 참전국들은 육군을 물질적으로나 정신적으로 더 이상 지원할 수 없었다.

7. 해전은 연합국 해군의 월등한 우세로 말미암아 전투가 시작되기도 전에 결정되었다. 따라서 그것은 연합국 해군에게는 적에 대한 지루한 경계작전으로, 동맹국의 해군에게는 적을 공격할 기회를 포착하기 위한 긴 기다림의 작전이 되었다.

8. 연합국들은 적의 해상 수송을 저지할 수 있는——적이 자발적으로 포기하기는 했지만——위치에 있음에도 불구하고 한동안 자신들의 전승에 매우 위협적이었던 적 잠수함작전으로부터 수송을 방어해야 했다.

9. 기술적인 요소에 대한 잘못된 판단으로, 육군과 해군 양측은 개전 당시 전쟁의 새로운 현실을 충분히 이해하는 데 실패했다. 따라서 그들은 전쟁을 진행하면서 물질적 · 정신적으로 충분히 준비하지 않았기 때문에 발생한 후유증을 치료하는 데에 적지 않은 노력을 기울여야 했다.

이러한 것들이야말로 우리가 미래로 여행하기 전에 반드시 알아야 하는 전제조건들인 것이다. 즉흥적으로도 다음과 같이 말할 수 있다.

1. 미래에 발생하는 전쟁에서도 예외 없이 모든 국가들과 이들 국가가 보유한 자원들이 총동원될 것이다.

2. 전쟁에서의 승리는 상대방의 물질적 · 정신적 저항력을 먼저 무너뜨리는 데 성공하는 편에게 돌아갈 것이다.

3. 군대는 미래의 전쟁이 어떤 형태일 것인가의 질문과 미래의 전쟁에서 필요한 요구조건에 맞도록 어떻게 훈련을 해야 할 것인가의 질문에 대해 정확하게 답할 수 있을 정도로 좀더 준비해야 할 것이다.

나는 위의 세 가지 명백한 논점에 대해 독자 모두 동의할 것이라고 생각한다.

4. 지상전의 전개 과정을 고찰해볼 때, 미래의 전쟁은 제1차 세계 대전과 매우 유사하게 정적인 성격을 취할 것이라고 말할 수 있다. 왜냐하면 이러한 성격의 원인이 여전히 존재하고, 그것들은 지금보다 훨씬 중요하게 작용할 것이기 때문이다.

휴전협정 이후 오늘날까지도 소총의 효율성은 계속 개선되어왔고 미래에는 더욱 빠르게 개량될 것이다. 모든 것은 점차 개선되고 있고 발사율이 빠른 소화기 소총은 계속 늘어나고 있다. 결과적으로 방어의 가치는 계속 커지고 있으며, 이것은 공격이 파국을 피하려면 전보다 더 큰 전력의 우세함을 보유해야 함을 의미한다. 하지만 이런 새로운 무기체계는 전쟁의 상황에 크게 영향을 주지 않는다. 왜냐하면 그것들은 양쪽에서 똑같이 찾을 수 있고, 항상 방어에 유리할 것이기 때문이다. 공격 활동은 *훨씬 전력이 취약한 적에 대해서*도 아주 어려울 것이다. 특히 적이 군대의 대규모 배치를 불가능하게 하고 병참 지원 문제를 어렵게 하는 산들을 경계로 가지고 있다면 더욱 그렇다. 양측 중 한 편이 좀더 유리해질 때까지 공격 결정을 연기하면 더욱 유리할 것이라고 판단하고 있기 때문에 곧장 방어를 선호하게 되고 방어 위주로 작전을 전개할 것이다. 그리하여 전쟁 지휘관들의 의지와는 무관하게 연속된 전선은 반드시 구축될 것이고, 적이 구축한 끊임없이 이어진 전선을 돌파하기 위해, 모든 국가들은 전쟁이 시작되기 전부터 막대한 양의 전쟁물자를 준비해야 한다. 그러므로 전쟁 중에 산업 생산을 강화하면서 국가 자원을 전쟁의 수단으로 계속 바꾸어나가는 것이 필요할 것이다. 양측이 이러한 전쟁 준비와 전쟁의 과정을 수행할 것으로 예상되기 때문에 한 국가의 자원이 완전히 소모되지 않는 한 지루한 전쟁이라는 현상을 타파하기는 매우 어려울 것이다. 이와 같은 모든 측면을 고려해볼 때, 미래의 전쟁은 확실히 오랜 기간에 걸쳐서 느린 속도로 진행될 것이다.

다시 말하면 제1차 세계대전에서처럼 장기간에 걸쳐서 계속된 전선——돌파하기 어렵고 약간의 전술적인 돌파가 있다고 해도 곧 메워지고 다시 형성되면서 결국엔 교전국이 보유 자원을 천천히 모조리 고갈시켜가는 전선——이 미래전에서도 형성될 것이다. 기동에 관한 모든 이론과 전쟁개념들은 이처럼 장기적인 전선을 상대로 해서는 분명히 실패할 것이다. 왜냐하면 좀더 강한 편이 무엇을 선호하든, 약자는 준비가 덜 되고 상대적으로 자신감이 부족하더라도 공격자를 저지할 수 있는 방어자의 장점을 이용할 것이기 때문이다. 불가피하게도 방어의 장점에 의해 지원을 받는 약자는 강하면서도 상대를 충분히 제압할 정도로 막강하지는 않은 공격자에게 오히려 자신의 의지를 강요할 것이다. 공격성과 기동에 대한 의지가 이것을 극복하지는 못한다. 군대에서 유순한 정신은 용납할 수 없는 것이기 때문에 군대는 공격 지상주의를 만들어냈다. 그러나 왕성한 공격 정신을 과시하려고 내 머리를 돌벽에 부딪치면 벽이 훼손되기는커녕 내 머리가 먼저 부서진다는 평범한 사실도 인정해야 한다. 무엇이든 일을 도모하려는 사람이라면 우선 공격 정신을 갖추어야 한다. 그러나 결정을 하고 명령을 내리는 사람은 분명한 안목을 가지고 있어야 하고 그 결과가 어떻게 획득되는지를 알아야 한다. 기동 전쟁의 신화는 정적인 전쟁의 파국이 깨어진 후에야 가능할 것이다.

5. (지상전에서) 한쪽이 다른 한쪽에 대해 결정적인 초기 전력의 우세함을 지니는 경우를 제외하고 해상전이 먼저 결정되었어야 했다는 사실을 인정하더라도, 해상전 역시 지난 세계대전의 성격과 매우 유사한 성격을 취할 것이다. 양측 군대 사이에 커다란 전력적 불균형이 존재하지 않는 한, 각각은 다른 쪽에 손실을 가해서 우세를 얻으려고 노력할 것이고, 그것은 패배하는 쪽 해군의 항해의 자유를 크게 제한하는 승리를 의미할 것이다. 패전국의 해군이 승전국의 해군 수송을 잠수함 전쟁으로 제한하는 반면, 승전국의 해군은 해상의 함대 전력으로 패전국의 해상 수송을 저지할 수 있을 것이다. 그럼에도 불구하고 해상전에서 승리한 해군도 적의 잠수함 위협으로부터 자국의 수송을 방어할 방법을 찾는 데 큰 부담감을 느낄 것이다.

이와 같은 측면을 고려해볼 때 다음과 같은 결론은 매우 논리적인 것으로 보인다. 유사한 원인이 유사한 결과를 초래하고 지난 세계대전의 형태를 만들었던 원인들이 여전히 수용 가능하고 향후 상당한 기간 동안에도 큰 변화를 예상할 수 없다면, 미래의 지상전과 해상전은 그들 자체만 고려할 때 지난 제1차 세계대전과 유사한 특징들을 보여줄 것이 틀림없다.

제3장

그러나 미래의 전쟁은 결코 이와 같은 양상이 아닐 것이다. 왜냐하면 비록 지상에서, 해양에서 그리고 바다 아래에서 새로운 발전이 없었지만, 하늘에서는 새로운 발전이 있었기 때문이다. 또 하늘은 땅과 바다 위에 있기 때문에 하늘에서의 새로운 발전은 전체적인 전쟁 양상의 변화를 초래할 것이며 나아가 지상전 및 해상전과는 다른 항공전 특유의 특성으로 변화시키려는 경향을 띠게 될 것이다. 이와 같은 새로운 발전은 세계전쟁의 발발과 함께 전장에 출현했으나 전쟁에 영향을 거의 미치지 못했던 항공기라는 새로운 무기체계의 존재가 가져온 충격이었다.

항공기가 초래한 전쟁의 성격과 형태의 급진적인 변화를 즉각 인식한다면 그것이 역사상 인간이 처음 전쟁을 시작한 이래로 전쟁의 근본적인 특징을 갑작스레 뒤집어엎었다는 사실을 고려할 필요가 있다. 인간이 육지에서 생활하는 한, 전쟁을 포함한 인간의 모든 활동은 항상 지구의 표면 위로 국한되었었다. 전쟁은 항상 다른 두 가지 의지의 충돌이 빚은 결과로, 특정한 지역을 점령하려는 의지와 이를 점령당하지 않으려는 의지가 충돌한 것이다. 그러므로 모든 전쟁은 지구의 표면 위에서 전개된 군대들의 기동과 충돌로 이루어졌는데, 한쪽은 땅을 빼앗기 위해 상대편을 뚫고 나가야 했고 다른 한쪽은 자신의 땅을 보호하기 위해서 공격에 대항해야 했다. 이렇게 지상에 정렬된 군대 역시 두 가지 목적을 가지고 있는데, 한 편은 목표 달성을 위한 수단으로 적의 군대를 분쇄하기 위해 전투를 하는 것이고, 다른 한 편은 전자가 추구하는 목표 달성을 막는 것이다.

이것이 전쟁의 기원으로부터 오늘날에 이르기까지 전쟁의 가장 기본적인 성격이라 할 수 있고 세계대전이 발발할 때까지 지상에서 군대를 전개시키는 필수적인 기능들이었으며, 세계대전은 이와 같은 기본적인 특성들과 대항 세력의 군대를 전선을 따라서 마주 보면서 전개시킨 가장 대표적인 실례인 셈이다. 오늘날 인간이 소유한 지상을 떠나서 하늘을 비행하는 능력은 이러한 전쟁의 성격을 바꾸었고 지상군의 기능을 축소시켰다. 왜냐하면 과거 전쟁의 성격과 군사력의 기능은 전쟁을 지상전으로만 제한하여 생각해왔기 때문이다.

다시 말하면 작전의 목표를 달성하려고 더 이상 적 전선을 돌파할 필요가 없어졌다는 것이다. 일선의 방어선은 이제 더 이상 후방에 있는 것들을 보호할 수 없게 되었다. 만약 항공기의 출현에 의해 야기된 새로운 상황들을 고려한다면, 곧 전쟁의 형태와 성격에도 급격한 변화가 발생할 것이라는 사실을 깨닫게 될 것이다.

육군과 해군은 과거에 그들이 수행해야 했던, 국가를 보호하는 능력을 일단 상실했다. 이들 국가들은 자국의 육군과 해군을 보유하거나 그들을 어느 곳에 배치했든 간에 관계 없이 이제 적의 공중공격에 무방비 상태로 개방되어 있다. 전장은 더 이상 일선으로만 제한될 수 없고, 이제 전장은 참전한 모든 국가의 지상과 바다로 확대되어간다. 모든 시민들은 어디에 있든 적의 공격에 희생자가 될 수 있기 때문에, 더 이상 교전국과 비교전국 간의 경계선이 그어질 수 없다. 상대적으로 안정된 상태에서 삶과 노동을 계속할 수 있는 장소는 이제 더 이상 아무 곳에도 없다. 집무실은 참호만큼이나 노출될 것이다. 아니, 어쩌면 더할 수도 있다. 이제 모든 사람과 사물에 위협이 임박하고 있다.

많은 사람들이 증기 엔진이 발명된 후에야 증기선이 비로소 범선을 대체하는 발명품이 되었고, 총기의 발명이 화약의 발명에서 나온 것처럼, 항공기도 어떤 새로운 발명에 기초를 두고 개선된 발명품으로만 생각한다. 이렇게 생각하는 사람들은 실수한 것이다. 전쟁의 역사를 통틀어볼 때 그 어떤 무기체계도 항공기에 견줄 만한 것은 없다. 원시인이 던진 돌과 그 유명한 베르타Bertha 포(제1차 세계대전시 독일군이 파리 폭격에 사용한 장거리포—옮긴이주) 사이의 차이는 단순히 성능의 차이지, 이러한 종류의 차이는 아니다. 원시인과 크루프Krupp(독일의 철강·전자회사—옮긴이주) 회사 사이의 기간에 개선된 것이 있다면 발사물체가 지닌 추진력이다. 그러나 이와 같은 모든 발명품들은 동일한 사고체계의 선상에 있고, 동일한 사고체계에 서 있는 한 진화는 있을지 몰라도 완전한 혁명은 기대할 수 없다. 삼단노선triremes과 거대한 증기선 사이에는 단지 수면 위에 떠 있는 배를 추진시키는 방법상의 개선밖에는 없는 것이다. 인간이 전투를 시작한 후 전쟁은 정도의 차이는 있지만, 동일한 수단과 성격을 띠어왔기 때문에 일반적인 발전선상에서 볼 때 그 양상은 거의 유사했다. 그러나 항공기는 과거의 무기를 개선한 것이 아니라 자체의 새로운 특성을 지닌, 우리가 이전에 가지지 못했던 가능성을 제공하는 완전히 새로운 무기체계인 것이다.

그것은 전쟁의 형태와 성격을 규정했던 낡은 요소의 묶음에 그 자신의 독특한 성격과 가능성을 가져온 새롭고 전혀 다른 요소인 것이다. 이런 측면에서 볼 때, 전쟁의 진화를 나타내는 그래프는 이러한 새로운 요소로 인한 효과 때문에 연속성을 상실하고 완전히 다른 쪽으로 방향을 바꾸게 되었다. 그것은 더 이상 진화가 아니고 혁명인 셈이다. 이러한 급격한 변화기에 구시대의 그래프를 쫓아가는 사람은 화가 날 것이다. 이러한 사람은 현재의 실상과는 동떨어진 자신을 발견하게 될 것이다. 항공기는 구시대 전쟁을 급격히 붕괴시켰고, 다른 한편으로 스스로 전쟁의 성격이 갖는 진화론적 연속성을 파괴했다.

항공기와 거의 동시에 출현한 독가스 무기는 이러한 혁명적 변화를 더욱 선명하게 해준다. 1915년 4월 25일 염소 가스탄을 이용한 공격은 지난 제1차 세계대전에서 가장 끔찍한 사건이라 할 수 있다. 그것은 전쟁에서 독가스 사용의 시작을 알리는 신호였다. 고대 이후 계속 그래온 것처럼, 1915년 4월 25일까지 인간의 생명은 인간이 취급하는 자르는 도구, 찌르는 도구, 상처를 입히는 도구로, 또는 충격을 가할 수 있는 도구로 공격을 가할 수 있어 보였다. 원시 무기에서 현대 무기에 이르기까지 우리는 수많은 발전을 이룩했다. 돌도끼와 거친 석기 무기를 거쳐 총검을 가지게 되었고, 손으로 돌을 던지던 것을 화약을 이용한 소총, 대포, 기관총으로 대체하기에 이르렀다. 그러나 발사무기에 명중된다는 말은 그 궤도를 따라 주어진 시간과 주어진 지점에 있어야 한다는 것이다. 따라서 발사물체의 공격적인 행동은 동시적이고 선형적인 것이다. 그러나 독가스에 공격당한다는 것은 공격 효과가 있는 동안 가스가 꽉 찬 공간 내에 있다는 것이다. 독가스의 공격작전은 따라서 그 *양과 지속 시간*으로 결정된다. 일단 추진력이 소진되면 발사물체는 아무런 위협이 되지 못하지만, 독가스는 대기 중 특정한 지역에서 그 효과가 지속된다.

305폭탄은 폭발한 직후에 어린애만큼도 해가 되질 않지만, 이페릿 폭탄은 폭파된 지 며칠이 지나도록 치명적인 효력을 미친다. 대포의 포탄은 요란한 굉음을 내지만, 독가스는 소리도 없고 간혹 눈에 보이지도 않는다. 포탄은 피하려는 사람들 앞에 있는 적당한 방해물에 의해 중도에서 차단될 수도 있지만, 독가스는 어느 곳으로나 스며들고 확산되며,

갈라진 틈이나 깨진 곳으로 스며들어 잠깐 동안 지상에 널리 퍼져 사람들을 일시에 죽음으로 몰고간다. 따라서 독가스의 공격력은 포탄보다 훨씬 우수하다고 할 수 있다. 이 세상의 모든 것이 개선되는 방향으로 나아간다고 생각할 때, 1915년 4월 25일에 발생한 잔악한 가스탄의 공격도 미래의 전쟁을 수행하는 군인과 시민들에겐 어린애의 장난감에 불과할 것이라는 사실을 분명히 인식해야 한다.

자기 자신을 속이는 것만큼 소용없는 것은 없다. 평화 기간 동안 제정되었던 모든 제한조치와 국제적인 협약은 전쟁을 진행하는 과정 중에 마른 잎처럼 날아갈 운명에 처해 있다. 이제 삶과 죽음에 대항해 싸워야 하는 인간은 자신의 삶을 지키기 위해 어떤 수단을 사용할 수 있는 권리를 가진다. 전쟁의 수단을 인간적인 것과 비인간적인 것으로 분류할 수 없다. 전쟁은 항상 비인간적일 것이며, 전쟁에 동원되는 수단도 그 효과에 따라 채택할 것인지 아닌지로 분류될 수 없다. 전쟁의 목적은 가능한 한 상대방에게 많은 손해를 입히는 것이고, 전쟁을 종결짓기 위해 모든 수단이 동원될 것이다. 그것이 무엇인가는 전혀 문제되지 않는다. 소위 비인간적인 것과 전쟁의 잔악한 수단에 적용되는 제한사항은 단지 국제적인 선동적 위선에 불과하다. 사실상 독가스는 실험적이고 어디서나 개량되었지만 이것은 분명 순수한 과학의 목적은 아니다. 바로 그것의 지독한 효과 때문에, 독가스는 미래전쟁에서 많이 사용될 것이다. 비록 잔혹한 사실이기는 하지만 거짓의 우아함이나 감상주의가 없이 그 사실을 정면으로 직시하는 편이 훨씬 나을 것이다. 얼마 전 포슈Foch 원수는 다음과 같이 말했다.

항공기는 적군을 포함하여 넓은 지역에 많은 양의 독가스를 살포할 수 있는 수단을 제공한다. 화학전의 경우 항공기는 광대한 지역에 무서운 결과를 낳을 수 있다.

사실상 항공기는 적국의 영토 어디에나 독가스를 선물할 수 있다. 이처럼 항공기와 독가스라는 두 개의 무기체계는 현재 구성된 어떤 다른 군대의 전력보다 막강한 공격력을 보유한다. 우리 모두는 세계대전에서 사용된 독가스의 끔찍한 결과에 대해 잘 알고 있으며, 그 강도와 지속 시간을 증가시키기 위해 독가스에 대한 연구와 실험이 전 세계 화학 실험실에서 조용히 이루어지고 있다는 사실도 누구보다 잘 알고 있다. 또한 모든 국가들은 적에 대한 기습 효과를 거두기 위해 독가스에 관한 연구 결과에 대해 비밀을 유지하려고 노력하고 있다. 그러나 사람들을 감염시키는 가장 뛰어난 방법에 관한 해외 연구는 끝이 없다. 그러므로 우리가 이들 연구 결과 중 일부를 말하지 말아야 할 이유가 없다.

인도주의적이고 평화주의적인 제안의 종주국이라 할 미국에서도 미래의 대지를 황무지로 만들 수 있는 가스 실험이 행해졌다. 독가스에 대한 유일한 방어수단은 인공적으로 호흡할 수 있는 장치가 있는 특수복을 착용하는 것이다. 독가스 중에는 증발 속도가 느려서 독성이 몇 주일씩 가는 것도 있다. 80~100톤 분량의 독가스는 런던이나 파리와 같은 대도시를 덮어버릴 수 있고, 그와 같은 양의 폭발성 · 인화성 · 유독성 폭탄을 투하하면 유독성 가스로 인해 화재를 진압할 수 없기 때문에 대도시와 같은 인구 중심지를 완전히 파괴할 수 있는 능력을 가진다고 주장하는 사람들도 있다.

낭만적이라는 독일인들은 가스 클록Gas cloak이라고 불리는 새로운 시스템을 고안했다. 이 아이디어에 따르면 도시 상공에다 공기보다 무겁고 눈에 보이지 않는 독가스 구름을 살포한다는 것이다. 이 구름은 천천히 하강하면서, 지상의 모든 것들을 파괴한다. 이 독가스로부터 안전한 장소는 고층 건물의 테라스든 지하실이든 한 곳도 없다.

항공기와 독가스는 지난 제1차 세계대전에서 사용되었다. 그러나 당시에 이 무서운 두 가지 무기는 아직 유아기에 불과했고 좀더 적절하게 사용할 수 있는 기술은 아직 개발되지 못했다. 비록 현재와 미래에 독가스를 사용할 방법에 관해 어떤 것도 말할 수 없을지라도, 항공기의 운용 방법에 대해서는 수많은 사실이 가능하다고 말할 수 있다. 항공기 엔진의 가능성은 세계대전이 종식되었던 때를 기준으로 볼 때, 오늘날 거의 10배나 향상되었다. 2,000~3,000마력 심지어 6,000마력의 엔진을 장착한 항공기가 오늘날 사용되거나 설계되고 있다. 항공기계 분야에서 탁월한 재능과 독창력을 지닌 발보Balbo 덕분에 이탈리아는 이 분야에서 세계 다른 나라를 앞지르고 있다. 그는 2,000마력, 3,000마력, 6,000마력의 항공기 제작을 위하여 카프로니Caproni를 책임자로 임명했다. 이들 항공기 중 일부는 현재 제작이 완료되었고, 나머지는 제작 단계에 있다. 6,000마력 항공기의 총중량은 약 40톤 정도이며, 20톤 정도의 화물을 적재할 수 있다(이는 듀헤가 1909년에 예견했던 항공기술 발전의 하나라고 할 수 있다—옮긴이주). 다시 말해 이와 같은 항공기 한 대는 화물차량 4대의 수송량을 공중으로 수송할 수 있다. 이 항공기는 고속으로 승객을 안전하게 수송하기에 아주 이상적이며, 무장을 했을 경우엔 전방과 후방에 각각 대포를, 평균보다 구경이 큰 16~24개의 기관포와 6톤 가량의 포탄을 장착할 수 있기 때문에 틀림없이 강력한 공중 순항기인 셈이다. 그리고 이 항공기는 주요 부분을 가벼운 무장으로 보호할 수 있고, 수상에도 안전하게 착륙할 수 있다. 다기통 엔진을 항공기에 장착함으로써 비행 중에도 사소한 엔진 고장을 수리할 수 있으며, 엔진의 절반이 정지해도 비행을 계속할 수 있기 때문에 강제 착륙에서 오는 위험을 피할 수 있다.

격납고에서 금속으로 제작되는 이것들은 현재의 항공기이고 또 가까운 미래의 항공기라 할 수 있다. 이들과 비교해보면 지난 세계대전에서 사용된 항공기들은 마치 장난감처럼 보인다. 훌륭하기는 하지만 부서지기 쉬운 목재나 헝겊으로 제작된 과거의 항공기를 생각해볼 때, 우리는 항공기 제작기술이 기하급수적으로 진보하고 있다는 사실에 감사할 뿐이다. 300마력짜리 카프로니형 항공기는 차츰 600마력, 1,000마력, 2,000마력 그리고 이제는 3,000마력, 6,000마력의 항공기로 발달했다.

한 영국 장교는, 오늘날의 독립공군은 지난 세계대전에서 전체 영국 공군 항공기가 투하한 약 800톤보다 더 많은 폭탄을 단 1회 비행 (1소티)으로도 투하할 수 있다고 설명했다. 사실 오늘날 일반적인 규모의 독립공군은 매회 비행에서 150대의 철도화물 운송량과 비슷한 약 1,500톤의 폭탄을 장착할 수 있다고 평가된다.

각각의 함포에서 1발씩 발사한다면, 영국 함대는 총 약 200톤의 폭탄을 발사할 수 있다. 따라서 독립공군의 전력은 영국의 전 함대가 1회에 발사하는 폭탄의 7배에 해당하는 양의 폭탄을 투하할 수 있다. 그러나 영국 함대는 다시 반격할지도 모르는 함대 또는 어느 정도 응수해올지 모르는 해안에 있는 목표물을 향해 사격을 할 수밖에 없다. 반면에 항공기 편대는 적국의 핵심 지역을 포함하여 적의 영토 및 영해 어느 곳에나 폭탄을 투하할 수 있다. 영국의 함대는 많은 양의 철과 약간의 폭발물을 투하할 수 있는 반면에, 항공기 편대는 많은 양의 폭발물, 독성가스 그리고 약간의 철을 투하할 수 있다. 이와 같은 독립공군의 전력은, 비록 영국 함대가 비행할 수 있도록 만들어진다 할지라도, 훨씬 막강한 공격력을 보유하게 된다.

세계대전 동안 불가피했던 트레비소 시의 소개작전은 약 80톤의 폭탄 공격을 받기 훨씬 전에 수행되었다. 만약 그 80톤의 폭탄이 단 한 번의 공습으로 투하되었다면, 소화되지 않고 치솟는 불길과 시민들의 사기에 미친 영향으로 트레비소 시가 입은 피해는 엄청났을 것이다. 오늘날 보통의 항공기는 트레비소 시와 규모가 비슷한 20개의 표적에 80톤의 폭탄을 투하할 수 있고, 이와 같은 공습은 물질적인 피해뿐만 아니라 적의 사기에 계산할 수 없을 만큼 지대한 영향을 미칠 것이라는 논리는 너무나 당연한 것이다.

항공기들은 매일 런던에서 파리를 왕복 비행한다. 수천 대의 항공기들이 영국 남쪽에서 이륙하여 파리 상공을 비행할 수 있듯이, 이들이 언제든지 북프랑스에서 이륙하여 런던 상공을 비행할 수 있다는 것은 전적으로 사실이다. 오늘날 한 대의 항공기가 파리에서 런던으로 1톤의 폭탄을 운반할 수 있다는 사실을 누구도 부인할 수 없을 것이다. 그리고 파리 또는 런던에 투하된 1,000톤의 폭발물, 유독 가스 그리고 소이탄이 프랑스와 영국의 심장부인 도시를 파괴할 수 있다는 사실 또한 부인할 수 없을 것이다.

나는 독자들이 지금까지 역설한 주장의 가능성과 특성에 대해 심사숙고해주었으면 한다. 오늘날 나의 주장은 명백히 실현되고 있고, 그것은 내일 또는 지금으로부터 10년에서 20년 후에 벌어질 환상이 결코 아니다. 부인할 수 없는 사실은 바로 이것이다. 지표면에서 작전을 하는 육군과 해군이 직면한 상황이 어떻든 오늘날 항공기는 상상 이상으로 적국 영토에서 더 크고, 더욱 강한 공세를 가능하게 해주었다. 항공기는 적의 심장부에 도달할 수 있는 가장 중요한 수단이며, 독가스는 이러한 공격을 가능하게 하며 가장 혹독한 공포감을 자아내게 하는 공격 수단인 것이다.

그것은 매우 비인간적이고 잔혹한 행동이지만 유감스럽게도 사실이다. 내일 필요하다고 이런 무서운 공격을 피하려는 사람은 어디에도 없다. 그리고 너무도 비인간적이고 잔혹한 행위라고 손가락질을 해도 미래에 소용이 된다면, 그 누구도 이러한 무시무시한 공격방식의 채택을 결코 주저하지는 않을 것이다. 현재까지 적들은 갑옷으로 자신을 보호할 수 있었고 갑옷을 관통할 목적으로 서로에게 무거운 일격을 가해왔다. 그러나 갑옷을 온전한 상태로 계속 사용할 수 있는 한, 갑옷으로 보호된 그 안의 심장은 안전했다. 하지만 이제 상황은 급변했다. 갑옷은 이제 스스로 방어할 수 있는 능력을 상실했다. 항공력의 출현과 독가스로 인한 무능력화로 방패는 더 이상 심장의 안전한 보호막이 될 수 없다.

로더미어Rothermere 경은 다음과 같이 쓰고 있다.

이제부터 그 어느 나라도 우세한 해군력만을 가지고 큰소리칠 수 없다. 그것은 우리 영국인에게는 쓴 약을 삼키는 것과 같다. 그러나 우리는 그 쓴 약을 삼키지 않으면 안 된다.

1924년 7월 24일 영국 수상 볼드윈Baldwind은 다음과 같이 말했다.

많은 사람이 그러하듯, 영국이 유럽 대륙으로부터 고립되어 존재해야 한다고 쉽게 말할 수 있다. 그러나 우리는 섬나라(영국)의 역사가 이제 끝났다는 사실을 기억해야 한다. 항공기의 출현으로 인해 영국은 더 이상 섬나라가 아니기 때문이다. 우리가 항공기를 좋아하든 또는 좋아하지 않든 그것은 아무런 상관이 없다. 우리 영국인들은 이제 유럽 대륙에 꽁꽁 묶이게 된 것이다.

이것은 영국인이 삼켜야 했던 두 번째의 쓴 약이다. 사실 영국의 해군이 제아무리 강력하고 적절한 준비를 했다 해도, 적의 항공공격으로부터──그 적이 독일 혹은 프랑스라고 해도──런던을 방어할 수 없다. 런던은 큰 도시이고 지금까지 불침 지역이라는 기쁨을 만끽하고 있었다. 영국의 위胃에 해당하는 영국 항구들에 대한 항공공격을 막아낼 수 있는 방법, 그리고 영국의 심장인 해군 기지에 대한 항공공격을 막아낼 수 있는 방법은 없다. 영국의 함대는 적에 대한 방어 능력을 상실해 버렸다. 이제 영국의 안전은 공중공격의 위협을 제거할 수 있는 항공력에 달려 있다.

이와 같은 상황은 전쟁에서 발생했던 혁명적인 변화의 모습을 보여주기도 하고, 동시에 미래의 전쟁이 과거의 전쟁과는 전혀 다른 모습을 띠게 될 것이라는 사실을 누구에게나 확신시켜주기에 충분하다. 그러나 그것은 그 이상을 의미한다. 왜냐하면 잠수함이나 항공기 등 순수한 기술적 요인들의 영향력은 군사적 영역을 초월하여 이제 정치적인 영역에까지 이르렀기 때문이다. 잠수함이나 항공기가 영국의 정치적 상황의 근저를 뒤흔들어놓았다는 사실은 의심의 여지가 없다. 또한 이것은 '태양은 결코 지지 않는다'는 영국 제국에 호의를 내비치는 것도 아니었다. 기술적 수단이 어떻게 정치적으로 영향력을 발휘할 수 있나를 연구하는 일은 매우 흥미로운 일이긴 하다. 하지만 나는 미래의 전쟁이 지난 과거의 전쟁과는 필연적으로 차이가 날 것이라는 사실을 제시하는 것으로 만족한다.

내가 희망해왔던 것처럼 항공기의 가치를 적절하게 평가하거나 또는 이를 제대로 인식하지 못한다면, 다시 말하면 지난 제1차 세계대전이 발생하기 직전에 범했던 항공기에 대한 평가의 실수를 반복한다면 극도로 위험한 상황이 조성될 것이다. 그러므로 전쟁의 형태와 성격 중에서 항공력의 영향에 대해 열정적으로 연구하는 일은 필수적이고 매우 중요하다.

제4장

나는 미래의 문제라는 가장 흥미로운 과제에 직면해 있다. 이와 같은 미래의 문제는 독자들에겐 어렵게 보일 수도 있지만, 나에겐 현실 문제보다 눈앞에 더욱 아른거린다. 이미 우리는 미래를 향한 출발지를 잘 설정했고 아울러 여러 사안들이 잘 해결되어가고 있는 현장을 줄곧 목격했다. 이제 우리 모두가 해야 할 일은 그들이 수반하는 효과를 추론하는 일이다. 인간의 이성은 인간을 신에게 더 가까이 가게 하는 신성한 힘을 가지고 있다. 맥스웰Maxwell은 추상적인 미적분학을 기초로 우리의 감각으로는 인지할 수 없는 전자기파를 발견하고 이를 정의했다. 마찬가지로 헤르츠는 이러한 전자기파를 나타내주는 도구를 발명했고, 마르코니Marconi는 그것을 차례로 실용화하여 인류에게 선물을 가져다주었다. 우리가 실험을 하고 있는 문제들에서, 우리는 감각에 의존하여 보고 인식할 수 있는 사실들에 직면하게 된다. 따라서 만약 사고체계가 과거의 고정된 전통으로부터 자유로워진다면, 우리는 그것에서 필연적으로 나타나는 결과를 아주 쉽게 정의할 수 있다.

1921년에 처음 발간한 《제공권》 1부에서 나는 다음과 같은 질문을 던졌다.

"알프스를 방어하는 최강의 이탈리아 육군과 지중해를 항해하는 막강한 이탈리아 해군이, 우리 영토를 침범하고자 결연히 결심하고 통신망, 산업 생산품과 산업시설 지역을 공중에서 폭격하며 우리의 물질적 · 도덕적 저항력을 분쇄하기 위해 도심에 죽음, 파괴, 테러의 씨를 뿌리는 적의 무장공군에 대항하여 실질적으로 아무것도 할 수 없다는 주장이 사실이 아니란 말인가?"

나의 질문에 대한 단 한 하나의 가능한 대답은 "그것은 사실이다"라는 것이다. 오늘날 같은 질문에 대한 대답 역시 같다고 할 수 있다. 만약 항공기로 비행하여 독가스를 살포하여 살상시킨다는 사실을 터무니없는 주장으로 부인하지 않는다면, 내일에도 그 대답은 결코 변치 않을 것이다. 이미 지난 세계대전의 특징에 관해 설명한 것처럼, 그 당시 육군은 국가적 저항력을 *간접적으로 소모하는 기관*으로, 그리고 해군은 그 소모전을 *가속시키거나 지연시키는 조직*으로서 기능했다.

제1차 세계대전 당시에 육군과 해군은 적의 저항을 간접적으로 격파하려는 작전을 구사한 반면에, 적의 인적 · 물적 자원의 근원지인 상공에서 활동할 수 있는 능력을 가진 공군의 항공기는 그 탁월한 속도와 높은 효율성으로 적의 저항을 *직접 파괴*하는 작전을 수행했다. 한때 항공기를 이용한 폭격은 기내에 장착한 기관총으로 적의 포대를 파괴하는 수준에서 만족해야 했지만, 오늘날에는 소총과 대포를 생산하는 공장을 파괴하는 작전도 가능해졌다. 제1차 세계대전 동안에는 적군을 격파하기 위해 철조망으로 둘러싸인 지역에 수많은 폭탄과 지뢰를 설치했지만, 항공기는 이와 같은 장해물을 무시하고 훨씬 더 유리하게 폭탄과 유독가스를 사용할 수 있었다. 육군은 적의 군대와 대치한 후 장기간에 걸친 고통스럽고 지루한 연속 작전을 통해 적을 격파하고 후퇴시킴으로써 적국의 수도를 점령할 수 있었지만, 공군은 전쟁이 선포되기 훨씬 전에 적국의 수도를 파괴할 수 있게 되었다.

한 국가의 강력한 방어를 파괴하는 방법 중에서 직접적인 파괴 방식이 효과적인가 아니면 간접적인 파괴 방식이 더욱 효율적인가를 비교한 연구 결과는 아직 없다. 한 국가는 자신이 보유한 육군과 해군의 튼튼한 장갑이 자국을 충분히 보호할 수 있을 때, 적의 공격에 대한 위협을 거의 느끼지 못할 것이다. 그리고 잘 편성되고 훈련된, 물질적으로나 정신적으로나 저항할 수 있는 능력을 갖춘 육군과 해군에 의해 공격력이 발휘되었다. 이에 비해 공군은 편성이 엉성하고 훈련도 덜 마친 상태라도, 미약한 저항 능력과 별 도움이 안 되는 대응 능력으로도 적군을 공격할 수 있을 것이다. 따라서 정신적 · 물질적 붕괴가 좀더 빠르고 쉽게 올 것이라는 주장이 일반적인 견해다. 한 단위부대의 부대원은 그들 인원의 절반이나 3분의 2가 손실되더라도 훨씬 집중적인 폭격 아래에서조차 부대의 군기를 유지하고자 강력히 저항하겠지만, 항구 노동자나 공장 노동자들은 첫 공습으로 손실이 나타나자마자 곧 뿔뿔이 흩어져버릴 것이다.

적의 정신적 · 물질적인 저항력에 대한 항공기의 직접적인 공격은 승패의 결정을 촉진하고 결국에는 전쟁 기간을 단축시킬 것이다. 국제적으로 항공기 애호가들의 존경과 사랑을 한몸에 받고 있는 독일의 유명한 항공기 설계자 포커Fokker는 다음과 같이 말했다.

미래의 전쟁에서 적이 군과 민간인을 명확히 구별할 것이라는 헛된 생각을 가지지 말라. 평화시에 적이 유독가스나 그와 비슷한 종류의 물질에 대한 최선의 사용법을 공언하고 이들의 사용에 관해 엄격한 제한사항이 첨부된 국제협약에 서명했을지라도, 전쟁이 발발하면 민간인들에 대해서도 독가스와 그 밖의 강력하고 무서운 전쟁 도구를 사용할 것이다. 그리고 비행대대들에게는 적국의 주요 도시를 파괴하기 위한 출격 임무가 부여될 것이다. 현재 우리가 단지 막연히 생각하고 있는 미래의 전쟁은 무시무시할 것이다.

포커가 한 말은 옳았다. 우리는 국제협약으로 사용이 금지된 독가스탄 등 비인간적 무기를 적이 마음대로 사용할 때만을 앉아서 기다릴 수 없다. 어떤 의미이든 이런 일의 정당화는 곧 적에게 주도권을 넘겨주는 것과 같기 때문에 엄청난 희생이 뒤따를 것이다. 후에 발생할 비극을 고려해볼 때, 국제관계에서 경쟁 관계에 있는 모든 국가들은 결국엔 휴지조각과 다름없는 국제협약과는 무관하게 전혀 주저하지 않고 독가스탄과 같은 모든 수단을 사용해야 할 것이다.

이것은 내가 독자들을 위해 묘사하고 있는 어둡고 피로 얼룩진 그림이다. 그러나 이 그림 속의 상황은 필연적으로 일어날 수밖에 없는 당위의 문제이기 때문에, 모래 속으로 머리를 묻고 피해보려는 것은 소용없는 짓이다. 그리고 이 그림의 바탕색은 항공기의 본질적인 특성으로 말미암아 공중공격에 대한 뾰족한 방어 방법이 없다는 사실을 인식하는 순간부터 더욱 짙어만 간다. 코르시카 섬의 중앙에서 이륙한 작전반경 500킬로미터인 항공기는 사르디니아 섬의 모든 것뿐만 아니라, 동쪽의 트렌트와 베네치아로부터 남쪽의 테르몰리와 살레르노까지 이탈리아 반도에 있는 모든 지역의 목표물을 공격할 수 있다. 이처럼 항공기의 잠재적인 위협에 노출된 모든 지역을 방어하기 위해 우리는 방어용 항공기와 각각의 장소에 대공포를 배치해야 한다.

이 한 대의 공격 항공기를 격퇴시키기 위해 얼마나 많은 방어용 항공기와 얼마나 많은 대공화기가 필요할 것인가? 그것에 습격받지 않기 위해 지상에서 어떤 대공 감시망을 조직해야 할까? 그 항공기가 출현했을 때, 대공 감시망, 방어용 항공기, 그리고 대공화기는 공습을 충분히 막아낼 수 있다는 확신도 없이 얼마나 오랫동안 비상대기를 하고 있어야 할까? 그러한 방어를 위해 얼마나 많은 자원과 얼마나 많은 에너지를 소모해야 할 것인가? 이 모든 것들은 이륙하여 비행을 하지 않아도 단지 항공기의 존재만으로도 준비해야 하는 것들이다. 만약 그 하나의 항공기가 100대 또는 1,000대로 늘어난다면——전쟁에서 작전을 수행할 공군력의 크기를 고려할 때——우리는 즉시 그 방어적 행동이 공격하는 것보다 더 많은 양의 자원을, 감당할 수 없을 만큼 우리에게 강요하게 될 것이라는 사실을 알 수 있을 것이다. 이러한 피동적이고 값비싼 행동을 포기하고 대신 악몽이 될 수 있는 적 공군의 공습에 대항하여 우리가 보유하고 있는 공세적인 공군을 출격시켜서 적기를 기지에서 찾아내 파괴하여 이러한 악몽과 위협을 종식시키는 것이 좋지 않겠는가? 이것이야말로 최소의 비용으로 최대의 효과를 얻는 가장 좋은 방법이 아니겠는가?

항공기는 탁월한 공격성능을 보유한 무기체계이긴 하지만 방어적인 활동에는 전적으로 부적합하다. 실제로 항공기를 방어적으로 운용하면 적기의 공격보다 더 많은 방어용 항공 전력이 필요한 불합리한 상황에 처할 것이다. 비록 지난 세계대전에서 대규모 항공공격에 대한 정확한 작전 규칙은 없었지만, 단호하게 수행된 항공공격 작전은 매우 성공적이었다. 이탈리아는 적합한 상황일 때마다 폴라를 폭격했으며, 오스트리아인들은 휴전이 선포되는 마지막 날까지 공중에서의 우리의 우위에도 불구하고 트레비소를 계속 폭격했다.

몇 달 전 영국에서는 런던을 항공방어하기 위한 실험이 있었다. 방어는 공격측만큼의 병사와 방공포병 등의 조직을 보유했다. 언제 공격을 시도할 것인지를 알고 있었고 방어측과 동일한 전력을 보유한 공격측은 시간과 장소에서 제한된 목표를 가졌다. 모든 조건들이 방어측에 유리했지만, 그 실험에서 런던은 폭격을 당하고 말았다.

따라서 공중방어는 항공 공세의 효과를 감소시키는 주요 기관의 분산, 방공호의 준비, 독가스 방비 대책 등과 같은 수단 등을 조직화하는 수준에서 제한될 수밖에 없다. 그러나 아주 중요한 핵심 시설은 방공포로 방어하지 않으면 안 된다. 영토 전체를 효과적으로 방어하기에 충분한 방공포를 갖춘다는 것이 물리적으로 불가능하기 때문이다. 방공포 300문이 밀라노 시를 어느 정도 효과적으로 방어할 수 있을 것이라는 말을 들었다. 하지만 이탈리아의 모든 주요 도시들의 안전을 유지시키는 데 얼마나 많은 방공포문이 필요한 것인가? 이 상황은 해상 공격과 마찬가지로 항공 공격도 마찬가지다. 모든 해안선은 물론이거니와 중요한 해안 요새들조차도 해상 공격으로부터 방어가 불가능할 것이므로, 함대는 군사작전상 가장 중요한 지점(해군 기지)의 방어에 치중해야 한다. 마찬가지로 항공 공세로부터 영토를 보호하는 임무는 적의 항공 공격을 차단하고 패퇴시키며, 나아가 이를 격멸할 수 있는 항공기에 일임해야 한다.

적의 항공 공격으로부터 자신을 스스로 방어할 수 있는 단 한 가지 타당한 방법이 있다. 그것은 *다름 아닌 제공권의 장악, 즉 자신의 자유로운 비행을 보장하면서 적군이 자유롭게 비행을 하지 못하게 하는 것이다*. 적의 비행을 방해하려면, 적의 비행수단을 파괴해야 한다. 적의 비행수단은 공중에서 발견할 수도 있고, 비행장이나 격납고, 생산공장이 있는 곳에서도 발견할 수도 있다. 적의 비행수단을 파괴하기 위해선 그것들이 어디서 발견되든 또는 어디서 제작되고 있든지 이들을 파괴할 수 있는 항공력을 보유해야 한다. 나는 이러한 개념에 집착하여 지난 10여 년 동안 제공권을 장악하기 위한 항공전 수행에 필수적인 항공 수단의 집합체로서 독립공군의 필요성을 주창해왔다.

지난 세계대전 중에도 이러한 개념은 잘 알려지지 않았다. 그 당시의 항공기는 지상과 해상에서의 작전을 촉진하거나 또는 통합시키려는 의도에서 보조적인 수단으로만 사용되었다. 진정한 의미의 항공전은 없었다. 항공기에 의한 전투와 충돌이 있었지만, 그것은 부분적이고 제한적이며 때로는 개별적이었다. 항공전에서의 승리는 없었고, 단지 공중우세만 있었다. 휴전이 성립되는 날까지 양측은 보조항공대에 의한 작전을 수행했다. 하지만 오늘날의 상황은 매우 다르다. 가능한 항공 전력의 크기가 곧 실제적인 항공전으로, 즉 대규모 항공수단 간의 대결로 연결된다.

여기서는 더 상세한 설명이 필요 없이 항공전과 지상 폭격작전을 동시에 수행할 수 있는 독립공군도 제공권의 장악을 기본적인 작전 목표로 설정해야 한다는 사실을 쉽게 이해할 수 있다. 왜냐하면 독립공군은 적의 항공수단을 어느 곳에서 발견하든지 이를 항공전과 지상 폭격으로 파괴할 수 있는 능력을 보유할 수 있기 때문이다. 따라서 항공 공세를 통해 독립공군은 적의 항공수단을 최소화시킬 수 있고, 이는 나아가 전쟁 비용의 감소와 불가분의 관계를 가진다. 그리고 이것은 제공권을 장악했을 때 비로소 획득될 수 있다.

이와 같은 측면에서 제공권 장악은 다음과 같은 이점을 갖는다.

1. 제공권을 장악하면 적의 공격 수행 능력을 무력화시킬 수 있기 때문에 적 공군의 항공 공세로부터 자국의 영토와 영해를 보호할 수 있다. 그러므로 제공권 장악은 적의 직접적이고 엄청난 공격으로부터 한 국가가 보유한 물질적 · 도덕적 저항력을 보호한다.

2. 제공권을 장악하면 적 공군의 항공 활동을 무력화시킬 수 있기 때문에 적국의 영토에서도 아주 손쉽게 항공 공세를 펼칠 수 있다. 그러므로 제공권의 장악은 적국의 저항에 대한 직접적이고 가공할 공격을 쉽게 한다.

3. 제공권을 장악하면 아군의 기지와 육군 및 해군의 작전선을 적군

의 위협으로부터 완전하게 보호할 수 있다.

4. 제공권을 장악하면 적 지상군과 해군에 대한 항공 지원을 차단시킴과 동시에 아군 지상군과 해군에 대한 항공 지원을 보장할 수 있다.

이와 같은 모든 이점들에 더하여 제공권을 장악한 쪽은 적 공군의 항공력 재건을 원천적으로 봉쇄할 수 있다. 왜냐하면 적 공군의 물적 자원과 항공기 제작 공장 등 모든 관련 시설을 파괴시킬 수 있기 때문이다. 이 말은 곧 하늘에 대한 완전한 점령이 궁극적인 목표라는 뜻이다.

제공권의 장악과 관련된 이점들에 대한 연구에서 제공권의 장악이 전쟁의 결과에 중대한 영향을 미치게 될 것이라는 사실을 인정하지 않을 수 없다. 나는 제공권을 장악한 쪽이 적 공군의 항공 전력 재건을 막을 수 있다는 점에서 제공권의 장악이 궁극적인 목표라고 줄곧 주장해왔다. 그러나 그보다 더 중요한 논리가 있는데, 그것은 제공권을 장악한 쪽은 자신이 원하는 대로 항공 전력을 확장해나갈 수 있다는 것이다. 제공권을 상실한 국가는 적 공군의 항공 공격에 대항하여 효과적으로 대응할 수 있는 가능성이 없기 때문에 엄청난 고통을 감내해야 할 것이다. 적국의 육군과 해군은 이러한 항공 공세에 뾰족한 대응 방안을 제시하지 못할 것이다. 물질적 피해는 제외하더라도 이런 공포를 당하는 국가와 이들 공격에 무기력할 수밖에 없는 자신을 의식한 그 나라 군대가 경험하게 될 정신적 효과는 엄청나게 클 것이다.

육군과 해군은 작전선이 차단되고 기지가 차례로 파괴되는 현장을 목격하게 될 것이다. 전방 지상군 부대에 대한 국가의 보급은 완벽하게 차단되거나, 위험하고 불규칙적으로 이루어질 것이다. 적국의 상업 항구들을 간단하게 파괴시킴으로써, 적국이 자국의 해상로는 보호할 수 있다 하더라도 독립공군은 해상 교통은 충분히 차단시킬 수 있다. 이와 같은 상태에서 열세한 나라라면 전쟁에서 얻게 될 유리한 결과를 차츰 포기하기 시작할 것이라고 가정하는 것이 논리적이지 않겠는가? 그리고 그것은 전쟁의 끝이 시작되는 과정이 아니겠는가?

당신은 그것이 과연 사실이라는 것도 깨닫게 될 것이다. 하늘의 전투에서 제압당한다면 영국은 패배할 수밖에 없을 것이다. 영국의 대규모 전차 군단과 탁월한 해군력 모두 아무런 소용이 없을 것이다. 비록 상업용 선박들이 항구로 보급품을 수송할 수 있다 하더라도, 그것을 하역하거나 전방으로 수송할 수 없을 것이다. 기아, 황폐함, 공포가 국가 전역에 만연하게 될 것이다. 이러한 것들이 바로 다가올 미래의 전쟁에서 출현하게 될 가능성들이다. 이러한 것들이 전쟁에 관한 과거의 사고체계를 혁명적으로 변혁시키지 않겠는가?

비록 그것이 그 자체로 승리를 보장하지는 않더라도, 제공권의 장악은 미래의 전쟁에서 필수적인 요소가 될 것이다. 그것은 항상 필수적일 것이다. 독립공군이 적의 물질적 · 정신적 저항력을 제압하기 위한 충분한 전력을 가지고 있다면, 그것으로 족할 것이다. 그런데 만약 공군이 강력한 전력을 충분히 보유하고 있지 못하다면, 전쟁의 승패는 작전 임무가 제공권 장악에 의해 크게 도움을 받게 되어 있는 지상군과 해군에 의해 결정될 것이다.

제공권 장악이 지니는 결정적인 중요성을 고려해볼 때, 이와 같은 목표를 향해 한 국가의 방위력을 건설하는 것은 시대의 명령이라고 할 수 있다. 한 국가가 소유한 자원의 범위 안에서 가장 강력한 항공전을 수행할 수 있는 독립공군을 보유하는 것은 가장 기본적인 요소다. 그리고 이것을 가지기 위해 *한 국가의 모든 사용 가능한 자원* 을 사용하고 분배하는 작업이 시급한 실정이다. 이것이야말로 예외를 인정하지는 않지만 융통성 있게 주장하는 나의 확고한 원칙이다. 만약 그 근본적인 목적을 위해 사용되어야 할 자원의 일부가 전용되거나, 부분적으로 사용되거나 또는 전혀 사용되지 않는다면, 제공권을 장악할 수 있는 기회는 감소할 것이다.

나는 지금까지 항공기의 방어적 가치는 공격용보다 훨씬 떨어지기 때문에 항공방어가 항공 공격보다 얼마나 많은 수단을 필요로 하고 있는지를 보여주었다. 공격용으로 운용되는 100대의 항공기는 방어용으로 운용되는 항공기 500대 또는 1,000대 이상의 가치를 지닌다. 만일 적 공군이 제공권을 장악한다면, 우리의 육군이나 해군의 보조항공대들은 작전을 시작도 하기 전에 파괴될 것이지만 우리가 제공권을 장악할 수 있다면, 사기가 드높은 우리의 독립공군은 육군과 해군의 작전에 상당한 도움이 될 것이다. 따라서 보조항공대는 첫번째의 경우, 즉 제공권을 상실한 경우에는 무용지물에 불과하지만, 두 번째 경우——제공권을 장악할 경우——에는 잉여 항공 전력이 될 것이다.

이제 나는 결론을 말하겠다. 항공방어는 아무런 소용이 없다. 왜냐하면 그것은 실제로 무용지물이기 때문이다. 보조항공대도 필요 없다. 왜냐하면 그것은 실제로 쓸모가 없거나 남아도는 전력이 되기 때문이다. 그 대신에 어떠한 국가도 한 국가의 사용할 수 있는 모든 항공 자원을 포함하여 동원할 수 있는 단일의 독립공군을 제외시킬 수 없다. 이것이 나의 이론이다. 어떤 사람들은 나의 이론을 극단적이라고 말하는데, 실제로 평이한 이론들과 차이가 있는 이론이라는 사실만은 분명하다. 후자의 경우, 즉 공군력의 방어적 운용법은 항상 빈약한 해법이며, 전시에는 무엇보다도 해로운 방법이다. 이 이론을 지지하는, 내 견해와 다른 의견을 가지고 있는 용기 있는 반대자들과 나는 충돌을 벌이지만, 이 대결에서 내가 승리할 것으로 확신한다.*

항공 전력을 공격적으로 운용하는 적 공군으로부터 자신을 방어할 수 있는 유일한 방법은 적의 공군력을 공격하여 파괴하는 방법이기 때문에, 항공전의 기본 원리는 다음과 같다. *가능한 범위 안에서 적군에게 가장 타격이 큰 공격을 가하려면 적 공군의 항공 공격을 수동적으로 참아내는 방법을 감수해야 한다.*

항공공격이 가하는 고통과 공포를 생각하면 언뜻 보기에 이 원칙은 매우 심각하다. 그러나 이것은 모든 전쟁 수행의 기본 원칙이다. 육군 지휘관은 투입된 병력에 상관없이 승리를 가져올 만한 손실을 적에게 입힐 수 있다면, 수십만에 달하는 병사의 손실도 허용한다. 함대 지휘관은 적의 함정을 더 많이 침몰시키기 위해 자신의 함대가 받아야 할 최소한의 손실을 감수한다. 한 국가 또한 마찬가지로 적국에게 더 큰 공격을 가하기 위해서는 적의 항공 공격으로 인한 일정 부분의 손실을 감내해야 한다. 왜냐하면 승리는 오직 자신의 피해보다 더 큰 피해를 적에게 가함으로써 얻어질 수 있기 때문이다.

이러한 전쟁의 일반적인 개념이 항공전에 응용될 때, 변화되어야 하는 예전의 전통적인 개념 때문에 이 원칙은 우리에게 비인간적인 것으로 보인다. 모두들 전쟁은 더 이상 군대끼리의 충돌이 아닌 국가 대 국가의 충돌이며, 이것은 전체 국민들 간의 충돌이라고 확신한다. 그리고 지난 세계대전 동안 이 충돌은 육군들 사이에서 오랫동안 소모전의 형태를 보여왔고, 자연적이고 논리적인 것처럼 보였다. 항공기는 그 직접적인 행동력 때문에 한 나라의 국민을 다른 나라의 국민과, 한 국가를 다른 국가와 직접적인 대치 상태에 처하도록 했다. 그리고 항공기로

* 듀헤가 자주 언급하는 전투란, 항공성과 같은 통합 지휘체계에 의해 수행되는 전투를 의미하고, 이와 같은 측면에서 독립공군의 창설은 지 · 해상군 작전을 보조하기 위한 지원용 공군과는 분명하게 구별된다.

인해 과거 전쟁에서 국가와 국가, 국민과 국민을 분리시켰던 장갑 부대는 더 이상 필요 없어졌고, 이제 항공기로 말미암아 적대국가의 국민들은 서로 직접 주먹질을 주고받고 상대방의 멱살을 움켜쥐는 형상이 되어버렸다.

이와 같은 현실은 시민들로 하여금, 공습으로 사망한 몇 명의 여성과 어린아이의 소식에는 애도를 표하는 반면에, 일선에서 임무 수행 중에 수천 명의 군인이 전사했다는 소식에는 전혀 동요하지 않는 특이한 새로운 풍속도를 만들어냈다. 모든 사람의 삶은 동등한 가치를 지닌다. 그러나 군인은 전쟁터에 죽는 것이 운명이라는 전통적인 관념 때문에 한 명의 군인이, 다시 말해 한 명의 용감한 젊은이가 인류의 경제활동에서 최대의 경제적 가치를 가지고 있음에도 불구하고, 전장에서 전사하는 운명에 대해 사람들은 별로 비통해하지 않는다.

독일인들은 잠수함을 운용하면서, 우리가 보아왔던 것처럼, 의도하고 있는 하나의 목표가 있었고 거의 성취의 목전에 있었다. 우리는 세계 여론을 이용하여 잔혹한 잠수함전을 자극하면서도 그 정당함을 인정받았다. 그것은 우리의 이익에 관한 것이었고 그런 이유에서 우리는 그렇게 할 수 있는 권리를 가지고 있었다. 그러나 우리가 그것을 걱정하는 실제적인 이유는 그것이 비인간적이기 때문이 아니라, 단순히 그것이 우리에게 위험하다는 사실에 있었다. 인간적이고 문명적인 것으로 인식된 수단으로 야기된 수백만 명의 사망자와 수백만 명의 부상자에 달하는 대학살과 비교해볼 때, 잠수함전을 통해 희생된 약 17,000명의 생명은 그리 대수로운 것이 아니었기 때문이다. 만약 지난 전쟁이 전체적으로 하나의 잠수함 전쟁이었다면, 훨씬 적은 희생자로 종결되었을 것이다. 전쟁이 얼마나 무시무시한 과학인지와 관계 없이 그것은 감정이 없이 하나의 과학으로 간주되어야 한다.

격침된 잠수함 승무원들을 위해 아무런 구조의 손길도 내밀지 않고 떠나버린 독일 잠수함의 행위에 대해 엄청난 분노가 일어났지만, 그들은 영국 해군이 한 것과 똑같은 일을 했을 뿐이다. 다시 말해, 영국 해군은 아군의 잠수함 중 하나가 어뢰에 격침되었을 때, 생존 승무원들을 다른 잠수함에 끌어올린 다음, 구조함이 또다시 피격되는 것을 막기 위해 격침된 잠수함 승무원들을 그대로 내버려두라는 명령을 내렸던 것이다. 이 경우 문제는 적군이 아니고 오히려 영국군들이다. 전쟁은 전쟁인 것이다. 어느 한 편이 전쟁을 도발하든 그렇지 않든 간에, 일단 한쪽에서 싸움을 걸게 되면, 다른 한 편은 상대방에 대항하여 물불을 가리지 않고 싸움을 해야 한다. 프랑스의 소장학파는 독일인들과 마찬가지로 이와 같은 주제에 관한 한 그 생각을 적극 옹호했다. 전쟁이란 현재 통용되고 있는 것과는 질적으로 전혀 다른 것이라는 견해를 선호하는 사람은 그러한 사고방식 때문에 항상 불이익을 받게 된다.

오늘날 우리는 교전과 비교전 사이의 차이점을 현실적으로나 또는 이론적으로나 더 이상 받아들일 수 없다. 이론적으로 그것은 불가능하다. 왜냐하면 국가가 전쟁을 수행할 때도 모든 국민은 각기 자신의 생업을 담당해야 하기 때문이다. 군인은 총을 들고 전선으로 나가고, 여성은 공장에서 포탄을 나르고, 농민은 말을 기르며, 과학자는 실험실에서 실험을 한다. 현실적으로도 마찬가지다. 오늘날에는 전쟁이 시작되면 공격은 누구에게나 어느 곳에나 영향을 미치기 때문에 가장 안전한 장소를 참호로 여기기 시작했다.

전쟁은 적의 저항을 제압함으로써 승리하는 것이다. 그리고 이를 달성하기 위해 상대방의 가장 약한 부분을 직접 공격하여 더 쉽고, 빠르게, 더욱 경제적으로 또한 인명 피해를 최대한으로 줄이면서 승리할 수 있다. 무기체계가 더 빠르고, 더 강력할수록, 더 신속하게 적국의 중심부에 도달할 수 있고, 더욱 깊숙이 적의 정신적 저항에 영향을 미칠 수 있다. 그리고 피해는 개입된 사람들의 수에 상응하기 때문에, 좀더 문명화된 전쟁이 출현할 것이다. 일반적으로 더 발달한 무기들이 민간인들을 공격하면 할수록, 개인적인 이익은 더욱 직접적으로 상처를 받게 될 것이고, 전쟁은 더 줄어들 것이다. 왜냐하면 사람들은 더 이상 "전쟁을 위해 무장하자. 하지만 당신만 전장에 나가서 싸워라"라고 말할 수 없기 때문이다.

오늘날 사람들은 일반적으로 전쟁은 공중에서 시작된다고 생각한다. 그리고 모든 국가들은 기습 공격의 이점을 얻고자 노력할 것이기 때문에 대규모의 항공작전이 선전포고 전에 이미 펼쳐질 것이라고 확신한다. 항공전은 최고도의 수준까지 강렬하고 난폭하게 전개될 것이다. 모든 국가의 국민들은 적에게 짧은 시간 내에 가능한 최대의 손실을 안겨주는 것과, 적군이 어떠한 보복도 할 수 없게끔 제공권을 장악해야 한다는 필요성을 인식하게 될 것이기 때문이다. 독립공군은 적을 맹렬히 공격할 것이고, 가능한 빠른 시간 안에 적을 제압하기 위해 공격을 반복 시도할 것이다. 그리하여 *항공전은 적대 행위가 발생했을 때 시작되어 있고, 이미 준비된 항공 전력에 의해 결정될 것이다.* 그 전쟁 동안에 동원된 군사력에 대해서는 어떠한 신뢰도 할 수가 없다. 파괴된 한쪽은 공군력을 다시 재건할 수 없을 것이다. 모든 사용 가능한 전력은 즉시 전투에 투입되어야 한다. 다른 목적으로 사용하기 위해 비축해두었던 모든 수단들은 전쟁이라는 거대한 운명 아래 아무런 의미가 없어질 것이다. 집중의 원리를 맹목적으로 따라야 한다.

지상전에서는 전력을 분산하고 참호를 파며, 철조망과 장애물을 제거하기 위해 시간을 벌고, 요지를 점령하기 위해 방어에 의존하는 작전이 가능하다. 그러나 항공전에서는 그와 같은 어떤 종류의 작전도 결코 가능하지 않다. 공중은 어디서나 동일하다. 그리고 어디에서도 시간을 얻기 위해 잠시 멈추어 서 있을 기회를 찾을 수 없다. 공중에서 전투를 하는 전력은 칼날처럼 적나라하게 막힘이 없을 것이다.

강렬함, 격렬함, 노출, 즉각적인 행동, 시간을 끄는 것이나 새로운 전력 형성의 불가능, 신속하고도 효과적인 공중에서의 행동 등 이 모든 것을 고려해보면, 항공전은 결정을 신속하게 내려야 한다는 결론에 이른다. 내가 지금까지 설명해온 것처럼, 지난 세계대전이 장기화된 것은 방어에 의해 얻은 큰 가치 때문이다. 항공전에서 방어는 더 이상 아무런 값어치가 없어졌다. 항공전을 준비하지 않은 쪽은 전쟁에서 패배하게 될 것이다. 항공전으로 전쟁의 기간은 짧아질 것이다.

의심의 여지 없이 전쟁의 승패는 지상이나 해상에서보다 공중에서 더 빨리 결정될 것이다. 결과적으로 지상군이나 해군은 비록 항공전에서 지배를 당했을지라도 싸울 준비를 해야 할 것이다. 만약 그들이 공중에서 제압당했다면, 육군과 해군은 어떠한 상황에서 그들을 발견하게 될 것인가? 현재까지 지상전과 해전은 작전 기지와 작전선의 안전 유지에 주로 의존해왔다. 적 기지를 점령하고 작전선을 차단하는 기동전은 적을 어려움과 위험에 빠뜨릴 수 있기 때문에, 눈부신 전술적 · 전략적 성공이었다. 만약 육군과 해군이 공중의 지배를 당한다면, 이러한 사실은 그들의 기지와 작전선을 적의 공격뿐만 아니라 효과적으로 대응할 수 없는 공격력에 노출시키는 것이 된다. 그것은 곧 공중에서 제압당한 육군과 해군은 사실상 영원히 차단된다는 것을 의미한다. 그러므로 이러한 필연적인 결과를 잘 주지하기 바라는 마음에서 볼 때, 만약 육군과 해군이 공중에서 제압된 상태로 작전의 잠재성이 유지되기를 바란다면, 그들의 작전 기지와 작전선을 가능한 한 독립적으로 만들기 위한 작전의 방법과 형식을 정리해야 한다.

항공기가 육 · 해군과 직접 대치하면서 발생하는 문제점은 매우 엄청난 것이다. 그러나 비록 급진적이고 달성하기 어려운 변화가 이루어졌다고 하더라도 그것의 해결은 피할 수 없는 일이다. 만약 이 문제가 해결되지 않는다면, 육군과 해군의 효율성은 적의 제공권 장악으로 인해 거의 자동적으로 무효화될 것이다. 많은 시설과 대량 소비로 인해 거대한 규모가 된 현대의 군대는 철도와 도로를 통해서 규칙적인 지원을 받아야 한다. 만약 이런 지원이 방해받거나 또는 불규칙하게 차단된다면, 그것은 위의 두 가지에 의존하고 있는 군대의 전력 약화와 공격력의 저하를 의미한다. 그것은 또한 군대의 전력을 약화시키고 심지어 무력하게 만들 수도 있다. 그러나 공중으로부터 지배받는 육군은 위험한 상황, 좀더 지속적이고 규칙적인 원조를 필요로 하는 상황에 쉽게 처할 수도 있다. 이러한 상황을 가시화하기 위해 알프스 서쪽에 전개된 우리의 육군과 파괴된 4개의 철도 중심지——체바, 니차 마리티마, 아스티와 치바소——를 상상해보기로 하자. 결과적으로 롬바르디아와 리구리아 지방으로부터 아무런 보급품이 도착하지 못했다. 그리고 이들 네 개의 철로 중심지는 국경으로부터 약 30분의 비행거리에 위치해 있고, 현재 항공 공격의 잠재력을 고려해볼 때 적의 공군이 이들 지역을 파괴하고 계속 파괴할 수 있는 능력을 갖추고 있음이 분명하다. 따라서 현대의 군대는 가능한 시설과 장비를 자동화하여 작전 기지에서의 지원과는 별도로 독립적으로 운영해야 한다고 생각한다.

공군이 공중을 지배하는 상태에서 임무를 계속하고 있는 해군 함대 역시 현재와 같은 모항의 구속에서 벗어나 자신들을 자유롭게 해야 한다. 무기고, 창고, 병참부와 모든 종류의 시설을 가진 커다란 군항은 정박 중인 함정이 있든 없든 항공 공격의 좋은 목표다. 이들 항구는 방공포에 의해 방어될 수도 있다. 그러나 그들의 안전은 항상 의심스러울 것이고, 지금까지 지켜왔던 난공불락의 신화는 결코 계속되지 않을 것이다. 따라서 해군은 이런 변화된 상황을 생각하고 그것에 대한 대책을 수립하는 일이 아주 절박한 실정이다.

게다가 제공권을 장악한 적은 자신들의 해군력과 상관없이 우리의 항구 기능을 마비시키기 위해 해상 교통을 쉽게 차단시킬 수 있다. 스위스의 독립공군조차도 제공권의 장악에 성공하면 우리의 해상 교통을 마비시킬 수 있을 것이다. 그것은 터무니없는 일이긴 하지만, 그럼에도 불구하고 현대전에서는 가능한 것이다.

항공기가 육상과 해상에 미칠 영향력에 관한 이 짧은 글——육군과 해군으로 하여금 새로운 기준들을 인식하도록 하기 위한 목적의 글——은 사람들로 하여금 육군과 해군이 당면한 문제들이 안고 있는 혁신성과 심각성을 깨닫게 해준다. 필연적인 변화는 외부적인 형태에만 적용되는 것은 아니다. 그것은 육군과 해군, 두 조직의 본질에 커다란 영향을 미치며, 이 새로운 문제들은 단지 몇몇 보조항공대를 추가한다고 해서 해결될 수 있는 것이 아니다.

항공기의 또 다른 특징은 전쟁 수행을 용이하게 할 수 있다는 것이다. 독립공군은 육군이나 해군에 비해 준비가 훨씬 간단하다. 6,000마력 항공기 1,000대의 가격은 아마 10대의 전함 가격 정도일 것이고, 이들을 생산하는 데 소요되는 약 20,000톤의 물자는 평균 전함 한 척을 건조하는 데에 필요한 양이다. 그리고 이를 운용하려면 대략 4,000~5,000명의 조종사가 포함된 20,000~30,000명의 병력을 필요로 할 것이다. 하지만 독립공군이 보유한 1,000대의 항공기는 1회 출격시 약 4,000~6,000톤의 폭탄을 적국 영토 어느 곳에나 투하할 수 있고, 공대공 전투를 위해 16,000~24,000개의 기관총과 2,000문의 소구경 대포를 장착할 수 있으면 된다. 다시 말하면 이전에 상상할 수 없었던 종류의 공격 능력을 구비한 오직 또 다른 유사한 독립공군만이 대항할 수 있고 전쟁을 수행할 수 있는 것이다.

조성이 잘된 화학산업 기반을 가진 국가들은 이러한 종류의 수천 대의 항공기를 매우 빠른 속도로 생산할 수 있다. 항공 수송이 잘 발달된 나라에서 교육 및 훈련 조종사 양성은 별 어려움이 없다. 더욱이 민간 항공기는 짧은 시간 안에 군용 항공기로 쉽게 전환되며, 승무원은 제복만 바꾸어 착용하면 시간을 소비하지 않고도 전문 군인이 될 수 있다.

그러므로 이제는 패전의 복수에 대한 희망이 좀더 쉽게 실현될 수 수 있게 되었다. 그것은 더 이상 거대한 육군과 강력한 해군을 파괴함을 의미하지 않았다. 이제 패배자들은 하늘을 향해 눈을 돌려야 했다.

독립공군의 활동의 중요성에 대한 좀더 발전된 개념을 얻기 위해, 목표물까지 항공기의 궤적을 추적할 수 있는 탄환과 비교해볼 수 있는데, 여기에서 항공기의 비행거리와 탄환의 사거리가 동일하다고 가정하자. 그리고 독립공군을, 비록 넓은 지역에 배치되었다 해도, 그것의 화력을 비행거리 내에서 임의로 여러 표적을 집중적으로 공격할 수 있는 대형 총에 비교해보자.

예를 들어 우리가 파도바 계곡에 위치하면서 약 1,000킬로미터 공격 범위를 가진 독립공군을 보유하고 있다고 가정해보자. 총은 프랑스, 독일, 오스트리아, 유고슬라비아 심지어 런던에 위치한 어떤 목표에도 집중적으로 사격이 가능할 것이다. 여기서 잠시 우리의 독립공군이 아닌, 그것과 동일하게 큰 총의 배터리를 생각해보자. 적이 누구이든 우리 영역 내의 어느 곳에서도 우리를 공격할 수 있는 유사한 거대한 총의 배터리를 갖고 있을 것이다. 이 특별한 적 탄환을 피할 수 있는 최선의 방법은 무엇인가? 물론 우리는 전 국토에 철갑우산을 설치할 수 없다. 확실히 가장 쉽고 실용적인 방법은 포대를 파괴하여 적의 위협을 잠재우는 것이다. 그리고 그 과정은 제공권을 장악하기 위한 투쟁이 될 것이다.

적의 포대를 파괴한 후에야 우리가 원하는 대로 목표를 선택하는 자유를 갖게 될 것이다. 그래야만 적의 공격으로부터 안전할 것이기 때문이다. 우린 어떤 표적을 선택해야 할 것인가? 그것은 우리의 형편에 가장 적합한 것이다. 그것은 그들의 수도나 산업 인구 밀집 도시 등 적의 저항에 직접적으로 영향을 미치는 목표일 수도 있다, 이러한 경우 우리는 적이 스스로 항복하도록 일격을 가하는 것을 선택하는 것이다. 또는 우군에 대한 적의 저항을 약화시키기 위해 적의 기지나 통신 라인을 선택할 수도 있다. 또는 만약 아군을 많이 괴롭힐 경우 적의 해군 기지를 공격할 수도 있다. 또는 적이 해상의 보급물에 의존한다면 상업항구를 파괴할 수도 있다. 전쟁에서 우리의 강력한 포대가 무엇을 표적으로 삼느냐에 대한 결정권은 최고사령관의 몫이다. 왜냐하면 그는 모든 가능한 정보를 소유한 단 한 사람이기 때문이다. 그러나 어떠한 아니, 모든 경우에 포대는 시간 · 공간적으로 노력을 집중하여 최대 결과를 얻기 위한 모든 기능을 해야 할 것이다.

비슷한 포대가 없는 적군과 맞닥뜨렸을 때 그런 큰 포대를 가지는 데 따르는 이점은 제공권의 값어치와 맞먹는다. 그러나 그것의 정복은 적에게 소속된 유사한 포대의 파괴를 의미하기 때문에 목표를 성취하기 전에 우리의 포대에서 대포 하나라도 빼앗겨서는 안 된다. 따라서 항공방어와 보조항공대는 배제되어야 한다. 그것들은 우리가 소유한 포대가 파괴되면 쓸모 없어지고, 만약 우리 포대가 적의 포대를 침묵시키는 데 성공한다면 남아도는 전력이기 때문이다.

한 가지를 덧붙이면 다음과 같다. 지상의 목표물에 대한 독립공군의 공격력은 운반과 투하가 가능한 폭약, 소이탄, 독가스 등과 같은 파괴적인 물질에 의해 결정된다. 그런데 이러한 물질들은 또 다른 효과를 지닌다. 그러므로 독립공군의 파괴적인 전력은 사용된 물질의 효용성에 직접적으로 비례한다. 사용된 물질의 효용성을 배가한다면, 만약 그 밖의 다른 것이 변경되지 않는다면, 독립공군의 공격력은 충분히 커질 것이다. 이것은 파괴적인 물질인 폭탄의 질적 향상 임무가 얼마나 중요한가를, 다시 말하면 화학산업 분야와 군 지휘부 간의 협력이 얼마나 중요한가를 알려주는 것이다. 항공기는 성능 시험의 과정에서뿐만 아니라, 성능이 우수한 항공기가 생산되는 공장과 화학자들이 폭탄의 폭발성을 더욱 증강시키려는 탐구로 밤을 지새는 실험실에서 만들어지고 강화되는 것이다.

나는 지금까지 미래의 전쟁에서 항공기의 중요성과 항공전에서의 승리, 육지와 해상 전투의 모든 형식들을 포함하면서 일반적인 측면에서 전쟁의 형태 및 성격에 항공기 생산이 갖는 혁명적인 변화의 중요성을 분명하게 강조해왔다. 논리적으로, 이성적으로 우리의 상상력은 이제 미래의 전쟁을 가시화할 수 있는 수준이 되었다.

그 목적이 무엇이든 전쟁을 시도하려는 쪽은 전쟁이 결정되자마자 공식적으로 선전포고를 기다리지도 않고, 직접 공격과 화학무기를 사용한 기습의 요소를 극대화하는 방법을 강구하면서 적에 대해 자신이 보유한 모든 항공 전력을 집단적으로 배치할 것이다. 적의 반격에 대한 성공적인 방어와 기습으로 얻게 되는 우세에 발맞춰, 타이밍에 의해 영향받는 외교적 미묘함은 없어질 것이다. 어느 날 아침 동이 틀 무렵 대도시의 주요 거점과 주요 활주로들은 마치 지진이 발생한 것처럼 공격을 받거나 뒤집혀져 있을 것이다. 실례로, 독일은 프랑스의 항공 전력 대신 국가 중심부를 파괴하는 것을 선호하여, 50여 개의 프랑스 비행 기지를 공격하는 대신 프랑스의 중심부인 파리를 파괴할 수도 있었다. 물론 적 항공력은 곧 반격해올 것이고, 그 다음 양쪽 공군 간의 치열한 항공전이 진행되는 동안, 항공 공격으로 인해 크게 또는 적게 작전을 제한받는 상황하에 육군이 동원될 것이고, 해군도 작전을 개시할 것이다. 다른 측면에서 유사한 공세가 점점 강화되는 동안, 양측 항공력의 대결이 결말로 치달아감에 따라 적대국과 적 육 · 해군에 대한 단면적인 항공 공세는 점점 약화될 것이다. 따라서 제공권을 장악한 측은 그들의 영토를 어떠한 항공 공격으로부터도 안전하게 보호할 수 있는 반면에, 제공권을 상실한 측은 무기력해질 뿐이다.

그 순간 전쟁의 가장 비극적인 측면이 시작된다. 항공전에서 지배를 받는 한쪽은 불공평한 싸움을 해야 할 것이고, 무차별로 전개되는 적의 항공 공격에 효과적으로 저항하는 것을 포기해야 할 것이다. 그 나라의 육군과 해군은 끊임없는 위협에 노출된 불안전한 기지와 작전선으로 말미암아 안전한 기지와 통신 시설을 갖춘 육군과 해군에 대항하여 기능을 하도록 해야 할 것이다. 해상 교통은 항구에서 차단될 것이다. 영토 내의 중요하고 취약한 대부분의 지점들은 잔혹하고 무서운 항공공격의 목표물이 될 것이다.

이러한 조건하에서 장기간에 걸쳐 진행되고 작전 속도가 매우 더딘 지상전——막대한 양의 보급품, 노동력과 물자를 필요로 하는——은 제공권을 장악한 쪽에게 유리한 결정을 내릴 수 있는 기회를 주어야 하지 않을까? 그것은 의문의 여지가 적지 않은 질문이다. 하지만 모든 가능성을 살펴볼 때, 수단과 자원을 지원하는 데 큰 불균형이 없다면, 육지와 바다에서 전쟁의 결과가 명확해지기 훨씬 전에 항공전력에 지배된 국가의 사기는 무너질 것이다.

그러므로 나는 무엇보다도 "우리의 하늘을 지배하자"고 주장한다.

결론

내가 지금까지 묘사한 것은 당연히 상상 속의 그림이다. 미래를 상상하는 것은 하나의 시도이기 때문에 그것은 현실과 다를 수도 있다. 그러나 나는 현재적 관점에서 현실적인 색채를 가지고 논리적인 추리력으로 그렸기 때문에, 미래가 내 그림과 매우 유사할 것이라고 생각한다. 어쨌든 나는 이제 일반적인 발전 추세에 따라 "가까운 미래의 전쟁은 어떤 형태일까?"라는 질문에 다음과 같이 긍정적인 답변을 할 수 있다고 생각한다.

1. 미래의 전쟁은 전체 국민의 생활과 복지에 직접적으로 영향을 미치는 국가들 사이의 분쟁의 형태를 띠게 될 것이다.

2. 미래의 전쟁에서 제공권 장악에 성공하는 쪽이 결정적인 우위를 차지하게 될 것이다.

3. 미래의 전쟁은 적의 정신적 저항을 분쇄하기 위해 본질적으로 폭력적인 매우 무서운 형태의 전쟁이 될 것이고, 전쟁의 승패가 매우 신속히 결정될 것이다. 따라서 전쟁은 경제적인 측면에서 그다지 비싼 값을 치르지는 않을 것이다.

4. 미래의 전쟁은 사전준비가 없음을 알게 된 측이, 전쟁이 막상 시작되면 미처 준비할 시간을 가질 수 없는 형태를 띠게 될 것이다. 그러므로 적대 행위가 시작되면 전쟁은 전력이 준비된 군대에 의해 곧바로 종

결될 것이다.

결론적으로, 우리는 현 시점에서 미래의 전쟁을 위해 다음과 같은 준비를 해야 한다.

1. 제공권을 장악할 수 있는 능력을 갖춘 독립공군을 조직하고 국가의 능력 안에서 항공 자원을 가장 막강한 형태로 조직해야 한다.
2. 독립공군은 항상 작전에 투입될 수 있는 준비를 갖춰야 한다. 독립공군은 항공전의 결정이 내려지기 전에 전력을 보충할 수 없고, 선전포고가 없어도 즉각 작전에 돌입해야 하기 때문이다.
3. 적 공군이 제공권을 장악한 후에라도 독립적인 작전을 수행하기 위해 육군과 해군의 조직과 전쟁 수행 방식의 변화가 요구된다.
4. 새롭게 설정된 일련의 사실들이 각 군이 수행할 수 있는 갖가지 기능을 보이면서 새로운 환경을 탄생시킨다는 가정하에 육 · 해 · 공군 사이의 협동의 문제에 대한 연구가 절실하게 요구된다.
5. 적의 항공 공세에 대해 한 국가가 최소한의 피해 수준으로 머물 수 있도록 다양한 준비의 연구가 시급한 실정이다. 항공 공세는 주로 국민들의 사기를 목표로 하기 때문에, 민족적 자존심과 훈련에 대한 의식은 가능한 한 집단적인 형태로 강화되어야 한다.

미래의 전쟁에 대한 이와 같은 일반적인 성격과 이로부터 유래하는 새로운 요구사항들은 오늘날 우리가 당면한 국가 방위의 문제가 얼마나 심각한 것인가를 잘 보여준다. 미래의 전쟁에서 항공기가 담당해야 할 역할의 중요성을 강조하려는 의미에서 내가 지금까지 역설했던 논리를 마치 의도적으로 육군과 해군의 가치를 과소평가하는 식으로 해석해서는 안 된다. 이들의 가치를 최소화시키자는 의미는 결코 아니다. 그 누구보다도 나는 육 · 해 · 공 3군이 눈에 보이지 않는 전체를, 즉 전쟁 수행을 위한 단일된 삼각형 기구를 구성해야 한다고 항상 주장해왔다. 한 국가를 방어하기 위해 동원된 인원과 사용된 수단들은 그들이 육지든 바다든 바다 밑이든 어느 곳에서 임무를 수행하든 모두 동일한 가치를 가진다. 이러한 모든 영역에서 동일하게 중요한 임무들이 수행되고 똑같이 중요한 기능들이 원활히 작동되기 때문에, 국가 방위의 대가로 이들 모든 영역이 받아야 할 명예 또한 같다고 하겠다. 그러나 이와 같은 사실——조국의 이익이라는 관점에서 볼 때, 국가 안보를 위해 복무하는 모든 병사들을 다 똑같은 조국의 아들로 간주해야 하는 현실——이 우리로 하여금 궁극적인 적의 저항에 깊은 상처를 내기 위해 그 삼각형 기구 중의 어느 한쪽 칼날을 시퍼렇게 세우려는 노력을, 이에 적합한 새로운 기구를 건설하려는 시도조차도 하지 말라는 의미는 더욱 아니다.

내가 만약에 다음의 두 가지 단순한 진리에 관해 여러 사람들을 설득하는 데에 성공했다면, 미래를 내다본 우리의 직관이 아무런 결실을 얻지 못했다고는 생각하지 않는다.

1. 모든 시민들은 미래 전쟁의 양상에 대해 틀림없이 관심을 기울일 것이다. 왜냐하면 그들 대부분이 그와 같은 양상의 전장 환경에서 전쟁을 수행해야 하기 때문이다. 이미 서두에서 언급했듯이 전쟁은 본질적으로 상식에 기초를 두고 있으며, 특히 개괄적인 측면에서 관찰했을 때는 더욱 그러하다. 그러나 전쟁은 한 국가가 보유한 물질적 · 정신적 자원을 총동원해야 하기 때문에, 그것은 해당 국가의 어떤 특정한 부분——특정한 계층이나 특정 수효의 시민——에만 국한된 것은 아니

다. 전쟁의 성공적인 수행을 위해 한 국가가 보유한 유·무형의 전력과 자원들이 동원되어야 한다. 그리고 만일 전쟁이 발발했을 경우 전쟁의 시련을 스스로 대비하기 위해 모든 시민들은 미래의 전쟁을 토의하고 이해하며, 전쟁 자체에 깊은 관심을 기울여야 한다. 나는 종합대학과 단과대학에서 태양 아래 존재하는 모든 학과목들, 심지어 산스크리트어까지도 가르치는 실정임에도 불구하고, 왜 아직까지 전쟁학을 강의하는 대학이 없는지 자주 의문을 가져왔다.

2. 우리는 어떤 현실이 기습적으로 닥치지 않도록, 나아가 무슨 일이 닥쳐와도 냉정함을 잃지 않도록 폭넓은 시야와 조심스러운 자세로 미래를 주시해야 한다. 이런 측면은 우리가 살고 있는 격변의 시기에는 더욱 더 절실한 문제인데, 먼저 준비를 하지 못한 사람은 사태가 닥칠 때 미처 준비할 시간을 갖지 못할 것이며, 나아가 과거의 실수를 바로잡을 만한 시간조차 없을 것이다. 그러므로 과거라는 일종의 마력에 이끌려 우리 자신이 잘못된 길로 빠지도록 두어서는 결코 안 된다. 앞으로 전진하면서 자주 뒤를 돌아보는 행동은 항상 위험하며, 현재 가고 있는 길이 경사가 심한 우회로일 경우에는 더욱 위험한 것이다.

전쟁학도들은 미래의 전쟁을 준비하려면 과거의 경험에 의존해야 한다는 가르침을 받아왔는데, 그 이유는 실제의 전쟁을 제외하고 전쟁이론은 증명될 수 없다는 사실에서 비롯되었다. 바로 이것이 1914년에 제1차 세계대전에 참전했던 국가들이 왜 1870~71년의 프로이센-프랑스 전쟁의 경험을 생각하고 세계대전에 참가하게 되었나를 설명해주는 이유인 것이다. 그러나 그들은 곧 자신들의 실수를 발견했고, 1914년 상황의 급박함을 수용해야 했다. 그들은 상황의 심각함, 변화과정에서 감내해야 할 엄청난 비용에도 불구하고 그 과정을 비교적 쉽사리 받아들였다. 왜냐하면 두 전쟁 사이에 놓여있는 약 반세기는 오로지 발전과 진화의 시간이었기 때문이었다. 그러나 미래의 전쟁에서도 1914년의 전쟁이론과 작전체계로 싸우려고 한다면 이 얼마나 슬픈 현실인가!

과거 전쟁의 경험이 쓸모없는 것이기 때문에 이를 과감히 내버려야 한다고 주장하고 싶지는 않다. 단지 내가 주장하고 싶은 것은 미래는 과거보다 현재에 더 가깝기 때문에 소량의 소금——사실은 많은 양의 소금이 필요하다——을 섭취해야 한다는 것이다. 인생의 선생님이라고 할 수 있는 경험은 이를 해석하는 방법을 알고 있는 사람들에게 많은 것을 가르쳐주고 있지만 많은 이들은 그것을 잘못 해석하고 있다. 나폴레옹은 위대한 지휘관이었다. 그러나 우리는 그가 무엇을 했는가를 묻기보다 오히려 만약 그가 우리(이탈리아)의 상황, 환경, 시대에 태어나서 활동을 했다면 무엇을 할 수 있었는지를 물어봐야 할 것이다. 나폴레옹은 우리에게 어떤 귀중한 충고를 해줄 수 있을 것이다. 그러나 우리는 이 작은 코르시카인(나폴레옹)이 눈을 감았을 때 세계는 강철 리본으로 둘러 싸여 있지도 않았고, 후방 장전식 소총은 아직 존재하지 않았으며, 전차는 알려지지도 않았고, 전선 또는 라디오 주파수를 이용한 의사소통 방법도 없었으며, 자동차와 비행기도 알려지지 않았다는 사실을 잊지 말아야 한다. 나는 나폴레옹이 무덤에서 부활할 수 없다는 사실이 오히려 잘된 일이라고 생각한다. 그의 이름과 명성을 너무나 자주 오용했던 사람들에 대한 경멸감으로 인해 그의 입에서 어떠한 모멸적인 언어들이 쏟아질지 그 누가 알겠는가?

이것이 미래의 전쟁에 대한 나의 분석의 마지막 부분이다. 이 분석을 마무리하기 전에 나는 항공기의 고유한 특성을 다시 말하고 싶다. 오늘날의 거대한 규모의 육군과 해군은, 비록 그들 역시 인간적인 요소 없이는 운영이 되질 않지만, 운영에 엄청난 경비가 소요된다. 그리고 오직 부유한 국가들만이 육 · 해군을 보유하고 운용할 수 있으며 나아가 그것들의 장점을 누릴 수 있다. 이에 비교하여 그리고 공격적인 능력을 고려해볼 때 항공기는 비용이 훨씬 저렴하다. 더욱이 항공기는 급속하고도 일정한 변화 과정의 상태에 놓여 있다. 항공 관련 조직에서 운용에 이르기까지 이 안에 있는 모든 것들은 아직 활발한 창조의 과정에 놓여 있다. 항공전의 작전술은 아직 지상전 또는 해전처럼 표준화되어 있지 않은 상태이며, 아직도 독창력을 발휘할 수 있는 가능성이 많이 남아 있다. 항공전은 진정한 의미에서 기동의 전쟁으로서 신속한 직관력, 더욱 신속한 결정, 더욱 더 신속한 실행이 필요하다. 항공전은 항공 지휘관들의 천재성에 전쟁의 승패를 크게 의존하는 전쟁이다. 간략히 말하면 항공기는 물질적 · 정신적인 측면에서 그리고 육체적 · 지적인 측면에서 고도의 용기와 과감한 행동을 수반해야 하는 무기체계인 것이다.

항공기는 물질적으로 부유한 국민의 무기가 아니고, 열정적이며 대담하고 독창적이며 하늘과 우주를 사랑하는 젊은이들의 무기이다. 그러므로 항공기는 우리 이탈리아인에게 매우 적합한 무기이다. 제1차 세계대전을 통해 항공기가 달성한 중요성과 전쟁의 일반적인 성격에 대해 항공기가 미친 영향은 우리(이탈리아인)에게 매우 호의적인 상황이다. 항공기는 우리 민족의 특성에 가장 적합한 무기이다. 그리고 우리 이탈리아 사람들을 하나로 결합시킨 견고한 항공 조직과 강한 비행 훈련은 항공전으로부터 초래된 비참한 결과를 직면하고도 이를 충분히 견뎌낼 수 있는 용기를 주게 될 것이다. 지중해를 가로지르는 다리처럼 우리가 처해 있는 지리적 위치는 항공기의 필요성을 더욱 절박하게 만들고 있다. 오늘날의 보통의 항공기의 행동 범위인 1,000킬로미터 반경의 중앙에 위치한 로마를 주시해보자. 그리하면 당신은 그 원주 내에서 고대

로마제국의 전 영역을 발견하게 될 것이다.

우리의 영공을 지배한다는 것은 지중해와 그 연안의 상공을 지배한다는 것을 의미할 것이다. 따라서 희망과 자신감을 가지고 미래를 바라보자. 그리고 모험심과 창의력으로 항공기를 이처럼 강력한 무기로 만든 모든 사람들에게 감사를 드리자.

제3권
종합편

군사 항공에 관해 이탈리아에서 발표된 논문들의 논지를
명확하게 하려는 의도에서 쓴 이 글은 1929년 11월
〈공군지Rivista Aeronautica〉에 처음 발표되었다.

서문

〈공군지〉의 편집자는 논쟁자들 사이의 평화와 중재를 위해 적절히 개입해왔다. 양측의 토론도 지상전의 수행 방식처럼 이미 고착되었다. 공격자는 동일한 논조의 공격을 계속했고, 방어자는 이에 대한 보복으로 동일한 관점의 방어적 주장을 반복해야 했다. 그 결과는 단조로운 언쟁의 반복뿐이었고, 이를 지켜본 사람들은 매우 지루해했다. 그러나 이제 이 길고 따분한 말싸움의 종합은——특별한 것은 아니지만 적절한 시기에 논쟁을 혁신하기 위한 기반으로서 각각의 논점을 종합한 것이기 때문에——어느 정도 흥미 있고 유용한 것이 될 듯하다. 이와 같은 의미에서 나는 그 토론을 분석해달라는 편집자의 제의를 받아들였다. 지금부터 가능하면 나의 견해를 간결하게 제시하려고 하지만 설령 내 자신의 주장을 지루하게 반복 하더라도 독자들이 너그러운 아량과 인내심을 가지고 읽어주기를 바란다.

항공기의 중요성에 대한 나의 첫번째 주장은 20년 전인 1909년으로 거슬러올라가야 한다. 그때에도 나는 오직 공기보다 무거운 항공기만이 인간 비행의 문제를, 특히 군사 분야에서 이 문제를 해결할 수 있을 것이라고 주저하지 않고 명확히 주장했다. 항공기는 지상작전과 해상작전을 용이하게 하거나 통합하기 위한 보조적인 작전을 수행하기 위해서가 아니고, 육·해군 전력과 동등한 중요성을 갖는 제3의 군사력을 구성하는 역할을 해야 한다. 군용기는 궁극적으로 공중에서 전투를 수행할 수 있는 능력을 갖춰야 한다. 그리고 제공권의 장악은 곧 최소한 제해권만큼이나 가치 있는 것이 될 것이다.

1909년 이후로 나는 오로지 이와 같은 기본적인 관점의 주장을 되풀이하고 이를 강조했을 뿐이며, 이 사안의 진행 과정을 보면서 항상 의기양양해했다. 왜냐하면 그것은 나의 원래의 추론을 의심할 여지없이 뒷받침했기 때문이다. 1921년에 출간한《제공권》초판에서 나는 보조적인 항공력——그들이 소속해 있는 육 · 해군에 종속적인 항공 전력——대신에 자신이 보유한 수단을 가지고 전쟁을 수행할 수 있는 '독립공군' 건설의 필요성을 제시하고자 했다. 또한 나는 독립공군의 조직에 육 · 해군과 동등한 지위를 부여했고, 이 조직을 항공성의 편성 아래 두어야 할 필요성을 제시하고자 노력했다.

그 당시 이탈리아는 혼란스럽고 불안한 상태였으며, 따라서 나의 저작은 제대로 평가받지 못했다. 그러나 결국《제공권》은 최고의 영예를 받았는데, 그 이유는 나의 주장이 정책적으로 실행이 되었기 때문이다. 정부는 먼저 항공성을 창설했으며, 후에 독립공군을 창설했다. 내 덕이 아니고 국민정부 수반(무솔리니)의 선구적인 사고 덕분에 항공기는 자매 군대인 육 · 해군 무기체계와 동등한 지위를 확보해나갔다. 독립공군은 육 · 해군에 필적하는 지위를 차지했다. 정부 수반의 지휘권 아래에 3군이 통합되고 참모장직이 만들어졌다는 사실은 전력의 중앙 조직화를 세련되고 완벽하게 완성해나갈수 있도록 했다. 그리하여 항공기와 관련한 가장 중요한 조치가 취해졌으며, 마침내 독립공군은 그 가치를 명확하게 선보일 수 있었다.

비록 독립공군에 대한 기본적인 개념이 명확하다고 하나 일반인들은 여전히 이에 대해 상당히 모호함과 혼란을 느끼고 있다. 독립공군이란 무엇인가? 무슨 목적으로 사용할 것인가? 무엇을 할 것이고, 어떤 식으로 그 기능을 수행할 것인가? 그것은 어떤 가치를 갖는가? 이에 대해 나는 이미 《제공권》에서 밝힌 생각을 더욱 상세하게 부연하는 것 외에 달리 할 수 있는 방도가 없다. 당시 나는 승리를 위해서는 제공권 장악이 반드시 필요하다고 분명히 주장했다. 이러한 생각의 논리적 추론은 다음과 같다. 제공권 장악을 위한 준비는 필수적이며, 따라서 우리 항공 전력의 대부분은 제공권 장악을 위해 창설된 조직인 독립공군에 집중되어야 한다.

집중한다는 것은 분산시키는 것과 대비된다. 1927년판에 추가된 《제공권》 2장에서 나는 제공권 장악이 최종 목적인 군사작전을 지원하기 위해 사용 가능한 모든 항공 전력을 창설된 독립공군에 집중시켜야 하는 필요성을 주장했다. 이를 달성하기 위해서는 보조항공력과 항공방어력을 없애는 것이 바람직한데, 이 두 가지는 전력을 분산시키는 것으로, 쓸모없고 불필요하고 해로운 것이다.

이와 같은 나의 주장은 소동을 불러일으켰다. 대부분이 반대하고 나섰다. 나는 공격을 받아넘기려고 시도했으며, 나아가 그 반대 입장을 논쟁 주제에 관한 일반적인 논의를 시작하는 발판으로 활용했다. 나는 확고하게 주장을 전개했을 뿐만 아니라, 미래의 전쟁에 관한 날카로운 분석을 통해 미래의 전쟁에서 공중이 결정적인 전장으로 되어가는 혁명적인 변화가 사실적으로나 상황적으로나 진행되고 있다는 사실을 덧붙였다. 이런 이유로 전쟁술의 기본 원칙에 따라, 나는 보조항공력과 방공 전력을 없애서 모든 항공자원을 독립공군에 집중시키는 것만으로는 충분치 않다고 주장했다. 더욱 대담하고 혁명적인 조치가 반드시 취해져야 하는데, 그것은 바로 결정적인 전투 공간인 공중에 대부분의 국가자원을 집중시키는 것이다. 따라서 나는 공중에 전력을 집중하기 위해 지상에서 저항한다는 원칙에 기반한 새로운 전쟁교리를 발표했다. 이와 같은 주장은 당연히 논쟁을 불러 일으켰고, 많은 사람들이 즉각 반대의 목소리를 드높였다. 그리고 이와 같은 현상은 바로 내가 원하던 것이었다.

한 가지 새로운 이론의 가치를 확인할 수 있는 가장 좋은 방법은 그것을 시험해보는 것이다. 나는 내가 발표한 사고의 고상함과 대담함을 깨달은 첫번째 사람이었다. 그리고 분명히 나의 새로운 사고는 다른 사람들에게 오랜 친구처럼 받아들여지기를 바랄 수 없었다. 내 생각은 대단히 새롭고, 골목에서 들을 수 있는 것과는 질적으로 다른 것이었으며, 따라서 사람들은 당연히 놀라고 의심의 눈길을 보냈다. 사실상 가장 흥미로운 것은 반대자들의 반응을 연구하는 것이다. 그리고 이런 이유로 나는 예리한 비판을 통해 나에게 명예를 안겨준 반대자들에게도 감사하는 마음이다. 비록 나의 새로운 사고가 아직까지 전적으로 현실에 수용되지는 않았지만, 나는 내 생각에서 비롯된 긴 논쟁이, 우리 시대의 전쟁이라고 하는 중대한 문제에 대한 내 견해의 가치와 정당성에 대해 내 스스로 의문시하는 그 어떤 결과도 이끌어내지 못한 사실에 대해서도 매우 만족해 하고 있다. 육·해·공 출신은 물론 심지어 민간 분야의 사람들까지 망라한 뛰어난 능력을 가진 많은 반대론자들이 나의 이론에 반대하는 통일된 새로운 논리를 한 가지도 도출할 수 없었다는 사실을 바라보는 것이 내 인생을 기쁨으로 충만케 한 거대한 원천이었다. 그리고 나는 가끔 나 자신을 격려하며 말하곤 했다. "그래, 노신사여, 당신의 이론은 그렇게 형편없는 것은 아니었다!"

어떤 독자들은 이러한 것이 어리석은 추론이나 양심 부족에 의해 고양된 완고함이라고 생각할지도 모른다. 사실상 이 세상에서는 어떤 일이라도 발생할 수 있는 가능성이 있지만, 모든 의견은 정중하게 고려할 만한 가치를 지니고 있는 것 또한 사실이다. 따라서 나는 이런 성향을 가진 독자들의 의견을 존중한다. 그러나 내 방식대로 추론하는 것을 막을 수는 없다. 나는 그들이 좀더 현명해져서, 나의 추론을 따라줄 것을 요청한다.

대단히 중요한 몇 편의 논문이 최근 발표되었는데, 이것은 육·해군과 민간 부문에 소속된 저명한 저자들이 토론 중인 주제에 관해 쓴 논문이다. 이 중에서 몇 편의 논문을 소개하면 다음과 같다. 바스티코Bastico 장군이 집필한 〈항공전과 그 전체 및 부분의 전력 구성비에 관하여Concerning Aerial Battles and the Ratio between the Whole and Its Component Parts〉(공군지Rivista Aeronautica, Vol. VI), 볼라티Bollati 장군의 〈항공, 전술 규칙 그리고 군대Ariation, Tactical Code, and Armed Forces〉(이탈리아 군사평론Rivista Militare Italians), 피오라반초Fioravanzo 해군대령의 〈공중에 전력을 집중하기 위한 지상전 수행방식To Resist on Land in Order to Mass One's Strength in the Air〉(Rivista Aeronautica Vol. VII), 공학도 살바토레 아탈Salvatore Attal의 〈승리의 결정적 요소로서의 항공기The Aerial Arm As a Decisive Factor of Victory〉(Rivista Aeronautica, Vol. VII) 등이다.

대체로 위의 논문들은 내 이론에 관한 모든 비판을 포함하고 있고, 내 이론에 대한 반대자들의 견해를 대표한다고 볼 수 있다. 나는 이 글들을 다음의 네 개 항목 즉 보조항공대, 항공방어, 항공전, 결정적인 전장으로서의 공간으로 분류하고 이를 종합한 곳에서 언급하겠다.

제1장 보조항공대

"보조항공대는 쓸모 없고 불필요하며 해롭다"는 나의 주장에 반대하는 사람들은 지상작전과 해상작전시 이들 보조항공대가 보유한 중요성을 강조하는 데에 만족해하면서, 보조항공대를 유지하고 나아가 이를 증강시켜야 한다고 주장했다. 최근에 발표된 〈해군 항공을 위해For the Naval Ariation〉라는 제목의 논문에서 베타Beta라는 필명을 사용한 해군 고위 당국자는 함상 기지 비행의 중요성을 분석하면서, *지중해에서 작전하는 해군 전력이 기지를 출항하는 순간부터 이루어지는 보조적인 항공 지원의 필요성* 을 요약하여 설명했다. 저자에 따르면 이러한 필요성은 대잠수함 수색, 항공방어, 정찰, 전술적 협동이다. 자신의 주장을 계속하면서 저자는 일정 수의 항공모함을 보유하는 것이 필수적이라고 단언하고 있다.

이 논문을 읽는 독자는 누구나 저자의 주장이 옳다고 결론지을 것이다. 마찬가지로 보조항공대를 보유한 육·해군에 비해 그렇지 못한 육·해군이 상당한 열세를 보일 것이라는 군사 분야, 민간 분야 연구자들의 주장 역시 옳다. 또한 이것은 진정으로 정당한 것이기에 나는 비행대대장으로 재직했던 1913년에 처음으로《전쟁에서 항공기의 운용 규정*Rules for the Employment of Airplanes in War*》을 발간한 것을 매우 자랑스럽게 생각하고 있다. 당시엔 비행기에 대한 이해가 거의 없었으므로 전쟁장관은 위의 논문에서 항공기에 관련하여 '무기'라는 단어가 나올 때마다 이를 삭제하라는 지시를 내렸다.

보조항공대를 보유한 육·해군과 그렇지 못한 육·해군이 맞대결할 때, 보조항공대를 보유하고 있지 못한 쪽이 매우 불리하다는 것은 확실하다. 이것은 더 이상의 토론이 필요 없는 사실이다. 심지어 지능지수가 매우 낮은 사람들조차도 이 주장의 정당성을 인정하고 있다. 그러나 이 주장의 문제는 완전히 고립된 채 단독으로 작전을 수행하는 육군 또는 해군을 상상할 수 없다는 것이다.

여기서 지상이나 해상에서의 항공기의 가치를 판단하고자 하는 것이 아니다. 대신 하나의 단위로서 모든 전쟁 공간에서 항공력이 지니는 가치를 판단하고자 한다. 이 두 견해는 매우 다르다. 항공기가 오직 지·해상작전의 보조적 역할에만 적합하다고 판단할 때, 다시 말해 실행 가능한 항공수단은 오직 보조항공 활동뿐이라고 생각할 때 나의 반대자들의 주장은 옳다. 그러나 합법적으로 구성된 독립공군이 존재하는 지금은 좋든 싫든 이에 대해 고려하지 않으면 안 된다. 독립공군——즉 인상적인 역량을 갖춘 공군력——은 육·해군 상공의 공중에서 임무를 수행한다. 이는 보조항공대가 비행하고 임무를 수행하도록 되어 있는 공간과 같다. 이제 독립공군에 대해 고려하지 않고 비행을 논의하는 것은 불가능하다. 공중은 더 이상 보조항공대를 위한 공간이 아니다. 반대로——이는 가장 중요한 요소인데——동일한 공간에서 독립공군과 보조항공대의 상호 공존에 대해서 토론하는 것만이 가능하다.

보조항공대는 지·해상작전과 조화를 이루어 작전을 수행할 때만 최상의 가치를 가진다. 그리고 이것은 만일 보조항공대가 독립공군과 상호 공존할 수 없다면 무가치해질 것이다. 나는 양자가 상호 공존할 수 없다고 주장한다. 따라서 보조항공대는 쓸모없고 불필요하며, 해로운 것이다.

독립공군 간에 전투가 벌어지는 경우, 어떤 식으로 전투가 발생하든 반드시 다른 하나를 제압해야 한다. 이 사실을 고려할 때 적의 보조항공대가 마음대로 작전을 하도록, 게다가 그것이 심각한 문제를 야기시킨다면, 이를 허용할 우세한 독립공군을 상상할 수 있겠는가? 언뜻 보아도 그렇지 않다. 사실 보조항공대는 전쟁의 결과에 전혀 영향을 미칠 수 없거나 또는 미약한 정도밖에 영향을 미칠 수 없다. 이 경우 그 어느 것도 우세한 독립공군이 보조항공대를 공격하고 파괴하는 것을 막을 수 없다. 특히 보조항공대가 전투 준비를 제대로 하지 않았을 경우에 이를 더욱 쉽게 파괴할 수 있을 것이다. 보조항공대를 활용하기 위해서는 독립공군이 우세해야 한다. 왜냐하면 보조항공대는 오직 우세하거나 승리가 가능한 독립공군의 존재 아래에서만 공존할 수 있기 때문이다.

보조항공대를 활용하여 얻을 수 있는 이점을 즐기기 위해서는 먼저 공중에서 승리를 거두어야 한다. 따라서 무엇보다도 아군의 독립공군은 가능하다면 적의 독립공군을 쉽게 제압할 수 있는 능력을 지녀야 한다. 다시 말해 독립공군은 가능한 강력한 전력을 보유해야 하고, 이를 위해 전력 분산을 회피해야 하며, 결과적으로 보조항공대는 폐지되어야 한다. 보조항공대를 폐지하는 것은 이와 같은 이점을 향유할 수 있는 최선의 길이며, 그러한 이점은 보조항공대를 유지해서는 얻을 수 없다.

이것은 말장난처럼 들릴지도 모른다. 그러나 그렇지 않다. 만일 보조항공대를 폐기함으로써 독립공군의 전력을 증강시킬 수 있고, 그럼으로써 적군의 독립공군을 제압할 수 있다면, 적의 보조항공대 또한 파괴시킬 수 있다. 게다가 항공수단을 육 · 해군의 재량에 맡길 수 있는데,

이때 항공수단은 적의 저항에 대한 두려움 없이 그 기능을 다할 수 있을 것이다. 그러나 만일 보조항공대를 유지한다면, 어쩔 수 없이 독립공군의 전력을 감소시킬 수밖에 없고, 그 결과 적에게 패배할 것이며, 또한 아군의 보조항공대도 파괴되거나 육 · 해군에 대해 아무런 지원도 할 수 없을 것이다.

따라서 육 · 해상 작전을 별도로 고려할 때는 보조항공대가 가치가 있어 보이지만, 전쟁의 전체적인 모습, 즉 육군 · 해군 · 독립공군의 동시작전을 생각해볼 때, 보조항공대는 쓸모없고, 불필요하며, 해로운 것으로 보인다.

바다로 둘러싸인 전쟁터에서 싸우는 두 군대를 상상해보자. 분명히 그 두 군대는 해안가에서 펼쳐지는 육상작전을 용이하게 하고, 통합 · 조정할 수 있는 능력을 갖춘 해군 보조수단의 많은 지원을 받을 것이다. 그러나 그와 같은 해군 보조수단을 상상한다면, 해군은 존재하지 않는 것으로 생각해야 한다. 그러나 사실 해군은 존재하고 있으나 해군 보조수단은 그렇지 못하다. 그리고 만일 해군이 적의 해군보다 우세하다면, 해안가나 해안가로부터 조금 떨어진 지점에서 작전하는 육군은 해군 수단에 의해 도움을 받을 수 있다. 이는 공중과 관련하여 지표면을 생각할 때도 똑같이 적용된다. 독립공군이 창설되자마자 보조항공대의 전술적 유용성은 종말을 고했다. 육 · 해군이 의존할 수 있는 유일한 공중 지원은 승리한 독립공군으로부터 나온다. 육 · 해군은 그들 자신의 이익을 위해 보유하고 있는 보조항공대를 반드시 폐지해야 한다.

오늘날, 중요한 육상과 해상작전을 구상하고 있는 사람은 육지와 바다 위에 공중이 있음을 반드시 기억해야 한다. 오직 제비와 독수리만이 하늘을 날 수 있었던 때만이 지상작전과 항공작전을 고립된 별개의 것으로 생각했다. 거의 예외 없이 육상과 공중의 전역은 서로 독립되어 있었기 때문이었다. 그러나 오늘날 지상작전은 오직 일정 지점까지만 항공작전에서 독립되어 있다. 나아가 항공작전은 육상과 해상의 목표물을 겨냥할 수 있으므로——그 역은 성립하지 않지만——오직 항공작전만이 육·해상작전과는 별도로 수행될 수 있다고 보는 것이 논리적이다. 그러나 우리는 이 부정할 수 없는 사실을 일반적으로 고려하고 있지 않은데, 아마도 이 사실이 역사의 선례에 의한 인가를 받지 못하고 있다고 여기기 때문일 것이다. 그리고 비록 육상과 항공작전이 밀접한 전역 내에서 발생했지만, 육상과 항공작전은 여전히 시간과 공간의 측면에서 고립된 것으로 여겨지고 있다. 항공수단에 대한 유일한 고려는 이 밀접한 전역 내에서 수행되는 것에 한한다.

이것은 현실을 거부하는 것에 불과하다. 〈해군 항공을 위해〉라는 제목의 논문에서 저자는 "*해군이 기지를 출항하는 순간부터* 지중해에서 작전하는 해군 전력을 지원하는 공중에서의 필요"를 서술하고자 했다. 저자는 해군 기지의 안전성을 넌지시 받아들이며 시작한다. 당연히 안전하지 않은 기지는 절대 기지가 아니기 때문이다. 이제 이 안전성은 적의 독립공군이 중대한 작전을 수행할 수 없는 상태에 놓이지 않는 한 당연한 것으로 여겨질 수 없다. 적의 독립공군이 위협적인 힘을 가지는 한, 해군 기지의 안전성을 확보하기 위해 최소한 적의 공군력과 대등한 공군력이 필요하다. 한 개 이상의 해군 기지가 있을 수 있는데, 적의 항공수단이 대단히 부족하지 않는 한 각각의 기지 방어를 적의 전체적인 독립공군에 상응하는 단일의 공군력에 맡기는 것은 불가능하다. 하물며 베타가 함대의 방어를 필수적이라고 여긴 또 다른 공중수단에 맡기는 것은 더욱 불가능하다.

반대로 적의 항공력이 건재하는 한 지중해에서 작전하는 함대는 항상 공군력의 공격을 받을 것이다. 그리고 이 경우, 함대는 적의 독립공군과 대등하거나 우월한 함상 기지 공군력을 필요로 한다. 그러나 이는 명백히 불가능하다.

베타가 지중해에서 작전하는 해군에 대한 필수적인 항공 지원으로 묘사한 모든 것은 함상에 기지를 둔 해군 비행을 제외한 다른 모든 것의 지중해 상공 비행이 금지되어 있을 때에만 이치에 맞다. 그러나 이와 같은 상황은 지중해에서 생각할 수 없다. 독립공군은 지중해 상공의 그 어떤 방향으로도 날 수 있으며 적의 해군 기지, 항해하는 함대, 무역항, 통신로에 대한 공격을 감행할 수 있다. 지중해에서 이와 같은 위협으로부터 해군력을 벗어나게 하기 위해서는 독립공군이 승리를 거두어야 한다. 공중에서 승리한 후에야 해군은 효과적인 항공 지원을 기대할 수 있다. 적은 이러한 도움을 받을 수 없기 때문에 이러한 도움은 대단한 가치가 있을 것이다.

베타의 주장은 독립공군이 비행을 하지 못하는 지역에서 작전하는 해군의 경우에만 설득력이 있다. 그리고 그러한 지역은 오직 대양에서만 발견된다. 그의 생각은 대서양이나 태평양에서 작전하는 영국, 미국 또는 일본의 해군에게 적용될 수 있을 것이다. 그러나 그때조차도 그의 생각은 일정 지점, 다시 말해 함대가 적의 해안에서 충분히 멀리 떨어져 있는 지점까지만 적용된다. 함대가 일단 적의 독립공군의 작전반경 안에 들면, 그것은 함상 기지의 공군력뿐만 아니라 독립공군과도 전투를 해야 함을 의미한다. 이는 심지어 대양에서조차 독립공군이 상당히 가치 있는 존재임을 보여준다.

나는 항상 지중해를 가로질러 놓여 있는 우리의 특수 상황을 염두에 두고 있다. 그렇기 때문에 우리 해군이 적의 독립공군을 파괴시킬 수 있는 독립공군에 대해 많은 관심을 가져야 하고, 따라서 독립공군의 증강을 위해 보조항공대를 기꺼이 폐지해야 한다고 주장하는 것이다. 이런 경우에 전쟁에서의 제공권 장악은 신속히 확보될 것이다.

나는 육 · 해군의 반대자들에게 다음과 같은 질문을 몇 번 해보았다. "이미 제공권을 장악하고 있는 적과 전투할 수밖에 없는 육군 또는 해군에게 과연 어떤 일이 벌어질 것인가?" 나는 이에 대해 명확한 대답을 얻지 못했다. 나는 이 질문이 독립공군을 제대로 평가하려 하지 않는 사람들에겐 특히 어려운 것임을 알고 있다. 그러나 이 질문에 대한 대답은 반드시 있어야 한다. 왜냐하면 현재 보조항공대를 강화하기 위해 독립공군을 약화시키고 있는 상황이므로 내 질문이 제시하고 있는 상황이 쉽게 일어날 수 있기 때문이다. 몇몇 비판자들은 공중에서는 승리나 패배가 있을 수 없다는 입장을 취했다. 그 외의 비평가들은 '제공권'의 의미에 대해 필사적이고 철학적으로 논박했다.

나는 제공권이라는 단어를 통해 내가 의도하고자 한 내용을 반복적으로, 상세하게 설명해야 했다. 심지어 적의 파리조차 날 수 없을 정도까지 성공해야 한다는 의미가 아니라, 적이 중요한 항공작전을 수행할 수 없는 상태에 처하도록 한다는 의미로 '제공권'을 사용했음을 단언해왔다. 또한 제공권이라는 특별한 문구에 대해 그 어떤 특별한 애착을 가지고 있지 않으며, 만일 그 뜻이 변하지 않는다면, 더 나은 말인 '공중에서의 우세나 우위', 또는 '공중 패권'과 같은 단어를 사용하는 것에 반대하지 않는다고 말했다. 그러나 나는 공중 전투에 승패가 있을 수 없다는 생각은 거부했다. 그것은 나의 상식에 위배되었다. 공중에서의 전투 역시 육상이나 해상, 또는 그 외의 어떤 종류의 것과 다를 바가 없다. 본질상 모든 전투에는 승자와 패자가 있게 마련이다. 그렇지 않다면 그것은 전투가 아니다. 항공력은 다른 힘과 같을 뿐더러 적의 세력과 충돌함으로써 승패가 정해진다. 나는 이 문제를 자연이 인류에게 부여한 상식의 문제로 여긴다.

또 다른 많은 반대자들은 제공권(또는 패권이나 우세)은 오직 지역적으로, 임시적으로만 획득될 수 있다고 주장했다. 그러나 만일 전투 지역을 국한시키기 힘든 그 어떤 공간이 존재한다면, 그것은 바로 공중이다. 그리고 어찌하여 제공권 장악이 일시적이란 말인가? 만일 독립공군이 적을 공중에서 중요한 전투 행위를 할 수 없는 상태에 빠뜨렸다면, 적이 그 상태에 놓여 있는 한 독립공군의 제공권은 완벽하고 지속적인 것이다.

그러나 반대자들이 이해하는 것은 다르다. '임시적'이라는 단어를 변호하면서 그들은 다음과 같이 주장한다. 즉 공중에서 제공권을 장악당한 측은 계속 또 다른 공군력을 건설할 것이고, 결국에는 상황을 역전시킬 수 있다고 주장한다. 물론 이 세상에서는 그 어떤 일도 발생할 수 있다. 그러나 만일 그런 일이 벌어진다면, 그것은 단지 제공권이 다른 편으로 옮겨갔음을 의미한다. 이것은 확실히 가능하다. 마치 육상이나 해상 전투에서 패한 측이 승리를 얻을 수 있는 새로운 군대나 함대를 양성하는 것이 가능한 것처럼. 그러나 지상이나, 해상 또는 공중에서 그와 같은 일이 일어나기란 매우 어렵다. 지금 우리는 예외적인 것이 아닌 정상적인 것을 다루려 한다.

공중에서 패배한 측은 복수를 감행하기 위해 독립공군을 재건설할 수도 있다. 그러나 이러한 가능성은 승리한 측이 이를 용인할 정도로 관대하거나 너무 순진하여 적이 새롭게 구축하는 세력만큼 자신의 세력을 구축하지 못한다는 가정에 기반하고 있다. 그러나 전쟁에서 이와 같은 가정을 한다는 것은 어리석은 일이다.

피오라반초 대령은 다음과 같이 서술하고 있다.

열등한 수단, 정치적 용기의 결여, 위험에 대한 두려움으로 인해 적이 결정적인 전투를 회피하려 할 것이라는 가설을 세울 때, 강자의 수중에 있는 제공권은 적의 힘이 여전히 존재한다는 사실로 인해 현실적으로, 최소한 잠재적으로 불안정할 것이다. 만일 약한 쪽이 결정적인 전투를 거부한다면 이를 강제하기란 매우 어렵다. 이것은 예를 들어, 약한 적군이 잘 조직된 능동적이고도 수동적인 지역 방어체계와 지하 비행장을 보유하고 있기 때문에, 적의 공군력을 끌어 내거나 심각한 위험을 겪지 않고는 적의 산업 · 인구 중심지에 대한 공격이 불가능한 경우가 발생한다.

그리고 시간이 흐름에 따라 처음에는 강하고 다수였던 공군력은 전쟁을 치르면서 소모되기 때문에 점차 약해지기조차 하며, 결국에는 열등한 상태에 놓이게 된다. 이때 만일 적이 현명하고, 의도적으로 시류에 편승한다면 입장이 뒤바뀔 수 있다. 그리고 그때 해전에서 발생했던 것처럼 전투가 발생한다.

그의 가정에는 '마치 ~처럼'이 너무 많다. 결론을 이끌어내기 위해 그는 해상 전투와 공중 전투의 조건을 동일한 것으로 가정했음에 틀림이 없다. 그러나 정당화될 수 없는 하나의 가정이 있다. 해상에서는 어찌 됐든 적이 아군의 세력을 밀어내거나 해를 입히는 것을 어렵게 하는 것과 같은 방식으로 아군의 힘을 끌어들이는 것은 쉽고도 가능하다. 또한 적의 배가 해군력에 필요한 물품을 제공하지 못하도록 방해하는 것은 절대적으로 불가능하다. 만일 심각한 위험을 무릅쓰지 않는다면, 보호받고 있는 적의 산업과 인구 중심 지역에 대해 해상에서 공격을 감행한다는 것은 불가능하다.

그러나 공중에서는, 절대적인 의미에서 볼 때 공군력을 지하 피난처에 끌어들일 수는 있지만 사실상 그것은 매우 어렵다. 공군력이 큰 경우에는 더욱 그렇다. 그러나 공군력을 끌어들이는 것만으로는 충분하지 않다. 공군력에 생명과 수단을 부여할 수 있는 모든 것——창고, 공장, 수리창, 그리고 다른 생필품——을 끌어들여야 한다. 적의 공격으로부터 인구와 산업도시를 보호하는 항공수단은 해군수단을 해안 중심지로부터 먼 거리에 떨어져 있도록 하기 위해 사용할 수 있는 수단보다 더욱 제한적이면서 효과가 덜하다. 게다가 그러한 항공방어수단은 넓게 흩어져 있어야 한다. 해전에서는 오직 해안가의 중심지만이 공격 대상이지만, 항공전에서는 모든 중심지가 공중 공격의 대상이기 때문이다. 제1차 세계대전은 당시 가장 강력한 전투 함대의 공격에도 안전했던 해군 기지가 매우 원시적인 항공수단의 손쉬운 제물이 되었던 사실을 명백히 보여주었다. 따라서 공중과 해상 전투가 벌어지는 조건은 오직 일정 지점까지만 비슷하게 적용된다.

만일 우세한 독립공군이 열세에 있는 적의 독립공군 기지나 보급, 생산 중심지를 마음대로 공격할 수 없다면, 또는 우세한 독립공군이 적의 항공방어에 의해 저지된다면, 그것이 할 수 있는 모든 것이 소모적인 전쟁으로 인해 약해지는 한, 적의 공군보다 아군의 공군을 강하게 유지하는 것은 쓸모 없고, 해로운 것이라고 결론지을 수밖에 없다.

"그리고 그때 전투가 발생했다"라고 저자는 쓰고 있다. 왜? 왜 우등한 공군——지금은 열등해졌지만——은 처음에 열등했던 공군이 전투를 거부했을 때, 적의 공군을 더욱 강하게 만든 전투를 받아들여야 했는가?

해군 대위는 계속해서 다음과 같이 쓰고 있다.

그러나 일반적인 귀결 상황은 경쟁하는 두 세력 간의 끊임없는 적극적인 전투가 될 것으로 보인다. 그리고 그 전투에서 상대적으로 짧은 시간 내에 승자와 패자가 가려질 것이다. 다시 말해 그러한 전투는 해전보다는 항공전에서 많이 발생할 것으로 보인다. 왜냐하면 움직임이 없는 채 멈춰설 수 없는 공중의 특성을 고려해야 하기 때문이다.

나는 이 말의 의미를 전혀 이해할 수 없다. 만일 일반적인 결과적 상황이 끊임없는 대결을 부른다면, 상대적으로 짧은 시간 내에 어떻게 결론에 도달할 수 있는가? 그리고 만일 열등한 공군이 항상 전투를 거부할 수 있는 상황에 있고, 전투를 거부함으로써 우세한 공군이 되기를 희망할 수 있다면 어떻게 전투가 발생할 수 있을까?

저자는 계속해서 다음과 같이 쓰고 있다.

결정적인 전투 후에 즉각적으로 승자는 비행의 자유를 즐길 수 있을 것이다. 다시 말해 그는 제공권을 장악하게 될 것이다. 그러나 이것은 그가 방해가 없는 무제한의 자유를 향유할 수 있을 것이라는 얘기는 아니다. 왜냐하면 적의 주된 공군력 파괴가 그의 지역적인 방어를 무가치한 것으로 만들 것이라고 생각할 아무런 근거가 없기 때문이다.

분명히, 그렇게 생각할 아무런 이유도 없다. 그러나 적의 주된 공군력을 파괴시킬 수 있는 독립공군은 당연히 적의 보조적인 힘도 제거할 수 있을 것이다. 이것은 보조적인 힘이 지역적인 방어단위로 나뉘어져 있을수록, 그리고 오직 독립적으로만 독립공군의 공격에 저항할 수 있다면 더욱 더 그러하다.

저자는 다음과 같이 부연하고 있다.

그리고 만일 산업조직 덕택에 연합군이 파괴시킨 만큼 많은 수의 잠수함을 진수시킬 수 있었던 독일처럼, 공중의 지배자가 상대방이 상당한 가치를 지닌 항공력을 재건하기 전에 일시적인 우위를 이용하여 결정적인 방법으로 전쟁을 종결시킬 수 있는 충분한 여력을 가지고 있지 않다면, 제1차 세계대전처럼 전쟁은 질질 끌게 될 것이다.

충분히 그렇다. 만일 승자가 승리를 이용할 수 없는 상황에 처해 있다면, 이는 결정적인 것이 아니라 오직 일시적인 우위일 뿐이다. 그러나 이것은 공중에만 특별히 한정된 것이 아니다. 이것은 육상, 해상, 공중 모든 곳에서 일어난다. 그러나 저자의 비교는 옳지 않다. 파괴되는 즉시 신속히 잠수함을 공급할 수 있었던 독일의 산업조직은 연합군 해군의 공격 범위에서 벗어나 있었다. 따라서 연합군 해군은 잠수함이 건조되고, 바다로 보내질 때까지 기다려야 했다. 왜냐하면 그들은 오직 바다에서만 잠수함을 다룰 수 있었기 때문이다.

그러나 독립공군을 재건할 수 있는 조직은 제공권을 장악한 공군력이 쉽게 접근할 수 있는 장소에 위치할 것이다. 그리고 공중의 지배자는 적의 항공수단이 건설되고 무장되며, 공중에 띄워지는 중에 그것을 공격하고 파괴시킬 수 있다. 그러는 동안 그는 매우 안전하게 그가 생산할 수 있는 만큼 많은 항공수단을 만들고, 무장과 장비를 갖추며 발진시킬 수 있었다. 분명 제공권이 일시적인 것일 수도 있다. 그러나 그것은 오직 제공권 장악이 막대한 희생을 치르고 난 후에 획득된 것이거나, 제공권을 장악한 측이 정신적 지배에 만족하거나, 새로운 공중무기를 개발하는 대신 승리감에 빠져 있거나, 적이 공군력을 재건하는 것을 방관하는 경우에만 해당된다. 그러나 제공권을 장악한 자가 또한 그것을 개발할 줄 안다면, 그는 적이 하고 싶은 것을 하도록 내버려두는 실수를 범하지 않을 것이다. 일단 제공권이 획득되고 나면, 그것이 일시적인 것이 되느냐 그렇지 않느냐는 항공기의 특별한 특성보다는 승리한 독립공군의 지휘관이 지닌 정신적인 경력에 전적으로 의존하기 때문이다. 훌륭한 항공 지휘관을 위해 우리 함께 신께 기도를 드리자.

나는 바스티코 장군에게 특별히 다음과 같은 질문을 던졌다. "만일 적에게 공중을 장악당한 상태에서 작전을 수행해야 한다면, 육군은 어떤 상황에 처하게 될까요? 다시 말해 적군의 공군력이 자유롭게 공중에서 작전을 수행하는 경우에 말입니다." 이에 대해 그는 '자유롭게'라는 단어에 대해 다소 재치 있게 언급했지만 나머지 부분에 대해서는 침묵을 지켰다. 그러나 '자유롭게'라는 단어에는 특별히 웃음을 자아낼 수 있는 아무것도 없다. 적의 저항을 분쇄시킨 육군이 '자유롭게' 적군의 영토를 침범하고, 중심지를 점령하고, 그 나라의 부를 장악할 수 있는 것처럼, 또한 적의 해군을 격침시킨 해군이 '자유롭게' 바다를 누비고 적의 운송을 방해할 수 있는 것처럼 적의 공군력을 파괴시킨 독립공군도 '자유롭게' 하늘 구석구석을 누빌 수 있고, 그가 원하는 곳에 원하는 모든 것을 투하할 수 있는 것이다. 늘 그랬듯이 나는 상식이 사물을 판단하는 기준이 되었으면 한다.

많은 사람들이 육 · 해군도 그들 마음대로 운용할 수 있는 보조항공대를 반드시 보유해야 한다고 주장한다. 또한 보조항공대를 보유하지 않고 작전을 수행하는 것은 매우 불리하다고 강력하게 지적한다. 그런데 이들은 적이 공중을 장악한 상태에서 육군, 해군은 물론 보조항공대까지 전투를 해야 하는 만일의 경우에 대해서는 전혀 관심을 보이지 않는다. 참으로 이상한 일이다. 그러나 만일의 사태는 일어날 가능성이 있다. 따라서 이를 반드시 고려해야 한다. 공군력은 1,000개의 서로 다른 방면으로 분산되어야 하며, 그럼으로써 제공권 장악이 주임무인 공군력의 잠재력을 감소시켜야 한다고 주장하는 사람들은 특히 이 사실을 고려해야 한다.

우세한 독립공군이 적의 육·해군 기지, 통신선, 보급 중심지를 공격할 수 있다는 사실은 누구도 부인할 수 없다. 또한 그 누구도 우세한 독립공군이 적의 보조항공대를 방해할 수 있다는 사실을 부인할 수 없다. 적에게 제공권을 장악당한 채 육·해군이 작전을 수행한다는 것은 대단히 불리하다는 사실 또한 마찬가지다. 공중을 장악한 적의 공중 공격에 의해 저하된 한 국가의 사기가 그 나라의 군대에 치명타를 안겨줄 수 있다는 사실 또한 부인할 수 없다.

그런데 모든 사람들은 아직도 이 주제를 마치 자신의 일이 아닌 듯이 철저히 외면하고 있다. 왜? 만일 그들이 한 번이라도 이 문제를 심각하게 고려한다면, 나와 똑같은 결론을 내려야 하기 때문이다. 즉 공중 전투시 승리를 위해서는 무엇보다도 유리한 상황을 조성해야 하는데, 그것은 적을 정복하기 위해 명백히 계획된 단일 세력에 사용 가능한 모든 항공력을 집중하는 것이다. 그들은 이와 같은 결론에 이르기를 원하지 않는다. 그래서 타조처럼 머리를 모래 속에 묻고 있다.

"말도 안 돼! 제1차 세계대전이야말로 우리가 기억할 필요가 있는 모든 것이다. 당시 항공력은 그 어떤 결전도 하지 못한 채 앞뒤로 기동한 것이 전부 아니었던가? 그때……."

그렇다. 그건 사실이다. 제1차 세계대전에서는 그랬다. 그때는 오직 보조항공대만이 눈에 띄었다. 그러나 나폴레옹 전쟁 기간 동안 그것은 더욱 열악했다. 그때는 보조항공대조차도 없었다. 제1차 세계대전에서는 진정한 항공전의 개념은 탄생하지 않았으며, 따라서 항공전에 적합한 그 어떤 수단도 없었다. 마찬가지로 나폴레옹 전쟁에서는 보조항공대도 없었으며, 항공기는 아직 등장하지 않았다.

지금 나의 비판자들이 생각하는 것처럼 만일 미래의 전장에 항공전에는 승패가 있을 수 없다고 믿는 두 적대 세력이 있다면, 항공전은 제1차 세계대전 때처럼 결전이 없는 상태로 엎치락뒤치락하기만 할 것이다. 나는 기꺼이 이를 받아들인다. 전쟁에서 승리가 불가능하다는 선입견을 가지고, 싸워 이긴다는 것은 매우 어려운 것이다. 그러나 나는 그런 경우는 일어나지 않을 것이라고 확신한다. 왜냐하면 현재 독립공군이 존재하고, 많은 사람들이 도처에서 독립공군이 공중에서 지배권을 장악할 수 있는 방법에 대해 연구를 진행하고 있기 때문이다.

제공권 장악을 위한 투쟁을 의미하는 진정한 항공전을 시작하는 것은 어느 한쪽이, 전쟁술을 알지 못하는 사람에게조차 동시에 떠오를 이 생각에 따르기로 결정하는 것으로 충분하다. "공중에서 적군을 무기력하게 만든다면 그것은 나에게 무척 유리할 것이다. 따라서 항공 전력을 분산시키고, 쓸모 없는 일진일퇴에 사용하는 대신 적군의 항공 전력을 파괴시키는 데 힘써야 한다."

과거의 경험은 이 문제와 아무런 관련도 없다. 심지어 그것은 합당한 추론을 왜곡시키는 경향이 있기 때문에 부정적인 가치를 지니고 있다. 제1차 세계대전 동안 군용기는 아직 초보 수준이었다. 그리고 우리가 알다시피 그들은 전투를 행할 능력이 없었으며, 단지 전쟁놀이를 할 뿐이었다. 이제 항공력은 장성했다. 그것은 자신의 힘과 목표를 알고 있다. 그것은 자신의 임무를 받아들이고 수행할 수 있는데, 그 임무란 바로 육군이 육상에서 전투를 하고, 해군이 해상에서 전투를 하듯 공중에서 전투를 하는 것이다. 육군과 해군처럼 독립공군은 전투를 하기 위해 만들어졌다. 그리고 자비의 이름으로 이 사실을 결코 잊어서는 안 된다.

아이모네 카트Aimone Cat 대령은 다음과 같이 적고 있다.

만일 육 · 해군이 많은 사람들이 지지하는 수준까지 보조항공대를 증강시켜야 한다면, 전체적인 항공 예산은 그것을 감당할 수 없을 것이다.

그것은 사실이다. 만일 보조항공대의 자원이 제공할 수 있는 모든 도움을 육 · 해군에게 할당한다면, 전체 국방 예산은 이를 감당할 수 없을 것이다. 사실, 항공기는 특성상 전쟁에서 유용한 모든 것에 기여할 수 있다. 스피드를 가지고 있고, 높이 치솟아서 모든 것을 볼 수 있다. 이것은 전술 · 전략적인, 원근의 모든 탐사에 매우 유용하다. 지형과 사진 정찰, 사격 방향과 통제, 관측과 연락, 명령과 뉴스 전달, 그리고 그 외에 상상할 수 있는 것들에 유용하다.

항공기는 무장하고 있으며, 빠르고 강력하다. 그리고 이것이 바로 항공기가 전투와 직 · 간접으로 관련된 모든 임무를 수행하는 이유이다. 대포의 사정거리 밖에 있는 목표물에 대한 폭격, 길이와 폭의 조절로 대포의 화력을 확장시키는 것, 공격이나 퇴각의 긴박한 순간에 낮은 고도에서 기관총 사격 가하기, 동요하는 군대의 사기를 강화하기, 야간에 적이 집중하는 것을 방해하기, 참모본부와 호위대에 대한 폭격, 그리고 무장하고 빠르며 두려움을 불러일으키는 기계를 필요로 하는 협조적인 임무들을 수행한다. 비행기는 공중에서 전투를 할 수 있는 유일한 무기이다. 그래서 비행기는 하늘을 단속하고 아군의 활동은 지원하면서 적의 보조항공력 활동을 막는 데 사용될 수 있다.

육군을 위해 공군이 할 수 있는 모든 것은 해군에도 똑같이 적용된다. 그리고 새롭고 다양한 보조기능들을 생각하는 것은 크게 어렵지 않다. 그런데 이러한 기능은 그것을 가지고 있지 않은 상대방을 매우 불리하게 한다. 그것이 전부는 아니다. 예를 들어 Q만큼의 항공수단을 가지고 있는 육군 또는 해군 부대가 2Q의 양을 가진 적과 불리한 입장에서 마주칠 것은 분명하다. 결과적으로 보조기능은 끊임없이 증가하는 경향을 보일 것이다. 보조항공대의 지지자들은 보조항공대가 이제는 법적인 지위를 갖춘 독립공군의 전력을 감소시키는 경향이 있지만 감히 무시할 수 없다는 사실을 깨닫고, 다음과 같이 말한다. "보조항공대에 관한 한 우리는 필수불가결한 최소한의 수준에 만족한다. 우리에게 이 정도의 최소한의 전력을 보장해라. 그리고 나머지는 당신이 좋을 대로 해라." 볼라티 장군은 다음과 같이 서술했다.

……독립공군의 중요성을 가정한다면…… 가장 먼저 고려해야 할 요소는, 예측할 수 있는 독립공군의 임무와 관련한 효율성이다. 따라서 우리는 Z(독립공군을 위한 항공수단의 양)를 주어야 한다. 이것은 육 · 해군에 필수적인 것으로 인식되는 최소 긴급 필요량인 X와 Y(육군과 해군의 보조항공대를 위한 항공수단의 양)가 양립하는 최대 가치이다.

Z의 가치와 관계된 '최대한'이라는 단어는 거창한 표현이긴 하지만, 볼라티 장군은 다음의 방정식을 제시했다. T=X+Y+Z. 여기에서 T는 모든 이용 가능한 항공수단과 자원의 양을 가리킨다. 일단 육 · 해군에 필수적으로 요구되는 긴급한 최소한의 필요량이 결정되면, Z의 가치를 찾는 것은 쉽다. Z=T-(X+Y) 또는 Z=T-X-Y.

이제 Z는 최소한 또는 최대한일 수 없다. 그것은 그 자체이며, 공제의 결과이다. 다시 말해, 나머지 또는 차액이다. 이것은 0에 도달할 수 있을 만큼 작은 것일 수 있는데, 그것은 T가 고정되어 있기 때문에 X와 Y에 주어진 가치에 따라 정해진다. 주요한 요소는 독립공군의 효율성이다. 그러나 이 효율성은 모든 것이 보조항공대가 준비된 후에 남는 것일 뿐이다. 그는 덧붙인다.

육군과 해군은 어린 동생인 독립공군을 인식하지 않을 수 없다. 독립공군은 이미 스스로의 전력으로 *육·해군이 전투를 할 수 없는 곳에서 전투를 할 수 있으며, 특정한 환경에서는 육·해군을 대신하기도 하며, 효과적으로 협동작전을 펼치기도 한다.* 공군이 이러한 임무를 수행할 수 있는 수단을 부인하는 것은 어리석은 것이다. 공군은 또한 육·해군이 행동하는 데 필수적인 귀중한 수단을 제공할 수 있는 위치에 있다. …… 따라서 비록 공군이 교환에서 얻을 것이 거의 없다 해도, 그의 능력 한도 내에서 관대해져야 할 의무가 있다.

볼라티 장군의 생각은 이제 나이 어린 공군이 군 가족의 신데렐라가 되어야 한다는 것이다. 나머지 다른 두 언니는 그녀의 존재 가치와 독자적으로 행동할 수 있는 능력을 인정할 수밖에 없다. 물론 두 언니를 위해 그들이 갈 수 없는 곳을 가거나, 특정 상황에서 그들을 대신하고, 도움이 필요할 땐 도움을 주는 것이 그녀의 능력이다. 그러나 신데렐라는 또한 그녀에 대한 혜택을 언니에게 주기 위해 참을 의무가 있다. 그러나 그녀는 두려워하지 않아도 된다. 얼마간은 그녀를 위해 남겨진 것이 항상 있을 테니까.

전쟁과 작전의 전체적인 모습과 관련하여 독립공군이 보유한 가치는 고려되지 않고 있다. 독립공군은 남겨진 일에 최선을 다해야 한다. 독립공군은 어떤 경우에도 많은 것을 할 수 없다. 육·해군은 일정한 정도의 효율성이 확보되도록 유지되어야 한다. 이제 공군은 육·해군을 도울 수 있다. 그 첫번째 임무는 제한 없이 그 도움을 제공하는 것이며, 그 밖의 것은 부차적이다. 그것은 소위 3군 사이의 협동이다. 그러나 현실적으로 그것은 국민군대의 충성이 될 수 없을 뿐만 아니라 결국은 순전한 이기주의로 타락하는 어느 한 군에 대한 충성이다.

만일 전반적인 군사작전에서 독립공군이 특정한 기능을 수행한다면, 육 · 해군이 그렇듯이 그 기능을 수행할 수 있는 충분한 전력을 가져야 한다. 항공성이 자신의 예산으로 보조항공대를 제공해야 하는 한 육 · 해군 간에는 유해한 이권 다툼이 항상 발생할 것이다. 각각은 곡식을 자신의 곳간으로 가져오려 애쓸 것이고, 결국 그 누구도 만족할 수 없을 것이다.

육군과 해군이 과연 보조항공수단을 갖지 않고는 작전을 성공적으로 수행할 수 없다고 믿는가? 좋다. 왜 그들은 필요한 다른 모든 것은 자신의 예산으로 구매하면서 보조항공수단은 자신의 예산으로 구입하려 하지 않는가? 마찬가지로 독립공군은 간섭받지 않고도 스스로 운영할 수 있는 자신의 예산을 가져야 한다. 그렇지 않다면 바스티코 장군처럼 다음과 같이 말하는 것은 옳지 않다. 어느 한 국가가 군대에 50억을 사용한다면 그 중 7억이 공군에 배정되는데, 실상 7억의 대부분이 지상 전력의 효율성을 증가시키는 보조수단에 쓰인다. 나는 이것을 1921년 이후 계속 이야기하고 있다.

오직 육군 또는 해군만이 보조항공대를 필요로 하는지 평가해볼 만하다. 그런데 이러한 평가는 육군 또는 해군과 항공성 사이의 협상을 통한 타협이어서는 안 된다. 이러한 상황에 대해 정면으로 대응하여 합당한 방식으로 단호하게 규정하는 것이 바람직한데, 이렇게 되면 간섭이나 비난을 피할 수 있다. 사실 육군 또는 해군 보조항공대의 규모가 타협에 의해 규정된다면, 육군 또는 해군은 예산을 충분히 얻지 못했다고 늘 불평할 것이며, 항공성은 너무나 관대했다고 느낄 것이다.

육군과 해군은 그들의 효율성을 항공성의 관대함이나 독립공군의 희생에 의존해서는 안 된다. 만일 보조항공대가 지상군의 작전 수행에 필수 불가결한 것으로 인정된다면, 보조항공대는 지상군의 조직에서 다른 수단과 장비처럼 자신의 위치를 차지해야 한다. 항공수단의 고정된 적절한 몫은 대포와 다른 전쟁수단의 고정된 몫처럼 육군과 해군 단위의 조직에 포함되어야 한다. 그리고 이러한 몫의 결정은 육군과 해군 당국의 독점적인 업무였다. 독립공군은 모호하거나 변동이 있는 예산이 아닌 고정된 자신의 예산을 보유해야 한다. 그와 같은 조건을 구비했을 때 비로소 독립공군은 다른 기관의 요구로부터 자신의 예산을 방어해야 하는 걱정을 하지 않고도 사용 가능한 예산을 가장 효과적으로 사용할 수 있는 방법을 연구할 수 있을 것이다.

이와 같은 합의는 항공 통합의 원리와 갈등을 야기시키지 않을 것이다. 확실히 항공 분야의 통합은 반드시 이루어져야 한다. 육군, 해군, 독립공군 그리고 민간 항공 등 어느 특정 분야에 도움이 되든 그것이 유일한 최선의 방법이기 때문이다. 공군성은 자기 영역이 아닌 곳에서의 임무와 책임을 제거하고, 육군과 해군의 요청에 따라 항공수단과 요원을 공급하며, 생산 비용을 돌려받아야 한다. 이러한 체계는 육군과 해군에게도 바람직하다고 할 수 있다. 왜냐하면 그들은 외부의 간섭을 받지 않고도 그들이 필요로 하는 보조적 항공수단을 획득할 수 있고, 그것을 최선이라고 생각하는 방향으로 구성, 건설하고 활용할 수 있기 때문이다.

왜 보조항공대를 지지하는 사람들은 이런 시스템을 제시하지 않는가? 카트 대령은 그의 논문에서 다음과 같이 주장했다.

의심할 여지 없이 보조항공대의 문제는 여전히 해결의 기미를 보이지 않고 있다. 만일 이것이 모든 예견 가능한 전쟁 상황에 대한 보조항공대의 완벽한 유기적 적합성을 의미한다면, 문제 해결은 훨씬 더 복잡하다. 모든 것이 새롭게 만들어져야 한다는 주장은 분명 옳은 말이다.

그는 계속해서 다음과 같이 쓰고 있다.

육군과 공군 간의 합의는 보조항공대에 아무런 도움이 되지 않을 것이다. 합의로 가는 길은 의심스럽고, 군사적이거나 합리적이지도 않다. 그 길은 지금도, 앞으로도 객관적이지 않은 개인적인 의견과 영향으로 포장되어 있기 때문이다.

모든 것이 사실이다.

"우선 앉읍시다. 그리고 우리가 무엇을 할 수 있는지 봅시다"라고 말하는 것은 해결책이 아니다. 오히려 다음과 같아야 한다.

육군 : 우리의 항공기에 대한 수요, 전략, 전술, 병참은 다음과 같습니다.

공군 : 당신들의 요구를 충족시켜 줄 수 있는 우리의 자원은 다음과 같습니다.

육군 : 우리의 요구에 기초하고, 당신의 자원에 적당한 우리 보조항공대의 구성은 다음과 같습니다.

내 생각으로는 이 모든 것은 한 걸음 앞선 것이지 결코 결정적인 것은 아니다. 만일 *공짜로 뭔가를 얻을 수 있다면, 당신은 가능한 한 최대한 많이 얻고자 노력할 것*이다. 그리고 *공짜로 분배해야 한다면, 당신은 되도록 거의 나눠주지 않으려 할 것* 이다. 이것이 바로 인간의 본성이다. 사실 카트 대령이 제안한 이 체계는 다음과 같은 결론에 이를 것이다. 가능한 한 최대의 것을 얻기 위해, 육군은 자신의 필요를 과장할 것이다. 그리고 가능한 한 양보를 덜 하기 위해 공군은 자원을 최소화시키려는 유혹에 빠질 것이다. 결국 보조항공대의 구성은 또다시 타협, 협상, 즉 합의에 의해 결정날 것이다.

진정 필요한 것은 결정적인 조치다. 육군과 해군은 다음과 같이 말해야 한다. "나는 이것을 많이 필요로 한다. 여기 예산이 있다. 나에게 그것을 달라." 그러면 공군은 그 요구를 충족시켜주고 그에 대한 예산을 받아야 한다. 그렇게 되면 타협과 합의를 할 필요가 없다. 각각은 서로 만족할 것이며, 그들의 책임을 받아들일 것이다.

카트 대령은 다음과 같이 쓰고 있다.

> 오늘날 육군과 공군 분야에 관련된 모든 것에 관한 완벽한 지식을 갖춘 제도가 있기를 기대하는 것은 당연하다. 그리고 가장 중요한 조직상의 협력은 더욱 밀접하게 연속적이어야 할 필요성이 있다. 이와 같이 중요한 협력 형태를 발전시키는 하나의 방법은 육군의 보조항공 사령부를 제도화하는 것이다. 이런 제도는 전시에 반드시 존재해야 한다.

이것 역시 한 걸음 나아간 조치일 수 있다. 그러나 여전히 결정적인 조치는 아니다. 확실히 전시에는 육 · 해군의 보조항공대를 담당할 사령부가 있어야 한다. 그리고 평화시인 지금 최소한 골격 정도는 구성해 놓아야 함은 두말할 나위가 없다. 그러나 그들의 기능은 더욱 밀접하게 연속적인 협력이어서는 안 된다. 왜냐하면 협력은 특성상 모호하고 결정적이지 못하며, 개인적인 영향에 종속되기 쉽고, 오직 양보와 타협에 의해서만 기능할 수 있기 때문이다. 대신 그들의 주기능은 자신의 작전계획을 발전시키는 것이어야 한다.

육 · 해군이 필요로 하는 보조적 항공수단의 양과 질에 대한 결정은 이 두 제도의 조직 당국이 배타적으로 소유해야 한다. 가령 육군의 조직화를 책임자는 육군은 전략적인 탐사 등에 필요한 공중 서비스가 필요하다고 말하는 사람이어야 한다. 여기에는 비행기술에 관한 특별한 지식이 필요하지 않다. 항공수단의 특성에 관한 일반적인 지식만이 필요하며, 오늘날 이것이 일반적인 문화의 한 부분이다. 육 · 해군의 보조 항공대를 담당할 사령부는 항공수단의 조직과 비용을 결정하는 데 자신들의 특별한 능력을 사용해야 한다. 따라서 육 · 해군의 조직 당국은 재정적인 결정에 필요한 모든 자료를 소유해야 할 것이다. 결정이 이루어지자마자 보조항공대 사령부는 공군에 필요한 요원과 수단의 지원을 요청하고, 그러면 공군은 생산단가로 그것들을 공급할 것이다.

이것이야말로 명백하고 정확하며, 진보적인 유일한 문제 해결이다. 이것은 타협의 필요성을 없앨 것이고, 실질적으로도 명확한 해결책이다. 이와 같은 결론은 다음과 같은 장점을 지니고 있다.

(1) 보조적 항공수단은 육 · 해군이 뜻대로 운용할 수 있는 다른 전쟁수단과 같은 편제에 소속되면서 전체의 일부분을 구성할 것이다. 당국은 다른 수단에 대한 것만큼의 많은 관심을 보조적 항공수단에 대해 가지고 있을 것이다. 보조적 항공수단의 도입은 다른 수단과 동시에 조화롭게 이루어져야 한다. 그 결과는 완벽할 것이다. 왜냐하면 모든 것이 단일한 생각을 지닌 사람의 감독하에 있을 것이고, 여기에서 최대의 효율성이 확보되기 때문이다.

(2) 보조항공대를 구성하고, 그들의 예산에서 비용을 지불하는 육 · 해군의 조직당국은 그들의 공군력과 다른 모든 힘을 상호 연관시켜서 그들의 예산으로부터 최대한의 혜택을 얻게 될 것이다. 오직 그럴 때만

이 우리는 그들이 항공 지원을 얼마나 중요하게 여기는지를 알게 될 것이다. 오늘날 그들은 그것을 요구하기만 하면 되고, 당연하게도 그 비용에 대해서는 곤란해하지 않는다. 그 비용은 다른 곳의 예산에서 나오기 때문이다. 따라서 그들은 자신이 요구하는 것은 무엇이든 절대적으로 필요한 것이라고 느끼게 된다. 만일 자동차가 꼭 필요하다고 단언하는 사람 누구에게나 공짜로 자동차를 나눠준다면 모든 사람은 자동차를 타고 있어야 하지 않겠는가?

(3) 독립공군은 자신의 예산을 갖고 가능성에 따라 조직할 수 있는 자유가 있어야 한다. 만일 이와 같은 체제가 채택되려면, 보조항공대가 실제로 기능해야 할 뿐만 아니라, 육 · 해군은 점차 보조항공대 없이도 운영될 수 있어야 한다. 보조항공대의 절대적인 필요성을 지지하는 사람들은 이제 더 이상 이렇게 질문하지는 않는다. "공군의 자비에 우리가 무엇을 요청할 수 있는가?" 문제는 매우 다르다. 비록 새로운 비용을 감당할 수 있도록 예산을 증가시킨다 해도 예산의 규모와 관계 없이 자신의 예산에서 비용을 지불해야 한다면, 그들은 자문할 것이다. "예산의 일부를 항공수단에 돌리는 것과 예산 모두를 육군 또는 해군 수단에 사용하는 것 중 어느 것이 더 육 · 해군의 잠재력을 증가시킬 것인가?" 이때 비로소 문제는 더욱 현실적이 된다. 그리고 아마 그 답변은 이와 같을 것이다. "우리 독립공군이 제공권을 장악하지 못한다면 항공수단의 유용성은 무엇인가? 그리고 만약 제공권을 장악한다면, 우리는 항공력을 빼앗긴 적에 대항하여 독립공군의 협력을 요청할 수 없을까? 이때 최선의 방법은 육상 또는 해상의 수단을 증가시키는 데에 전력을 다하는 것이다." 이처럼 보조항공대는 사장되고, 보조항공대를 옹호하던 사람들에 의해 죽음을 맞게 될 것이다.

제2장 항공방어

존경하는 내 이론의 반대자들은 그들이 가진 '실용적'이고 '현실적'인 견해에 비추어 자주 나를 공상에 가까운 '이론가'라고 부르며 즐거워했다. 아탈은 위에서 인용한 논문에서 다음과 같이 쓰고 있다.

> 나는 듀헤 장군의 이론에 반대하지 않는다. 나는 그의 항공력 이론에 대해 토론하지만, 그것을 논박하려는 목적이 아니라 명확히 하기 위해 토론을 한다. 내가 고려해야 하는 어떤 문제라도 나는 그 현실성을 분별하는 데에 익숙해 있다. 그러므로 이 토론에서도 항공력 이론을 실용성에 맞춰 해석하고자 하며, 일반적인 것을 살피고 나서 구체적인 것을 다루기로 한다.

엔지니어인 아탈은 나로 하여금 다음과 같이 쑥덕거리곤 하는 한 여자를 생각나게 한다. "아, 아무개? 그래, 사랑스럽고, 매력적이고, 자비롭지. 그렇지만……" 그러고 나서 그녀는 그 친구를 과장하고 헐뜯는다.

그는 내가 부끄러워할 정도로 대단한 칭찬을 하면서 비판을 시작한다. 그는 여러 차례 자신이 나의 반대자가 아니라고 반복하여 말한다. 그러나 그는 내가 최소한 실용적 · 현실적인 측면에서 실수하고 있다는 사실을 지적하면서 논문을 끝맺는다. 사실 그는 보조항공대의 절대적인 필요성을 지지한다. 그리고 항공방어에 대단한 중요성을 부여하면서도 공중의 상대적인 결정력만을 인식한다. 사실 그는 내가 지지하는 모든 것에 대해 반대하고 있다. 만일 그가 서두에서 나의 열렬한 추종자라는 말을 하지 않았더라면 그가 나의 이론을 과연 어떻게 평가하여 썼을까를 묻고 싶다.

하찮은 농담은 그만두고, 나는 그의 비평체계가 매우 편리하다는 사실을 인정할 수밖에 없는데, 특히 타당한 주장이 결여되어 있을 때 더욱 그렇다. 사실 그는 이렇게 말한다. "이론적으로 당신이 틀렸다고 말할 수는 없다. 그러나 실용적으로 볼 때 당신은 중대한 실수를 하고 있어." 이 말은 매우 편리하다. 왜냐하면 어느 누구도 이러한 특별한 질문에 익숙하지 않기 때문이다. 만일 내가 이론가라면, 그는 시인이고 몽상가다. 항공방어와 관련하여 그는 다음과 같은 말을 했다.

……우리는 *언제라도, 어떤 적에 대해서도 우리의 국가적 노력이 안전한 발전을 이룩할 수 있는 상태*에 있어야 한다!

이것은 이상적인 이야기다. 지금 우리는 실제로 그런 상황에 있을 수 있는가를 살펴야 한다.

……우리의 공군 예산은 다음의 실용적인 사고를 충족시킬 수 있어야 한다. "*우리의 하늘에서 제공권을 장악하는 데 필요한 최소한의 공군 전력은 얼마나 되어야 하나?*" 이 최소량이 결정된 후 공군력은 3분의 1만큼 증가되어야 한다.

이것은 예산에 대한 실질적인 기초가 아니다. 그것은 시적인 것이다. 최소한 그것은 그 어떤 재정장관이라도 살펴볼 만한 방식이다.

……우리의 국방은 예산의 범위에 의해 제한되어서는 안 된다. 오히려 예산은 국방의 필요성을 따라야 한다.

이런 종류는 미국에서는 실용적일 수 있다. 그러나 확실히 우리에겐 맞지 않다. 오직 시인만이 예산의 범위에 제한받지 않을 것이다.

듀헤 장군은 항상 예산의 제약을 걱정한다. 그는 군사 지휘자로서 매우 설득력 있게 이야기하며, 자신의 계획을 실행할 수 있는 많은 예산을 확보하기 위해 능숙하게 싸우는 방법도 알고 있다. 그러나 나는 사업가처럼 이야기한다. 재직하는 동안 나는 몇 건의 사업 협상을 수행할 기회를 가졌던 적이 있는데, 그때 나는 그 협상이 가치가 있느냐, 없느냐가 유일하게 중요한 것임을 알게 되었다. 협상이 가치가 있다면, 돈은 항상 구할 수 있다.

비록 나는 사업가는 아니지만, 사업 협상의 목적은 투자된 돈과 수단으로부터 최대의 이익을 얻는 것이라는 사실을 지적하고 싶다. 이것이야말로 실질적으로 중요한 것이다. 사실 투자된 돈과 수단으로부터 가장 큰 보상을 얻는 것이 필요하다. 쓸 수 있는 돈의 액수에 대해 동등한 관심을 기울이지 않는 사람이 자신의 최선의 생각을 실행에 옮기게 되면 대개 파산하고 만다. 전쟁은 다른 것과 마찬가지로 하나의 사업이다. 그것은 배분하는 사업이다. 전쟁에서조차 우리는 파산하지 않도록 노력해야 한다. 그것은 항상 예산의 문제이다. 이탈리아는 피아트 자동차 회사를 살 수 있다. 미국은 포드 자동차 회사를 살 수 있다(듀헤는 자동차의 가격이 아니라 자동차 대수를 비교하고 있다). 사실은 네서스의 신화적인 셔츠만큼이나 불편하다. 그러나 누구도 이를 피할 수는 없다.

어느 기업에서나 투자를 결정하는 것은 전기 엔지니어가 아니다. 마찬가지로 한 국가의 국방 자원을 배분하는 문제를 결정하는 것은 전쟁 전문가의 영역만은 아니다. 양자는 그들이 이용할 수 있는 것을 최대한으로 유리하게 사용하는 데 만족해야 한다.

전쟁 전문가는 한 국가의 경제적 잠재력을 그 이상도 그 이하도 아닌 있는 그대로 파악해야 한다. 그리고 국가는 생존하고 난 후에야 무장을 해야 한다. 그렇지 않으면 그것은 죽은 사람을 강력한 갑옷 안에 가두는 것과 같을 것이다. 그런 경우 비록 갑옷이 가장 강력한 강철로 만들어졌다 해도 그에게 아무런 이로움도 줄 수 없을 것이다. 만약 이탈리아가 미국처럼 부자라면, 나는 나의 이론 때문에 고민하지 않았을 것이다. 그러나 사실은 그렇지 않다. 오늘날, 어렵게 살아가는 국가일수록 자신이 소유한 것을 더욱 신중하게 이용해야 한다. 나는 이것이야말로 매우 실용적인 문제라고 생각하며, 경제적인 관점에서조차 그러하다고 느낀다.

나는 방위 소요는 단지 국방 예산에서만 지원되어야 한다고――이것은 아탈의 진술이다――말하지 않는다. 민간 부문의 예산 역시 방위의 목적으로 이용될 수 있다.

아탈은 한 국가의 예산에 대해 확실히 이상한 생각을 가지고 있다. 그는 모든 예산은, 군방 예산이든 민간 예산이든 분리될 수 없는 하나의 전체를 구성하고 있다는 사실을 인식하지 못한다. 그는, 예를 들어 농업이나 교육 부문에서 자금을 빼내어 공중 방위에 사용하는 것을 '좋은 사업'이라고 생각하는 것인가?

이런 질문을 해보자. 어느 것이 기술적인 토론의 범주 밖에 있으며,

*사용 가능한 자원을 이용할 수 있는 최선의 방법*을 간단하게 정의할 수 있을까?

만일 우리가 그 어떤 순간에도, 그 어떤 적에 대해서도 국가적인 노력이 안전하게 발전할 수 있는 위치에 있다면 확실히 이상적인 일이다. 제공권 장악을 순수하게 우리 힘으로 보장할 수 있다는 것이 하나의 이상인 것처럼 말이다. 그러나 이러한 이상에 도달할 가능성은 분명히 많지 않다. 나는 아탈이 그의 이상적인 주장을 잠시 잊고 어떻게, 어디서, 그리고 어떤 방식으로 이러한 이상을 실현시킬 수 있을지를 다소 실질적으로 지적해주기를 바랐다. 그러나 그 대신에 그는 더욱 일반적인 주장을 한다.

자신의 영토를 비행한다는 것은 다른 나라의 영토를 비행하는 것보다 한없이 쉽고 비용이 덜 든다. …… 미래의 공중 공간이 적당한 구역에 편리하게 분배된다면, 모든 공급과 다른 필요가 만들어진다면, 자신의 하늘에 대한 통제권은 적절한 공군력에 의해 보장될 수 있을 것이다. …… 우리는 실질적인 제한 내에서 우리의 항공방어 태세를 항상 준비할 수 있었고, 적군의 화학무기 공격이 있다 해도 적의 폭격으로부터 입는 피해를 최소한으로 줄일 수 있다.

듣기에는 참 좋은 말이다. 하지만 그 어떤 단어나 단일한 동사 또는 형용사도 그의 목표를 달성하는 데 필요한 수단의 양을 명백하게 표현하고 있지 않다. 정신적인 요인에 대해 수많은 이야기들이 오고 갔다. 그리고 우리는 그의 견해에 동의한다. 그러나 물질적인 수단에 대해 이야기해야 하는 상황에서도 말만 앞세우는 엔지니어 아탈은 다음의 말로 쉽게 빠져나간다.

중요한 것은 수가 아니라 조직이다. 전쟁이 일어나면 그 수는 조직의 한계 내에서 최대한으로 배가될 수 있다.

무슨 조직을 말하는 것인가? 어떤 수라는 것인가? 정신적인 요인 외에, 이것은 토론과는 연관성이 거의 없지만, 항공방어를 준비하기 위해서는 항공력, 항공력에 대한 대응력, 그리고 그것을 무장시킬 자원이 요구된다. 당연히 이러한 힘은 조직화되어야 한다. 그러나 그것만으로는 충분하지 않다. 전쟁이 발발하자마자 전투에 투입될 수 있도록 이미 조직되고, 준비되어 있는 상태로 존재하는 것이 필요하다. 그것들을 배가시키기 전에 전쟁 발생을 기다릴 수는 없다. 국가 예산이 전시에는 단일한 전쟁 예산으로 변형될 것이라고 기대할 수는 없다. 항공방어에 쓰일 비용을 사용하기 전에 적이 공격하여 우리를 폭격하는 것을 기다릴 수는 없다. 공중 방위에서 중요한 것은, 그것이 용어상 무엇을 의미하든, 그것을 *조직하는 것이 아니라 자신의 뜻대로 가지는 것*이다.

나는 이렇게 썼다. "만일 어떤 사람이 실제로 확고하게 조직화된 공중 방위로 적의 공중 화학공격으로부터 확실하고 완벽하게 우리 나라를 보호할 수 있다는 사실을 나에게 입증한다면, 기꺼이 내 모든 이론을 포기할 용의가 있다."

대단히 뜨거운 열정을 지닌 아탈은 반박을 하면서 '확실하게' 그리고 '완벽하게'와 같은 단어를 효과적으로 이용한다. 그러나 내가 이미 그 단어를 사용했음을 잊고 있는 것은 그의 실수이다. 왜냐하면 그는 *어떤 순간에도, 어떤 적에 대해서*도 국가적 노력을 안전하게 보장할 수 있고, 우리의 하늘에 대한 제공권을 확보할 수 있는 가능성에 대해 이미 긍정적으로 이야기했기 때문이다. 그러나 나는 그것을 너그럽게 이해할 것이고, 다음과 같이 정정할 것이다. "만일 누군가가 단단히 조직화된 공중 방위를 수단으로——이것은 실제로 가능한 것인데——우리의 안전에 관해 중요하지도 않고, 위험하지도 않을 수준까지 적의 공중 화학 공격력을 감소시킬 수 있다는 것을 증명한다면, 나는 내 모든 이론을 포기할 것이다." 더 나아가 나는 다음과 같이 말할 것이다. "공중 방위 때문에 만일 우리가 중요하지도 않고 위험하지도 않은 피해만을 가하는 적의 공중 공격을 두려워해야 한다면, 나는 비록 우리의 모든 국가적 항공 자원이 소요된다 해도 그와 같은 방어를 지지하는 첫번째 사람이 될 것이다."

그리고 나는 실제 그럴 것이다. 그러나 나는 공중 전투와 관련하여 우리의 지형적 위치가 좋지 않음을 절감하고 있다. 그래서 우리가 남을 공격하는 것보다 남이 우리를 공격하는 것이 훨씬 쉽다는 사실을 안다. 이런 이유 때문에 공중 공격력 무력화는 그들이 아닌 우리의 이익을 위해 좋을 것이다. 그렇게 되면, 공중 전장을 없애버렸기 때문에, 우리는 옛날처럼 오직 땅과 바다에서 싸워야 할 것이다.

만일 내가 항공방어가 독립공군의 개념에서 벗어나는 것이기 때문에 반대하는 것이라면, 그것은 내가 다수에 반대하고 싶어하는 이유가 있어서가 아니다. 항공방어는 전투시에 매우 실망스러운 존재가 될 것이라는 정당한 확신을 갖고 있기 때문에 나는 이에 반대한다. 공중에서는 공격시보다 방어시에 더욱 많은 공군력이 필요하다. 그렇기 때문에 그것은 여러 가지 목표를 달성할 수 없을 것이라고 확신한다. 나는 이 사실을 수백 번 정도 증명해왔다. 그러나 아탈을 포함한 나의 반대자 그 누구도 내 증명에 대해 토론하거나 비판하지 않았다. 그럼에도 그것은 모든 질문 가운데 가장 중요한 사항이다.

자신의 영공을 통제하는 것이 제공권을 장악하는 것보다 비용이 덜 든다는 사실을 증명하기 위해 아탈은 소수의 항공력으로 우리의 하늘에서 많은 적을 몰아낼 수 있다는 것을 증명했어야 했다. 그러나 이것은 증명하기 힘들다. 실제로는 그 반대의 상황이 발생하기 때문이다.

마찬가지로 말루사르디Malusardi 대위의 논문은 쓸모가 없다. 그는 "연합국에 의해 수행된 폭격의 유용한 비율이 1915년 73퍼센트에서 1918년에는 27퍼센트로 감소했다"라고 주장한다. 이것은 출처가 없는 단순한 통계일 뿐이다. 여기에는 '유용한 비율'이 무엇을 의미하는지에 대한 설명이 없다. 따라서 모호하다. 어쨌든 아탈의 주장과 관련된 이상, 그 타당성은 다음 문단의 첫번째 단어들에 의해 파괴된다.

제1차 세계대전 말기부터 운용된 공중 폭격은 폭격이 초래한 파괴력 그 자체보다는 공중을 통한 기습이라는 요인과 조종사의 특별한 침투 기술에 더 많이 기초하고 있다.

그러나 미래의 전쟁에서 공중 폭격작전은 더욱 적극적이고 명확한 무언가에 기초할 것이다. 비록 몇몇의 우스꽝스러운 작전과 약간의 경험적이고 간헐적인 폭격이 수행되었다 해도 진정한 공중 전투가 없던 시기의 통계는 신뢰할 수 없다. 나는 1918년에 전사한 일급 조종사이자 영웅적인 살로모네Salomone 대위를 아직 기억한다. 그는 텔레페리카 터미널을 폭격하기 위해서 그의 카프로니형 비행대대와 이륙한 비행장으로 야간에 귀환하는 중 전사했다. 그런데 모든 사람들은 그 터미널이 단지 임시로 사용된 것임을 잘 알고 있었다. 나는 미래의 비행 대대는 임시로 만든 장치를 폭격하기 위해 파견되지는 않을 것이라고 믿는다. 대신 그들은 크고 취약하며, 1,500미터 상공에서도 쉽게 파괴할 수 있는 목표물을 폭격하는 데 파견될 것이다. 통계에 대해 신경쓰지 않는다면 트레비소 시는 백 퍼센트 폭격당했고, 항공방어에도 불구하고 소개되어야 했던 사실을 기억하는 것만으로 충분하다. 전쟁이 끝날 무렵인 그 당시 이탈리아 항공대는 오스트리아보다 강력했다.

아탈은 우리 영공에 대한 제공권과 우리가 전체 하늘로 묘사하는 것과의 명확한 차이를 알고 있다. 그것은 내가 이해하지 못하는 구별이다. 하늘에는 자연적인 경계가 없다. 물론 인공적인 장벽도 없다. 우리 영공에 대한 제공권을 장악하기 위해 그 어떤 순간 어떤 적의 공군력이든 맞부딪칠 수 있어야 하는데, 적의 공군력은 자신의 영공과 우리의 영공을 나누는 가상의 선을 가로지르려고 시도할 것이다. 따라서 우리는 모든 곳에 있을 필요가 있고, 그들을 물리칠 수 있도록 항상 준비하고 있어야 한다. 적이 집단적으로 공격한다면 막을 수 없기 때문이다. 그러나 우리에게 그들을 물리칠 능력이 있다면, 우리 공군이 하늘을 나누고 있는 가상의 선을 가로지르고, 적의 영공을 비행하는 것을 그 누가, 무엇이 막을 수 있겠는가? 우리를 막는 유일한 것은 연료 부족뿐일 것이다.

하늘은 항공방어나 보조항공대를 충족시키기 위해 여러 구역으로 나뉠 수 없다. 적의 영공을 장악하지 못하면 자신의 영공도 통제할 수 없다. 아탈은 이것을 인식했어야 했다. 적이 침범하여 폭격을 가하는 것을 막는 가장 실용적이고 현실적인 방법은 적의 비행기를 파괴하는 것이다. 마치 육·해상에서의 적의 공격을 막는 가장 실용적이고 현실적인 방식이 적의 육·해군력 파괴인 것과 마찬가지로 이것이야말로 진정한 해결책이다. 다른 모든 것은 나무로 된 다리에 겨자씨 연고를 바르는 것처럼 고식적인 것이거나 없어도 좋은 것이다. 공격력을 배제한 공군력은 적에게 피해를 가하기에 무력한 존재이며, 상응하는 적의 공격력을 상쇄시키지 못한다. 이 주장은 틀렸다. 만일 A와 B라는 나라가 동등한 항공 전력을 보유하고 있는데, B는 그것을 모두 방어에 사용하는 데 반해 A는 그것을 모두 공격에 사용한다면, B는 자동적으로 그리고 무상으로 A로 하여금 그 어떤 공중 공격으로부터도 안전을 보장받도록 하게 된다. 반면 그 자신은 A로부터의 공격에 대해 안전을 보장받을 수 없다. 결과적으로 A는 B를 수중에 장악하고, B는 자신을 방어하지 못한다. 이것은 이론이 아니고 명백한 상식이다.

어쨌든 우리는 전시에 고난을 참는 법을 알아야 한다. 나는 그것을 여러 번 강조했다. 그러나 고난을 견디도록 훈련하는 데 일정한 한계를 넘어서서는 안 된다. 비록 아주 강한 권투선수라 해도 이따금 지쳐 쓰러진다. 우리는 훈련이 주는 혜택을 과장해서는 안 된다. 그렇지 않으면 우리는 빨리 달리도록 훈련받는 말의 운명을 겪을지도 모른다.

고난을 참도록 우리 자신을 훈련시켜야 할 필요성은 자신을 내맡겨야 할 필요로부터 나온다. 적의 공격을 견디고 적에게 더 큰 피해를 가할 수 있도록 자신을 내맡겨야 한다는 원리를 진술해온 나는 오랫동안 정신적 준비의 필요성을 열렬히 지지하는 사람들 가운데 하나였다. 나는 그 누구보다도, 특히 항공방어의 효과가 감소되기를 기대하는 사람들 또는 결국 스스로 과장한 것보다 악마는 덜 검다는 것을 믿는 사람들보다 이 필요성을 더 날카롭게 느끼고 있다. 그러나 주민들이 적의 공격에 단호하게 대처할 수 있도록 준비시키기 위한 근본적인 필요성은, 항공방어의 효과에 대해 그들을 속이는 것이 아니라 그들로 하여금 적의 공격이 갖는 심각함을 잘 깨닫도록 만드는 것이다. 그리고 무엇보다도 방어 수단을 여기저기 분산시키는 것은 아무런 이익이 없으며, 본질적인 임무로부터 수단을 분산시키는 것이라는 점을 그들이 이해하도록 하는 것은 결론적으로 해로울 것이다.

비록 내 생각이 틀린다 해도 이것은 내가 관심을 쏟고 싶은 선전의 종류이다. 왜냐하면 그것은 유용하기 때문이다. 공중 공격을 참도록 단련되고 공중 공격으로부터 적절하게 보호받을 수 없다는 것을 확신하는 사람들은 실제로 항공방어가 공격을 물리칠 능력이 있다는 사실을 깨닫게 되면 틀림없이 기운을 낼 것이다. 비록 그들이 정반대의 이야기를 들었다 해도. 최악을 대비하는 사람은 또한 최선을 대비하게 된다. 그러나 그 반대는 매우 위험하다. 만일 항공방어의 효력을 믿도록 인도된 사람들이 실제로는 그것이 자신을 보호하지 못한다는 사실을 알게 되면 놀랄 것이고 사기는 매우 저하될 것이다. 그들은 항공방어의 단점을 깨닫지 못하도록 만들어졌기 때문이다. 그렇게 되면 그들은 더욱 많은 항공방어수단을 요구할 것이고 그들은 그 수단을 비난하지 못할 것이다. 왜냐하면 그들 스스로 그것이 유익하고 충분하다고 믿기 때문이다. 따라서 그들은 그것을 배치한 사람들을 비난할 것이고, 그것을 배치하는 법을 모른다는 이유로 그들을 고소할 것이다.

우리에게는 정신적 준비가 필요하다. 그러나 그것은 목적을 이룰 수 있는 것이어야 한다. 정신적인 준비뿐만 아니라 물질적인 준비 또한 필요한데, 그것은 공격의 효과를 감소시키는 데 도움을 줄 것이다. 이 두 가지의 준비는 *소극적인 공중 보호* 전체를 구성하는데, 이것은 공격적인 항공수단을 채택하지 않는다. 따라서 이것은 적에게 더 큰 해를 가하기 위해 적의 공격을 참도록 자신을 내맡긴다는 원리와 모순되지 않는다. 나는 이 소극적인 방어가 유용할 뿐만 아니라 반드시 필요하다고 생각한다. 나는 유감스럽게도 아탈을 실망시키게 되었지만 나의 진술을 확고하게 지지한다. "나는 공중 공격의 결과를 감소시킬 수 있는 모든 것의 가치를 인정한다. *만일 그것이 우리가 적에게 가할 공격의 힘을 감소시키지 않는다면* 말이다."

나는 종종 극단주의자라고 비난받아왔다. 그러나 이것은 옳지 못하다. 둘 더하기 둘은 내게 있어 넷이다. 결코 셋이나 다섯이 아니다. 항공수단을 공격적으로 사용하는 것은 그것을 방어적으로 사용하는 것보다 훨씬 이득이 된다. 공격적으로 채택된 백, 천, 만의 항공수단은 방어적으로 채택된 오십, 오백, 오천과 공격적으로 채택된 같은 수의 조합보다 훨씬 이득이 된다. 둘 더하기 둘은 넷이다. 나는 이것이 이론적이거나 극단적인 것이 아님을 반복하여 이야기한다. 이것은 순수하고 단순한 계산이다.

제3장 항공전

아탈과는 달리 바스티코는 나의 저작이 갖는 일관성만큼은 인식하고 있다. 그러나 내가 항공전을 평가하면서 큰 모순을 범했다는 사실을 증명하기 위해 그는 장문의 글을 써왔다. 항공전에 관한 나의 이론이 일관성을 갖췄다는 사실을 증명하기 위해서가 아니라, 나의 반대자들이 갖고 있는 오해를 풀고 그들이 행한 추론의 진상을 알기 위해 항공전에 관해 이야기하고자 한다. 이것은 내가 주장하는 논제에서 매우 중요한 것이다.

더 강한 측을 대할 때 쓰는 간단한 개념은 다음과 같다. 적을 찾아라. 그리고 어디에서 마주치든 적을 격파하라. 지상전에서 이것은 쉽게 이루어진다. 울퉁불퉁한 지표면에는 쉽게 통과할 수 있는 작전선이 별로 없다. 경계도 명확히 정해져 있다. 적에게 싸우도록 강요하기 위해 그에 대항하여 진군해서 영토를 침범하기만 하면 된다. 이것이 바로 육상에서 적과 마주치는 방법이다. 해전에서의 개념은 지상전보다 약간 어렵다. 약한 쪽은 쉽게 전투를 피할 수 있다. 비록 요새화된 기지에서 피난처를 찾아야 하는 경우에도 약한 쪽은 쉽게 전투를 피할 수 있다. 과거의 전쟁에서 약한 쪽은 항상 쫓겼으나 결국 발견되지 않았다.

항공전에서 발견당하기 싫은 적은 지상에 머물러 있다. 적을 찾고 물리치는 것이 강한 쪽에 유리한 것과 마찬가지로, 약한 쪽은 적에게 발견되지 않도록 하면서 전투를 피하는 것이 유리하다. 따라서 강한 독립공군은 전투를 추구하고――다시 말해 약한 독립공군을 찾는다――이를 통해 헛되이 사방을 비행하는 위험을 감수하려 할 것이며, 결국 표적을 발견하지도 못한 채 자기 스스로 지치게 될 것이다. 달리 말하자면 강한 공군은 약한 적의 손에 놀아나는 것이다.

마찬가지로 만일 약한 독립공군이 전투를 추구한다면, 그것은 강한 쪽의 손에 놀아나게 되며 이는 자살 행위와 똑같다. 전쟁에서는 적의 손에 놀아나지 않도록 항상 최선을 다해야 한다. 따라서 나는 약한 쪽이든 강한 쪽이든, 공군은 전투를 추구해서는 안 된다는 것을 항상 주장해왔고, 다시 말하려 한다. 이 진술은 나에게는 매우 분명하다. 따라서 오해란 있을 수 없다.

그러나 만일 강한 독립공군이 우연하게 약한 쪽을 발견했다면 강한 쪽은 강하기 때문에 전투를 통해 모든 것을 얻는다. 반면 약한 쪽은 약하기 때문에 모든 것을 잃는다. 결론적으로, 내가 항상 주장해온 것을 다시 말하고자 한다. 즉 *강한 쪽은 전투를 피할 필요가 없지만 약한 쪽은 항상 전투를 피해야 한다.* 이것이 나에게는 분명하고 명확한 것이다.

강한 독립공군은 전투를 추구해서는 안 되고 약한 쪽은 반드시 피해야 하기 때문에, 그리고 쉽게 그렇게 할 수 있기 때문에 만일 전쟁이 항공전에 의해 결정된다고 한다면, 그 전쟁은 결판이 나지 않은 채 몇 세기 동안 계속될 것이며, 두 독립공군은 자신의 하늘에서 노쇠해갈 것이다. 따라서 나는 오늘날 독립공군이 공중에서 전투를 할 수 있는 것만으로는 충분하지 않으며, 지상을 공격할 수 있는 능력을 갖추어야 한다고 주장한다.

내가 말하는 강한 독립공군은 폭격 능력과는 상관없이 공중에서 전투를 잘할 수 있는 공군을 말한다. 강한 독립공군은 전투를 추구해서도 피해서도 안 된다. 만일 이 규칙을 따른다면 지상에서도 최대한의 자유를 누리면서 작전을 수행할 수 있다. 다시 말해 비행할 때마다 가장 구미에 맞는 목표물을 공격할 수 있으며, 적의 공군을 고려하지 않고 그 목표물을 향해 일직선으로 날아갈 수 있다. 적의 공군은 무력하므로 어떤 저항도 할 수 없다. 이런 경우에 싸우지 않고도 공세를 취할 수 있다. 또는 만일 적이 저항하기로 결정한다면 적은 패할 것이다. 이런 식으로 강한 공군은 적에게 이런 저런 피해를 가할 것이다.

약한 독립공군은 강한 쪽과 마주치는 것을 피해야 한다. 따라서 그들이 할 수 있는 유일한 작전은 지상에서 적을 공격하는 것이다. 그러나 항상 강한 적의 공군과 마주치는 것을 피하도록 해야 한다.

강한 공군은 약한 쪽을 찾아나서도 안 되고, 마주치는 것을 피해서도 안 되기 때문에 더욱 빠른 속도를 갖출 필요가 없다. 그러나 약한 쪽이 강한 쪽을 피하려 하는 경우, 속도는 편리한 수단이 될 것이다. 공중 전투는 일련의 지상 공격작전으로 변형되는데, 강한 쪽은 더욱 커진 기동의 자유가 갖는 이점을 누린다.

만일 지상에 있는 적의 항공기 생산공장이나 비슷한 목표물에 공격을 가하면 각개의 공군 잠재력에 심각한 영향을 줄 수도 있다. 제공권 장악은 이와 같은 적의 항공 잠재력에 대한 간접적인 공격에서 기인할 수도 있다. 오직 가끔 위에서 언급한 이유로 인해 그것은 항공전의 결과가 될 것이다. 약한 독립공군은 강한 쪽보다 더 합리적이고, 더 공격적이고, 더 집중적인 전투를 통해 초기의 이로움을 얻을 수도 있다.

특정한 상황과 환경적 요인으로 인해 공군은 순전히 항공상 중요한 목표물을 남겨둔 채 적의 인구 밀집 지역을 공격할 수도 있다. 확실히 항공전의 결과는 지도자의 비전, 조종사의 용기, 국민의 사기에 크게 의존한다.

이것이 명확한 내 견해이다. 이것은 비판받을 수도 있지만 별 이유 없이 무시되어서는 안 된다. 이제 바스티코 장군의 견해를 살펴보자. 그는 자신이 다음 글을 쓴 사실을 기억할 것이다.

공중의 특별한 상황은 *항상* 또는 *거의* 약한 쪽이 자신에게 불리할 것으로 보이는 전투를 마음대로 피하는 것을 용인할 것이다.

여기까지 우리는 동의한다. 그러나 같은 논문에서 그는 다음과 같이 썼다.

만일 〔더욱 강한 독립공군이〕 기동의 자유를 획득하기를 원한다면, 똑같은 자유를 적에게 남겨두어야 한다. 적이 공격적인 작전을 수행하도록 허용해야 하며, 이것을 받아들이지 않으면 안 된다. 그러면 적의 공격이 약하다는 게 드러날 텐데, 그것은 창으로 찌르는 게 아니라 핀으로 찌르는 정도일 것이다. 그러나 핀으로 찌르는 것조차 화나게 할 수 있다. *그때 강한 쪽은 아마 인내심을 잃고 회피하기를 원했던 전투를 시작하려 할 것이다.*

정확히 하기 위해 바스티코 장군은 "그가 추구하고 싶어하지 않던"이라고 썼어야 했다. 왜냐하면 나는 강한 공군은 전투를 피해야 한다고는 결코 말하지 않았기 때문이다.

그리고 그렇게 한다면 그가 틀리지 않을 것임을 덧붙인다. 반대로 이때까지 그는 틀려왔다. 왜냐하면 *적의 독립공군이 작전을 하지 못하는 데에 필요한 가장 효과적인 방법을 사용하기 전에 너무나 오래 기다렸기 때문이다.*

나는 동료들의 이상한 추론을 생각해봐야 한다. 왜 강한 공군이 핀으로 찔리는 것을 피하기 위해 자신이 창으로 찌르는 것까지 포기해야 하는가? 그리고 항상 또는 거의 항상 전투를 피할 수 있는 약한 적을 찾기 시작하는가? 어째서 적과의 전투를 추구하는 것이, 거의 늘 마음대로 전투를 피할 수 있는 적의 공군이 전투하지 못하도록 하는 가장 효과적인 방법인가? 내 견해로는 만일 강한 쪽의 사령관이 단순히 핀으로 찌르는 것 때문에 화를 낸다면, 그것은 그의 신경증적인 불안정을 노출하는 꼴이 될 것이다. 따라서 그는 집에 가서 채소나 가꾸는 편이 나을 것이다.

같은 논문에서 바스티코는 찾을 수 없는 뭔가를 찾는다는 것은 쓸모없는 것이라고 느낀다. 그리고 다음과 같이 쓴다.

> 나는 *전투는 추구되어야 한다*고 말해왔다. 그렇다고 전투를 하고자 하는 공군이 찾을 가능성이 거의 없는 뭔가를 찾아 광활한 하늘을 누비면서 그 무엇을 찾아야 한다고 내가 말했던가? 나에게 이와 같은 순진함이 있다고 여기는 것이 가능한가?

사실 아무도 바스티코 장군을 순진하다고 생각하지 않는다. 그러나 *약간이라*도 *전투를 하고자 하는 의향*도 *없이 추구해야 하는 전투를 생각하는 것*은 여전히 사람을 약간 당혹하게 한다. 그것은 무엇을 의미하는가? 그것은 혹시 전투를 추구하지 않고 추구되는 전투를 의미하는가? 우리는 같은 논문에서 더욱 당혹감을 느끼게 된다.

> ……나는 *전투를 공중투쟁 개념의 최고점으로 간주해야 한다*고 반복한다. 그리고 전투를 고려하지 않는 독립공군은 전투 능력이 떨어질 것이고 무엇보다

공격 정신은 더욱 그러할 것이라고 감히 주장한다.

공중 전투 개념의 최고점은 *전투* 여야 한다. 다시 말해 *약한 독립공군은 마음대로 회피할 수 있고, 강한 쪽은 고지식함을 버리지 않고는 의도적으로 추구할 수 없는 충돌 결과 발생하는 싸움* 이어야 한다.

자신의 주장을 지지하기 위해 바스티코는 한 명의 저자를 소개하며 칭찬한다. 그는 우세한 독립공군은 가능하면 적의 기지를 빠른 시간 내에 파괴하는 데 방해가 되는 주요 장애물을 제거하기 위해 항공전을 해야 한다고 주장한다.

논문 마지막에 바스티코는 자신의 요점을 다시 한번 강조한다.

각각의 경우, 특히 항공전을 수행하는 측면에서 전투를 *투쟁의 가장 두드러진 활동으로* 여겨야 한다.

그는 다음과 같이 덧붙인다.

항공전을 추구하는 방법은 *주변 환경*에 달려 있다. 이런 방법 중 적국의 주요 중심지를 폭격하고 독가스를 살포하는 것은 대체로 효과적이라고 할 수 있다.

나는 어떤 다른 부수적인 방법을 알고 있지 못하다. 그래서 그가 가장 효과적이라고 부른 것에 만족해야 할 것이다. 바스티코에 따르면, 적이 전투를 하도록 강요하기 위해서는 적의 주요 중심지를 폭격하고 파괴하여 화나게 해야 한다. 약한 공군은 이런 식으로 분노하게 되고, 강한 공군의 손에 놀아나게 된다. 또한 약한 공군은 위협받는 주요 중심지와 강한 공군 사이에 끼이게 된다. 충돌이 일어난다. 전투가 발생할 것이다. 그리고 당연히 약한 쪽은 패할 것이다. 후에 강한 쪽은 더 이상의 걱정이 없이 적국의 주요 중심지를 폭격하고 파괴할 것이다.

하지만 이러한 일들은 나폴리인들이 말한 것처럼, 오직 약한 공군의 사령관이 ○○인 경우에만 일어날 수 있다. 나는 적을 대단히 나쁜 존재로 묘사하고 싶다. 그래서 바스티코에게 동의할 수 없다. 만일 강한 독립공군이 우리의 주요 중심지를 폭격하고 파괴한다면, 우리의 약한 공군이 끌려나가 패배하고 파괴당하게 해서는 안 된다. 대신 우리 공군이 적의 주요 중심지를 폭격하고 파괴하도록 해야 한다. 우리가 약하면 약할수록 더욱 격렬하고 집중적으로 폭격해야 한다. 무엇보다도 아무런 이점도 없이 패배와 파괴의 위험부담을 감수해야 하는 전투는 피하도록 항상 노력해야 한다.

그 점은 또한 강한 쪽이나 약한 쪽이나 방어적인 태도를 취해서는 안 된다는 사실을 증명한다. 왜냐하면 전자가 핀으로 찌르는 것으로부터 자신을 보호하기 위해 창으로 찌르는 것을 포기하는 것은 이롭지 않을 것이기 때문이며, 후자가 미학적이나 어리석은 자살을 피하기 위해 방어적인 입장을 취하는 것은 이롭지 않을 것이기 때문이다.

소용이 없다. 부수적인 상황이 무엇이든지 둘 더하기 둘은 결코 셋이나 다섯이 될 수 없으며 오직 넷이다. 어쨌든 나는 바스티코 장군이 내 주장을 거의 확신하고 있다고 생각한다. 왜냐하면 그는 해상에서의 전쟁에 관해 썼기 때문이다.

*해상*에서의 투쟁에서 방어자는 수단의 우월성을 필요로 한다. 동등한 것으로는 충분하지 않다. 왜냐하면 현대 해군 부대의 빠른 속도와 이에 따른 기습 공격의 가능성은 대항하는 데 필요한 더욱 강한 해군을 만들기 때문이다. 그

러나 열등하거나 동등한 힘은 그렇게 할 수 없다. 실질적으로 *해군의 방어* 는 힘의 경제를 의미하는 것이 아니라 힘을 더욱 많이 지출하는 것을 의미한다.

나중에 나는 바다에서의 전투 개념을 분석할 것이다. 만일 당장 '해상에서', '해군의' 그리고 '해상 방어'가 '공중에서', '공군의', 그리고 '항공 방어'로 대체된다면 나의 결론은 정당화되는 것처럼 보이리라는 사실을 지적하고 싶다. 이와 같은 대체는 정당하다. 왜냐하면 바스티코조차 현대의 항공 단위가 해군의 단위보다 더 빠르며, 기습 공격을 감행할 것 같다는 사실을 부인할 수 없기 때문이다. 만일 방어자가 *수단의 열등함을 인정하지 않고, 그것을 더욱 많이 이용하고자 한다* 면, 누가 공중에서 방어를 생각할 만큼 순진할 것인지 질문하고 싶다. 따라서 공격적으로 행동하는 것이 항상 그리고 어디에서나 최선의 길이다. 소용없다. 둘 더하기 둘은 항상 넷이다.

바스티코는 자신의 논문 어딘가에서 나는 꿈도 꾸지 않았던 말을 내가 한 것처럼 이야기하는 실수를 범하고 있다. 약한 공군은 항상 적의 힘에 좌지우지된다? 결코 그렇지 않다. 나는 항상 반대로 주장했고, 앞으로도 그럴 것이다. 약한 공군은 만일 공격적인 행동을 할 때 더욱 합리적이고, 집중력 있고, 격렬한 모습을 보임으로써 힘에서의 차이를 보상할 수 있다면 강한 공군을 이길 수 있을 것이다. 그러나 우리는 어떤 상황이든 전시에 가능하면 강해지려고 항상 노력하기 때문에 나는 이렇게 주장한다. "자비의 이름으로 그 어떤 공군력도 공격적인 행동을 잃지 않도록 하라!"

언제나와 마찬가지로 내 생각에 둘 더하기 둘은 분명히 넷이다.

제4장 결전의 장으로서의 공중 전장

이제까지의 논쟁에 유의하면서 지금부터는 작전의 성패를 가름하는 결전의 장에 대해 알아보도록 하자. 나는 이제까지 줄곧 미래 전쟁에서 *결전의 장은 공중이 될 것* 이라고 주장해왔고, 그것은 앞으로도 마찬가지다. 그렇기 때문에 다음과 같은 원칙에서 전쟁의 수행 방향을 결정하고 준비하는 것이 필수적이다. "*공중에서 전력을 집중하기 위해 지상에서 저항하라*".

나의 견해에 찬성하지 않는 사람들은 이러한 주장에 연합전선을 펴며 반대하고 있지만, 나의 입장은 훨씬 확고하다. 논쟁은 여전히 계속되고 있지만, 결론에는 아직 이르지 못한 상태다. 그러나 그러한 논쟁이 여전히 진행되고 있는 사실만으로도 만족한다. 왜냐하면 누구든지 그래야 하는 것처럼, 모든 반대자들이 내 주장을 반박하려고 온갖 노력을 기울임에도 불구하고 미래의 전쟁에서 공중이 결전의 장이 될 것이라는 사실에 동의하지 않을 수밖에 없다는 사실을 확인했기 때문이다. 바스티코 장군은 비록 조심스럽게나마 다음과 같이 동의를 표하고 있다.

……그럼에도 불구하고, 다른 종류의 무기체계와 마찬가지로, 그것[항공 · 화학무기]은 유리한 특정 상황하에서 결정적인 것이 될 것이다.

볼라티 장군 또한 다음과 같이 동의를 표했다.

만약 그것이 적의 지 · 해상 전력뿐만 아니라 공격을 당한 국가의 정신적 · 물질적인 전력을 마비 상태에 이르도록, 즉 보복 공격을 감행할 수 없을 정도로 강력한 공격을 가하는 데 성공한다면 공중은 결전의 장이 될 수 있을 것이다.

엔지니어인 아탈은 다음과 같은 비슷한 주장을 했다.

나는 공군력이 오직 상대적인 경우에 한해서 전장의 결정적인 요소가 될 수 있다는 것을 인정한다.

피오라반초 대령은 다음과 같이 동의했다.

결론적으로 공중에서의 전력 집중은 전쟁의 승패를 가름하는 결전이 될 것이다. 하지만 그것은 공격자가 제공권을 장악한 후에도 적을 완벽하게 제압하기에 충분한 공격력을 남겨놓음으로써, 적이 지상에서 공격자의 영역을 침범하는 데 성공하지 못하게 하는 경우에 한해서다.

육군, 해군 그리고 민간 전문가들의 저술로부터 인용된 위의 글에서 이들 모두가 공중이 결전장이 될 수 있다는 사실을 인정했다는 것을 명확히 알 수 있다. 좀더 이야기해보도록 하자. 볼라티 장군과 피오라반초 대령는 모두 동의했지만, 그것은 다음과 같이 유보적인 형태였다. "*공군력이 적을 물리칠 수 있다면, 공중은 결전의 장이 된다.*"

나의 견해에 반대하는 사람들은 이와 같은 고백으로 이미 확실히 내게 굴복했다. '공중에서의 결전을 통해 적을 물리칠 수 있을 때만 공중은 결전의 장이 된다'는 입장을 수용했을 때, 그들은 완벽하게 나에게 동의한 것이다. 만약 그렇지 않다면 그들이 비록 '공중은 결정적일 경우에만 결정적이다'라고 말할지라도 그들의 주장은 불합리한 것이 될 것이다.

어떤 이는 내가 이런 인정보다 더 작은 것에 만족할 정도로 온건한 입장을 취한다. 실제로 1~2년 전에 육군과 해군의 완고한 이론가들이 그전까지 단순히 보조 무기체계로서만 인정했던 항공력이 미래전의 결정적인 요인이 될 것이라는 사실에 동의하게 되리라고 그 누가 소망인들 했겠는가? 그러나 그러한 것이 공군력과 항공전략에 관한 것이라면, 나는 결코 온건하지만은 않다. 그들로부터 강요받은 인정은 나로 하여금 더욱더 많이 끌어내도록 자극한다.

반대자들의 일부는 매우 애매한 주장을 한다. 그들은 내가 승리를 위해 비방을 만들어내려 한다고 생각한다. 달리 말하면, 그들은 내가 "승리하기 위해서, 이탈리아는 지상에서 저항하고 공중에 모든 힘을 집중시켜야 한다"는 주장을 하고 있다고 생각한다. 그것은 옳지 않다. 실제로 내가 처음 가졌던 생각은 우리 자신의 상황, 이탈리아와 주변의 가능한 적국들 간에 언제라도 발생할 수 있는 갈등의 필연성에 대한 것이다. 나는 내가 설명한 이론이 그러한 생각을 배경으로 하고 있다는 것, 따라서 그러한 이론이 모든 국가에 적용 가능한 것으로 인식되어서는 안 된다는 것을 인정한다. 모든 경우에, 예를 들어 특별히 내가 미 · 일간의 갈등을 고려했다면 아마도 동일한 결론에 이르지는 않았을 것이다. 모든 국가에 적용 가능한 승리의 일반적인 법칙을 제시한다는 것은 나의 입장에서는 완전한 억측에 지나지 않을 것이다. 나의 의도는 단지 내 조국이 가능한 미래의 전쟁에 대비하는 가장 훌륭하고 효율적인 방법을 제시하는 것이다. "공중이 결전장이 될 것이다"라고 주장하는 것이 "승리하기 위해 우리는 공중을 결전장으로 만들어야 한다"는 것을 의미하지는 않는다. 나는 단지 실제적인 조건을 언급하는 것이다. 그러한 전제 위에서 논의를 진행하는 것이다.

공중 요인의 가치와는 관계 없이 바스티코 장군에 따르면, 움직일 수 없이 확고한 전쟁의 교리는 다음과 같은 것이다.

전쟁에서 승패는 사용 가능한 모든 무장을 조화롭게 사용한 결과로 나타나며, 그것들을 각각 사용하여 획득한 결과의 총합과 같다. 모든 무장을 조화롭게 사용하기 위해서는 그 성분 각각이 전체적으로 조화를 이루어야 한다. 그리고 승리의 비밀은 각각 성분의 올바른 비율을 획득했는가에 달려 있다.

확실히, 승리의 비결은 비밀이다. 그렇기에 그것은 누구에게도 알려져 있지 않다. 그러므로 승리의 비결은 전적으로 무장의 구성 성분들 간의 적정 비율에만 있는 것도 아니다. 만약 미국이 산 마리노 공화국과 전쟁을 하게 된다면 후자가 이기지 못할 것이라는 건 너무나도 당연하다. 산 마리노 공화국이 아무리 절묘하게 자신의 무장의 구성 성분을 배합할지라도 말이다.

만약 우리가 '한 국가의 무력으로부터 얻을 수 있는 최대의 결과를 획득하는 수단'이라는 어구로 바스티코 장군의 공식에 있는 '승리의 비밀'이라는 단어를 대체한다면, 그것은 언제 어디에라도 적용할 수 있는 자명하면서도 영원한 진실이 될 것이다. 다시 말하면, 보편적인 공리가 되는 것이다. 그러나 모든 종류의 공리가 너무나 일반적인 성격을 갖고 있는 것과 같이, 그러한 공리는 고려의 대상이 되고 있는 특정 문제에 대해서는 어떠한 구체적인 것도 말해주지 않는다. 그러므로 우리가 *무장의 구성 성분 간의 올바른 비율* 을 발견하기 위해서는 그러한 영원으로부터 현재로 내려오는 것이 필요하다.

바스티코 장군은 현재적인 입장에서 그것을 "육 · 해 · 공군 모두 각각 적절한 공격력을 수행할 수 있는 비율"이라고 말했다. 나는 이것이 정확한 정의라고 생각하지 않는다. '공격력'의 의미가 무엇인가? 이론적으로는 리벌버총이든 대형 전함이든 아니면 칼이든 또는 항공기에서 투하하는 폭탄이든 모든 종류의 무장은 공격력을 갖추고 있다.

육 · 해 · 공군과 관련하여, '공격력'은 '성공의 가능성을 가지고 공격적으로 행동할 수 있는 능력'을 의미해야 한다고 생각한다. 만약 군이 패배할 것이라는 가능성을 안고서 공격을 수행한다면 어떠한 '적절한 공격력'도 갖지 못할 것이다. 이 경우에 그것은 성급하고 조화롭지 못한 게 될 것이다. 더욱이 같은 글에서 바스티코 장군은, 모든 적중에 가장 강한 적들을 반드시 고려해야 한다고 적확하게 경고하고 있다. '적절한'이라는 단어는 적과 관련하여 가장 조심스럽게 사용되고 있다. 이것으로부터 우리는 바스티코 장군이 *가장 강력한 적에 대항하여 성공할 가능성을 가지는 공격을 수행할 수 있는 육 · 해 · 공군력의 올바른 비율* 을 의미하고 있다는 것을 추론해야 한다. 좋다. 그러나 성공의 가능성을 가지는 공격을 수행하기 위해서는, 다른 모든 조건이 동일하다면 적보다는 더 강할 필요가 있다. 그리하여 마침내 바스티코 장군은 육 · 해 · 공군력의 올바른 비율이란, 가장 강한 적에 상응하는 군사력보다 강한 것이라는 점을 이해해야 한다.

어느 누구도 그러한 비율이 옳은 것일 뿐만 아니라, 확실히 가장 조화롭고 이익이 되는 것임을 부인하지 못할 것이다. 그러나 미국의 부를 실제적으로 적용해보았어야 했다. 우리는 필요한 수단을 가지고 있지 않기 때문에 미국에 실용적인 것이 우리에게도 이상적인 것이 될 수 있다. 그리고 바스티코 장군은 이를 인식했고 수치로 이것을 증명했다. 그는 자신의 무장에 8억 불(이 중 2억 불은 공군력에 배정되어 있다)을 지출하는 국가 A와 5억 불(공군력에는 700만 불을 배정)을 지출하는 국가 B를 가상으로 가정했다. 이러한 예에서 그는 가상국가 B가 지상이나 공중 모두 열세 상황에 있는 자신을 발견하게 될 것이라는 결론을 이끌어 냈다. 그러면 나는 이 예에 다음과 같은 의문을 표명한다. 가상국가 B는 어떻게 '적절한 공격력', 즉 승리를 위해, 자신에 대응하는 적보다 우월해지는 데 필요한 '올바른 비율'을 자신의 전 군사력(육 · 해 · 공군)이 획득하도록 할 수 있을까?

이것은 군사력을 조직하는 올바른 비율에 대한 나의 동료들의 이론을 따를 수 없음을 보여준다.

각 부분의 가치를 최고로 끌어낼 수 있는 올바른 비율을 찾아내기 위해서는 다른 길을 따라야 한다. 이 문제를 해결하는 데 수리적인 방법을 동원해보자.

한 국가가 자신의 군사력에 투입할 수 있는 자원을 고정적 가치, C로 표기해보자. 이는 육(A) · 해(N) · 공군력(AF)의 총합으로 이루어진다. 그러면 다음과 같은 관계가 성립된다. C=A+N+AF. 만약 우리가 V를 3군이 전쟁에서 가지는 군사상의 가치를 대표하는 것이라고 가정하면, 이는 다시 다음과 같은 식이 된다. V=A+N+AF. 이제 우리의 문제는 A, N, AF 각각에 그 총합이 고정가치인 C를 초과하지 않는 범위 내에서 V를 최고로 이끌어내는 가치를 부여하는 것이다. V의 값을 최고로 이끌어내기 위해서는 A, N, AF 중의 어느 하나에 최고의 가치를 부여해야 하고, 또한 동시에 남은 두 개 중 하나에는 최저의 가치를 부여해야 한다. 만약 내가 주장한 것처럼 공군력이 다가올 전쟁 양상에서 결정적인 역할을 수행하게 될 것이라고 가정한다면 AF에 최고의 가치를, 그리고 A나 혹은 N 중의 어느 하나에 최저의 가치를 부여할 것이다. 여기에서 최저의 가치는 방어적인 역할을 수행하는 데 필요한 정도의 힘이다. 그러므로 나는 다음과 같이 말한 것이다. *"공중에서 힘을 집중시키기 위해서 지상에서 저항하라."*

이와 같은 문제의 해결에 이르는 과정에서 우리는 공중이 결전의 장이라는 점을 받아들이는 것이다. 이러한 경우, 문제의 해결책은 진실이고, *무장의 구성성분 간의 올바른 비율을 제공*한다. 그러나 만약 가정이 거짓이라면 문제의 해결책 또한 거짓이 된다. 이러한 경우 새로운 가정을 만들어야 한다. 왜냐하면 구성성분 간의 올바른 비율은 버섯처럼 뿌리 없이 솟아나오는 것이 아니라 면밀히 다져진 전제라는 토양에 뿌리를 박고 솟아나와야 하는 것이기 때문이다. 만약 그렇지 않다면 그것은 자의적이고 임의적인 비율에 지나지 않을 것이다.

볼라티 장군은 항공력이 적 군사력을 무력화하는 데 충분할 뿐만 아니라 '적의 물질적이고 정신적인 힘'을 무력화하는 데 충분한 공격력을 수행할 수 있다면 결정적인 것이 된다고 말한다. 그는 왜 정신전력의 마비만으로 충분하다고 믿지 않는가? 정신적으로 무력해진 국가에게 군사력과 물질적인 힘이 무슨 소용이란 말인가?

피오라반초 대령은 공군력의 힘이 적을 완전히 붕괴시킬 정도로 강한 상태와 같은 조건하에서만 공중 전장의 결정성을 받아들인다. 그것은 분명한 사실이다. 전투는 명쾌한 결정의 필수요소라고 할 수 있는 조건 혹은 상황을 가져오지 않는 한은 결정적이라 말할 수 없다. 이것은 모든 종류의 전장에서 유효하다. 피루스Pyrrhus 왕은 지상전에서의 승리 없이도 전쟁의 승부를 결정했다. 해상의 제왕이었던 그는 최종적인 결전을 획득하지 못했을 뿐이다.

아탈은 초기에 다음과 같은 글을 썼다.

자신의 하늘을 지배하는 것은 회피할 수 없는 필연적인 것으로서 이의 달성에 실패한다면 그 대가는 죽음뿐이다.

공중 전장의 결정성에 부응할 수 있는 이상의 강한 주장을 전개하는 일은 어렵다. 하늘을 지배하기 위한 전투가 벌어지는 곳은 자신의 것이든 혹은 어느 누구의 것이든 하늘이다. 만약 하늘의 상실이 죽음을 가져온다면, 남은 것은 무엇이겠는가? 다른 한편 가장 최근의 글에서 그는 다음과 같이 썼다.

*공중은 특정한 순간에 결정적인 곳*이 될 것이다.

그는 이전의 글을 수정하고 있는 것인가? 그는 나를 다음과 같이 비난했다.

……새로 등장한 요소에 매우 두드러진 결정적인 가치를 부여하고, 모든 희망을 거는 고전적인 잘못에 희생자를 빠뜨리고 있다. 역사는 우리에게 다음과 같이 가르친다. 해상에서 그 어떤 새로운 형태의 포탄은 새로운 무장을 발견하고, 육지에서 철조망은 다이너마이트 폭파선을 먼저 보게 되고, 후에 참호의 박격포를 발견하게 된다.

완벽하다. 그러나 나는 아탈이 위에서 말하고 있는 화학적이고 세균학적인 요소들에 대해 언급한 적이 전혀 없다. 나는 모든 종류의 독에는 해독제가 존재하며, 모든 종류의 세균전에 쓰이는 세균에는 혈청이 실제로 존재한다는 것을 누구보다 알고 있다. 나는 요소에 대해 이야기하는 것이 아니라 새로운 수단에 대해 말하는 것이다. 역사는 우리에게, 잠수함이 대형 전함들에게서 제해권을 탈취했다는 사실을 가르쳐준다.

나는 대신에 항공 · 화학무기에 대해 언급했다. 이것을 아탈은 '*전쟁술에서 이제까지 통용되어오던 모든 기본 원칙을 단번에 전복할 수 있는 혁명적인 힘*'을 가진 것으로 인식했던 것이다. 만약 이것이 사실이라면 전쟁술 분야에서 이제까지 통용되어온 기본적인 사유의 역사는 우리에게 아무것도 가르쳐주지 못할 것이다. 다양한 육 · 해 · 공군 무기들의 결정력에 등급을 매기는 것은 확실히 어려운 것이다. 그럼에도 불구하고 실제로 그러한 필요성이 강하게 제기되었을 때 속수무책 방치되는 것을 막기 위해서라도 그것은 반드시 이루어져야 한다.

확실히 그들의 배분율은 교전 중인 국가의 지리학적인 위치에 의존할 것이다. 그리고 그러한 이유들 때문에 내가 조국 이탈리아를 위해 이러한 비율을 찾으려 한다는 것은 맞는 말이다. 확실히 "3군 모두는 전쟁이라는 단단한 유기체에 필요한 부분들"이라고 일반적으로 얘기할 수는 있다. 그러나 "공중 전장에서 우리의 힘을 집중하기 위해서는 지상에서 저항하는 것이 필요하다"고 이야기하지 않았던가? 이 말은 군사력의 세 부분 모두 필요하다는 것을 의미하지 않는가? 군사력의 세 부분을 모두 이용하는 것의 필요성이 주어진 마당에, 전체가 최대 가치를 획득할 수 있게 하는 각각의 기능을 정의하려고 노력하는 것은 잘못이 아닌가? 만약 공중이 결전의 장이 된다면 우리는 모든 사용 가능한 자원을 그곳에 집중적으로 투입해야 한다고 말한 사람은 바스티코 장군이다. 나는 반대로 지상의 방위를 조직하고 남은 모든 것을 공중에 집중하자고 말했다. 나는 결전장에서 힘의 집중이라는 원칙, 즉 다른 두 전장(바다, 하늘)에 의해 지상의 저항력을 막는 것이 아니라 통합한다는 원칙을 따르는 것이다.

아탈은 자신의 주장을 방어하기 위해 1925~26년에 있었던 프랑스-모로코 전쟁의 예를 인용한다.

그 전쟁에서 항공기는 대단한 지원 역할을 담당했다. 그것은 승리의 달성에 크게 기여했지만 승리의 유일한 요소는 아니었다. 지상군과의 긴밀한 합동작전을 통해, 항공기들은 초기에 모로코 원주민들에게 포위된 프랑스의 분대들을 자유롭게 기동하여 단절된 전선을 복구하는 데 광범위하게 기여했다. 공격부대의 전면과 측면에 항공기를 이용한 효율적인 지원 작전은 임무를 수행하는 데 큰 도움을 주었다. 그러나 종전 시점에 이르러 지상군의 압력이 적을 동요하도록 만들었을 때, 항공 공격은 적의 통신선을 정력적으로 단절시킴으로써 결정적인 역할을 했고, 어떠한 적의 저항도 분쇄했으며, 아브드 엘 크림Abd El Krim의 추종자들을 굴복하도록 강제시켰다.

나는 아탈이 이 부분에서 잘못 이해하고 있는 것이 있다고 생각한다. 내가 공군이 결정적일 것이라고 말했을 때, 그것은 공군이 *승리의 유일한 요소가 될 것*이라는 말은 아니었다. 그것이 만일 나의 주장이었다면 당연히 논리적으로 육군과 해군의 폐지를 주장했어야 했다. 왜냐하면 승리가 어느 한 요인에 의해서만 이루어질 수 있는 것이라면 그것은 공중의 요소일 것이고, 다른 두 개는 완전히 소용없는 것이기 때문이다. 나는 아탈에게 완전히 동의한다. 프랑스-모로코 전쟁에서 항공기는 승리의 유일한 요인이 아니었다. 나는 미래의 전쟁에서 그렇게 되리라고 결코 말하지 않았고, 그것은 앞으로도 그렇다.

'승리의 유일한 요소'라는 것과 '승리의 결정적 요인'이라는 것은 엄청난 차이가 있다. 그리고 프랑스-모로코 전쟁에서 항공기와 항공작전은 승리의 유일한 요소가 아니라, 결정적인 요인이었다는 것은 너무나 당연하다. 비록 이 점에 대해 토론할 만큼 이 전쟁을 깊게 공부하지는 않았지만, 아탈이 주장하는 바와 같이 *항공기가 승리 달성에 압도적으로 공헌했다는 사실* 이 나로 하여금 항공기와 항공작전이 그 전쟁의 명백한 결정적인 요인이었다는 것을 믿게 한다. 그러나 단순하게 단어와 문장에만 얽매이지 말자. 내가 생각한 것처럼 다가올 전쟁에서 지상의 저항으로 인해 공중이 전쟁의 승패를 결정하게 되고, 3군은 승리에 공헌하지 못할 것인가? 3군 모두 승리의 요인이 되지 않을 것인가? 그들 중 어느 하나가 자신의 임무에 실패하더라도 승리를 잃지 않을 것인가? 오직 하나의 사실만 말할 수 있다. 공군이 승리에 압도적으로 공헌했다는 것. 공군이 결정적인 역할을 수행했다고 이야기하면 그것은 같은 말이 아닌가? 연합군의 해군은 자신들이 육군에 대한 지원을 확실히 했고, 연합군의 생명을 보호했기 때문에 자신들이 승리에 결정적인 공헌을 했다고 자랑스러워할 수는 없는 것인가?

아탈은, 유럽 전쟁의 경우는 프랑스-모로코 전쟁에서와 같이 그렇게 쉽지는 않을 것이라고 말하고 있다. 정말로 그렇다. 그러나 그것은 항공기가 그 양편에서 이용되었다거나 또는 공중 방위에만 이용되었기 때문이 아니라, 유럽의 생활과 환경이 다르기 때문일 것이다. 이 점은 아탈 자신에 의해서 증명되었다.

1925년 1월 21일 모로코의 한 시장에 대한 공중 폭격으로 1분 만에 800명의 희생자가 발생했다. 평균적으로 모로코 시장 한 곳에는 수천 명의 사람들이 살고 있다. 이에 비해 유럽의 도시는 보통 수십만의 주민들로 구성되어 있다. 그 중 어느 하나에 폭탄, 소이탄, 독가스탄 등으로 공중 폭격을 감행한다면 실로 끔찍한 결과를 가져올 것이다. 모든 계곡과 해안선, 섬들은 당장 항공 공격의 위협에 놓이게 될 것이다.

그것은 분명하다. 한 국가의 국민의 사기를 분쇄하기 위한 의도로 이루어지는 공중 전투는 인구가 밀집해 있고 도시화가 되어 있는 곳에서 훨씬 효과적이다. 사막에서 생활하는 유목민족에 대한 공중전투는 거의 효과가 없다. 그러나 대부분의 인구가 거대한 시가지 중심에 모여 생활하는 문명화된 국민에게는 엄청나게 효과적이고 무시무시하면서도 끔찍할 것이다.

이와 같은 무서운 모습을 그린 후에 아탈은 다음과 같이 자문하고 있다. "그와 같은 공격이 우리에게 결정적인 효력을 미칠 수 있을까?" 그리고 다음과 같이 대답했다. "나는 그것이 불가능하다고 단호히 확언한다." 그러나 그는 이러한 명확한 부인 뒤에 다음과 같은 세 개의 '만약'을 부연했다.

……만약 우리의 공중 지상 방위가 주도면밀하게 조직되어 있다면, 만약 우리의 항공력이 전투력을 유지하고 있다면, 만약 우리의 지상과 해상에서의 전선이 여전히 강력하고 위협적이라면.

확실히 그렇다. 만약 우리의 항공력이 적의 공중 공격을 격퇴할 수 있다면, 적의 공중 공격은 우리에게 결정적인 것이 될 수 없다. 그러나 우리에게 결정적인 영향을 미치는 어떠한 공중공격도 막아내는 조건에서의 '이탈리아의 영공 방위'를 수립하고자 하는 게 아니라면, 나는 무엇을 위해 모든 노력을 기울이고 있는가? 내가 언급한 '이탈리아의 영공 방위'의 의미는 아탈이 언급하고 있는 '영공 방위'와 같은 의미는 아니다. 그것은 국가의 항공력을 구성하는 모든 자원을 전체적으로 늘어뜨려놓은 것이다.

심지어 우리의 육지와 바다에서의 전선이 확고하게 유지된다 하더라도, 우리는 지리학적 위치로 인해 공중에서 적에게 패배당하는 운명을 피할 수 없을 것이다. 이는 패배를 의미한다. 이것이 바로 내가 공중에서 최대의 노력을 기울일 것을 주장하는 이유이다. 내가 우리 자신의 상황을 최우선으로 생각하고 있음을 사람들이 이해해주기를 원한다. 내가 전투에서 공중이 승패를 가름하는 결전의 장이 될 것이라고 할 때, 그것은 이탈리아를 두고 말하는 것이다. 나는 그것이 결정적인 것이라고 선언한다. 우리가 만약 공중에서 적에게 패한다면――공중에서 적에게 패한다는 것은 효과적인 대응을 할 수 없는 상태를 의미한다――우리는 지상전이 어떻게 전개되든지 결정적으로 패하게 될 것이다. 항공 · 화학무기의 실질적인 발전을 고려해볼 때, 이러한 주장에 대해 논리적이면서도 신뢰할 수 있게 반박할 만한 사람이 있겠는가? 어느 누가 분쟁이 공중에서 결정되지 않을 것이라고, 혹은 지상에서의 결전이 공중에서의 그것에 앞서 수행될 것이라고 우리에게 논리적으로 확신시킬 수 있겠는가? 어느 누가 우리가 이미 공중에서 적에게 패한 뒤에라도 지상에서는 승리할 기회를 가지게 될 것이라고 논리적으로 확신시킬 수 있겠는가?

나는 국가의 미래를 단 한 장의 카드에 맡기는 모험을 원하는 사람은 없을 거라고 확신한다. 만약에 그런 사람이 있다면 그들은 예견이 가능한 미래의 부인할 수 없는 진실에 대해 눈을 감아버린, 나의 반대자들뿐이다.

바스티코 장군은 "항공기가 비행을 하고, 독가스탄이 사람들을 죽인다는 사실을 결코 잊지 말라"는 나의 경고를 단순한 말 만들기라고 썼다. 하지만 맹세코 그렇지가 않다. 그것은 공포스러운 진실을 표현한 것이며, 그렇기에 우리는 결코 그러한 경고 내용이 우리에게 불이익을 주는 방향으로 역전되는 일이 없도록, 즉 우리가 피해받는 입장이 되지 않도록 적절한 준비를 해야 하는 의무가 있다.

볼라티 장군은 지상전이 '의심의 여지 없이' 결정적인 것이 될 것이라고 선언했지만, 그는 자신의 주장에 '만약'이라는 것을 덧붙여야 한다.

……만약 지상 전력이 적을 패배시키고, 그 손실이 적으로 하여금 평화를 간청할 수밖에 없게 만드는 중요한 중심부를 장악하는 데 성공한다면.

그러나 항공력에 대해서 그는 적의 전력과 물질적 · 정신적인 저항을 무력화시킬 수 있을 만큼의 강력한 공격력을 수행할 수 있는 경우에만 결정적인 것이 될 수 있을 것이라고 썼다. '의심할 바 없이'라는 것과 '……할 수 있다'는 두 표현의 차이는 바로 다음에서 확인되는 장군의 편견에서 나온 것이다.

……공중에서의 승리는 가상적인 것이다.〔모든 승리는 그것이 실제로 일어나기 전까지는 가상적인 것이다.〕 왜냐하면 두 개의 항공 전대 간의 충돌이라는 것은 현실화되지 않을 것이기 때문이며,〔세계대전 당시에 바다에서는 그랬는가?〕 불리한 기상 조건이나 혹은 다른 어려움들이 영향을 미칠 것이기 때문이다.〔1929년에도 여전히 기상 조건을 이야기하고 있다! 그것은 해전에는 영향을 미치지 않는가? 우리는 이미 지상전을 취급한 수백 종의 성명서에서 기상학에 관련된 것을 읽지 않았는가?〕 항공력은 다른 어느 것보다도 더 소모가 심하다.〔지상 전력은 어떤가? 우리는 지난 전쟁에서 수백의 사단들

이 심하게 소모되어 새롭게 재조직해야 했던 사실을 듣지 않았던가? 각 국가의 수백만에 이르는 사망자들은 우리에게 지상전에서의 인명 소모에 대한 충분한 생각을 주는 것이 아닌가?〕 비록 공중에서 승리하거나 제공권을 장악할지라도 그것이 다른 지역에서 우리의 항공 공격에 대응하는 공격을 배제하지는 못할 것이다.〔지상에서는 한 지역에서의 승리가 다른 지역에서의 적의 승리 가능성을 배제하는가?〕 항공기가 파괴력을 보유한 상황에서, 단 몇 대의 항공기로도 우리에게 엄청난 손실을 입힐 수 있다.〔이상하게도, 우리가 제공권을 장악하고 있는 때조차도 소수의 적 함정은 우리에게 심각한 손실을 입힐 수 있었다. 그 경우에 우리의 항공 편대는 어떠한 종류의 것이 될 것인가?〕 공중 공격의 효과는 적극적 · 소극적인 방어와 현재 개발되어가고 있는 다른 수단들에 의해 중화될 수 있다.〔그러면 지상 전력에 대항하는 이미 개발된 적극적 · 소극적인 방어와 다른 수단은 없는가?〕 마지막으로 우리는 정신 전력의 측면을 고려해야 한다. 이는 실제로 결정적인 것이고, 예기치 않은 장애를 수반할지도 모른다.〔그렇다. 현재 정신 전력의 측면은 더 이상의 말이 필요 없을 정도로 많이 논의되고 있다. 특히 우리가 예기치 않은 장애에 의존한다면 그것은 확실히 논의될 수 없는 것이다.〕 결론적으로 공중은 결전의 장이 될지도 모르지만, 그 안에서 요구되는 전투의 종류는, 비록 그것의 독특한 조건에 의해 도움받고 효율적인 것이 되겠지만, 결국은 중대한 어려움에 봉착할 수밖에 없고 극복해야 할 심각한 장애를 가진다! 〔그렇다. 그러나 이는 지상 전투가 심각한 어려움에 봉착하지도 않았고, 그렇기에 심각한 장애를 극복할 필요가 없었음을 제1차 세계 대전에서의 경험이 보여주었기 때문이 아닌가?〕

아탈은 바도글리오Badoglio 원수의 글에서 문장 일부를 인용하면서 자신의 의견에 대한 지지를 나의 의견에 반대되는 방향으로 자연스럽게 전개해갔다. 여기 그 결론적인 부분이 있다.

그리고 가능한 만큼 기간을 단축할 수 있는 전쟁의 유형에 공헌한 것은 정확히 말하면 항공 전력이고, 모든 국가들은 조급해하면서 광적으로 이것을 추구하고자 한다.

그는 훨씬 계산이 잘된 것을 선택할 수 없었다. 왜냐하면 그것은 자신의 의견이 아니라 내 의견에 위안과 지지를 보내는 것이었기 때문이다. 바도글리오의 진술은 더욱 명확한 주장을 포함하고 있다. "전쟁을 단축시킬 수 있는 것은 정확히 항공 전력이 될 것이다." 그것은 분명 내가 수년 동안 설교하고 다녔던 내용이다. 만약 하나의 무기가 다른 무기보다 빠른 결정을 하게 한다면 그것은 다른 것들보다 앞서는 결정을 내려준다는 것을 의미한다. 그리고 다른 것들에 앞서는 결정을 우리에게 준다면, 그것이 다른 것들보다 결정적인 것이 되리라는 것을 의미한다. 따라서 항공기는 결정적이 될 것이다. 만약 그렇게 된다면 바도글리오의 진술에 부합하지 않는 것은 내가 아니라 나의 반대자들이다. 정반대의 사실을 입증하려고 애쓰고 있는 것은 그들이며, 항공력이 전쟁 양상에 혁명적인 변화를 초래하고 있는 것을 인정하지 않으려는 자들 또한 바로 그들이다. 이단자는 내가 아니다. 나를 반대하는 사람들의 종합된 생각은 무엇인가? 바스티코 장군이 말했고, 볼라티 장군이 찬성을 표한 '중간 가치'인가? 나는 그들 모두 만족했기를 희망한다.

비록 엔지니어인 아탈이 이와 같은 '중간 가치'에 반대하고 '최고의 가치'를 확인할 것을 고백했지만, 그럼에도 불구하고 그는 실제로 앞의 두 사람의 의견에 찬성을 표했다.

최고는 단수이지 결코 복수가 될 수 없다. "국가의 모든 군사력을 마치 각각이 결정적인 전력인양 강화한다는 것"은 비상식적인 일이다. 그것은 동등하게 하는 것, 동일하게 하는 것, 평등을 따르는 것, 평범에 만족하는 것을 의미한다. 그것은 결코 최고를 의미할 수 없다. 바스티코, 볼라티 두 장군의 평균 이론은 어떤 특정한 가치에 대한 등급 부여를 배제하는 것이다. 실제로 그것은 모든 작전 영역이 결정적일 수 있다는 전제에서 출발한 것이다. 그러나 그러한 전제는 가능성만 있을 뿐 개연성은 없는 것이다.

'평균' 이론은 '구성 성분의 올바른 비율'이라는 문제에 일반적인 해답을 제시하지만, 그것은 각 부분 저마다의 가치를 고려하지는 않는다. 그들이 스스로에게 "어느 것을 선택해야 할까?" 하고 자문해보면 답변은 동일하다. 그것은 모든 사람들이 잘 알고 있듯이, 전투에서 패배하기 가장 좋은 방법인 전력의 선형적인 배열과 같다. 그리고 다른 어느 것보다도 그것은 불확실성을 드러낸다.

'최고의 가치.' 정확히 이것이 나의 모토다. 전쟁의 결정은 하늘에 놓여 있으므로 보유 전력을 공중에 집중시켜보자. 나는 나의 반대자들이 다음과 같이 소리쳐주기를 원한다. "당신은 틀렸다! 결정은 다른 곳에 있지 하늘에 있는 것이 아니다! 우리는 다른 곳으로 전력을 집중해야 한다. 우리는 지상이나 해상에 전력을 집중시켜야 한다!" 그러나 그것은 아무것도 아니다. 내가 듣는 유일한 대답은 "우리는 전력을 모든 곳에 분산해야 한다"는 것이다. 나는 그러한 주장에 설득될 수 없다.

아탈은 뛰어난 이들의 저작을 인용하여 나를 침묵하도록 했던 반면에, 바스티코 장군은 군사 문제에 대한 기본적인 이론과 나의 견해가 양립할 수 없다는 것을 증명하려고 한다.

기본적인 이론에 머리를 부딪치는 것은 마치 돌담에다 머리를 두드리는 것처럼 어리석은 일이다. 오히려 당신의 머리가 깨질지도 모른다. 그러나 한번 보자. 바스티코가 나를 겨냥하여 발사한 "잘 알려진 이론들"이라는 것이 정말로 잘 알려지고 신뢰할 수 있는 것들인가? 그것들을 검토해보면 사람들이 깊은 편견으로 얼마나 쉽게 군사문제에 익숙해져 있는가를 알 수 있다.

1. 기본이론 No. 1

모든 교리는 비록 언급하고 있는 대상의 독특한 성격에 매여 있지만 그것이 적용되고 있는 때의 실제적인 조건을 고려해야 하고, 또한 *가장 가능성이 높은 적——하나 이상의 적이 존재할 경우에는 가장 위험스러운 적——에게 맞서 전쟁을 수행하는 방법*을 반드시 고려해야 한다.

이와 같은 기본적인 이론은 이탤릭체로 표기한 부분에서는 의심스럽다. 전쟁교리는 당시 전쟁의 실제와 그것이 다루고 있는 국가의 독특한 성격에 상응해야 한다. 그리고 나의 교리는 그러한 기준을 확고하게 한다. 그러나 그것은 가장 가능성이 높은 적 또는 가장 위험스러운 적의 유형에 의해 설정되어서는 안 된다. 만약 그렇다면 그 적은 자신의 고유한 전쟁교리를 부과할 것이고, 다른 이들은 모두 자신의 생각을 폐기한 표절자가 될 것이다. 더욱이 모든 국가가 위험할 거라 예측되는 자신의 적이 가까이 있는 이상, 그들 중 어느 국가도 전쟁교리를 펼칠 수 없다. 그들은 모두 적의 교리 유형에 맞추어 자신의 교리 제정을 기다리게 될 것이다.

만약 공중이 실제로 결전의 장이 된다면, 비록 가장 가능성 높고 위험스러운 적이 전투의 새로운 장의 가능성을 미처 인식하지 못했을지라도 그것을 인식하고, 모든 적절한 수단을 동원해야 한다. 전쟁이 일어나면 고통을 받게 될 쪽은 우리가 아니라 적일 것이다. 만약 우리의 적이 잘못을 범한다면 그것은 그만큼 더 적에게 나쁜 결과를 가져다줄 것이다. 그것이 왜 우리가 똑같은 잘못을 범하지 말아야 하는가의 이유가 되는 것이다.

바스티코 장군이 언급한 역사적 사례는 적절하지 않다. "공격은 무모하게 하는 것이 가장 안전하다"는 드 그랑메종De Grandmaison(극단적인 공세작전이론 옹호자—옮긴이주)의 역설에서 절정을 이루었던 프랑스의 교리는 현실과 일반 상식에 배치된 것이기 때문에 파멸의 결과를 안겨주었다. 그것은 당시의 프랑스 최고사령부를 사로잡고 있던 이상한 어리석음에서 나온 일종의 공격 지상주의에 기초하고 있었다. 그리고 불행하게도 다른 이들은 그것을 모방했다. 현실과 일반 상식에 배치되는 모든 것은 프랑스의 신비주의적인 교리가 그러했던 것처럼 무너질 수밖에 없다.

이러한 예는 바스티코 장군의 주장에 반대되는 입장을 증명하고 있다. 그리고 그는 프랑스의 교리가 *화력과 공격 수단에서 우월했던 독일군의 교리에 맞닥뜨렸을 때 실패했다* 고 말함으로써 스스로 그것을 증명했다. 그러므로 가장 가능성이 높고 위험스러운 적의 교리에 맞추어 자신의 전쟁교리를 설정하지 않은 독일인들은 현명했다.

그러므로 첫번째의 기본 이론은 마치 헐렁한 이빨처럼 흔들거린다.

2. 기본이론 No. 2

군사력을 건설할 때는 필수적으로, 예견 가능한 전역의 지리적·지형학적인 특성뿐만 아니라 *적의 조직과 전력 구성* 등을 염두에 두어야 한다. *다시 말하면 군사력의 건설을 선호하느냐, 선호하지 않느냐에 문제의 답이 절대적으로 좌우되고 있는 것으로 간주해서는 안 된다. 왜냐하면 그것은 우리의 적 또는 적들이 우리에 대항하여 배열한 전력의 규모와 종류에 비례하는 것이기 때문이다.*

이 이론은 오히려 첫째의 것보다 더 크게 흔들린다. 의심의 여지 없이 군사력 건설은 어느 누군가의 선호 여부에 매일 수 없다. 그것은 전체에게 최대의 힘을 부여한다는 판단 기준을 기초로 하고 있어야 한다. 우리 적들의 수효와 관계 없이 그것을 더하거나 해서는 안 된다. 우리의 가능한 적들이 준비하는 것을 기초로 군사력을 건설한다는 것은 모든 선제권을 양도하는 것일 뿐만 아니라 그들의 수중에서 놀아나는 것이다. 왜냐하면 잘못을 범하면 우리도 똑같은 잘못을 범하게 될 것이기 때문이다. 우리는 최악의 상황에 대비해야 한다. 그때가 도래했을 때, 최악의 상황이 일어나지 않는다면 그만큼 우리에게는 좋은 것이다.

"우리의 모든 공군력을 공격적으로 운용하자"고 말할 때, 나는 적이 똑같이 행동할 때 도래할 수도 있는 최악의 경우를 생각한다. 만일 적이 자신들의 공군력을 오직 방어적으로만 운용할 것이라는 사실을 내가 알게 된다면 나는 기뻐할 것이다. 왜냐하면 우리 편의 전력이 우월할 것이기 때문이다. 단언하건대 나는 적의 방어 조직을 모방하지는 않을 것이다.

그보다 더 심각한 것은, 적 전력의 규모에 따라 비례적으로 우리의 군사력을 건설해야 한다고 주장하는 것이다. 어떠한 국가도 고유한 보유 자원 이상의 비율로 군사력을 건설할 수 없기 때문이다.

바스티코 장군은 이러한 처음의 두 이론을 가지고, 일반적으로 나의 이론을 적용하고 있는 다른 국가의 군사력과는 다른 조직을 우리의 군사력에 부여하려 하기 때문에, 즉 간단히 말해 내가 시류에 따르지 않기 때문에 내가 틀렸다는 것을 입증하려고 했다. 솔직히 나는 이탈리아의 유행에 찬성을 표한다. 그리고 나는 역사를 공부할 때 적을 따르는 것보다는 적의 앞에 서는 것이 언제나 더 좋은 것이라는 말을 줄곧 들었음을 기억한다. 왜냐하면 전쟁의 승리는 종종 전통적인 방식으로만 전쟁을 수행하고자 한 사람들보다는 그것에서 변화하는 데 성공한 사람들에게 열매가 돌아가는 것으로 보이기 때문이다.

3. 기본이론 No. 3

지상전과 관련하여, 방어가 공격보다 좀더 적은 전력을 필요로 한다는 것은 사실이다. 그러나 그것은 *오직 전력 비율이 빈약하거나 방어를 적절히 조직할 수 있는 많은 시간과 기회가 있을 경우에 한해서이다.*

첫번째의 경우, 공격자는 자신의 구미에 맞게 공격 시간과 장소를 결정할 수 있는 반면에, 방어자는 전 전선에 걸쳐서 효과적인 방어를 유지해야 한다는 사실에서 도출된 것이다. 두 번째 제한에 관해서 우리는 평시에는 국경에 있는 방어 조직은 여러 가지 이유로 인해 전시에 갖추어야 하는 모습과는 동떨어져서 오늘날에는 불완전한 모습으로 남아야 한다는 것과 그것이 완전하게 되기 위해서는 많은 시간을 필요로 한다는 것, 그리고 만약 이것이 수적으로 제한되어 있다면 실질적으로 기동방어에 도움이 되는 조건으로 만들 필요가 있다는 것을 기억해야 한다.

바스티코 장군은 이와 같은 기본적인 이론을 가지고 저항의 임무를 부여받은 지상 전력을 제한하여 얻는 것이 아무것도 없고, 그렇기에 내가 주장한 제한은 무가치한 것이라는 점을 입증하려고 한다. 걱정되는 것은 세계대전 전에 군사학교의 주제 과목으로서의 제한된 유용성을 가지고 있던 이와 같은 기본적 이론이 피비린내 나는 전쟁 경험을 통해 완전히 무너져버렸다는 것이다. 그 경험은 공격과 방어의 교착 상태를 깨뜨리기 위해서 결코 적지 않은 막대한 인원과 수단이 필요하다는 것을 누구라도 알 수 있도록 입증했다. 그것은 거의 매일 소량의 탄약과 얼마 안 되는 철조망을 보유한 소수의 대담한 사람들이 적의 세력들을 몇 달 혹은 몇 년 동안 묶어놓고 있었던 사례들로 입증되었다. 그것은 때때로, 그리 드러나지 않는 지형학적인 장애물들은 정복되기 전에 수많은 병사의 피와 엄청난 양의 강철을 소모했음을 보여주었다. 그리고 현재 알프스 산맥은 갑자기 방어가 불가능한 사잇길 수준으로 고려되고 있다.

그러나 일반 개론서조차 특정한 조건하에서는 제1차 세계대전에서 나타났던 동일한 현상처럼 전선이 즉각 안정될 것이라는 이론을 받아들이고 있다.

존경하는 나의 동지들이여, 당신들은 이와 같은 기본적인 이론이 과거의 것이라는 사실에 안심하는 편이 좋을 것이다. 그 이론은 심각하게 손상되었고, 이제 그것을 다락방에 내다버릴 시간이다.

4. 기본이론 No. 4

비록 일반적으로 알려져 있지는 않지만, 해상전에서 방어가 공격이 요구하는 것보다 우월한 수단의 운용과 에너지 소모를 필요로 한다. 해상에서는 심지어 방어 임무 중인 한 척의 함정도 비록 잠재적일지라도 적의 위협으로부터 통신선을 보호해야 한다. 적의 공격이 어느 방위에서 시작되든지 방어자는 실제 작전에 예비 전력을 포함하여 상당한 전력을 전개함으로써 적의 공격에 대응해야 한다. 해상에서의 방어는 전력의 비축이 아닌 상당한 지출을 의미한다.

이와 같은 이론을 가지고 바스티코 장군은 내가 제안한 것처럼 해군력의 임무를 제한하는 것은 좀더 비용이 많이 소요되기 때문에 쓸모없는 것이며 불리하다고 주장한다. 그러나 이것은 기본적인 이론이 아니다. 그것은 단순히 볼라티 장군의 의견이며, 존경할 만한 것임에도 불구하고 이상한 의견이다. 실제로 그는 해상에서 방어자는 훨씬 강해야 한다고 확언했는데 이는 좀더 약한 측이 공격의 입장에 있어야 한다고 말하는 것과 같은 의미다. 내가 공중에서의 방위는 공격보다 더 많은 비용을 소모하게 될 것이라는 주장을 계속하는 한, 논리적으로 다음과 같이 결론을 내릴 수 있다. 공중에서 계속 공세를 취하라. 당신의 전력이 약하면 약할수록 좀더 열렬하게 공격을 수행해야 한다. 그러나 해상에서는 전혀 별개의 사항으로 보인다. 최소한 바스티코 장군이 그토록 자주 인용했던 것처럼, 역사는 가장 약한 해군이 항상 방어적인 태도를 견지했다는 것을 보여준다. 그들은 항상 틀렸는가?

바스티코 장군은 다음과 같이 썼다. "심지어 방어작전 중인 단 한 척의 함정도 통신선을 보호해야 한다." 그래야만 하는가? 이것은 무엇인가를 해야만 하는가에 대한 문제가 아니라, 할 수 있느냐의 문제다. 그것은 할 수 있으면 해야 하는 것이다. 독일 해군은 공격작전의 속개를 즉시 포기했다. 그러나 그것은 환상 또는 희망의 상실 또는 의무감에 의해 포기한 것은 아니었다. 독일은 그럴 수밖에 없어서 포기한 것이다. 자신의 통신선을 보호하는 임무를 지닌 전력이 약한 해군은 적들이 바보로만 구성되지 않는 한 오래 견딜 수가 없다. 전력이 약한 해군은 확실히 단 몇 분만에 침몰하거나 또는 기회가 찾아왔을 때 적의 실수를 최대로 이용할 수 있도록 피난처를 찾는 것 중 하나를 선택해야만 한다. 그러한 조건에서 전투를 감행하는 것은 대담한 공훈이 될 것이다. 그러나 그 공훈은 해상 교통을 확보하지 못한 채 바로 자살로 이어지는 것이 될 수도 있다. 이것은 전력이 약한 해군이 취해야 하는 태도이다. 이것은 힘과 에너지를 아끼기 위해 의도적으로 선택하는 태도가 아니다.

이것은 진실이기 때문에 나는 다음과 같이 말하는 것으로 나의 생각을 제한하도록 하겠다. "해상에서의 우리의 목적은 어느 누구도 우리의 동의 없이 지중해를 항해하는 것을 금지하는 것이어야 한다." 이것은 좀더 적은 전력을 필요로 할 것이며, 바스티코 장군이 지지하는 방어태도를 위해 필요한 것과는 다른 유형을 가진다. 실제로 피오라반초 대령은 다음과 같이 쓰고 있다.

> 우리 자신의 교통로를 보호하는 것보다 적의 교통로를 공격하는 데에 훨씬 적은 수단이 필요하다. 모든 전쟁에서 무수한 함정들은 소수의 침입 함정을 나포하기 위해 동원되었고, 소수의(어느 경우에라도 50척 이하의) 잠수함들은 세계의 해군 조직에게 잠 못 이루는 수많은 밤을 만들어주었으며, 수천의 해군 부대를 다른 중요한 임무로부터 고개 돌리게 했다.

이것은, 비록 제4의 기본이론이 해상전의 실질 이론일지라도, 여전히 나의 주장과는 아무런 관계가 없다는 것을 보여주기에 충분하다. 그러므로 이것도 다른 것과 마찬가지로 옆으로 치워두자.

5. 기본이론 No. 5

모든 전쟁의 준비는 한 국가가 보유한 경제적인 잠재 능력에 비례한다. 한 국가의 군사적인 노력은 국가의 일반 예산에 의해서 좌우되어서는 안 되고, 예산은 군사적인 필요를 반영해야 한다고 주장하는 것은 장한 희망이다. 그러나 백 중 아흔아홉은 이러한 희망을 실행할 수 없다. 그것은 세계의 모든 국가들 중에서 오직 미국만이 그러한 사치를 감당할 수 있는 지위에 있다는 사실로 입증된다. 다른 모든 국가는 훨씬 더 적은 예산에 만족할 수밖에 없다.

여기에 진정 자기 스스로 일어설 수 있는 기본이론이 있다. 바스티코 장군은 나에게 반대하는 의미로 인용하면서 나를 아탈과 혼동했다. 우리의 재정 부족 문제에 지나치게 많은 중요성을 부여하고 있다고 나를 비난하면서, 예산은 방위력을 준비하는 데 맞추어야 한다고 주장한 것은 바로 아탈이다. 나는 단순히 "우리의 공군력은 우리의 *국가 자원이 허용하는 범위에서* 강력한 것이 되어야 한다"고 말했다.

그것에 대해 더 생각하면 할수록 바스티코 장군이 나와 아탈을 혼동하고 있다는 사실을 더욱 확신하게 된다. 언제라도 어떠한 적 앞에서도 온 국민의 삶의 안정적인 발전은 보장되어야 한다고 주장한 사람은 바로 그이다. 나는 단지 우리가 할 수 있는 가장 좋은 방법으로 만일의 전쟁을 준비해야 한다고 주장했기에 그보다는 훨씬 더 온건한 입장이다. 바스티코 장군은 '우리의 독립공군에게 한 배 반 또는 두 배, 또는 몇 배든 우리의 적들보다 강한 전력을 갖추게 하여, 우리의 적들 중 하나의 공군력을 빠른 시간 안에 궤멸하는 것은 물질적으로 불가능하다'는 사실을 나에게 입증하기 위해 시간을 낭비할 필요가 없다. 나는 누구도 궤멸시키는 것을 원하지 않는다. 원하는 것은 단지 우리의 조국이 너무 쉽게 무너져버리지 않는 상황을 만들고자 하는 것이다.

나는 바스티코 장군에게 군사력의 구성 부분의 올바른 비율을 '육·해·공군 모두가 적절한 공격력을 갖추는 것'이라고 규정할 때, 이러한 기본이론에 역행하지 않을 것을 충고할 뿐이다. 그러한 적절한 비율이라는 것은, 내가 이미 지적한 바와 같이 미국에게나 실현 가능한 일이고 우리는 달성할 수 없는 이상향이다.

6. 기본이론 No. 6

전쟁을 준비할 때, 항상 동맹국들의 도움이 최소 수준에서 맴돌고, 그와는 반대로 예상 적국의 전력이 최대 수준으로 발전되는 것과 같은 최악의 상황을 고려해야 한다.

이것은 확실히 분명한 또 하나의 기본적인 이론이다. 나는 이 이론에 무조건 동의한다. 나는 가능한 적의 전력뿐만 아니라 그들의 사악한 본성 또한 기억한다. 이것이 바로 적의 공중 공격을 두려워하는 이유이다. 적의 입장이 되어 나는 다음과 같이 생각한다. "나는 여기 이 아름다운 유럽의 정원과 마주 서 있다. 내가 이 나라의 험준한 산맥의 방어를 뚫고 공격을 감행할 수 있을까? 이 나라 아들들의 영웅적인 선혈로 생기를 얻은 그곳의 모든 돌들은, 비록 내가 나의 뿔들을 가장 강력한 금속으로 무장하더라도 그것을 막을 수 있는 강력한 요새가 될 것이다. 바다를 건너서 공격할까? 모든 파도는 그 속에 함정을 감추고 있을 것이며, 모든 해안과 바다, 바위들의 뒤편에는 그 나라 국민들의 용감한 정신이 몇 겹으로 쌓인 위험으로 잠복하고 있을 것이다. 내가 이익을 얻을 수 있는 곳은 오직 한 곳밖에 없다. 내가 나약한 정신들과 만나게 될 것이기 때문이 아니라, 그 넓은 정원은 손쉬운 목표를 이루고 나는 나의 영토에 대한 어떠한 대응 공격도 방어할 수 있을 만큼 강력하기 때문이다. 그러므로 내가 이 아름다운 정원의 매우 중요한 모든 심장부를 향해 폭력적이고 사나운 공격을 자유롭게 폭발시켜야 하는 장場은 바로 이곳이다. 그곳에는 나를 제지할 만한 힘이 없다."

내가 "공중에 우리의 전력을 집중시켜라"라고 외치는 것은, 무엇보다도 이와 같이 적의 입장이 되어보았을 때 알 수 있는, 일부 적들이 가지게 될지도 모르는 이와 같은 생각을 두려워하기 때문이다. 여기서 나는 다시 바스티코 장군에게 자신의 '평균' 이론을 제안할 때, 이와 같은 기본적인 이론에 역행하지 말 것을 충고한다.

군사문제에 대해 완전히 무지하지 않은 독자들이 인식할 수 있는 기회를 가졌던 것처럼, 나의 교리에 반대되는 바스티코 장군의 기본이론은 나에게 아무런 영향을 주지 못했다. 그가 나를 향해 공격한 다른 사소한 주장들에 대해서도 마찬가지다. 자연히 그는 일반적 지침으로도 *독립공군에게 적 국가의 심장부에 대한 공격 임무를 할당해야 한다*는 것이 논리적이라고 알고 있다. 그러나 그는 또한 악이 그렇게 검게 보이지 않으므로 적 또는 우리의 심장부에 대한 공격이 기껏해야 심장 박동수를 빠르게 할 뿐이라고 생각한다.

그는 내가 "전투의 결전장은 공중이다"라는 원칙 위에 전쟁의 새로운 교리를 내세우길 원한다고 말한다. 그러나 그는 이것이 추상적인 원칙이 아니라 진실로 판명될 것이라는 사실을 망각한 것이다. 그는 전쟁의 교리는 결코 원칙에 기초할 수 있는 것이 아니라 항상 현실에 기초하는 것임을 깨닫지 못한다.

그는 만약 우리가 나의 교리를 실행한다면 전쟁을 지도하는 데에 기존의 전쟁교리와 일치하지 않는 형태와 본질을 부여할 것이라고 말한다. 그는 교리의 가치가 기존 교리와의 유사성에 의해 측정되는 것이 아니라, 현실에 부합하는 방식에 의해 측정된다는 사실을 알지 못한다. 만약 그 유사성이 깨지는 것이 두려워서 아무도 교리를 변화시키려 하지 않는다면, 전쟁술은 바다 중간의 암초처럼 고요하게 죽어버릴 것이다. 그는 우호적인 결과를 미리 확인하지 않고는 아무도 나의 교리를 실행에 옮길 기회를 갖지 못할 것이라고 말한다. 그러나 그는 먼저 그것을 실행에 옮기기 전에 우호적인 결과를 어떻게 얻을 수 있는가를 입증하는 절차를 잊었다.

심지어 그는 수세기에 걸친 역사의 교훈을 무시한 채 현재까지의 전쟁은 항상 육군과 해군 사이에서 유사하게 구성되어 존재해왔다고 주장한다. 나는 그것을 믿는다. 그리고 나는 또한 미래의 역사는, 미래의 전쟁이 유사하게 구성된 육 · 해 · 공군 간의 전투가 될 것이라는 사실을 보여주게 되리라 믿는다. 현재 우리는 변혁의 시기를 살아가고 있다. 내일이면 우리는 모든 것이 안정될 것이다.

그는 다음과 같이 논리적으로 가정한다.

……나의 판단으로는, 2주 정도면 적이 중지를 요구할 수밖에 없게 만드는 물질적이고 정신적인 혼란을 불러오는 충분한 기간이 될 것이다.

그러나 그는 내가 결코 그와 같이 무모하고 성급한 진술을 할 수 있도록 무엇을 말하거나 쓴 적이 없다는 사실을 잊고 있다. 나는 단지 공중이 지배당하는 국가는 전쟁이 지상에서 결정되기 전에도 전쟁 수행의 중지를 요구받을 정도로 정신적인 고통에 시달릴 수 있다고 말한 것뿐이다. 그는 다음과 같이 계속 말한다.

……그러나 만약 2주 대신 두 달이 걸린다면, 육군의 조직에 어떠한 변화도 없을 것이다. 그리고 국경을 방어하는 대신 육군은 최소한 그것을 넘어서 전진하려고 할 수 있을 것이다. 왜냐하면 가정집의 문은 그 뒤편보다는 앞에서 잘 방어할 수 있기 때문이다.

나도 역시 이것이 명백한 것이라고 생각한다. 그리고 오늘날 지상전이 2개월 이내에 결정된다는 것은 생각할 수 없다. 그러나 적이 지붕을 불태우고 벽을 허물고, 집안의 가족이 독살당하고 있는 마당에 집의 문 앞이건 뒤편이건 어디에 서 있는가는 큰 문제가 되지 않는다는 사실을 수용해야 한다는 것이다.

그는 모든 곳에서 적에게 패배할 위험을 무릅쓰고 모든 곳에 대한 공격을 선험적으로 제안하는 것이 왜 전쟁의 모든 기초적인 원칙에 반하는 것인지 이해하지 못하겠다고 말한다. 그는 자신의 스승이 하나의 전쟁은 비록 단일의 목적을 두고 싸우는 것이지만, 지상과 해상에서 동시에 공격하는 것——당시에 비행이라는 것은 존재하지 않았다——은 잘못이 될 수 없다고 그에게 가르쳤다고 말한다.

바스티코 장군의 스승들은, 만약 그들이 아무런 제한 없이 단지 "모든 곳에서 공격적인 것이 결코 잘못이 아니다"라고 가르쳤다면, 그릇된 가르침을 준 것이다. 공격은 그 자체로 목적이 아니기 때문에, 만약 그들이 그랬다면 그것은 좋지 않은 것이다. 사람들은 단지 공격을 하기 위해 공격하지는 않는다. 만약 그렇다면 바스티코 장군 자신이 비판한 드 그랑메종의 이론에 빠질 위험이 있다. 사람들은 언제나 승리를 얻기 위해 자연스럽게 당시의 특정 환경 아래서 가장 적합한 것을 선택하면서 공세 또는 방어를 수행하는 것이다. 프랑스-프로이센 전쟁 초기에 프랑스의 공격은 프랑스를 파멸의 순간으로 이끌었다. 그와 같이 불쾌한 결과에 도달하기 위해 공격을 계속하는 것은 불합리한 것이다. 공격은 할 수 있을 때 계속하는 것이며, 그렇지 않을 때에는 방어를 취해야 한다.

당연히, 공격이 더 많은 것을 달성할 수 있기 때문에 가능하다면 공격을 하는 것이 더 바람직하다. 다른 모든 것들이 동일하다면, 지상과 해상의 동시 공격을 통해 승리를 얻기 위해서는 더욱 강력해야 한다. 그렇기 때문에 바스티코 장군의 스승들은 그에게 만약 지상과 해상 모두에서 적보다 강력하다면 동시에 공격을 취하는 것이 상책이라고 가르쳤을 것이다. 나는 그것에 대해서는 할말이 없다.

제1차 세계대전 초기에 독일은 지상에서는 공격을 취하고 해상에서는 방어를 했다. 만약 그들이 양면에서 공격을 했다면 큰 실수를 범했을 것이다.

바스티코 장군이 지상과 해상에서 확실히 적보다 강한 것을 느낄 때 양쪽에서 공격을 해야 한다고 한 것은 잘못이 아니었다. 그러한 가르침은 전쟁의 기초 원칙에 위배되는 것이 아니다. 그러나 그가 전쟁 준비는 두 곳 모두에서의 공격 전투를 위해 계획되어야 한다고 배웠다면 확실히 잘못이다. 그것은 모든 곳에서 적보다 강해질 필요성을 의미하는 것이고 항상 실현되기 어려운 것이기 때문이다.

심지어 공군이 존재하지 않았을 때조차 우리는 지상 전력과 해상 전력을 승리라는 단일의 목적으로 운용하는 것을 의미하는 '목적의 단일성'에 대해 이야기했다. 만약 한 국가가 해상보다는 지상에서 좀더 쉽게 패할 것 같으면 목적의 단일성은 해상 전력보다는 지상 전력을 위해 더욱 강하게 요구된다. 그것은 비록 해군이 방어를 취하도록 할 수밖에 없는 상황을 의미할지라도 지상에 국가의 전력을 집중할 것을 요구하게 된다. 그리고 그 반대도 마찬가지다. 영국은 항상 자신의 전력을 해상에 집중해왔다. 그리고 만약 그렇지 않았다면 영국은 참으로 심각한 잘못을 범했을 것이다. 불행하게도 과거에 그와 같은 목적의 단일성은 아라비아의 불사조와 같은 것이었다. 모두들 그것이 존재한다는 것을 알았지만 그것을 어디에서 발견할 수 있는지는 아무도 알지 못했다.

공군력의 도래와 더불어 군사력은 마침내 단일한 전체로 묶여졌다. 왜냐하면 공군력은 육지와 바다를 건너 하늘에서 작전을 수행할 수 있기 때문이다. 이러한 목적의 단일성은 전투의 단일성이라는 모호하고 혼동된 공식에 의해 대체되었다. 필요한 조직을 완성시켜왔던 우리가 보유한 3군은 승리라는 하나의 목적을 위해 단일의 전투를 수행해야 한다. 모든 곳에서 승리를 획득하려는 것은 이상적인 목표일 것이다. 그러나 한 국가가 모든 곳에서 더욱 강해야 함을 의미하기 때문에 그러한 사고방식의 99퍼센트는 이루어질 수 없는 것이다. 오히려 단 한 곳의 전장에서 승리하려고 하는 것이 더 실현 가능한 것이다. 그리고 결전의 장에서 승리할 수 있는 한은 그 장에서의 승리를 위해 준비하려는 것이다. 인간적으로 할 수 있는 모든 것은 자신의 입장에서 최대의 승리 가능성을 가지려고 노력하는 것이다. 그리고 그것을 이룰 수 있는 유일한 방법은 그곳이 어디든 상관없이 전투의 결전장에 전력을 집중하는 것이다. 그러므로 모든 곳에서 공격을 제안하는 것은 선험적으로 전쟁의 가장 기초적인 원칙에 반대되는 것이다.

이것은 공중이 결전의 장이든 아니든 틀림없는 사실이다. 이것은 "지상과 해상에서 우리는 단지 저항하는 것으로 만족해야 하는 반면에, 전쟁의 승리는 오직 하늘에서만 획득될 수 있다"고 확신하지만 입증되지는 않은 새로운 교리와는 관련 없는 것이다. 바스티코 장군 같은 이들은 "그러한 새로운 교리에 얼마나 많은 사람들이 따를 것인가?"라고 외치면서 나에게 최후의 일격을 가하고자 한다.

정말로 추종자가 없다고? 그러나 무엇이 문제인가? 존경하는 동료들은 여전히 다수의 입장이면 옳은 것이라고 믿고 있을까? 그는 그것이 현실과는 다른 민주주의적인 생각이라는 것을 아는 게 좋을 것이다. 다수는 관성의 힘을 가지고 있다. 그것을 움직이려면 많은 것이 필요하다. 그러나 일단 움직이면 그것은 마치 눈덩이처럼 불어난다. 새로운 교리의 추종자가 거의 없다고? 그것을 걱정할 필요는 없다. 그들은 점점 늘어나고 배가되어 내일이면 엄청나게 커질 것이다.

바스티코 장군은 자신의 생각을 다음과 같이 요약했다.

……우리는 과거의 우리들 자신을 내버리고 새로운 경험이라는 미지의 세계를 맞이해야 한다.

그는 "그것은 공포스럽지만 단순하다"고 덧붙인다. 실제로 그것은 더 이상 단순해질 수 없다. 제로(0)보다 더 단순한 것이 있겠는가? 그에 의하면, 우리에게 그토록이나 빠르게 압력을 가하고 있는 새로운 실제의 면면들 중, 우리는 우리가 무엇을 해야만 했는지를 뒤늦게 알려주는 새로운 경험에 참견하지 않고 차분하게 기다려야 한다. 왜냐하면 그 외에 우리를 가르칠 수 있는 것은 아무것도 없기 때문이다. 확실히 그것은 너무나 어려워서 모두 납득할 수 있도록 입증할 수 없는 사실이다.

진정 우리는 새로운 미지의 경험에 자신을 내맡길 수밖에 없는가? 그러한 생각은 정말 공포스러운 것이다. 그렇다. 특히 우리가 새로운 경험의 희생자가 되는 상황이 발생한다면 그로부터 많은 결론을 이끌어낼 수 있다. 과거의 우리를 내버리고 미지의 세계에 우리를 맡기겠는가? 미지의 세계란 무엇인가? 우리 모두는 볼 수 있는 눈과 추론할 수 있는 두뇌를 소유하고 있지 않는가? 우리는 자유롭게 운용할 수 있는 항공기와 무서운 화학 무기를 가지지 않았는가? 그것들의 가능성을 실용적으로 발전시킬 수는 없을까? 그것들이 향후에 만들어낼 수 있는 효과를 실험적으로 발견할 수는 없는 것인가? 미지의 것——미지의 것이라고는 하지만 그것은 전체적으로 혹은 부분적으로 모습을 드러내는 것이 불가능한 것인가? 우리는 위험에 직면해서도 언제나 타조처럼 머리를 모래 속에 파묻어두어야 하는가? 우리는 우리의 우산이 폭풍우를 이겨낼 수 있을 만큼 강하지 않다는 것을 발견하기 전에 폭풍우에 깨지기를 참을성 있게 기다려야 하는가?

미지의 새로운 경험에 맞부딪치기 위해 자신을 내맡기는 것은 고대 불교의 수행자들이 그러한 것처럼, 앉아서 자신의 중심에 감탄하며 바라보는 것과 같다. 그리고 요즈음은 불교의 수행자들조차 명상에 몰입하는 데 시간을 낭비할 수 없는 시대다. 나는 그와 같은 수동적이고 체념적이며 아무것도 하지 않는 태도를 거부한다. 적극적인 정신은 영혼, 가슴, 마음에 선천적인 것임에 틀림없다. 그것은 단순한 말로 현실화될 수 없는 것이다. 미래에 곧 모습을 드러내게 될 사건들을 위해 그것이 필요하다. 우리는 그러한 사건들을 견뎌내고 생존할 수 있다는 게으른 희망을 가지고 한 옆으로 물러서서 기다려서는 안 된다.

비록 독립공군이 다가올 미래의 전쟁에서 결정적인 것이 되리라는 사실을 어쩔 수 없이 받아들일 수밖에 없는 나의 반대자들은 다음과 같이 결론지었다.

……그러나 그것이 결정적이 될 것이라는 사실이 입증되지 않는 한, 우리는 전쟁의 양상을 있는 그대로 두도록 하자.

자, 이러한 추론은 근본적으로 잘못된 것이다. 공중이 결전의 장이 되리라는 것이 비록 확실하지는 않더라도 가능성이 있는 한, 공중에 우리의 전력을 집중할 만한 충분한 이유가 된다. 지상에서의 결정은 지체되기 쉽다. 지상에서 적을 견제하고 시간을 확보하는 것은 그리 어려운 일이 아니다. 세계대전 기간 동안에 대규모의 육군은 적군이 항만에 근접해 있는 동안에도 창설되었지만, 후일에 그 육군이 결전을 마무리했다. 해상에서는 작은 함대를 가지고도 세계에서 가장 강력한 함대를 견제할 수 있었다. 이제는 아무도 전쟁 초기에 지상전에서 신속하게 승리할 수 있다고 믿지는 않는다. 이것이 바로 모든 국가가 국가 산업을 전시 동원체제로 신속하게 전환하는 산업 동원을 준비하는 이유다. 아탈은 다음과 같이 썼다.

전쟁이 선포되었을 때, 모든 국가의 수단은 오로지 전쟁 목적에 투입된다. 그에 따라 모든 필요한 비용을 부담한다.

확실히 그것만으로는 부족하다. 국가 자원을 무장하고 다른 전쟁물자로 전환하는 데에는 시간이 소요된다. 공중 공격의 상황하에서 그렇게 하는 것은 쉽지가 않을 것이다. 평온함과 안전도가 요구된다. 그러므로 공중에서 적에게 공격받지 않는 것이 필요하다. 지상에서는 그와 같은 상황에 처하기 전에 결정을 지연할 수 있다. 그러나 그와 같은 일은 멈춰 서게 할 수 있는 장소가 없는 공중에서는 이루어질 수 없다. 전쟁 선포 전에 공군력 간의 충돌은 매우 쉽다. 왜냐하면 양측은 결정적인 시기에 강력하고 폭발적인 행동을 취하는 것이야말로 막대한 이익이 될 것이란 사실을 잘 알고 있기 때문이다. 공중에서의 투쟁은 훌륭한 준비와 신속한 행동을 수행한 세력에 의해 결정될 것이다. 강한 공군은 다른 측에서 재강화를 꾀할 시간을 주지 않을 것이며 약자가 강자를 저지하게 할 수도 없을 것이다.

나의 반대자들은 그와 같은 공중 공격이 결정적인 결과를 불러올 가능성이 있다는 것을 인정한다. 그것은 전쟁이 공중에서 결정되거나 혹은 결정되지 않을 것을 의미한다. 처음의 경우에 공중에 전력을 집중하는 것은 현실적으로 실현될 것이다. 둘째의 경우는 그렇지 않을 것이지만, 쟁점을 곡해하지는 않을 것이다. 공중에서 전력을 집중하지 않는 것은 현실적으로 두 번째 경우에 부합하는 것이리라. 그러나 처음의 경우에 그것은 특히 우리 조국의 지형학적 특성을 고려한다면 쟁점에 강한 영향을 미칠 것이다.

바스티코 장군과 다른 이들에 의해 제시된 일반적인 해결책은 만약 그들이 받아들일 가능성이 현실이 된다면 조국을 중대한 위험에 처하게 할 것이다. 나의 해결책——이를 극단적 해결책이라 부르자——은 만약 공중이 결전의 장이 아닌 것으로 밝혀진다 하더라도 아무런 위험을 가져다주지는 않을 것이다. 가능성의 인정이라는 관점에 의하면, 지금 여기에서 미지의 세계에 대하여 체념하는 것은 매우 위험스러운 것이라고 할 수 있다.

그러나 좀더 문제가 되는 것이 있다. 나는 이 연구의 초기에 만약 정복자가 자신의 공중 공격으로 적의 사기를 꺾는 데 성공한다면 제공권을 장악한 쪽이 전쟁의 결정을 이끌어낼 것이라고 확인했다. 만약 공중 공격이 그러한 것을 달성하는 데 실패한다면, 그러한 결정은 단지 표면적인 것이 된다. 그러나 제공권의 장악이 결정적인 것으로 입증되지 않는 경우에서조차도 그것은 전쟁을 결정하는 데 여전히 지대한 도움을 주는 것이리라. 제공권을 장악한 측은 자신의 영토와 지상의 군사력을 적의 어떠한 공중 공격으로부터도 보호할 수 있을 것이고, 제공권을 박탈당한 다른 측은 어떠한 효과적인 대응공격의 기회조차 박탈당한 채 공중공격에 노출될 것이다. 그리고 그러한 공중공격은 국가의 활동을 전복시키고 지상 군사력의 행동의 자유를 방해할 것이다. 결론적으로, 공중에서 전력을 집중하는 일은 전쟁이 공중에서 결정되지 않을 경우조차도 유용한 것이다.

내가 1921년에 처음으로 제기했던 질문을 다시 해야 할 것 같다. "만약 우리 최후의 적이 제공권을 장악하고 우리의 조국에 대하여 자신의 항공력을 동원하여 물질적 · 정신적 전력을 파괴한다면, 알프스 산맥에 포진하고 있는 우리의 강력한 육군과 우리를 둘러싸고 있는 바다를 지배하고 있는 강한 해군이 다 무슨 소용이 있겠는가?" 답은 그들이 아무것도 할 수 없다는 것이다. 1921년에도 그러했고 오늘날에도 역시 그러하다. 그리고 시간이 지날수록 항공 · 화학무기가 점점 더 강력해지는 것을 보게 될 것이다. 우리의 육군과 해군은 영웅적으로 싸울 수는 있겠지만 그 동안 후방에 있는 조국이 고통을 겪고 있음을 알게 될 것이고, 그들의 기지와 통신선의 안전은 결코 보장되지 않을 것이다. 결국에는 그들이 승리할지도 모른다. 그러나 그것은 엄청난 희생의 대가일 뿐이다. 만약 제공권을 장악하는 데 노력을 기울인다면 전쟁에서 좀더 나은 조건으로 조국과 육군, 해군을 자리잡도록 할 수 있지 않을까? 가장 급박한 위험에 먼저 부딪혀야 한다. 다른 것들은 그때에 가서 다룰 수 있다.

시는 시인에게 남겨두자. 대중은 전쟁의 공포에 익숙해질 수 있고, 또 그래야 한다. 그러나 모든 저항, 심지어 인간의 저항은 한계가 있다. 공중 공격을 영원히 견뎌낼 만큼 굳건한 대중은 없다. 영웅적인 인물은 가장 공포스러운 공격이라도 끝이 있다는 희망이 있는 한 견딜 수 있다. 그러나 항공전에서 패했을 때, 지상에서 결정에 이를 때까지는 전쟁이 끝나리라는 어떠한 희망도 없다. 그리고 그것은 상당히 오랜 시간을 요하는 것이다. 어제와 같은 폭격을 오늘 당하고, 내일 또 다시 당하리라는 것을 알고, 자신의 고난에 끝이 없으리라는 것을 알게 된 국민들은 평화를 요구할 수밖에 없다. 그것은 2주가 될 수도 있고 두 달 혹은 여섯 달이 될 수도 있는 것으로 공격의 강도와 사람들 마음의 완강함에 달려 있다. 그러나 자기들의 육군이 국경을 넘어 적국으로 향하고 있다는 소식은 이 사람들에게는 작은 위안이 될 것이다. 아마 실제적으로 안도감을 안겨줄 소식은 육군이 적국의 수도를 향해 신속히 전진하고 있다는 것이다.

그러면 우리는 그와 같은 결말에 대비하기 위해 새로운 경험의 결과를 기다려야 하는가? 집이 털린 뒤에야 창고의 열쇠를 채우는 바보처럼 행동해야 하는가? 과거 전쟁에서의 우리의 경험은 우리가 잠수함의 중요성을 적시에 알아차리지 못하는 잘못을 범했음을 보여주었다. 이러한 전례는 새로운 항공기의 중요성을 축소하는 대신 똑같은 일이 다시 발생하고 있다는 것을 일곱 번이나 생각나게 했다. 그것은 세계대전 전에 잠수함의 중요성을 사람들에게 이해시키려 노력했던 소수의 사람들과 마찬가지로 새로운 사실을 지적하는 우리들이 낡은 전통에 대항하는 성급한 사람, 이론가, 극단주의자, 우상 파괴주의자, 이단자로 여겨지는 것과 마찬가지다.

과거의 경험이 결코 도움이 되지 못한다는 사실과, 역사는 동일한 잘못을 단조로이 반복하는 것이라는 사실을 과거의 경험이 명확하게 보여주고 있는데, 왜 새로운 경험을 기다려야 하는가? 요즈음에는 누구나 다 역동성에 대해 말한다. 그것이 인간이라고 나는 받아들인다. 그러나 진정 역동적인 인간은 기다리지 않는다. 그는 행동한다. 그리고 신속하다. 현실의 압력과 위험에 직면하여 소극적으로 체념하는 것은 잘못 중에서도 최악이다. 대신에 우리는 그것에 질문을 던져야 한다. 그것은 대답할 것이다. 왜냐하면 내일은 완전히 미지의 것이 아니기 때문이다. 그러나 그것을 형성했던 원인을 보지 않거나 또는 보지 않으려 하는 사람은 예외이다.

세계대전의 호된 경험에도 불구하고 오류임이 입증된 일부 낡은 개념들을 여전히 신봉하는 사람들이 있다. 예를 들어 바스티코 장군은 다음과 같이 썼다.

> 만약 우리가 전쟁의 목표가 더 이상 군사력이 아닌 적의 정신적 저항 등이라는 측면에서 항공기가 전쟁을 변화시켜왔다는 것을 인식해야 한다면, 기타 등등…….

이러한 진술로 그는 최소한 현재까지는 전쟁의 목표는 적의 군사력이었다는 그의 신념을 보여주었다. 이러한 개념은 바스티코 장군만의 것은 아니다. 오히려 많은 전쟁 전문가들이 공유하는 것이다. 나는 심지어 그들 중의 절대 다수가 그러하다고 말할 수 있다.

그런데 이러한 개념은 절대적으로 틀린 것이다. 만약 전쟁의 목표가 적 군사력이었다면, 무기체계로서 항공력은 아무것도 변화시킬 수가 없다. 여전히 목표물은 적의 군사력일 것이다. 변화된 것은 오직 그것을 달성하는 수단일 것이다. 그러나 사실 전쟁의 목표물이 적의 군사력이었던 적은 한 번도 없었다는 것이다. 목표는 예전에도 그리고 지금도, 또한 앞으로도 계속 승리이다. 즉 적으로 하여금 우리의 의지에 굴복하도록 만드는 것이다.

인간은 물질적인 영역을 초월하게 될 것이다. 한 국가는 반격하고자 하는 의지가 강력한 한 적의 요구에 저항할 것이다. 그러나 정신적 저항은 도저히 견딜 수 없는 조건에서는 깨진다. 그리고 마침내 그 조건은 한 국가로 하여금 최악의 상황을 받아들일 수밖에 없도록 강제한다. 그러므로 적에게 그와 같은 견딜 수 없는 조건을 강제하는 것이 필수적이다. 이것이 전쟁의 목표이다. 그것은 과거에도 그러했고, 미래에도 그러할 것이다.

지상전에서 군사력은 영토를 물질적 · 직접적으로 방어하기 위해 그리고 적의 영토를 침범하기 위한 목적으로 적의 군사력을 패배시키는 데 운용된다. 지상전에서 승리를 거둔 군대──즉 적의 저항 능력을 빼앗는 데 성공한 측──는 적의 영토를 침범하고 중심부를 점령하고, 재산을 몰수하고, 법을 부과하며, 시민을 유린하고, 불태우고, 죽이고, 노예로 만들 수 있다. 말하자면 그것은 사람들의 의지를 꺾고 승자가 주장하는 어떠한 의미의 평화라도 받아들일 수밖에 없게 하는 견딜 수 없는 조건을 부과하는 데 성공하는 것이다. 그러므로 목표는 적의 군사력이 무너졌기 때문에 달성되는 것이 아니라, 계속되는 일련의 것들로 인해 달성되는 것이다. 피루스 왕의 승리는 이러한 사실의 증거이다.

그러나 이러한 사실이 서로 다른 상황에 적용되는 방식에는 특정한 차이가 있어왔다. 말하자면 전쟁이 군주, 왕, 황제 그리고 그에 버금가는 다른 세력가 간에 벌어진 사적인 성격을 가지고 있고, 인민들은 비용을 부담하고 수동적으로 그것을 견뎌내야 하는 한, 정부의 수반은 자신의 군대를 육성하여 전쟁놀이를 즐겼다.

종종 일개 전투에서 승리하는 것만으로도 전쟁의 목표를 달성하고, 전쟁을 중지시킬 수가 있었다. 왜냐하면 적의 세력을 물리치고 나면, 승자는 *더욱 심도 있는 어떠한 종류의 저항도 할 수 없을 정도로 무기력해진* 적에 대해 자신의 의지를 부과할 수 있었기 때문이다. 결정적인 전투에서 패배했을 때, 정부의 수반은 할 수 있는 최선의 강화를 맺는 것 외에는 다른 대안이 없다. 나폴레옹 시대에 우리는 제국의 운명을 결정하는 전투가 단 몇 시간 만에 끝난 사실을 볼 수 있다. 피상적으로 해석되는 과거의 전쟁은 실체를 모호하게 하고 목적과 그것을 획득하는 수단 사이에 혼동을 불러일으켰다. 다른 말로 하면, 전쟁의 목표가 적의 군사력이라는 신념은 여기에서 나온 것이다.

이러한 신념은 사회구조의 급격한 변화에도 불구하고 지속되었다. 국가들은 자신이 전쟁의 외부에 있다는 것을 알게 되었고, 시민들은 전쟁에 시선을 던지는 관객의 역할을 하게 되었다. 문제는 더욱 심각해졌다. 그들은 법적으로 전쟁에서 배제되었고, 마치 전쟁은 그들의 일이 아닌 것처럼 그들은 '비非교전자'로 선언되었다. 전쟁은 국가로서의 생명과 분리되었다. 다른 모든 것들로부터 분리되어 도출된 시민의 특정 계급과 조직에게 전쟁의 준비와 지휘의 책임이 위탁되었다. 전쟁이 닥쳤을 때, 전쟁을 자신의 영역 바깥의 무언가로 인식하는 정부는 전쟁의 지도를 다른 누군가에게 위임하고 뒤에 앉아 결과를 기다렸다. 결국 그것은 군사력 간의 일은 아니지 않았는가? 최고지휘관에게 완전한 권위는 규칙이 되었다. 전쟁의 목표가 적 군사력의 파괴는 아니지 않았는가? 그러한 과업에 시민들이 참여하려면 무엇을 해야 하는

가? 그러한 목표에 직면하여 어찌됐든 남은 문제는 무엇인가?

그렇게 오류의 열매는 익어갔다. 그러나 이러한 개념의 어리석음은 나폴레옹 시대에서조차 확연하다. 열정적이지만 종종 피상적인 연구가 추론을 잘못된 방향으로 이끌었던 것이다. 전투의 신神으로서 나폴레옹은 적 군사력을 패퇴시킨 것만으로 전장에서 승리한 것은 그 세력의 배후에 남겨진 것이 있을 때에는 결정적인 것이 되지 못함을 자신의 희생을 통해 입증했다. 그의 당당한 군대와 그의 천재성으로 획득한 승리에 러시아는 자신의 기후와 영토의 광대함을 한번에 선물했다. 스페인은 그의 용맹스러운 장군들에게 열정적인 빨치산의 저항을 나란히 선물했다. 그리하여 황제는 자신의 의지와는 달리 러시아도 스페인도 굴복시킬 수 없었다. 수단은 목표를 달성하는 데 실패한 것이다. 같은 시기에 적의 군사력을 무너뜨리는 전장에서의 승리는 군사력 뒤에 오직 비무장된 수동적인 국민들만을 갖고 있던 국가들에게서만 얻을 수 있었다. 나폴레옹은 그의 군사력 뒤에 남은 것이 아무것도 없었던 까닭에 마침내 패배하고 말았다.

이러한 생각들은 세계대전이 시작되었을 때에도 변하지 않았다. 그러나 현실은 변했고, 그러한 생각은 틀린 것이었다. 오늘날 전쟁을 벌이는 것은 더 이상 정부의 수반이 아니다. 전쟁을 벌이는 것은 생활과 사고의 실체로서의 국가다. 싸움을 벌여 승리를 얻고자 하는 의지는 오늘날 국민들에게 내재하는 것이다. 군사력은 적대하는 국가의지 사이의 중계적 성격을 지닌 수단 외의 것이 아니다. 그리고 그 배후에는 더 이상 수동과 체념의 진공 상태가 존재하는 것이 아니라 모든 물질적 · 정신적 자원을 보유한 전체 인구가 존재한다. 전쟁은 그 형식적인 면에서조차 변했다. 왜냐하면 그것은 국가의 저항에 대항하는 모든 곳에서의 투쟁으로 변모했기 때문이다. 오늘날 우리는 "승리는 15분 동안 저항할 수 있는 편에게 돌아갈 것이다"라고 말한다. 우리는 더 이상 "적의 군대를 패배시키는 편이 승리할 것이다"라고 말하지 않는다. 모든 시민들은 자신을 '교전자'로 간주하고, 이제 모두의 일이 되어버린 전쟁에 참여한다. 정부 자체는 인민의 열정을 느끼고 그들이 전쟁이 대해 그토록 관심을 가지는 것을 이해한다.

군사 지도자들은 또한 그들의 군사력에 힘을 부여하는 것이 인민의 높은 사기라는 것을 인식하고, 자기들 정부에 가능한 한 그것을 많이 형성할 것을 권고한다.

지상에서 국가들 간의 충돌은 여전히 전선이라고 불리는 지역에서 발생한다. 그러나 전투는 나폴레옹 시대의 고전적인 방식으로 전개되지 않는다. 전쟁을 벌이는 국가에 직접적으로 영향을 미치면서 일어나는 것은 인력과 장비의 끔찍스러운 소모다. 저항의지에 자극되어 이들 국가들은 모든 자원을 전선에 투입하고, 한 번에 조금씩 점차로 자원을 소진하게 되는 것이다. 때때로 전 군은 참패하여 그 수가 급감하지만, 그 뒤의 국가는 그를 저지하고 개선할 준비가 되어 있다.

승리하기 위해서 자신의 저항력이 고갈되기 전에 적의 저항을 먼저 고갈시켜야 한다는 것은 명백하다. 위대한 참모본부의 전략은 '갉아먹기 전략'으로 전승되어오고 있다. 양측은 무장할 수 있는 잔여 인원의 수를 조심스럽게 헤아린다. 산업 생산력에 최대한 집중한다. 해상 전선의 상황에 많은 중요성이 부여된다. 나폴레옹 시대로부터 우리가 얼마나 지나왔는가? 겨우 한 세기 전이 아닌가! 대체로 고전적인 전장에서의 승리는 교전국가가 전쟁을 지속하는 데 한계에 이르러 승리의 희망이 없어질 때 결정적이다. 그러면 전장에서의 성공은 승리의 현란한 상징이 된다.

이러한 현상은 해상전에서 훨씬 더 명백하다. 서로에 대해 경합하는 해상 세력들은 결정적인 전투를 회피하고 최후까지 잠재적인 힘을 비축한다. 양측에서의 해상 전투는 적의 교통을 차단하고 방해하려는 시도들로 제한된다. 그것은 민간 수단에 대해 전쟁수단을 사용한 전투이고, 전투는 적의 군사력이 아닌 국가적 저항에 직접적인 목표를 두고 있다. 그리고 이러한 종류의 전투가 마지막 전쟁을 거의 결정했다는 것은 잘 알려져 있다. 연합군의 해상 세력은 전쟁의 결과를 간접적으로 결정하는 것의 차이를 주장했다. 그리고 만약 그들이 잠수함의 위협을 통제하는 데 실패했더라면 패하고 말았으리라는 것은 의심의 여지가 없다. 그러나 실제로 잠수함의 위협을 통제하는 데 따르는 명성의 일부는 연합군 조선소 생산 능력의 증가에 속하는 것이다. 만약 조선소가 먼저 독일 잠수함에 의해 침몰한 선박에 버금가는 선박을 만들어내고, 생산 능력을 강화하여 그것을 능가하는 선박을 생산해내지 못했다면, 해상 세력의 방어적 전투에도 불구하고 전쟁에서는 패했을 것이다. 그러면 해상 전투는 한편으로는 전쟁수단에 의한 국가 저항 요인의 파괴였으며, 다른 한편으로는 국가 저항을 지탱하는 민간수단에 의한 생산이다.

우리는 바스티코 장군, 볼라티 장군 그리고 나의 다른 반대자들이 제기한 전쟁의 목표 개념으로부터 얼마나 멀리 표류했는가! 그리고 모든 것은 지난 전쟁에서의 경험에 기초를 둔 것이지 미래의 전망에 기초를 둔 것이 아니었다.

전쟁의 목표는 항공기의 출현에도 불구하고 전혀 변화하지 않았다. 전쟁의 목표는 언제까지나 같은 것이다. 항공기는 적의 저항에 대한 직접 공격을 좀더 손쉽게 함으로써 단지 저항의 형태와 특징을 수정하도록 할 것이다. 지상과 해상에서의 전력은 적의 대항에 맞서 간접적으로 기동할 수 있다. 그러나 항공력은 직접적으로 할 수 있으며, 그러므로 좀더 효과적이다. 이것이 그것에 관한 전부다.

볼라티 장군이 어떻게 생각하든지 앙드레Endres가 "미래의 전쟁은 본질적으로 *도시의 비무장 인민과 거대 산업 중심에서* 일어날 것이다"라고 말한 것은 전적으로 옳다. 논리적으로 그렇게 될 운명이기 때문이다. 그것은 논리적이다. 왜냐하면 만약에 적의 저항이 그 어떤 곳에서 발견되든 직접적으로 공격할 수 있는 가능성이라도 있으면, 전쟁을 수행하면서 적의 의지를 굴복시킨다는 목표를 이루려고 노력하고 있고, 그것이 적의 저항이 분쇄되지 않는 한 달성될 수 없다는 것을 알고 있다면 누구라도 그렇게 할 것이기 때문이다. 그것은 항공기의 운명적인 특성이다. 항공기는 비록 적의 영토 안에 주어진 어느 지점에도 도달할 수 있는 능력을 가지고 있지만 그럼에도 불구하고 방어적 태도를 취할 수 있는 능력을 결여한 것이다.

만약 좀더 강한 항공 세력이 전투를 강제하는 입장에 있고, 약자는 적에 의해 좌우되기 전에 방어를 채택함으로써 강자를 궁지에 몰아넣기를 희망한다면, 항공전은 적의 항공 세력을 향해 겨냥되어야 한다. 다시 말하면 하나의 항공 세력은 무엇보다도 먼저 다른 하나를 패배시켜야 한다. 그러한 승리 후에야 항공 세력은 적을 공격할 수 있다.

그러나 이미 밝혀졌고 일반적으로 용인되고 있는 바와 같이 약자가 그것을 받아들이려 하지 않는다면, 두 개의 적대하는 항공 세력 중에 더 강력한 측은 약자에게 전투를 강요할 수 없다. 왜냐하면 약자는 자멸하는 것에 아무런 관심을 가지지 않을 것이고, 모든 관심은 자신의 힘을 유지하는 데 둘 것이기 때문에 공중 전투가 발생할 가능성은 매우 적다.

그러므로 회피할 수 없는 필요로 인하여, 그리고 그 문제에 대한 사람들의 선호와는 관계 없이 공중 갈등은 강자의 입장에서 적의 영토를 공격하는 것에서 발전할 것이다. 그리고 그러한 전투는 그 기간 동안 선제권의 완전한 자유를 누리는 것이다. 뿐만 아니라 동일한 전투에서 약자의 입장은 강자와의 충돌을 피하는 필요에 의해서만 제한될 것이다. 필요에 의해서 이러한 평행적 전투는 소름끼치는 잔인함으로 특징지어질 것이다. 왜냐하면 두 항공 세력의 일차적인 목적은 최소의 가능한 시간 안에 적에게 가능한 가장 큰 정신적 · 물질적인 타격을 가하는 것이기 때문이다. 적의 의지를 꺾기 위해서는 그를 견딜 수 없는 상황에 빠뜨려야 한다. 그리고 그것을 위한 가장 좋은 방법은 도시의 무방비 상태의 인민들과 거대 산업의 중심부에 직접적으로 공격을 가하는 것이다. 그와 같은 공격의 직접 수단이 존재하는 한 그것을 사용하리라는 것은 숙명과도 같이 확실하다.

그리고 현실적으로, 앙드레가 말한 바와 같이 평화는 "적의 공동 묘지에서" 체결될 것이라는 사실을 두려워하지 않았다. 의심의 여지 없이 공동묘지는 점점 더 커져갔을 것이다. 그러나 강화협정이 베르사유에서 체결되기 전만큼은 아니었을 것이다.

우리는 이러한 숙명이 언젠가는 올 것이라고 생각하는 게 좋을 것인가? 그처럼 끔찍한 전쟁 형태에 대한 생각은 감각에 충격을 주는가? 좋다. 그렇다고 하자. 그러나 적이 우리가 느끼는 것처럼 똑같이 느끼리라고 기대할 수 없고, 적이 앙드레와는 다르게 생각할 것이라고 기대할 수도 없다. 그러나 만약 이와 같은 숙명이 현실이 되고 적이 우리 도시에 있는 무방비 상태의 인민들과 산업 중심부에 공격을 가하는 것을 보게 된다면, 우리는 적에게 "멈춰! 왜 당신은 규칙에 따라 게임을 하지 않는가? 그러면 우리는 손을 떼겠어!"라고 말할 수 있을까? 내가 숙명이라고 예언하는 것은 단순히 발생할 수 있는 사안으로 생각할 수도 있지만, 그러나 그것은 확실히 최악이다. 그리고 우리는 그것과 맞닥뜨릴 준비를 해야 하는 것이다.

그것은 현실화될까? 그렇지 않다면 그만큼 더 좋은 것이다. 그러면 우리는 원할 때 우리의 경기 규칙을 적에게 부과하는 존재가 될 수 있을 것이다. 그렇지 않은 게 나은가? 그 경우에 우리는 아무것도 잃을 게 없을 것이다. 우리가 지상에서 적에게 저항하는 입장에 처해 있다면 항상 준비할 수 있는 시간을 갖게 될 것이고, 강한 공군력은 큰 도움이 되어줄 것이다.

나는 내 생각을 "*공중에서 우리의 전력을 집중하기 위해서는 지상에서 저항하기*" 라는 말로 요약했다. 그러나 만약 지상 전력에 적용했던 것처럼 '저항하기'의 의미에 대해서 의심할 것이 없었더라면, 해상전력에의 적용을 상세히 할 필요가 있었을 것이다. 그리고 우리의 특정한 사례에서 해군은 우리의 동의 없이 어떠한 배도 지중해를 항해하지 못하게 하는 것으로 해군의 전투를 제한해야 한다는 것을 말함으로써 나는 그것을 얘기했던 것이다. 우리 해군의 임무에 대한 나의 이와 같은 개념은 수리되지 않았다. 비록 해군의 전문가는 아니지만 나는 내가 단지 일반상식에 의존하는 것만으로 방어할 수 있음을 느낀다. 그것이 오직 일반적인 줄기에서 나온 개념인 한 그것은 더욱 그러하다.

세계대전이 종결된 이래 전문가들은 해군의 본질적인 목적은 해안의 통신선을 안전하게 보호하고, 가능하다면 적의 것은 방어하거나 끊어놓는 것이라고 만장일치로 선언했다. 그러한 목적을 달성하는 것은 굉장히 중요할 뿐만 아니라 어떤 경우에는 결정적인 중요성을 갖는다는 것이 명백하다. 이탈리아는 천연자원이 부족하므로 해상 통신선은 최우선적으로 중요하다. 만약 해상 통신선을 수입하는 것이 금지된다면 그 결과는 치명적이 될 것이다. 우리는 모두 그것에 동의한다. 그리고 말할 것 없이 이러한 목표의 달성은 특히 세계대전을 경험한 후로는 지구상에 존재하는 국가 모두의 이상일 것이다. 실제로 좀더 규모가 큰 많은 해군력은 인본주의의 가면을 순진하게 뒤집어쓰고 있는 것으로 잘 알려진 해군협정을 통해 이러한 목표에 이르렀다.

그러나 이상적인 목적을 갖는 것으로는 충분하지 못하다. 그것에 도달하는 희망을 주는 데 필요한 수단과 환경 또한 지녀야 한다. 그러한 환경에 있지 않고 필요한 수단을 결여하고 있으면 이상적인 목적을 포기하고 얼마나 온건한 것이든 더욱 실용적인 목적에 이르려고 노력해야 한다. 우리가 만일의 해상전을 생각한다면 지중해의 초강대국 중 하나와의 갈등 또는 우리를 포함하여 이 닫힌 바다 안에 존재하는 강대국 중의 두 개의 동맹이 벌이는 갈등을 생각한다. 우리는 이탈리아가 지중해의 유일한 강국이 되는 전쟁을 상상할 수 없다. 그러므로 그러한 우연의 상황에 고려해야 하는 강대국은 두 개의 초강대국이다. 즉 본래적인 것 하나와 숙련에 의한 것 하나다. 우선 우리와 이러한 두 초강대국 중의 하나와의 지역화된 갈등의 가능성을 고려해보자. 이 경우에 우리의 해군을 위해 마련할 수 있는 실용적이고 가능성이 있는 목적은 무엇인가?

적을 지중해에서 몰아내는 것? 확실히 그렇다. 지중해에서의 우리의 상업 교통을 보호하는 것? 확실히 그렇다. 우리는 지중해에서 제한된 힘으로도 지리적인 위치의 도움을 받아 앞의 두 목적을 실행할 수 있다고 단언할 수 있다. 그러나 지중해 바깥에서의 입장은 매우 다르다. 우리는 대양에 적합한 어떠한 해군 기지도 가지고 있지 않다. 그리고 이미 기지 부족이라는 결점을 안고 있는 우리의 힘은 비록 지중해의 관문이 적이 수중에 있지는 않을지라도, 그 관문을 통해 내보낼 수 있을 만큼 충분히 강력할 수는 없었다. 정해진 항로를 유지할 수밖에 없는 우리의 해상 교통은 적의 공격을 받기 쉬울 것이다. 그러므로 그것 없이

해야 한다. 나는 우리가 그러한 계산에 대한 어떠한 환상도 품을 수 없다고 생각한다.

확실히 "적이 지중해를 항해하지 못하도록 금지하는 것은 만일의 적에 대해 결정적인 것이 될 수 없다." 지중해로부터 몰아내자는 것은 피오라반초 대령이 말하듯 기껏해야 예상되는 우리의 적을 방해하는 것에 불과할 뿐, 적을 확실히 패배시키는 것은 아닐 것이다. 왜냐하면 적은 쉽게 자신의 교통을 다시 개척할 수 있기 때문이다. 그러나 우리는 지중해를 상대적으로 자유로이 항해할 수 있다는, 비록 제한적인 것이기는 하지만 긍정적인 결과를 얻을 수 있을 것이다. 그러나 그것은 또한 매우 중요한 결과로 판명될 수도 있다. 왜냐하면 지중해에는 다른 강대국들이 있기 때문에 특히 지역화한 전쟁의 경우에 그들 모두 우리에게 적대적인 입장을 취하지 않으려고 할 수 있다. 그리고 그들은 우리가 공급을 다시 보충하는 것을 도울지도 모른다. 만약 우리가 대양 항로와는 독립적으로 필수 불가결한 공급을 확보할 수 있다면 그것은 우리에게 결정적인 것이 될 수도 있다.

대신에 만약 우리가 대양에서 교통을 보호하는 동시에 적을 공격하려고 시도한다면, 지중해에서의 우리의 해군력을 감소시켜야 할 것이다. 그러면 그곳에서 쉽게 적에게 패배할 수 있는 가능성에 직면하게 되었다는 것을 발견할 테고, 결과적으로 지중해에서의 항해가 더욱 큰 제한을 받게 될 것이다. 이제 만약 대양 교통으로부터 금지되는 것이 또 다른 지중해의 강국에게서 공급받을 수밖에 없다는 유일한 희망을 남겨주게 된다면, 지중해의 교통으로부터 금지된다는 것은 우리에게서 이러한 희망조차 빼앗아버리는 것이 된다. 그리고 우리가 완전히 고립되었다는 것을 알게 될 것이고, 이는 아마도 결정적인 영향을 미칠 것이다.

우리가 지중해의 다른 강대국 중의 하나와 지역 분쟁에 들어가는 경우에 내가 주창하는 최소한의 프로그램은 생활 영위에 반드시 필요한 공급이 박탈되지 않도록 하는 최선의 기회를 제공하는 프로그램일 것이다. 나는 이러한 사례를 평소에 중시해왔다. 즉 그것을 지중해에 자연적으로 존재하는 강대국과의 갈등과, 기술에 의해 지중해에 영향을 미치는 강대국과의 갈등이라는 두 개의 내재하는 가능성으로 분할하는 일 없이 고려했던 것이다. 그러나 만약 이러한 두 개의 가능성을 고려한다면, 내가 제안하는 최소한의 프로그램이 가지는 가치에 대해 더욱 잘 인식할 것이다.

이제 두 번째의 가능성을 고려해보자. 그것은 강대국들 간의 두 개의 동맹이 벌이는 갈등으로서, 그들 중의 몇은 우리와 같이 지중해에 존재하는 강국들이다. 이들 강국 중의 하나 혹은 더 많은 수는 우리의 편이거나 혹은 적일 것이며 혹은 부분적으로 아군이고 적군일 것이다. 어느 경우에서나 우리는 혼자는 아니다. 우리 옆에는 하나 혹은 더 많은 해군이 존재할 것이다. 발칸의 작은 국가들을 제외하고 다른 모든 국가들이 지중해의 물을 조절하여 지중해의 바깥으로 통하는 배출구를 가지고 있는 한, 우리는 우리의 동맹들이 대양에서 그들의 전 해군력을 사용할 수 있도록 만들어야 할 것이다. 만약 적 동맹국들이 지중해를 항해하는 것에 흥미를 가지지 않고, 이 바다가 갈등의 기간 동안 평화로운 호수가 된다면, 그 어떤 것도 우리가 우호적인 대양의 항구에서 작전을 수행하기 위해 잠수함이 아닌 작은 해군 부대들을 지중해 밖으로 파견하는 것을 저지하지 않을 것이다. 만약에 적들이 그곳에 존재하지 않는 경우에 지중해를 장악하는 것이나 혹은 지중해에 적국이 없는 경우에 대양작전을 위해 상당수의 해군 부대를 공급하는 것은 이탈리아가 동맹국들을 위해 할 수 있는 훌륭한 공헌이 될 것이다.*

이것은 나의 추론이다. 그리고 나는 그것이 매우 단순하다고 생각한다. 그리고 대조적으로 만약 모든 곳에서, 특히 해군에서 일반화되고 있는 평준화의 유행을 따르고, 우리의 해군력을 대양의 강국들과 같은 유형으로 양성한다면 우리는 지중해에 갇혀 있다는 것과 우리의 입장은 특별한 것이라는 점을 잊어버리게 될 것이다. 그리고 결론적으로 어떠한 목적을, 그것이 크거나 작거나 간에 달성할 수 없을 것이다.

시적인 감홍을 느낄 때, 우리는 지중해를 '우리의 바다'라고 부른다. 그러나 만약 현실적이기를 원한다면 실제로 그렇게 만들자. 대양을 우리의 것으로 만들기를 원하는 어떠한 야망은 잊어버리자. 그것은 최소한 현재의 조건 아래에서는 이룰 수 없는 꿈이다. 만약 우리의 동의 없이는 어느 누구도 그 안에서 항해하지 못하도록 할 만큼 우리가 강하다면, 이 바다를 실제로 우리의 것으로 만들 수 있다. 이것조차 잠수함이 나타나기 전에는 이룰 수 없는 꿈으로 간주되었다. 그러나 그것은 더 이상 꿈이 아니다. 제한된 재정 자원을 가지고도 우리는 필적할 수 없는 위치, 우리의 많은 섬, 우리의 식민지, 해상 전투를 위한 새로운 도구의 특성 그리고 불굴의 해병의 기술과 용기의 장점을 이용하여 그것을 현실로 만들 수 있었다.

고려해야 할 또 다른 사항이 있다. 소규모의 함대는 거대한 근대적인 해군 함대들이 요구하는 대규모의 복잡한 해군 기지를 필요로 하지 않는다. 그리고 그들은 적의 눈에 쉽게 띄지 않는다. 공격이 하늘로부터 이루어질 수도 있는——그리고 우리의 거대한 해군 기지는 모두 그것에 노출되어 있는——요즘과 같은 시대에, 거대하고 두드러진 목표를

---

* 이탈리아는 현재의 전쟁(제2차 세계대전)에서 독일에 작전 기지를 둔 일부의 잠수함 전력으로 대서양과 다른 대양에서도 미국의 해상 운송을 방해하는 작전을 잘 수행하는 것처럼 보인다.

숨긴다는 것은 결코 사소한 것이 아니다.

그러나 이것이 전부는 아니다. 한 국가의 해군력은 모든 군사력과 마찬가지로 그 잠재력으로 국제정치에 영향을 미친다. 우리의 해군이 다른 해군의 유형으로 표준화되어 있는 한 그것은 오직 양적으로만 고려될 것이다. 대신에 나의 생각에 따라서 조직된 해군은 그 규모에 관계 없이 지중해를 장악할 수 있다고 인정받을 것이다. 그것이 질적으로 다른 해군이다. 피오라반초 대령은, 지중해로부터 제외되는 것은 우리의 적에게는 단지 장애물에 불과한 것이라고 말한다. 그것은 사실이다. 하지만 지중해는 세 개의 대륙을 묶어주고 있다. 그리고 우리가 그것이 세기를 통하여 얼마나 분쟁의 지역이 되어왔는가를, 그리고 멀리 떨어져 있는 강대국이 오랫동안 그 관문에서 거대한 해군력을 어떻게 유지시켜왔는가를 알게 될 때, 지중해 장악은 대단한 가치를 지닌 것임이 틀림없다. 그러므로 지중해를 지배할 수 있는 능력은 국제정치에서 막대한 비중을 차지한다는 점에 의심의 여지가 없다. 그것은 나의 영역 밖에 있는 것이기에 이 점에 대해 논쟁하고자 하는 의도는 없다. 그러나 나는 만약 이탈리아가 지중해를 가리켜 "여기서는 어떠한 위반도 허용이 안 돼!"라고 말할 수 있다면, 국제무대에서 그 영향력은 대단히 증진될 점이라는 것을 느낀다.

프랑스와 이탈리아 사이의 더욱 밀접한 협상을 주장하고 있는 프랑스인이 쓴 책에 내 것과 유사한 개념이 실려 있다. 지은이는 전쟁이 일어날 경우, 그와 같은 밀접한 협상으로 인해 이탈리아를 통한 지중해 장악과 프랑스를 통한 대양에서의 공격 가능성을 가지게 될 것이라고 말함으로써, 유럽에서의 그와 같은 협상의 정치적인 가치를 보이려고 노력했다. 지은이는 그와 같은 경우, 영국이 희망봉을 돌아서 극동에 배를 보내는 길을 다시는 개척하지 않을 것이라고 말한다. 왜냐하면 새로운 항로는 결코 안전하지 않기 때문이다. 그의 견해에 따르면, 이러한 고려사항은 영국이 프랑스-이탈리아 협상에 밀접하게 해줄 것이라고 한다. 그리하여 구세계와 신세계의 균형을 잡으려는 필요에 따라서 스페인과 벨기에를 주춧돌로 삼는 유럽 연합국을 형성하게 될 것이라고 한다.

지중해에서 다른 국가를 제외하는 것은 결정적인 목적을 위한 요소가 될 수 없을 것이라고 말한 후에 피오라반초 대령은, 대신 근본적인 목표는 "지중해와 그 입구의 지배로 이룰 수 있는 목표인 "우리의 교통을 안전하게 하는 것"일 거라고 확언했다. 그리고 그는 "어떠한 국가도 지중해에서 교통하는 것이 불가능하다는 것은 당연한 논리적 추론일 것이다"라고 덧붙였다.

지중해의 입구를 지배한다고 해서 어떻게 우리의 교통을 확실히 보호할 수 있는지를 나는 정말로 이해할 수 없다. 만일 그게 그렇게 널리 알려진 것이라면 무엇보다 우리 배들이 제일 먼저 지중해 입구에 가 있어야 한다. 내가 틀린 것이 아니라면 확실한 안전 보장은 입구를 넘어서 오직 대양을 지배할 때만 가능할 것이다. 나는 각 국가가 대양으로 향한 출구를 보유하고 있을 때 지중해와 그 입구의 지배가 어떤 논리적 추론의 결과로서 국가의 교통 수행을 불가능하게 할 수 있는지 또한 이해할 수 없다.

이와 같은 확언 후에 피오라반초 대령은 우리가 모든 적들을 대양의 뒤편으로 몰아가는 데 성공했고 그리하여 우리는 이제 (지브롤터) 해협을 지나 통과할 수 있다고 가정하는 듯이 보인다. 그리고 그는 다음과 같이 쓰고 있다.

해군은 기뻐 날뛴다. 그러나 그것은 모두 먼지(한 프랑스 정치가가 몇 년 전에 이탈리아 해군을 빗대어 한 말이다—옮긴이주)와도 같이 미미하기 때문에 이제부터는 대양에서 또는 최소한 지브롤터 근역에서나마 우리의 교통을 안전하게 보호하고 또한 대양에서 적의 교통을 방해하는 등 해결할 수 없는 문제가 앞에 있다.

우리는 지브롤터를 점령할 수 없다. 그래서 우리는 지중해의 기지에서 벗어나 대양에서 작전을 수행해야 한다. 우리가 발레릭 군도의 한 섬을 장악하는 데 성공했다고 가정해보자. 대륙에서 적의 항만을 정복하는 것보다 목표에 이르기는 쉬워진다. 우리는 이들 군도로부터 특정한 이익을 얻는다. 그러나 우리의 '먼지'는 대양의 폭풍을 그리 잘 타지 못한다. 그리고 그것은 충분하지 않은 자율성을 가지고 있다. 그 문제를 풀기 위해 함정을 기지로 하는 항공기의 도움을 받는 거대하고 빠른 순양함과 큰 잠수함이 필요할 것이다. 그러나 우리는 그것을 임시변통으로 만들 수는 없다. 그래서 우리의 상선들조차 적들이 들고 나는 것을 저지하는 이유 때문에 비어 있는 채로 지중해의 앞과 뒤에서 순항하는 것으로 만족해야 한다.

이러한 저술로 그는 다음의 명제를 제시하기를 원하고 있다고 결론짓는다.

강력한 이탈리아의 항공대는 전쟁 기간에 다른 해군력을 지중해의 주변부로 철수하도록 강제하는 데 성공하면 할수록 더 강력해지고, 그래야 우리의 해군이 대양을 진출하는 데에 더욱 적합하다. 그러므로 이탈리아에 관한 한 '공중에서의 집중'은 '해상에서의 집중'도 요구하는 것이다. 그리고 만약 이러한 이중적인 집중으로 우리가 바다를 통한 작전선을 안전하게 보호하고, 후방에 있는 우리 산업계가 방해받지 않고 노동할 수 있는 기회를 부여하며, 적 저항의 중심부를 공격하는데 성공한다면, 우리는 영웅적인 보병 전사가 적의 영토에 발을 내

딛고 그의 모든 꿈을 실현할 수 있게 하는 데 필요한 물질적이고 정신적인 모든 환경을 조성하게 될 것이다.

매우 옳은 말이다. 만약 우리가 그렇게 하는 데 성공한다면 말이다. 그러나 이것은 그도 인정하듯이 꿈이다. 그러한 꿈 대신에 우리는 현실을 향해 눈을 크게 떠야 한다. 다른 해군력을 지중해의 주변부로 철수시키는 것이 항공력의 고유 임무가 아니다. 그것은 해군에 속하는 것이 아니다. 만약 성공한다면, 영광은 그의 것이다. 만약 이러한 임무에 성공한 뒤에도 대양에서의 교통을 안전하게 보호하고 적의 교통을 방해하는 데 해결할 수 없는 문제를 맞게 된다면, 그것은 규모가 너무 작기 때문이 아니라 우리가 우리의 독특한 조건――지리적 · 경제적 · 재정적인 조건들――에 의해 혼자서는 그와 같은 것을 달성하는 것이 불가능하기 때문이다. 비록 모든 예산을 거대한 함선을 건조하는 데 투입할 수 있다 하더라도 우리는 우리의 독특한 조건을 변화시킬 수는 없다. 왜냐하면 그 경우에 다른 국가들이 우리의 바다 안에서 항해하는 것을 막을 수 없다는 위험을 감수해야 할 것이기 때문이다.

독일은 최소한의 함선 건조 계획에 만족하지 않았기 때문에, 그리고 자원을 잠수함에 집중시키지 않았기 때문에 패배했다. 긴 항속거리와 편리한 위치의 기지로 인해 대양의 항해에 적합한 독일의 강한 함대도 결국은 적 함대를 경계 상태에 두게 하는 것밖에는 이용되지 않았고, 결국에는 비참하게 실패했다. 만약 독일이 목적을 너무 높이 두지 않았다면, 만약 독일이 해상을 지배하려고 노력하는 대신 다른 측이 항해하는 것을 막는 데 만족했더라면, 독일은 규모가 큰 부대를 좀더 규모가 작은 부대로, 더 많은 소규모의 부대를 이용하여 승리를 얻었을 것이다. 이것이 과거의 경험이다.

피오라반초 대령이 주장하는 바와 같이 "해군과 공군력은 이탈리아의 특수한 상황에서 상호 의존적이기에 양자는 매우 강력해야 한다"고 말하는 것은 정확하지 않은 것이다. 이탈리아의 특수한 상황이 해군력과 공군력의 상호 의존적인 관계를 만들어낸 것이 아니다. 그것은 단지 거의 동일하게 들리는 두 개의 실제적이며 즉각적인 특정 목적을 지적하는 것이다. 해군의 목적은 지중해의 지배인, 즉 '지중해는 우리의 바다'이며, 공군의 목적은 그 위에 존재하는 하늘의 지배인 '우리의 하늘'인 것이다. 정말로 우리가 대양을 지배할 수 있는 해군과 하늘을 지배할 수 있는 공군을 양성할 수 있다면, 우리의 영웅적인 보병 전사들은 거의 모든 곳에 쉽게 자신의 발을 내디딜 수 있을 것이다. 그러나 비록 사람이 부족하지는 않지만, 우리는 미국이 아니기에, 즉 그 수단이 부족하기 때문에 이와 같은 이중적인 이상향을 실현할 수 없다. 그래서 우리는 가능성의 한계 안에서 목적 달성과 유지에 만족하지 않으면 안 된다. 그러나 이 모든 것이 영웅적인 보병 전사들의 힘든 과업을 촉진할 수 없음을 의미하는 것은 아니다. 우리는 다가올 전쟁에서 그가 다음과 같이 말하는 것이 가능하도록 노력해야 한다.

"우리의 신성한 국경을 형성하는 산맥에 있는 모든 바위에 매달려서 '여기는 침입금지'라고 우레처럼 소리쳐라. 하늘에 있는 국경은 너의 국민에 대한 야수적인 학살을 방지하고, 너에게 음식과 무기를 보내는 일을 할 수 있도록 그들을 안전하게 보호할 것이므로 사기를 높이 유지하라. 그들은 또한 바다에서 너의 동포들이 우리의 적을 지중해로부터 쓸어버리고 너의 보급 물자를 수송하는 것을 보호하는 동안에 적의 영토를 유린할 것이다. 굳건하게 버티어라. 우리의 형제인 보병전사들이여. 비록 적의 수가 너희보다 많을지라도 굳건하게 버텨서 너의 마음의 강인함으로 신성하게 된 돌로 그들의 뿔을 부러뜨려라. 그들의 뿔이 아무리 단단할지라도 하늘로부터 공격을 받아 그들의 정신적이고 물질적인 힘이 소진될 때에는 그것들은 무뎌지고 왁스처럼 부드러워질 것이다. 그러면 일어서서 그들을 겨냥하라. 너의 진군은 쉬울 것이며 승리를 거둘 것이다. 그리고 너희들은 우리의 국기를 적의 영토에서 휘날리는 기쁨을 누리게 될 것이다."

그러나 우리의 영웅적인 보병 전사들은 우리가 다음과 같이 말한다면 미칠듯이 기쁘지만은 않을 것이다.

"전진하라! 험준한 산맥 지역을 통과하여 한발 한발씩 정복하며 너의 고결한 피로 적시면서 진군하도록 노력하라. 전진하라. 그리고 적이 너의 조국에 폭탄과 독가스를 퍼붓고 있다는 것을 잊어라. 전진하라. 그리고 만약 적들이 우리의 공장, 창고, 하늘의 통신선을 파괴하고 있기 때문에 우리가 너희들에게 무기와 군수품을 보낼 수 없다면 참아라. 전진하라. 그리고 만약 허기가 너희를 괴롭힌다 해도 참아라. 우리는 대양을 지배하려는 헛된 노력을 했다. 그러나 대신에 적은 우리를 지중해에서부터 차단시켰다. 전진하라! 너희들은 우리의 유일한 희망이다. 전진하여 승리하라!"

결론

이와 같은 긴 논쟁은, 비록 모든 논쟁에서 흔히 일어나는 바와 같이 그 참여자들이 원래의 신념에서 크게 흔들리지는 않았지만 "미래의 전쟁은 무엇과 같을 것인가?"라는 질문에 대단한 관심을 느끼고 있다는 것을 보여주었다. 이것은 오늘날 모든 곳에서 제기되고 있는 질문이다. 새로운 무엇인가가 일어나고 있다는 느낌이 모든 곳에 있는 것이다.

이제 이 문제는 이처럼 국가 전체에게 매우 중요한 관심사이기 때문에 그 해결을 가능케 할 계획된 조직이 필요하다고 믿고 있으며, 마침내 여기에서 나는 존경하는 나의 모든 반대자들과 함께 합의에 이르게 될 것을 희망한다. 그리고 이를 위해 1928년 2월의 나의 저술을 인용한다.

우리는 단일한 지휘체계 아래에서 이미 군사력의 통합을 달성함으로써 그와 같은 전쟁조직에 관한 한 유리한 환경에 있는 우리 자신을 발견한다. 그러나 불행하게도, 비록 모든 이들은 그와 같은 통합조직의 장점에 대해 동의할지라도, 군사문제에 관한 사상가와 저술가들은 고유한 전문적 관심을 넘어서 그것을 기대하는 것이 인간적으로 불가능한 것처럼 보인다.

육군의 연구자들은 필수적으로 육군을 다룰 것이다. 해군의 연구자들은 해군을 다룰 것이다. 항공학의 연구자들은 공군을 다룰 것이다. 그리고 그들이 일반적인 전쟁을 다룰 때, 그들 각각은 자신이 속한 군사력에 좀더 큰 이해와 관심을 가져줄 것을 강조한다. 육군, 해군, 공군의 전문가는 있다. 그러나 아쉽게도 전쟁 전문가는 없다. 전쟁은 분할될 수 없는 것이고, 전쟁의 목적 역시 마찬가지다.

내 생각에 의하면 이러한 상황은 건전한 전쟁교리에 관한 지적인 동의를 도출하는 것을 어렵게 만든다. 그러므로 나는 특히 우리가 현재 겪고 있는 전환의 기간 동안에 일반적인 전쟁 전문가를 배출하는 것이 필요하다고 믿는다. 왜냐하면 이와 같은 전쟁 전문가는 새로운 전쟁교리를 만들어낼 수 있는 유일한 존재이고, 그들로부터 전쟁 준비에 대한 근본적인 문제의 해결을 찾아낼 수 있기 때문이다.

새로운 전쟁교리는 물론 군사력의 통합 운용에 기초해야 한다. 전쟁의 시기에 이와 같은 통합된 전력의 운용을 감독하는 사람은 모든 군사력을 단일한 목적을 향해 운용하고, 단일체를 구성하는 부분 전력의 역할과 기능을 동시에 고려할 수 있는 안목을 구비해야 한다. 결론적으로 우리는 이러한 삼중적인 도구를 다룰 수 있는 능력, 즉 전쟁의 일반적인 지도 능력을 보유한 장교들로 구성된 최고사령부를 조직할 수 있는 인물들을 훈련시켜야 할 필요성에 직면하게 된다.

육군은 세 개의 기본적인 병과인 보병, 기병, 포병을 포함한다. 그러나 이러한 세 개의 병과가 단일의 목적을 위해 운용될 때, 보병, 기병, 포병의 장교 외에도 세 개 병과 전체를 운용할 수 있는 능력을 지닌 장교가 절실히 필요하다. 그러므로 전쟁대학the War College——부적절한 이름이며 오늘날에는 더욱 그렇다——은 세 개 병과의 장교들의 전문성을 좀더 확장하기 위해 설립되었다.

나의 생각에 의하면, 일반적인 전쟁과 관련해 이제 세 개의 군사력을 단일한 목적을 위해 움직이는 단위로서 운용할 수 있는 것이 행해져야 한다. 확실히 내가 일반 전쟁대학General War College이라 부르는 것을 지금 즉시 설립하는 것은 가능하지 않을 것이다. 왜냐하면 가르칠 교수와 가르쳐야 할 교리를 갖고 있지 않기 때문이다. 우선 이와 같은 교육기관이 설립되어야 한다. 그리고 이것은 전쟁 아카데미War Academy(사관학교)에서 행해야 한다. 그 이유는 이 기관에는 엄선된 가장 지적이고, 교양 있고, 개방적인 사고를 가진 장교들이 있고, 나아가 이들이 함께 방대한 새로운 계획들을 연구할 수 있기 때문이다. 전쟁 아카데미에서도 이들의 새로운 아이디어는 교환되고 승인되거나 혹은 거부될 수 있다. 그리고 이와 같은 주저함, 불확실성 그리고 거부의 과정을 통해 최종적인 동의가 도출될 수 있다. 그리고 이와 같은 동의를 토대로 새로운 교리가 탄생하고, 여기에서 형성된 교리는 그 기원으로 말미암아 쉽게 인정받고 승인될 것이다.

더욱이 그와 같은 기관은 서로 다른 군에서 선발된 장교들에게 친밀하고 따뜻한 친분 관계를 맺도록 하여, 각각의 군이 다른 군의 진정한 가치에 대해 인식하고 평가하게 할 것이다. 이는 연이어 3군으로 구성되는 전체 군사력의 각 구성 요소 간에 언제나 존재해야 하는 따뜻하고 친밀한 조화를 이루도록 크게 기여할 것이다.

결론적으로 이와 같은 기관은 새로운 문제에 대해 단순히 개인적인 흥미를 가지고 종사하던 많은 사람들의 노력을 고무하고 조직하는 데 필요한 기구가 될 것이다. 오늘날 이러한 작업은 손발이 잘 맞지 않고, 수단도 결여되어 있으며 정확한 방향과 지침도 없다. 그렇기에 만족할 만한 결과를 낳을 수도 없었다. 그러나 그로부터 명실상부한 전쟁대학에서 새로운 전쟁교리를 가르칠 수 있는 능력을 지닌 사람들이 출현할 수 있었고, 이들이 평화시엔 합참의장을, 그리고 전쟁시엔 군 최고사령관을 보좌하는 존재로서 일반 참모장교들을 훈련하고 교육하게 될 것이다.

제4권
19—년의 전쟁

† 《19—년의 전쟁 *The War of 19—*》은 듀헤 장군이 세상을 떠난 직후인 1930년 3월에 〈공군지〉에서 출간되었다. 그의 마지막 저술인 이 글 서문에서 듀헤는 다음과 같이 말하고 있다.

"나는 편집장이 이 글을 써달라고 제의해왔을 때 매우 반가운 마음으로 깊이 생각할 겨를도 없이 수락했으며, 그 후 곧바로 내가 맡은 과제에 대해 심사숙고했다.

이 글의 주제는 가까운 장래에 있을 강대국 간의 전쟁을 가정한 이야기여야 했다. 어느 측면을 보아도 이것은 난해한 주제였다. 한가로운 상상이나 공상의 문제가 아니라는 점을 생각할 때 더욱 그랬다. 오히려 좋은 군사평론을 써야 한다는 점에서 철저한 논리적 구속이나 논거의 궁핍함을 감수해야 했고, 상상에 기반한 미래의 현상을 보여줌으로써 현재에 어떤 교훈을 줄 수 있는 실질적인 결론을 맺어야 했다. 만약 내가 편집장의 제의를 공식적으로 수락하지 않았든가 〈공군지〉에 다음의 글에 대한 소개가 실리지 않았더라면, 나는 이 일을 기꺼이 맡지 않았을 것이다. 그러나 그럴 수 없었고, 결국 집필을 하게 되었다.

이것은 내 노력의 결과이다. 따라서 독자 여러분들이 관대하게 평가해주기를 바란다. 또한 현실에 기초하지 않은 가정적인 전쟁에서 강대국들이 초래할 수 있는 모든 개념, 이론, 행위, 조직, 사건들을 기억해주길 바란다. 이와 같은 주제를 서술하기 위해 필요한 어떠한 유용한 정보도 갖지 못한 나는 오직 두 가지 상이한 전쟁에 대한 개념 그리고 대비되는 두 개의 항공조직에 대한 상상력에 의존했다."

서론

19—년 여름에 점화된 세계대전에서 무적의 공군이 처음으로 전쟁에 참여했고, 이 점이 바로 이 전쟁의 특징적 성격이라 할 수 있다. 이 전쟁의 전개 과정, 특히 항공전의 발전과정을 살펴보는 것이 이 책의 목적이다. 이를 위해 나는 19—년 전쟁에 참가했던 국가들의 최고사령부에서 펴낸 공식문서와 후에 언급하게 될 기타 다양한 문서들을 근거로 이 글을 썼다.

그러나 역사가가 자신을 주변 인간들로부터 분리시킬 수 없으며, 모든 사람의 개성이 그의 저술을 통해 반영되듯이, 이 글을 객관적으로 집필하고자 결심했음에도 불구하고 나의 개성 때문에 이 글이 주관적인 판단으로 서술되었을 수도 있다. 만약 그렇다면 독자 여러분들이 너그러이 양해해주길 간절히 바란다.

이 글의 전반부에서는 전쟁의 원인을 간단하게 열거한 다음, 전쟁에 참여한 국가들의 정신적 · 지적 · 물질적인 대비태세에 대해 논하도록 하겠다. 후반부에서는 전쟁 초기의 일반 상황과 양측의 작전계획을 서술한 후 지상전과 해상전은 가능한 간단하게, 항공전 분야는 좀더 상세히 기술하도록 하겠다.

제1장 전쟁의 원인

켈로그 협약The Kellogg Pact(원래는 켈로그-브리앙 협약으로, 1928년에 독일과 프랑스를 중심으로 15개국이 가입한 부전조약—옮긴이주) : 이 사건은 전쟁을 불가피하게 만들었다. 간략하게 말해 사건은 복잡하게 진행되어 혼탁한 정점으로 치닫게 되었다. 며칠 사이 지평선에는 사건을 평화적으로 해결하고자 하는 모든 희망이 사라질 정도로 전쟁을 위협하는 구름이 짙게 드리워졌다. 비극은 너무나 갑자기 절정에 달하여 모든 세계는 물론 참전국들조차 당황하게 했다. 그들 모두가 냉혹한 운명 속으로 빨려들어가는 것처럼 보여졌다.

국제연맹위원회The Council of The League of Nations : 이런 이유로 다른 유럽 국가들은 중립을 선언했으며, 전쟁 기간 동안 성실하게 정치적인 중립을 준수했다. 미국은 유럽 문제에 대한 확고한 불간섭주의를 다시 천명했으며, 유럽의 전장에 단지 참관인 몇 명을 파견하는 것으로 만족했다.

경험으로부터 가능한 많은 교훈을 배우기 위해 군사적인 관점에서 이 전쟁을 분석할 때, 무엇보다 우리의 관심을 끄는 사실은 전쟁은 예측 가능한 잠복 단계 없이 갑자기 발발한다는 것이다. 공식문서들은 프랑스, 벨기에, 독일 각 정부가 피하려고 했던 전쟁이 6월 15~16일 밤에 필연적으로 일어날 거라는 어떠한 암시를 받은 적이 없었음을 증명해주고 있다. 따라서 그때까지 이들 정부는 침략국으로 보이지 않도록 조심스레 행동했고, 비밀리에 부분적인 군사동원만을 진행시켰다.

제2장 정신적 대비

비록 전쟁은 갑자기 발발했지만, 참전국가의 국민은 이에 당당하게 맞설 준비를 하고 있었다. 평화주의적 · 인도주의적인 많은 이론들이 전쟁 발발 10여 년 전에 이미 제기되어 토론에 들어갔지만, 상식에 근거한 삶을 살아온 국민들은 이와 같은 달콤한 이상주의적 환상에 넘어가지 않았다.

이 전쟁에 참여했던 국민들이 보여준 강렬한 애국심은 인종에 관계없이 양측에 존재했던 높은 수준의 정신적 준비 태세를 증명해주고 있다. 사실 연속적인 사건들을 통해 볼 때, 국민 대부분의 정신무장 수준은 거의 비슷하게 높았으며, 군대의 사기도 마찬가지였다. 이러한 서사시적인 투쟁을 목격한 우리로서는 전쟁에 참여했던 국민들이 보여준 영웅적인 사례에 경의를 표하지 않을 수 없다.

제3장 지적인 대비

상이한 전쟁 개념에 기초했던 양측의 두 가지 교리를 살펴봄으로써 전쟁에 대한 지적인 대비에 관해 언급하겠다.

1. 프랑스와 벨기에

이 두 강대국은 제1차 세계대전의 승전국이었기 때문에 그 당시 그들을 승리로 이끌었고, 과거의 경험으로 미루어볼 때 만족을 안겨주었던 무기체계와 국방체계를 완벽히 세웠다. 결과적으로 이들 두 나라의 군대 조직, 명령 계통 그리고 교육 훈련에 반영된 군사교리는 제1차 세계대전 중에 제정한 것과 크게 다를 바가 없었다.

이 군사교리는 전쟁의 목적이 적 지상군 섬멸에 있다고 명시하고 있고, 이러한 목적을 달성하기 위한 믿을 수 있는 가장 적합한 수단으로서 육군에게 가장 큰 중요성을 부여하고 있었다. 공세는 주공 임무나 조공 임무에서 모두 성공할 수 있는 적절한 태세를 고려하게 된다. 따라서 공세는 다양한 전투 부대의 교육이나 지침들에서 상하를 막론하고 가장 중요한 것으로 간주되었다. 제1차 세계대전에서 드러났던 공세 작전 전개의 어려웠던 점들이 잊혀진 것은 아니었지만, 두 번의 세계대전 기간(1918년 11월~1939년 9월—옮긴이주)이 그 기억을 희미하게 만들어버렸다. 공세작전에 관한 위대한 드 그랑메종 대령의 이론은 이 시기에 사장되어버렸다. 메종의 공세이론의 자리에는 공세를 취하기에 앞서 공세가 가능한 위치로 부대를 먼저 이동시켜야 한다는 이론이 자리를 잡았다. 결론적으로 공세작전에 내재된 본질적인 어려움을 극복해야 할 방법과 수단은 철저히 연구되었다. 다시 말해, 적절한 무기체계와 군대 편성 그리고 다양한 전투 부대의 효과적인 배치로 극복할 수 있다는 것이었다.

권위 있는 군사사상가들은 1914~18년의 전쟁에서 나타난 교착 상태를 전쟁술의 개탄할 만한 퇴보라고 비난하고, 전투 부대의 전개에 관한 규칙과 지침은 기동전을 촉진하기보다 전선의 또 다른 안정을 회피하도록 계산되어 있으며, 거의 고착 상태인 전선에서 지속적인 맹렬한 포격으로 얻을 수 있는 것보다 만족할 만한 결과를 취할 수 있을 것이라고 말하고 있다.

성공적인 공세작전에서 필수적인 것은 적이 조직화되고 방어선을 구축하기 전에 적이 예상하지 못하는 속도와 결정력으로 작전을 전개해야 하는 것이다. 이는 적의 방어선을 신속하게 붕괴시키기 위해 아군을 효과적인 무기체계로 무장하고 부대를 배치해야 한다는 것을 의미한다. 따라서 기습은 작전 성공을 위한 핵심 요소라 하겠다. 기습작전의 성공은 속도에 달려 있기 때문에 프랑스와 벨기에는 한 장소에서 다른 장소로 빠른 속도로 이동할 수 있는 능력을 가진 대규모 전투 부대를 육성하고 이들 부대를 풍부한 공격용 무기로 무장시켜야 한다.

속도가 느리고 낭비가 심한 진격을 회피하면서 적의 방어선을 신속하게 붕괴시키기 위해 이들 두 나라는 군대를 우수한 무기, 즉 장전속도가 빠른 자동화기, 경 · 중기관총, 소구경포, 박격포, 기타 현대식 무기로 화력을 증강시켰는데, 이것이야말로 전투를 결정하는 데에 필수적인 타격력을 감소시키지 않는 것들이다. 보병과 보조를 같이하거나 지원하는 소구경포 부대는 이미 개선되거나 화력이 크게 증강되었으며, 중포들은 차량에 탑재함으로써 원하는 곳 어디든지 빠르게 화력을 집중시킬 수 있게 되었다. 다수의 박격포는 철조망과 기타 방어망을 신속하게 파괴할 수 있도록 했다. 트럭, 이륜차, 기병, 이동식 기관총, 탱크를 지닌 보병과 포병으로 구성되고, 적을 앞질러서 적이 전선을 공고히 재구축하는 것을 억제시키기 위해 기동성이 뛰어난 기계화부대——일명 기동 사단——의 증강에도 관심이 쏟아졌다. 기동전에서 더할 나위 없이 유용한 기병 부대는 타격력을 증강하기 위해 기관총 부대, 기계화 포병 부대, 무장 차량, 모터사이클 부대 등과 통합되었다.

말하자면 제1차 세계대전의 모든 경험은 기동전을 통해 가능한 한 신속하게 적의 지상군을 격파하기 위해 최대한의 공격력을 그들의 지상군에게 배당했던 것이다. 그러나 이러한 전쟁교리가 비판을 면할 수는 없었다. 벨기에의 훈스테드Hunsted 소령은 다음과 같이 기술하고 있다.

제1차 세계대전이 우리에게 가르쳐준 것은 아무것도 없거나 적어도 우리가 그것으로부터 무엇을 배우는 데에 실패한 것처럼 보인다. 부차적인 중요성을 제외하고는 우리가 현재 가지고 있는 전쟁에 대한 개념은 제1차 세계대전 이전, 즉 나폴레옹 시기의 개념과 동일한 것이다.

전투원들의 의지와는 반대로 자연히 발생하는 전선의 안정화라는 현상은 그 영향이 멀리까지 미치는, 매우 중요한 사실이다. 그러나 그것은 실제의 현실과 관련하여 해석되지 않고, 지나간 관념과 관련되어 해석되고 있다. 이와 같은 전쟁의 교착된 형태는 우리들, 전쟁을 공부하는 사람들이 기대하는 것과는 상이한 것이다. 마치 현실이 사실이 아닌 가상의 예술에 종속된 것처럼. 따라서 우리는 이를 전쟁술의 퇴보로 정의할 수 있다. 과거의 위대한 전략가들이 가르쳐준 고전적인 기동은 지금의 새로운 조건들에서는 통용될 수 없고, 사실에 적합한 새로운 기동이 창조되어야 한다. 그 대신에 새로운 조건들은 기동을 저해하는 요인으로 비난받아 마땅하다.

오늘날 가장 바람직한 이상은 적으로 하여금 기동전을 하도록 강요하는 것이다. 이 말은 마치 현실을 바꾸어 과거로 돌아갈 수 있는 것이 가능한 것처럼 나폴레옹식의 전쟁으로 다시 되돌아가자는 것이다. 과거에 항상 그랬던 것처럼 현재에도 자신이 상대적으로 열세라고 여기는 측이나 혹은 어떤 이유에서든지 결전을 연기하고자 하는 측은 방어적 태세를 취하게 될 것이다. 오늘날 방어는 기술적인 요인들에서 파생되는 상태인 이른바 전선의 안정화를 초래하게 된다. 시간과 휴지기를 허용하는 이와 같은 전쟁의 상태는 최종적인 목적을 위해서는 오히려 유용한 것으로 입증되었으며, 이러한 이유로 기동이 사용되고 기동작전의 형태를 취하는 것이다.

적을 기습하는 것은 항상 유리한 작전이다. 이 사실에 반대하는 사람은 없을 것이다. 그러나 기습에 성공하려면 적이 기습을 허용해야 하는데, 항상 그렇게 될 수는 없다. 따라서 적이 기습당할 수 없거나 선점하고 있을지라도 적을 공격할 수 있는 조건들을 갖추어야 한다. 나폴레옹식의 작전처럼 돌격과 화력으로 적군을 몰아붙이기 위해서는 막대한 양의 무기와 군수품 그리고 대규모로 공세를 장기간 지속할 수 있으며, 적이 완전히 소진될 때까지 되풀이해서 적군을 칠 수 있는 여러 가지 방법과 수단을 가지고 있어야 한다. 그러나 어떠한 국가도 효율적인 막대한 양의 무기와 군수품 그리고 많은 방법과 수단을 모두 준비하고 유지할 수 있는 형편에 있지 않다. 따라서 전쟁의 초기 단계에 수행되는 격렬한 공세작전은 전쟁 능력이 없는 적이 아니라면 오히려 자신을 더욱 빠르게 소진시킬 것이다.

더구나 그러한 시도는 매우 위험해질 수도 있다. 실제로 교활하고 냉철한 적이라면 상대방의 일부분에 대해 예상치 못했던 역공세를 감행하고 이 기회를 이용할 수도 있다. 적이 강력하고 유연한 방어 전력을 보유하고 있다면 우리의 공격 능력이 저절로 소진되기를 기다리고 있다가, 지친 방어 전력이 아닌 온전하게 유지된 전력을 가지고 순수한 의미의 기동전을 수행할 것이다. 제1차 세계대전 중의 결정적 전투들에서 공세보다 역공세가 많은 승리를 이루어냈다는 전사의 교훈을 결코 잊어서는 안 될 것이다.

현재 전쟁시 육군의 가장 중요한 목표는 한 국가의 국민들이 상대 국가의 대문을 부수기 위한 수단과 방법을 준비할 충분한 시간을 확보하기 위해 자국의 앞마당을 지키는 것이라 하겠다.

프랑스와 벨기에의 작전교리에 의하면, 해군력과 공군력의 가장 중요한 임무는 작전 수행 중인 지상군을 지원하는 것이다. 프랑스는 해군을 군비 제한에 관한 국제협정이 허가하는 한도 내에서 최대한 잠재력을 보유하도록 했으며, 공군이 전쟁 양상의 중요한 요소라는 사실을 인정하고 있음에도 불구하고 공군력이 전쟁의 지배적인 수단이 될 수 있음을 믿지 않았다.

전쟁에서의 가장 중요한 임무가 지상군에게 맡겨졌기 때문에 공군의 주요 기능은 지상군이 작전 임무를 성공리에 마치도록 지원하는 것으로 제한되었다. 제1차 세계대전은 보조적인 항공력의 중요성을 보여주었고, 이후 몇 년 동안 이러한 보조 역할의 놀라운 진보와 다양한 무기체계에 대한 심도 있는 이해로 말미암아 해군과 육군의 지휘부는 그 중요성을 충분히 인식했다. 실제로 보조적인 항공력이 없는 육군과 해군은 생각도 할 수 없게 되었으며, 이러한 경향은 지속적으로 더 많은 보조적 항공력으로 지상 및 해상 세력을 강화하게 했다.

전쟁 양상에서 적이 공습, 특히 공중에서 화학무기로 공습을 감행할 것이라는 가능성은 널리 인정되었으며, 이러한 사실이 항공방위국 Department of Aerial Defense을 창설하도록 했고 산업과 인구 집중 지역에 대한 공습을 무력화시키기 위한 많은 수단들을 마련하게 했다. 독립공군의 조직에 이어 1928년 항공성Air Ministry 창설은 엄청난 논란을 불러일으켰다. 육군과 해군의 지휘부는 이러한 기구들에 커다란 적개심을 보였다. 그들은 비록 항공력의 중요성을 과소평가한 것은 아니었지만, 항공력은 전쟁을 수행하고 전쟁의 승패를 결정하는 군사력인 지상 전력과 해상 전력의 활동 범위를 통합하고 확장시키는 것에 지나지 않을 뿐이라고 주장했다. 그들은 독립공군이 전쟁의 형태와 성격을 개혁할 수 있다는 것, 또 방어수단들이 공습을 무력화시킬 수 있음을 주장하면서도, 항공 · 화학무기의 공습으로 공군이 유효성을 지닌다는 사실에 대해서는 철저히 부정했다. 그들이 인정하는 유일한 것은 공습이 특정 상황에서는 지상 전력 또는 해상 세력과 동일한 가치를 지닐 수 있다는 것 정도였다. 따라서 육군과 해군의 관할권에서 벗어난 독립공군의 창설은 무의미하다고 생각했는데, 이는 공군이 육군이나 해군에 종속되어 기능할 뿐이라는 관념에 기인하는 것이었다. 그러므로 항공성은 기술적, 군사적, 그리고 항공술상의 이유라기보다는 정치적 방안으로 창설된 것이었다. 이러한 많은 어려움과 반대에도 불구하고, 항공성은 육군과 해군으로부터 독립적인 공군을 조직하는 일에 성공했다. 할당된 적은 예산으로 공군은 육군과 해군의 지원 업무, 항공 방어, 민간 항공 업무를 담당해야 했다.

이러한 상황은 육군성, 해군성과 항공성 사이에 지속적인 적대의식을 야기시켰다. 육군성과 해군성은 대규모 보조항공대를 주장했으며, 이에 반해 공군성은 보조적인 역할을 줄여나가면서 독립공군을 강화시키려고 했다. 결과적으로 보조항공대와 독립공군이라는 항공 세력의 배분은 무엇보다도 타협적인 측면으로 자리잡게 되었다.

영국의 전문가 로이드Loyd 경은 프랑스의 전쟁 조직이 매우 허술하며, 하나의 근본에서 분리되지 못함으로써 통합성이 부족하다고 지적했다. 프랑스는 전쟁을 총체적으로 고려할 수 있는 적합한 조직을 보유하지 못했고, 각기 독립된 성격으로 전쟁을 대비하는 세 개의 기구를 가지고 있을 뿐이었다. 이들 각자는 자신의 고유 책임을 알고 임무를 완수하기 위한 최상의 조건들을 갖추는 한편, 필연적으로 자기 부서의 특정한 시각으로 전쟁을 파악하고 분석하게 된다. 이런 상황에서는 조화로운 대비태세와 행동의 통합이 실질적인 협동을 도모할 수 있다. 그러나 프랑스에서 어떠한 협동이 있었던가? 그들이 지닌 것은 항상 모호하고, 불확실하고, 일관되지 못한 것이었으며, 본질적으로 조직적이기보다는 개인적인 협동에서 기인하는 것이었다.

로이드 경은 다음과 같이 저술하고 있다.

전쟁은 의심의 여지 없이 모든 국가 자원의 통합적인 배치를 요구한다. 현재, 이러한 통합의 필연성이 전쟁을 대비하는 국가자원, 즉 군대에조차 받아들여지지 않고 있다는 것은 매우 이상하다. 전쟁에서의 복합적인 문제가 완전히 그 자체로 직면하게 되는 것은 매우 드문 일이다. 이론적으로는 모두 각자의 부분에 대한 조화로운 분배에 전적으로 의존하는 군사력에 동의한다. 그러나 실제로는, 자신만을 위해 대비하고 행동한다. 확실히 세 개의 독립된 성省과 세 명의 참모총장으로 독립된 프랑스의 군사체제는 적어도 전쟁을 통합적으로 고려하여 얻을 수 있는 조화로운 분배가 이루어졌을 때에만 적합한 체제이다.

프랑스와 벨기에 정부는 제1차 세계대전의 경험을 통해, 전쟁이 일어나면 육군과 해군을 단일한 지휘체제하에 둔다는 군사동맹을 체결하게 되었다. 공군에 대한 약정은 없었으며, 프랑스와 벨기에 간의 군사력 분배 개념에서 볼 때에도 이는 불가능한 것이었다. 두 국가 군사력의 상층 지휘부는 어떠한 당파적 성격도 없는 매우 조화로운 관계였다. 이에 따라 프랑스와 벨기에는 전쟁에 관련해서는 단일한 지휘체제하에서 움직이는 한 개의 군사력으로 볼 수 있는 것이었고, 우리들 역시 이를 명령체계의 단순성을 위한 조치로 여겨야 할 것이다.

2. 독일

베르사유 조약에서 독일에게 부과된 군비 제한 조항과 독일의 항공 · 화학산업의 발전은 독일로 하여금 완전히 다른 전쟁의 개념을 발전시키도록 했다. 군비 제한 조항은 적어도 독일에게 가까운 장래에 경쟁국들과 동등한 수준의 군사력을 건설하려는 희망을 버리게 했고, 항공 · 화학산업의 발달은 다른 한편으로 독일에게 항공 분야에서 성공적으로 경쟁할 수 있는 능력을 확신시켰다.

제1차 세계대전은 특히 소구경 속사 발사무기의 발전에 기인하여, 공세의 성공이 오직 방어에 대한 전력의 우세에 의해서만 얻어지는 것임을 증명해주었다. 양측이 보유한 무기체계가 완벽해지고 공세와 방어 전력이 균등하게 발전되었다면 지금과 같은 군사력의 우세는 필수적이다. 이러한 이유로 독일은 제1차 세계대전에서와 동일한 무장하에서라면, 미래의 전쟁에서는 규모가 작은 군사력을 가지고도 대규모 군사력을 대항할 수 있다는 견해를 지니게 되었다. 보유 전력이 좀더 약하거나 준비가 덜 되어 있는 상태라면, 혹은 어떠한 이유에서 결정적인 결전을 늦추고 싶다면, 지상전에서 정복되기 전에 장기간에 걸쳐 우세한 군사력이 소모되는 고통스러운 교착전을 치러야 할 것이다.

독일은 수적으로 우세한 지상군을 전장에 투입할 수도 없었고, 더욱이 전쟁의 교착 상태를 무너뜨릴 만한 수적 우세를 얻어낼 수도 없었다. 이러한 이유로 독일에서의 지배적인 전쟁개념은, '성공하기 어려운 야전에서는 결전을 시도하지 않는다'는 것이다. 그 대신 독일은 지상전에서 결정력을 상대편에게 빼앗기지 않는 한편, 또 다른 전장에서 결전을 추구하고자 했다. 즉 공중에서 전쟁의 승패가 결정될 때까지 지상에서는 적의 공격에 계속 저항한다는 것이다.

얼마 간의 관망기가 지난 후 독일은 해상에서의 전쟁도 포기했고, 대신 제1차 세계대전의 경험대로 잠수함전의 수행으로 자국의 해안을 보호하는 동시에 적의 통신 및 운송 시설에 심각한 타격을 가하는 방법을 고려하게 되었다. 따라서 몇 척의 순양함을 건조한 뒤, 독일은 대규모 잠수함 건조 계획으로 해군정책을 전환했다. 독일은 전쟁이 발발할 경우 해상 수송로를 포기해야 할 상황이 발생할 수 있다는 사실을 알고 있었는데, 제1차 세계대전의 경험은 대규모의 해상 함대를 보유했다고 하더라도 결국엔 같은 결과가 초래될 것이라는 교훈을 남겨주었다. 따라서 미래의 전쟁에서 독일이 직면한 문제는 전쟁의 종료될 때까지 해상 수송로 없이 어떻게 살아가야 하느냐는 것이었다.

미래의 전쟁에 대한 독일의 개념을 더욱 명확히 하기 위해서 나는 최근 독일군 참모본부가 발간한 19—년 전쟁에 대한 보고서의 일부분을 인용하려 한다. 이것은 1928년 1월에 총참모장인 로이스Reuss 장군이 수상에게 보낸 각서 중 일부분이다.

전쟁을 하려는 의지나 능력이 발견되는 곳은 군대라기보다는 오히려 한 국가 자체라고 할 수 있다. 따라서 전쟁을 하려는 의지를 꺾고 능력을 분쇄하기 위해서는 국민들을 대상으로 전투를 수행해야 한다. 적의 군대는 그 자체로서는 완전한 중요성을 지니지 못한다. 그 중요성은 다만 상대적인 것으로, 우리의 전투 수행에 저항하는 능력이나 우리에 대한 전투 행위 능력 정도에 달려있다. 결론적으로, 적의 군대를 섬멸하는 것은 전혀 필수적인 사항이 아니다. 만약 제1차 세계대전에서 우리의 잠수함 작전이 좀더 강력히 수행되었다면, 적의 전쟁 수행 능력을 물질적으로 불가능하도록 함으로써 적의 군대를 섬멸하지 않고도 우리는 전쟁에서 승리했을 것이다.

항공기는 지상이나 해상 전력 없이, 심지어는 항공력 하나만을 가지고 적의 내부를 공격하기 때문에 적의 심장부에 대한 직접 공격을 가능하도록 해준다. 따라서 그러한 방법은 좋은 결과를 얻을 수 있는 최고의 기회를 제공하는 것이다.

지상전에서의 결정력은 적 지상군의 모든 저항 능력을 필수적으로 제거하는 것이다. 이것은 물론 전투에 참여하는 군사력에 의해서 얻을 수 있는 결과지만, 이로써 자신의 국가를 더 이상 보호하지 못하고 주요 거점을 점령당하여 자신의 영토를 적군의 침입에 무방비 상태에 놓이도록 하며, 승자가 강요하는 법률에 따를 수밖에 없게 된다. 그러므로 이후에 점령당한 국가를 통치하기 위해서 지상전에서는 선제 공격을 통해 적의 정신적 · 물질적 전력을 최대한 파괴하고 피정복국 군대의 무장을 해제시켜야 한다. 제1차 세계대전은 이와 같이 긴 시간과 어려움, 값비싼 노력을 통해서만 결전을 얻을 수 있다는 사실을 증명해주었다.

해군력을 통해 얻을 수 있는 해상에서의 결정력은 바다를 통해 운송되는 모든 물자의 수송을 차단하여 상대 국가에게 견딜 수 없는 삶의 조건들을 부과하는 것이다. 그러나 특정 환경에서는 예외적이기도 하며, 매우 오랜 시간이 필요한 일이기도 하다. 제1차 세계대전에서 우리는 전쟁 개시 직후 우리의 해상 수송로를 포기하고서도 몇 년에 걸쳐 전쟁을 지속했던 것이다.

그러나 공중에서 결정력을 얻기 위해서 필요한 것은 공습을 통해 국민의 삶을 참을 수 없는 상황에 처하게 하는 것뿐이다. 공습은 목표물을 무제한적으로 선택할 수 있기 때문에 매우 유리하다. 지상전은 오직 적의 지상 전력에 한해서만 실행할 수 있고, 해상전은 군사활동이든 아니든 적의 해상 자원에 대해서만 수행할 수 있다. 그러나 항공전은 목적에 따라 가장 적합한 대상들을 상대로 실행할 수 있다. 즉 항공전은 적의 지상군을 대상으로 하기도 하고, 해상 전력을 대상으로 하기도 하며, 항공력 또는 국가 그 자체를 대상으로 실행될 수 있는 것이다. 따라서 항공전은 최소한의 저항을 받으면서 널리 개방되어 있기 때문에 무방비 상태에 놓여 있는 국가의 영토 전체를 대상으로 실행할 수 있는 것이다.

항공무기와 독가스의 결합은 오늘날 적의 가장 중요하고도 취약한 부분에 대해 매우 효과적인 기능을 발휘할 수 있다. 즉 이들 무기는 국민들의 정신적인 저항을 크게 저하시켜 전쟁을 지속하려는 의지를 말살시키기 위한 목적으로 적의 주요 정치, 산업, 상업 그리고 기타 핵심 지역에 대해 매우 효과적으로 사용될 수 있다.

항공전에서 결정력을 갖기 위해서는 지상전에서 적이 결정력을 갖지 못하도록 해야 한다. 즉 적의 지상군 작전을 지연시키고, 해상 수송수단이 부족하거나 또는 없는 상태에서도 자국의 국가 생존을 존속시켜야 한다.

이 모든 것들은 일반론에 따른 것으로, 특별히 다음의 사항을 명심해야 한다.

(1) 우리의 정치적 · 지정학적 상황을 고려해볼 때 어떠한 해상 세력과의 전쟁에서도 우리의 해양 수송수단이 안전하게 보호를 받을 것이라는 희망을

버려야 한다. 어떠한 경우에도 현재 우리의 해운수단은, 심지어 해상 세력이 우세하더도 안전을 보장받지 못한다. 우리 스스로가 과거의 적과의 관계를 통해 이러한 사실을 확인했다. 따라서 우리가 상대보다 강한 해상 세력을 지니고 있다 할지라도, 적이 잠수함을 잘 이용한다면 이전과 마찬가지로 우리는 해운 수송수단을 포기해야 할 것이다. 반면에 만약 우리의 해군력이 우세하고 적의 해운수단을 차단할 수 있다면, 그것은 우리의 가상 적국인 영국을 상대할 때 매우 결정적일 것이다. 모든 다른 강대국들은 육지의 수송로를 통해 물자를 수입할 수 있다. 어떤 강대국이 바다에서 최고의 힘을 갖게 되면, 그 강대국과 전쟁을 수행하는 것은 불가능하지는 않더라도 틀림없이 매우 어려울 것이다.

그러므로 현실적으로 말하자면, 우리는 제1차 세계대전에서 우리의 해군 함대가 겪었던 것과 마찬가지로 긍정적인 결과를 얻을 수 없을 것이다. 결론적으로 함대를 포기하고 그 자원을 딴 곳에 전용하는 것이 최상의 방책인 것이다. 함대를 보유하지 않는다면, 우리는 함대의 패배를 지켜보지 않을 수 있고, 또한 피신하기 위해서 어느 곳에 정박시켜놓지 않아도 된다. 이로써 우리는 빈 공간 외에는 싸울 대상이 없게끔 하여 적 해군의 해상 세력을 무력화시킬 수 있을 것이다.

관심을 가장 기울여야 하는 것은 적의 함대가 바다로부터 우리 해안을 공격하는 것을 막는 것이며, 다음으로 적의 해상 운송을 방해하는 것이다. 이 모든 것은 우리의 잠수함으로도 달성할 수 있다. 따라서 바다에 관한 우리의 노력은 이와 같은 방향으로 나가야 한다.

우리의 해상 운송수단을 보호할 수 없다는 것은 그러한 통신 · 운송 시설 없이 전쟁을 수행할 수 있는 적합한 방법들을 찾을 수밖에 없게 한다. 이러한 점에서, 지난 전쟁에서 겪었던 완벽한 포위를 다시 겪지 않으려면, 우리는 항상 중립국가와 무역 관계를 맺어야 한다. 어쨌든, 최악의 상태를 대비해야 하는 것이 우리의 임무이기에, 정부는 이러한 극단적인 돌발 상황에 대처하는 적절한 수단들을 선택해야 할 것이다. 제1차 세계대전의 경험은 전쟁의 기간이 짧을수록 이 점이 더욱 쉽게 해결된다는 것을 보여주었다.

(2) 우리는 지상전에서 적을 방어로 내몰 수 있지만 이들의 막강한 저항력을 무너뜨리려면 아군에도 적지 않은 전력의 소모가 있을 것이다. 우리가 해상 수송로를 봉쇄할 수 없기 때문에, 적 후방의 국가들은 계속 그들에게 군수물자를 보충해줄 것이며, 그들은 계속 자원을 전선에 투입시켜서 전투의 공간과 시간을 확장해나갈 것이다. 지상전에서 우리가 유리하게 전쟁을 결정짓기 위해서는, 즉 이러한 막강한 저항을 무너뜨리는 데 성공하기 위해서는 오랜 기간 동안 맹렬히 전투를 수행하며 막대한 양의 비용과 전력을 소모해야 한다. 최악의 상황은 바다로부터 군수물자를 공급받는 일이 불가능하다는 약점이 항상 있다는 것이다. 결국엔 우리가 승리를 쟁취하게 될 테지만, 과거의 전쟁에서 적들이 그랬던 것처럼 우리도 결국은 심각한 고갈 상태에 놓이게 될 것이다.

더구나 우리는 전력을 지상전에 과다하게 투입시킬 수 없다는 점과 여러 가지 이유로 분명히 적의 최강의 군대와 대치하게 될 것을 명심해야 한다. 과거의 경험은 전쟁의 교착 상태를 무너뜨리기 위해서는 힘과 수단의 우세가 필요함을 보여주었다. 따라서 우리는 방어에 쉽게 의존할 수 있으나, 성공의 가능성을 지닌 공세를 취하기는 매우 어려울 것이다.

지상전에서는 육군의 무기체계나 조직이 근본적으로 변화하지 않았기 때문에 제1차 세계대전과 여러 측면에서 유사한 특징들이 나타나게 될 것이다. 방어에서 가장 관심을 두는 측면은, 적으로 하여금 교착된 형태의 전쟁을 강요하는 방어형 체제의 효율성을 이용할 수 있다는 것이다.

특히 외국에서는 이러한 교착된 형태의 전선을 전쟁술의 퇴보로 간주하고 있으나, 사실 이는 단지 전쟁술의 특정한 기술적 조건에서 파생된 상황인 것이다. 어떠한 기술도 교착 전쟁의 심층 원인을 대체할 수 없기에 기동전의 다양한 기술들로 회귀하는 경향은 실패할 수밖에 없는 것이다. 강대국들의 국경은 대규모의 현대식 군대를 충분하게 배치해야 할 만큼 길지 않아서, 이는 연결된 전선을 이끌게 해주고, 속사무기의 유효성은 계속 발전되어 방어의 가치를 높여주고 있다. 싸워야 할 대상의 의지와는 반대로 다음 세대의 전쟁 역시, 싸웠던 상대의 의지와는 반대였던 제1차 세계대전이 보여준 것과 같은 교착된 형태를 이루게 될 것이다. 미래의 전쟁은 확실히 그렇게 될 것이며, 지상에서는 소수가 다수를 막아낼 수 있을 것이다. 따라서 지상에서 승리를 추구하는 것은 우리의 관심사가 아니다.

(3) 우리에게 공중은 지상이나 바다보다 훨씬 나은 상황일 것이다. 왜냐하면 기술적 지식이나 산업과는 별개로 우리는 가상의 적과 동일한 수준에 놓여 있기 때문이다. 공중이야말로 적의 의지에 대해 우리가 결정력을 추구해야 하는 곳이다. 이를 위해 항공전을 전개하는 동안 적의 지상군 작전을 지연시키고, 해상 수송로를 통한 무역이 없이도 생존할 수 있어야 한다. 전쟁에서 승리할 수 있는 유리한 위치에 오르기 위해서는 우리 군사력의 대부분을 그곳에 집중시켜야 하는 것이다.

항공 전력이 임무를 수행하기 위해 충분히 전개되려면 우리의 지상군과 해군의 작전 목표를 제한함으로써, 다시 말하면 우리는 자동적으로 공군력을 증강시키고 그만큼 육군과 해군의 전력을 축소시키게 될 것이다. 가능한 짧은 시간에 결정력을 지니기 위해서, 적 영토의 가장 취약하고 중요한 부분에 대해 매우 집중적이고 맹렬하게 전투를 수행해야 한다. 우리의 항공 전력의 목표는 될 수 있는 한 빠르게 적 국민의 싸우고자 하는 의지를 붕괴시키는 것이어야 한다.

이 보고서는 열띤 토론 끝에 독일군 참모본부가 작성하고 독일 정부가 승인한 각서에 나타난 전쟁의 개념과 생각을 설명하고 있다. 항공·화학무기의 사용은 국제협약에 따라 금지되어 있었고, 비무장국민에 대한 그와 같은 비인도적인 전쟁의 수단은 국제여론으로부터 지탄을 받았다. 로이스 장군의 보고서처럼 비무장한 국민들에게까지 무제한적으로 항공·화학무기를 사용하도록 규정한 것은 당연히 정부의 시각에서 볼 때 반사회적이며 정치적으로도 옳지 않아 보였다. 그럼에도 불구하고 로이스 장군은 결국 다음의 고려사항 덕분에 승리했다.

(1) 모든 강대국들은 '적이 먼저 사용하지 않으면 우리도 사용하지 않는다'라고 엄숙히 약속하면서 항공·화학무기들로 분주히 무장을 하고 있었다. 이와 같은 사실은 어떠한 강대국들도 다른 나라들이 항공·화학무기의 사용 금지 협약을 존중할 것이라고 믿지 않고 있었다는 것을 증명하고도 남는다. 이처럼 만연된 보편적인 불신감은 효율성이 증명된 무기를 적성국가들이 폐기할 것이라고 그 누구도 믿지 않았기 때문에 좀더 자연스럽고 논리적일 수 있었다. 모든 국가들은 항공·화학무기 전쟁에 대비하고 있으며, 전쟁이 발발할 경우, 그들 모두는 항공·화학무기를 사용하는 전쟁 수행을 준비할 것이다. 모든 국가의 자원이 전쟁에 투입되는 상황에서 어떻게 이처럼 효율성이 탁월한 무기들을 사용하지 않고 그대로 놔둘 것인가? 어떠한 이유에서든지 사용하는 것이 이익이라고 여기는 편이 있다면 그 편은 어떤 국제협약도 주저하지 않고 파기할 것이며, 당연히 전쟁에서 승리의 기회를 결코 포기하려고 하지 않을 것이다. 그러면 상대방은 본질적으로 보복을 강요당하게 되며, 공포의 항공·화학전쟁이 시작되는 것이다. 협약의 금지 규정을 준수하든 혹은 이를 거부하든지 어떠한 경우에도 항공·화학전쟁을 맞이할 준비를 해야 할 것이다.

(2) 만일의 사태를 맞이할 준비를 하는 국가는 합리적인 성공을 가져다 줄 수 있는 방법으로 이 일을 수행해야 한다. 그러므로 언제, 어디에서 발발하든 만약에 항공 · 화학 전쟁에 성공적으로 대처하기를 원한다면, 이 전쟁에서 승리하기 위한 조건들을 준비하는 일이 필수적이다. 적이 항공 · 화학 전쟁을 시작하길 기다리는 것은 적을 유리하게 해주는 것이며, 이는 처음부터 자신을 불리한 조건으로 몰아넣고 전쟁을 시작하는 행위가 된다.

(3) 국가의 생존이라는 본능적인 자기이익에 직면하여 모든 협약은 그 가치를 상실하게 되며, 모든 인도주의적 감정들도 중요성을 잃게 된다. 고려해야 할 유일한 원칙은 (내가 또는 내 나라가) 죽지 않기 위해서 (타인을, 적성국가를) 죽일 필요가 있다는 것이다.

1927년부터 독일에서는 국방성과 최고참모부의 창설을 통한 전면적인 군사개혁이 있었으며, 이로 말미암아 여러 개의 부서가 폐지되었다. 여기에서 총참모장의 기능은 매우 중요했다. 그는 국방을 위해 부과된 모든 자원을 3군에 적합하게 할당하는 권한을 갖고 있었다. 총참모장은 전쟁의 복잡한 문제들을 인식하고 있었기 때문에, 그의 임무는 3군의 고유한 중요성을 설정하여 전쟁을 대비하고 3군의 잠재적 전력을 최대로 배양하며 나아가 이들의 전력을 통합하는 것이었다.

하지만 총참모장은 국가 수반(수상)의 승인을 받아야 하기 때문에 완전히 독자적으로 군사력 건설 계획을 수행하지 않았다. 이런 군비 계획에 대한 거부권 행사는 자동적으로 총참모장의 사임을 초래했다. 한편 군비 계획의 승인은 곧 그의 권위를 탁월한 수준까지 올려주었는데, 국방성은 총참모장에 의해 구상된 정책에 따라 군대를 구성하는 임무를 지닌 행정기관이었기 때문이다. 총참모장의 중요성은 전쟁시 한 국가가 보유한 모든 군대의 총사령관이 된다는 사실 때문에 더욱 고양되고 강화되었다.

초기의 독일군 참모부는 군대에서 고급 교육을 받고, 좀더 지적이며 개방적인 사람들 중에서 선출된 장교들로 구성되어 있었다. 그들은 전쟁시는 물론 평화시에도 자신의 임무를 수행함으로써 총참모장을 보좌해야 했다. 전쟁 아카데미가 창설되고 여기에서 여러 참모들이 총참모장의 개인적인 지도하에 통합 전쟁의 수행이라는 문제들을 연구했다. 1930년에 최초로 전쟁 아카데미에서 장교가 배출되었다. 이 기관의 근본적인 목적은 단일한 목표라는 관점에서 단일한 지휘가 가능하도록 모든 군대를 한 명의 지휘관의 수중에 집중시키는 것이었다. 이는 전쟁에서 가장 필수적인 것은 승리라는 점을 군대의 모든 구성원에게 강하게 강조하는 것이었다. 이로써 모든 군대 조직에게 전시에 어떠한 임무가 주어지든 모든 임무는 승리를 달성하기 위해서 필수적인 것이고, 그 어떤 임무도 목표를 달성했을 때만 가치가 있음을 알게 해주는 것이었다.

이와 같은 중추 조직은 로이스 장군의 생각이 수상의 승인을 받자마자 효과를 발휘하도록 해주었으며, 모든 전쟁 잠재력의 도덕적 기반을 형성하는 정신 훈련을 가능하게 했다. 지상군은 자원을 가장 최소한으로 소비하면서 강력하게 저항을 할 수 있는 조건에 있도록 하는 개념으로 고무되었다. 이 구상은 해외에 잘 알려졌고, 독일 육군은 전쟁 개시부터 강한 공세에 직면하게 될 것이라는 사실은 기정의 결론이었다. 그러나 공세가 아무리 강력하다고 하더라도 이와는 무관하게, 집요한 방어로 이들 스스로 빠른 속도로 고갈되어갈 것이라는 사실을 누구나 잘 알고 있었다. 왜냐하면 전쟁의 시작 단계에서 장기적인 공세를 위해 필요한 엄청난 분량의 물자를 쉽게 준비할 수 있는 강대국은 많지 않기 때문이다. 실제로도 어떠한 강대국들도 그렇게 할 수 있다는 사실을 확신하지 못했고, 모두 산업 동원을 전쟁 수행에 필요한 수단으로 전환하는 계획에 몰두해 있었다.

따라서 가장 위험한 개전 초반의 시기, 즉 전쟁의 개시를 준비하고 있던 적의 선제 공격에서 어떻게 살아 남는가가 주된 문제였다. 초반에 전력이 고갈된다면 그 동안에 다른 전장에서 결정이 나지 않는 한, 다른 우발 사태에 대비할 수 있는 시간이 있을 것이다.

적을 교착된 전선에 붙잡아두는 작전이 필수적이었으며, 이는 집요한 지상전의 교전이 아닌, 적이 어려운 상황에 놓이도록 강력하지만 유연하게 대응함으로써 가능한 것이다. 가능한 한 신속하게 속사 소구경 무기로 연속적인 전선을 설정하도록 하고, 그 전선이 점점 강력해지도록 지속적으로 보강해야 한다. 또한 평화시에는 이러한 전선의 성격, 즉 무기, 군수품, 기타 장비들의 적절한 배치, 국경선 주변에 살고 있는 주민들, 특히 젊은이와 운동선수들을 어떻게 이용하여 각자에게 임무를 부여할 것인가, 그리고 위험지역 후방에 위치한 예비대를 언제 어디서든지 필요할 때 행동하게 할 수 있는 주요 사항에 대한 상세한 연구가 필요했다. 이를 통해 모든 것들을 적이 위협적인 공세를 할 수 있는 충분한 수단과 힘을 동원하기 전에 준비할 수 있었다. 이러한 모든 준비의 업무는 결국 규모가 작은 조직이 간단하게 해결해야 하는 일인 것이다.

지상군의 전개는 이러한 기준들에 기초했지만, 계획된 방어가 결코 독일 육군의 공격정신을 배제하거나 나약하게 하지 않았다. 오히려 군대와 장교의 교육에서, 방어는 궁극적으로 공세로 전환하기 위한 수단으로 적용되어야 한다고 가르치고, 모든 부대는 그 규모와 관계 없이 공세를 취할 어떠한 기회도 놓쳐서는 안 된다고 훈련시킴으로써 공격 정신을 더욱 빛나게 만들었다.

해군은 적의 공세에서 해안을 방어하고 잠수함과 기타 잠수무기들을 개발함으로써 적의 해양 수송을 방해하는 것으로 자신의 야망을 국한시켰다. 이미 건조된 순양함들은 적극적인 임무를 수행하도록 했으나, 전쟁의 시작과 함께 중요한 인물들은 2차적인 목적을 위해 낭비되지 않고 1차적인 임무를 위해 필요하다는 논리에 따라 개선되어야 했다.

항공전에서 결정력을 추구하기로 결정하고, 여기에 최대의 노력을 집중시키기로 함에 따라 독립공군은 물자와 무기뿐만 아니라, 군인의 정신과 마음까지도 오로지 공격용으로 조직되었다. 모든 2차적인 목표는 독립공군에게 최대 전력을 집중시켜야 한다는 논리에 따랐고, 보조항공대와 방어용 항공력은 폐지되었다.

제4장 프랑스와 벨기에의 전쟁 물자 준비
—전통적인 노선에 따른 지상 전력과 해상 전력의 준비

1. 프랑스의 항공 전력

(1) 육군 보조항공대

프랑스와 벨기에의 전쟁 개념은 전쟁 수행의 가장 중요한 임무를 육군에게 할당했고, 따라서 상당한 항공력이 지상군에게 배당되었다. 이와 같은 보조항공력은 다음의 전문 작전 분야로 구성되어 있었다.

ㄱ. 전략 정찰
ㄴ. 전술 정찰 및 연락
ㄷ. 포병 사격 관측
ㄹ. 공격 : 전투중, 행군 그리고 숙영 중인 적에 대한 공격
ㅁ. 요격 : 다양한 작전 부대의 활동 영역에서 영공을 보안
ㅂ. 폭격 : 지상 작전과 직접적으로 관련 있는 목표에 대한 공중 공격 수행

요격기 부대와 폭격기 부대를 포함시키는 문제에 대해 국방위원회에서 장시간 토론이 벌어졌는데, 항공성은 독립공군에 소속되어야 마땅한 항공수단을 보조항공대를 위한 무기체계로 전용하는 현실에 몸서리

쳐하며 양보하지 않을 수밖에 없었다. 이에 비하여 전쟁성 장관은 독립 공군이 육군 사령부의 지휘 통제하에 놓이지 않는 한, 육군은 독립공군에 의존하는 필수적인 작전 협조를 얻을 수 없다는 자신의 편협적인 견해를 더욱 확고히 했다.

어떠한 전문 작전 분야인가와 관계 없이, 각 비행중대는 6대의 일선 작전 항공기와 2대의 예비 항공기로 구성되었다. 2개의 비행중대는 1개 비행대대를 편성하고, 3개의 비행대대는 1개의 비행전대를 편성했으며, 2개의 비행전대는 1개의 비행여단을 구성했다. 다양한 작전 부대의 편제상 전력은 다음과 같다.

	비행중대	작전기	예비기
1) 육군의 집단군			
1개 전략 정찰 전대	6	36	12
1개 전술 정찰 대대	2	12	4
1개 공격 전대	6	36	12
1개 요격 여단	12	72	24
1개 폭격 여단	12	72	24
육군 항공기 총계	38	228	76
2) 각 군			
1개 전략 정찰 전대	2	12	4
1개 전술 정찰 대대	2	12	4
1개 공격 전대	6	36	12
1개 요격 전대	6	36	12

각 군 항공기 총계	16	96	32

3) 각 군단

1개 전술 정찰 대대	2	12	4
1개 포병 사격 관측 대대	2	12	4
1개 요격 대대	2	12	4
군단 항공기 총계	6	36	12

4) 각 보병 사단

작전 소요에 따라 군단장이 각 사단에 항공기를 배당.

5) 각 기계화/기갑 사단

1개 전술 정찰 중대	1	6	2
1개 요격 중대	1	6	2
1개 공격 중대	1	6	2
기계화/기갑 사단 총계	3	18	6

최초의 동원령은 7개의 군, 30개 군단, 10개의 기계화 사단, 그리고 12개의 기갑 사단으로 구성된 3개의 집단군에게 내려졌는데, 그 전력 구성은 다음과 같다.

	비행중대	작전기	예비기
1) 전략 정찰 임무			

3개 전대(집단군 내)	18	108	36
7개 대대(각 군 내)	14	84	28
전략 정찰 총계	32	192	64

2) 전술 정찰 임무

3개 대대(집단군 내)	18	108	36
7개 대대(각 군 내)	14	84	28
30개 대대(군단 내)	60	360	120
10개 중대(기계화 사단 내)	10	60	20
12개 중대(기갑 사단 내)	12	72	24
전술 정찰 총계	102	612	204

3) 포병 사격 관측 임무

30 대대(군단 내)	60	360	120

4) 요격 임무

3개 여단(집단군 내)	36	216	72
7개 전대(각군 내)	42	252	84
30개 대대(군단 내)	60	360	120
10개 중대(기계화 사단 내)	10	60	20
12개 중대(기갑 사단 내)	12	72	24
요격 총계	160	960	320

5) 공격 임무

3개 전대(집단군 내)	18	108	36
7개 전대(각 군 내)	42	252	84
10개 중대(기계화 사단 내)	10	60	20
12개 중대(기갑 사단 내)	12	72	24
공격 총계	82	492	164

6) 폭격 임무

3개 여단(집단군 내)	36	216	72

따라서 육군의 보조항공대는 다음과 같은 항공 전력을 구비했다.

비행중대	작전기	예비기
전략 정찰(32개)	192	64
전술 정찰(102개)	612	204
포병 사격 관측(60개)	360	120
요격(160개)	960	320
공격(82개)	492	164
폭격(36개)	216	72
총계(472개)	2,832	944

이것이 전쟁 발발 당시의 프랑스 항공력의 조직이었다. 프랑스는 평시에 약 절반에 해당하는 232개의 비행중대를 운영했고, 각 비행중대

는 4대의 항공기(총 944대)로 구성되었다. 평시에 보조항공대는 그들이 위치한 지역 육군 군단사령부의 지휘하에 훈련과 지휘와 개인 교육을 받아야 했다. 기술적인 항공 교육과 물품은 전문 항공조사단에 의존했는데, 항공성 산하의 항공조사국에 소속되어 있는 이 기구가 전략 정찰 및 전술 정찰 등 전문적인 업무를 담당했다.

전쟁성의 한 부서인 항공계획국은 항공성과의 연락기관으로서 기능했다. 이 두 기관의 협약에 따라서 항공계획국은 항공 조사국에게 모든 인적 · 물적 자원들을 요구하고 충원받았으며, 이 자원들을 다시 육군 군단 사령부의 지휘를 받는 부대에게 보낼 수 있었다. 전쟁이 시작되었을 때, 다음과 같은 기구들이 창설되었다.

ㄱ. 육군 최고사령부 소속의 항공사령부
ㄴ. 집단군 내의 3개 항공단
ㄷ. 각 군 내의 7개 항공단
ㄹ. 군단 내의 30개 항공단
ㅁ. 기계화 사단 내의 10개 항공단
ㅂ. 기갑 사단 내의 12개 항공단

전쟁이 발발할 경우, 항공조사국과 산하 전문 조사단은 전쟁성 장관과 항공성 장관의 동의를 얻어 육군 사령부에 속해 있는 항공감독부를 통해서 전문 인력과 물자를 보충시키고 새로운 항공 부대 창설을 계속 통제하도록 했다.

〔프랑스 최고사령부의 보고서에서 언급하고 있는〕 이 체제는 보조항공대를 두 개의 상이한 지휘체제에 종속시킴으로써 다소 번거롭고 잘못된 것처럼 보

이는데, 그로 인해 지휘체계의 복잡성과 책임의 분산이 초래될 수밖에 없다. 그리고 이는 평시가 아닌 전시에는 분명히 심각한 결과를 초래할 것이다. 한편 보조항공대가 전쟁성과 해군성에 각각 소속된다면, 그 결과는 유사한 조직의 중첩이며, 이로부터 또 다른 종류의 더욱 복잡하고 불편한 사항들이 나타날 것이다.

이 두 가지 상황 중에서 좀더 나은 것을 선택해야 할 것이다. 즉 항공성이라는 하나의 기구에 인적 자원과 항공 자원을 집중시키는 체제를 선택하고, 여기에서 항공력을 운용하는 전쟁성, 해군성, 독립공군, 항공 방어대 등의 조직에 자원들을 배분해야 할 것이다.

동원령이 발령되면 각 비행중대는 완전한 전력을 구성하고, 예비 인원과 물자를 가지고 또 다른 비행중대를 구성해야 한다. 조직이 완료되면, 이미 존재하는 각각의 작전용 비행중대는 12시간 내에 즉각 작전에 투입될 수 있도록 준비하고 있어야 하고, 각 예비 비행중대는 24시간 내에 작전을 수행할 수 있도록 준비해야 한다.

(2) 해군 보조항공대

해군의 보조항공대에게는 다음과 같은 작전 임무들이 부여되었다.

1) 함정을 기지로 하지 않는 항공력

ㄱ. 해군 기지의 항공 방어 임무

ㄴ. 잠수함 정찰 및 호송 임무

ㄷ. 장거리 정찰 임무

ㄹ. 함대 활동의 참여 임무

2) 함정을 기지로 하는 항공력(항공기 사출기 또는 항공모함에 탑재)

ㄱ. 항해 중인 함대에 대한 공습으로부터의 방어 임무

ㄴ. 항해 중 항공 정찰 임무

ㄷ. 작전 중 전술적 협동 임무

이와 같은 작전 목표를 수행하기 위해 다음과 같은 전력을 보유한다.

ㄱ. 해군 기지의 항공 방어 임무 : 360대의 일선 작전 항공기와 120대의 예비 항공기를 보유한 60개의 수상 요격 비행중대.

ㄴ. 잠수함 정찰 및 호송 임무 : 120대의 일선 작전 항공기와 40대의 예비 항공기를 보유한 20개의 단거리 수상 정찰 비행중대.

ㄷ. 장거리 정찰 임무 : 120대의 일선 작전 항공기와 40대의 예비 항공기를 보유한 20개의 장거리 수상 정찰 비행중대.

ㄹ. 함대 활동의 참여 임무 : 120대의 일선 작전 항공기와 40대의 예비 항공기를 보유한 20개의 수상 폭격 비행중대와 36대의 일선 작전 항공기와 12대의 예비 항공기를 보유한 6개의 수상 어뢰 비행중대.

이처럼 함정을 기지로 하지 않은 항공 전력의 총계는 756대의 일선 작전 항공기와 252대의 예비 항공기를 운용하는 126개의 비행중대이다.

이에 비해 함정을 기지로 하는 항공 전력은 다음과 같다.

ㄱ. 항해 중인 함대에 대한 공습으로부터의 방어 임무 : 80대의 수상 정찰 사출 항공기

ㄴ. 항해 중 항공 정찰 임무 : 80대의 수상 정찰 사출 항공기

ㄷ. 작전 중 전술적 협동 임무 : 80대의 수상 정찰 사출 항공기와 40대의 수상 폭격 항공기로 이들은 항공기 사출기 또는 항공모함에 탑재된다.

이처럼 함정을 기지로 하는 항공 전력의 총계는 300대의 항공기이며, 예비 항공기를 포함한 해군 소속 보조항공대는 1,308대의 항공기를 보유한다. 그리고 이들의 편성은 육군 보조항공대와 유사하다.

(3) 독립공군

독립공군에게는 다음과 같은 작전 임무가 부여되었다.

ㄱ. 적의 공군으로부터 공중 우세를 확보하기 위한 공격 임무

ㄴ. 적의 영토에 대한 공세 임무

ㄷ. 육군과 해군에 대한 직접적인 협동작전 임무 및 육군 보조항공대와 해군 보조항공대의 조직적인 전력 강화 임무

독립공군은 전적으로 항공성에 소속해 있으며, 전쟁이 발발하면 내각각료회의가 지명한 독립공군 참모총장은 육군과 해군의 참모총장과 동일한 지위 및 권한을 부여받았다.

공군의 핵심 전력은 폭격기 부대와 요격기 부대로 이루어졌으며, 이들 핵심 부대에는 자체적으로 정찰 업무를 수행하는 특별한 정찰 임무 부대가 추가되었다. 독립공군의 항공 전력 구성은 다음과 같다.

여단	비행중대	작전기	예비기
5개 요격기	60	360	120

2개 주간 폭격기	24	144	48
4개 야간 폭격기	48	288	96
1개 전략 정찰전대	6	36	12
총계	138	828	276

(4) 항공 방어

적 공군이 대규모의 공습과 항공 · 화학 공격작전을 전개할 수 있다는 필연성을 예측하고 이에 대한 방어책을 세워야 한다. 따라서 국가 영토 전체에 대한 항공 방어를 세심하게 조직하고 이를 항공성과 협조하는 항공 방어계획국에 많은 임무가 주어졌다. 이 기구에 모든 항공 방어, 방공과 항공 방호수단 통제가 맡겨졌고, 전쟁 발발시에는 항공 방어 사령부가 이 임무를 수행하기 위해 구성되었다.

프랑스는 독일을 비롯한 기타 국가들이 항공전을 위해 강력히 무장된 공격용 전투기 항공 부대를 구성하여 대규모 공습작전을 전개할 것을 알고 있었다. 그러나 이러한 새로운 사실에 별다른 의미를 부여하지 않았는데, 이 이유는 제1차 세계대전의 경험이 이를 입증시켜주지 못했기 때문이었다. 속도가 느리고 빠른 기동이 불가능한 이와 같은 항공기들은 전투 중에 대형을 유지할 수 없고, 대형을 유지한 채 그들을 공격하는 요격 비행중대의 앞에서 고립될 것이며, 따라서 그런 조건들은 절대로 열세를 면치 못하게 될 것이라고 믿었다. 더구나 이들 항공기가 보유한 무장력의 우세——구경 및 사거리에 있어서——는 그들의 화력을 피할 수 있도록 우세한 속도와 기동성을 지닌 우리의 요격 항공기에 의해 쉽게 상쇄될 것이며, 그러한 대형 항공기는 방공포의 좋은 목표물이 될 것이라 생각했다. 또한 기동성이 좋은 1인승 항공기로 충분히 그들을 대항할 수 있을 것으로 생각했으며, 더구나 몇 대의 소형 항공기로 대형 항공기를 대적하게 하는 방법은 비용이 상대적으로 절감되는 등 매우 효과적인 것이라 생각하여, 대형 항공기의 다양한 임무를 소형 항공기에게 부여했다.

영토 내의 산업 및 인구 중심지를 공격하려고 접근하는 적 항공기에 대항하여 자국 상공에서 수행하는 항공 방어 작전, 즉 요격작전을 위해 프랑스는, 매우 빠른 속도로 급상승이 가능하고, 적 항공기와 교전 후 자기 비행장으로 귀환할 수 있는 충분한 능력과 50~60분의 작전반경을 보유한 요격 항공기의 비상대기체제를 채택했다.

(5) 방어용 항공대

이 임무를 위해 50개의 비상요격 비행대대를 보유한다. 각 비행대대는 2개의 비행중대로 구성되고, 각 중대는 6대의 항공기를 보유하여 총 100개 비행중대와 600대의 항공기로 구성된다. 방공포는 각각 7킬로그램 중량의 고성능 폭탄을 장착하는 75밀리포를 배치했다. 이것은 이동식 발사대에 장착되었으며, 최대 사거리는 5킬로미터에 달하는 것이었다.

방공포 부대는 10개의 방공포 연대로 편성되었으며, 각 연대의 전력 구성은 다음과 같다.

ㄱ. 2개 방공포 여단

ㄴ. 1개 방공탐조등 대대

ㄷ. 1개 통신병 중대

방공포 여단은 각각 다음의 전력을 보유하고 있었다.

ㄱ. 3개 방공포대 : 각각 75밀리포 2문과 기관포를 지닌 4개의 소대로

편성
ㄴ. 1개 방공 기관포 소대 : 각 소대마다 8개의 기관포를 보유

방공탐조등 대대는 다음의 전력을 보유한다.
ㄱ. 4개 방공탐조등 중대 : 각각 1개의 탐조등, 1개의 음향탐지장치 그리고 1개의 방공 기관포를 보유한 6개 소대로 편성

통신병 중대는 다음을 포함하고 있었다 .
ㄱ. 2개 통신병 소대
ㄴ. 3개 전보통신병 소대

방공 연대는 전체적으로 다음과 같이 구성되었다.
ㄱ. 48, 75밀리포
ㄴ. 168 방공 기관포
ㄷ. 96 탐조등
ㄹ. 96 음향탐지장치

따라서 총전력으로 480문의 방공포와 1,680개의 방공 기관포를 보유한다. 그리고 평시에는 비상요격기 대대의 핵심 전력과 방공 연대만이 존재했다.
각각 4대로 구성되는 50개의 비상요격기 중대가 있었다. 동원령이 발령되면 각 비행중대는 6대의 항공기로 전력이 증강되고, 비상요격기 대대 사령부가 창설된다. 필요한 물자는 준비되어 동원 물자 창고에 비축되어 있었다. 지역 예비대에 속해 있는 인적 자원들은 6시간 내에 그들의 비행중대로 복귀해야 했다. 모든 인적 자원들은 정기적인 소집으로

완벽한 훈련을 유지할 수 있었다.

10개의 방공 포대 여단——각각 2개 소대씩 이루어진 3개 포대로 구성——은 각각 탐조등 중대, 통신병 소대 그리고 전보통신병 소대를 지니고 있었다. 동원령이 발령되면 이들 10개 여단은 2배의 규모로 확대되고 전쟁 수행에 필요한 10개의 연대를 구성한다. 필요한 모든 물자들은 창고에 비축되어 있었고, 인적 자원은 지역 예비대에 소속되어 항상 효과적으로 훈련을 받았다. 동원령이 발령되면, 그들은 자신의 여단으로 6시간 내에 복귀해야 했다. 방공 부대와 마찬가지로, 비상 요격기 대대는 평시에도 보호해야 하는 핵심지에 인접한 지역에 있다. 전쟁 시작과 함께 이들 부대의 임무는 보유한 항공 전력을 덜 노출된 장소로 소집하여 적의 공격이 집중되는 곳으로 보내는 것이었다.

항공 방어 사령부는 자신의 통제권하에 있는 이들 항공수단——50개의 비상요격기 대대와 10개의 방공 연대——을 효율적으로 운용하여 육군과 해군의 작전 영역 밖에 위치한 지역의 항공 방어를 책임져야 했다. 이들은 각각 보유한 보조항공대와 방공포 부대를 운용하여 육군과 해군의 작전 영역 내에 위치한 영토에 대한 항공 방어를 책임져야 했다.

총동원령이 발령되었을 때 프랑스 항공 전력의 총합은 다음과 같다.

분류	비행중대	작전기	예비기	무소속	계
육군 보조항공대	472	2,832	944	—	3,776
해군 보조항공대	126	756	252	300	1,308
독립 공군	138	828	276	—	1,104
항공 방어	100	600	—	—	600
총계	836	5,016	1,472	300	6,788

여기에서 식민지 지역에 주둔한 항공 전력은 산정하지 않았는데, 그 이유는 전쟁이 발발했을 때에 이들 전력도 식민지 지역에 남아 있어야 했기 때문이다.

2. 벨기에의 항공 전력

벨기에의 항공 전력은 프랑스와 거의 동일하게 조직되었다.

(1) 육군 보조항공대

육군 보조항공대의 전력은 다음과 같았다 .

	비행중대	작전기	예비기
1) 육군 최고사령부 소속			
1개 전략 정찰 대대	2	12	4
1개 전술 정찰 대대	2	12	4
1개 공격 전대	6	36	12
1개 요격기 여단	12	72	24
1개 폭격기 여단	12	72	24
총계	34	204	68

2) 육군 군단, 기계화 및 기갑 사단에 대한 항공 전력 배치는 프랑스 육군 부대와 같다.

동원령이 발령된 초기에 5개의 육군 군단, 2개의 기계화 사단 그리고 2개의 기갑 사단이 보유한 항공 전력은 다음과 같았다.

	비행중대	작전기	예비기
1) 전략 정찰 임무			
1개 대대(육군 최고사령부 내)	2	12	4
2) 전술 정찰 임무			
1개 대대(육군 최고사령부 내)	2	12	4
5개 대대(육군 사단 내)	10	60	20
2개 중대(기계화 사단 내)	2	12	4
2개 중대(기갑 사단 내)	2	12	4
총계	16	96	32
3) 포병 사격 관측 임무			
5개 대대(육군 군단 내)	10	60	20
4) 요격 임무			
1개 여단(육군 최고사령부 내)	12	72	24
5개 대대(육군 군단 내)	10	60	20
2개 중대(기계화 사단 내)	2	12	4
2개 중대(기갑 사단 내)	2	12	4
총계	26	156	52

5) 공격 임무

1개 전대(육군 최고사령부 내)	6	36	12
2개 중대(기계화 사단 내)	2	12	4
2개 중대(기갑 사단 내)	2	12	4
총계	10	60	20

6) 폭격 임무

1개 여단(육군 최고사령부 내)	12	72	24

따라서 육군 보조항공대는 다음과 같이 구성되었다.

비행중대	작전기	예비기
2개 전략 정찰	12	4
16개 전술 정찰	96	32
10개 포병 사격 관측	60	20
26개 요격	156	52
10개 공격	60	20
12개 폭격	72	24
76 중대 계	456	152

(2) 해군 보조항공대

해군 보조항공대의 전력은 다음과 같았다.

ㄱ. 해군 기지의 항공 방어 : 60대의 일선 작전 항공기와 20대의 예비 항공기를 보유한 10개의 수상 요격중대

ㄴ. 잠수함 정찰 및 호송 임무 : 60대의 일선 작전 항공기와 20대의 예비 항공기를 보유한 10개의 수상 정찰중대

ㄷ. 장거리 정찰 : 12대의 일선 작전 항공기와 4대의 예비 항공기를 보유한 2개의 전략 수상 정찰중대

이들의 총 전력은 132대의 일선 작전 항공기와 44대의 예비 항공기를 보유한 22개 비행중대로 구성되었다.

(3) 독립공군

적국 영토에 대한 항공 공세를 위해 항공 전력은 육군 최고사령부의 전력 배당에 의거하여 운용되었다.

(4) 항공 방어

이 작전 임무는 다음과 같이 분리된 조직으로 구성되었다. 그것은 각각 2개의 비행중대로 이루어진 6개의 요격기 대대——전체 72대의 항공기——와 1개의 방공포 연대——48문의 75밀리포와 168개의 기관포——이다.

1차 동원령이 발령된 후에 벨기에가 보유한 총 항공 전력은 다음과 같았다.

항공기 구분	비행중대	작전기	예비기	계
육군 보조항공대	76	456	152	608
해군 보조항공대	22	132	44	172

항공 방어	12	72	—	72
총계	110	660	196	856

전문 임무별로 분류된 연합국 항공 전력의 전쟁시 조직은 다음과 같다.

		프랑스		벨기에		계	
순번	전문 임무	중대	항공기	중대	항공기	중대	항공기
1	전략 정찰	8	228	2	12	40	240
2	전술 정찰	102	612	16	96	118	708
3	포병 사격 관측	60	360	10	60	70	420
4	요격	220	1,320	26	156	246	1,476
5	공격	82	492	10	60	92	552
6	주간 및 야간 폭격	108	648	12	72	120	720
7	수상 요격	60	360	10	60	92	552
8	수상 전략 정찰	20	120	2	12	22	132
9	수상 전술 정찰	20	120	10	60	30	180
10	수상 폭격	20	120	—	—	20	120
11	수상 어뢰	6	36	—	—	6	36
12	함선 탑재	—	300	—	—	—	300
13	방어 요격	100	600	12	72	112	672
	총계	836	5,316	110	660	946	5,976

평화시의 조직은 다음과 같다 .

1) 프랑스

비행중대		항공기
236	육군 보조항공대	994
63	해군 보조항공대	252
69	독립공군	276
50	경계	200
418	계	1,722

2) 벨기에

비행중대		항공기
38	육군 보조항공대	152
11	해군 보조항공대	44
6	경계	24
55	계	220

3. 동원령

적절한 시점에 항공 부대를 성공적으로 동원하는 업무는 보장되었다. 이와 같은 동원 업무를 통해 전쟁 조직이 필요로 하는 수준의 두 배 가량의 인적 자원이 항상 준비되었으며, 매우 훈련이 잘 되어 있었다. 이들 동원된 항공 부대를 위한 예비물자는 역시 충분했으며 이것은 동원

물자 창고에 잘 비축되었다.

이미 언급했듯이, 항공기 4대로 구성된 모든 비행중대는 일선 작전 항공기 6대와 예비 항공기 2대 등 총 8대로 증대되었다. 또한 같은 규모의 비행중대들을 증설 편성함으로써 두 배의 중대 규모를 지니게 되어 있었다. 그러므로 각 비행중대의 동원 창고에는 12대의 항공기와 부속 물품들이 비축되어 있었다.

전쟁시 각 비행중대는 한 달에 전력의 3분의 1을 상실하게 될 것으로 예상되었다. 따라서 프랑스는 항공 전력을 보충하기 위해 매달 새로운 항공기가 2,000대 필요했다. 산업 수준이 그 정도로 많은 항공기를, 특히 전쟁 발발 처음 한 달 동안에 생산해낼 정도인가에 대해서는 심각한 의구심이 제기되었다. 따라서 프랑스는 각 비행중대마다 예비 항공기를 2대씩 추가로 보유하기로 결정했다. 따라서 각기 4대로 구성된 비행중대는 16대의 항공기와 부속 물품들을 창고에 비축했다. 이 정도의 비축은 특히 전쟁 개시 후 처음의 한두 달 동안 보충을 받지 않고도 각 비행중대가 전쟁을 효과적으로 치를 수 있도록 해주는 것이었다.

이와 같은 항공 물자의 대규모 비축을 보관, 유지, 관리하는 데 엄청난 비용이 들었다. 게다가 시간이 흐름에 따라 그것들은 노화되었으며, 사용하지도 않은 것을 폐기해야 했다. 그럼에도 불구하고 이 모든 것들은 동원의 시점에 필요했기 때문에 다른 체제를 따른다는 것은 불가능했다. 이 대규모의 물적 자원은 과학과 산업의 진보에 따라서 계속 새로운 모델로 대체되어야 했으며, 따라서 5년마다 모든 물적 자원들을 완전히 쇄신하도록 결정했다. 이 결정은 매년 3,000대의 새로운 항공기를 생산해야 한다는 것을 의미했으며, 비축된 것들 중에는 수명이 5, 6년 지난 것들이 여전히 남아 있었다.

이러한 상황은 매년 항공기와 모터를 구입하는 데 많은 비용을 지출하고, 이것들이 창고에서 노화되도록 방치하는 현실이 옳지 않다고 주장하던 군사비평가들의 적지 않은 비판을 불러왔다. 그들의 주장은 '가장 현대적이고 진보된 항공기들을 대량으로 생산할 수 있는 산업구조를 마련하자'는 것과 항공 전력을 평화시 필요한 만큼 또는 그보다 약간 높은 수준으로 제한하여 보유하자는 것이었다. 그러나 이러한 비판은 전쟁이 발발한 후에도 항공기를 대량으로 생산하기에 충분한 시간이 프랑스에게 주어질 것이라는 의심쩍은 가정에 기초를 하고 있었다. 또 다른 비판은 프랑스 항공대에 의해 채택된 항공기 유형과 전문화된 임무의 다양함, 그리고 다수의 항공산업의 경쟁 기업들로부터 야기된 상황을 안타까워하는 것이었다.

전쟁이 개시된 직후에 〈날개Les Ailes〉지는, '지휘관 X'라는 가명으로 쓴 다음과 같은 기사를 게재했다. 이는 항공 관련 분야에서 열렬한 호응을 받았다.

> 프랑스에서 군사 항공대는 전쟁을 제외한 모든 것을 위해 탄생된 것처럼 보인다. 기술 전문가들은 이를 오직 항공역학적 현상으로 간주하고 있다. 새롭고 향상된 기능을 갖춘 항공기의 새로운 모델은 항공기술과 산업이 계속 발전함에 따라 지속적으로 고안되고 있다. 새로운 모델은 군사 항공대에 의해 차례로 수용되어 어떠한 목적이나 그 밖의 것들을 위해서 사용될 것으로 생각된다. 어떠한 목적을 위해서인가? 그것은 아직 알 수 없는데, 첫째로 항공기는 연구되고 실험되어야 한다. 그런 후 다른 기술자들이 그 항공기 주위에 모여 이 항공기로 무엇을 할 수 있을 것인가를 살펴보아야 할 것이다. 그 다음에 여기에 무엇인가를, 저기에 무엇을 개조함으로써 사진기, 기관총, 폭탄선반, 그리고 기타 부속물들을 부착하게 되고, 결국 새로운 모델의 군용 항공기

가 탄생하는 것이다.

나아가 사물을 오직 한 가지의 관점으로만 파악하려는 전문 전술가들도 있다. 그들은 오직 전문성만을 생명으로 여긴다. 전쟁에서 항공기를 사용하는 데에는 폭격에서 물자 수송까지 많은 방법들이 있다. 좀더 풍부한 상상력을 지닌 사람은 항공기를 사용하는 새로운 용도를 만들어낼 것이며, 그때마다 그는 자연스럽게 그 용도에 맞는 적당한 항공기를 원하게 될 것이다. 예를 들자면, 누가 폭탄선반이 물자의 수송에 불필요한 것이라고 반박을 할 수 있을까?

더구나 항공기, 모터 그리고 부속물들을 생산하는 기업들이 있다. 그들은 사업을 하고 생계를 유지할 권리가 있으며, 따라서 그들과 거래를 하는 것은 정부의 의무이기도 하다. 또한 그들이 무엇을 생산하기를 원하는가와 상관 없이 자신이 원하는 것을 주문하는 것은 정부의 권리이다.

이처럼 항공공학의 진보와 전문화의 다양한 형태들 때문에, 그리고 항공기 제조업자 간의 경쟁 때문에 우리 군사 항공대가 갖게 되는 가장 분명한 특징은 다양성이라고 하겠다. 우리의 군사 항공대는 14개의 전문 작전 영역이 있다. 즉 전략 정찰, 전술 정찰, 주간 폭격, 야간 폭격, 포병 사격 관측, 공격, 요격, 비상 요격, 장거리 수상 정찰, 단거리 수상 정찰, 수상 요격, 수상 폭격, 수상 어뢰,수상 사출의 기능을 지니고 있다. 따라서 우리는 이론적으로 비행중대를 위한 14개 종류의 군수품을 보유하고 있는 것이다.

이론적으로는 그렇다. 그러나 실제로 우리 항공기 종류의 다양함은 엄청난 것이다. 우리는 동원 창고에 6년이나 오래된 군수품들을 보유하고 있으며, 그 연수에 따라 각기 몇 가지씩의 변경된 부품을 보유하기도 한다. 예를 들면 우리는 3가지 종류의 전술정찰 항공기를 지니고 있는데, 즉 1927년형, 1929년형, 그리고 1930년형 모델들이다. 그러나 1927년형 모델은 A와 B기업에서 제조되었으며, 1929년형은 C와 D, 그리고 1930년형은 E와 F라는 기업에 의해서 제조되었기 때문에 우리는 적어도 이들 기종 중 적어도 6가지의 변경된 종류를 보유하고 있다. 장착된 엔진의 다양함을 고려치 않은 현실에서도 이런 지경이다.

다른 전문 임무들은 여전히 더욱 변화된 종류들을 제공하고 있다. 요격 전문 분야를 생각해보자. 잘 알려진 바와 같이 이 분야는 항상 최신이어야 하며, 따라서 그 노화 속도가 매우 빠르다. 실제로 새로운 모델은 한 기종이 나온 뒤 바로 뒤따라 나타나며, 6가지의 변종이 있는 비상 요격기 기종을 제외하고도 현재 우리는 9가지의 기종을 지니고 있다.

만약 내가 틀리지 않았다면, 14개의 전문 임무로 분류되는 우리 항공 전력은 60개 이상의 변화된 종류의 군수품을 보유하고 있다고 말할 수 있다. 우리의 평시 조직이 약 400개의 비행중대를 보유하고 있으니까, 평균적으로 6~7개의 비행중대만이 각각 다양함에 있어서 같은 기종이라고 생각할 수 있는 것이다.

그러나 내일 전쟁이 일어날 경우, 다양한 변종의 항공기를 보유한 우리에게 무슨 일이 벌어지게 될 것인가?

말할 것 없이 설비가 잘된 공장과 능력 있는 기술자, 그리고 숙련된 노동자 들을 지닌 프랑스의 항공산업은 일류 항공기와 모터들을 공급했으며, 한편으로 뛰어난 전통을 지닌 과학연구소는 항공수단의 향상에 크게 공헌했다. 그러나 이러한 뛰어난 노력들이 언제나 잘 지도되고 있는 것은 아니었다. 항공력의 조직에 책임을 지고 있는 정부 당국은 지휘관 X가 개탄했듯이 항공기 기종의 엄청난 변경 형태를 인정하고 있었다. 이러한 기종의 다양함은 자신들의 무기체계에 의존하고 있는 여러 가지의 비행중대들에게 전쟁의 가치가 달라지게 하는 결과를 낳았다. 1932년형의 요격기 중대는 1928년형의 요격기 중대보다 분명히 효과적이었다. 그러나 1928년형의 비행중대는 단순히 개량된 무기를 사용했다고 해서 폐지되지는 않았다. 이 비행중대는 더욱 나은 기종으로 대체될 때까지 그대로 유지되어야 했다. 그 결과 가장 현대적인 군수품은 독립공군에게 주어야 한다고 결정되었으며, 노화된 것들은 보조항공대들에게 넘겨지게 되었다. 결과적으로 전쟁이 시작되는 당시, 요격기의 군수품은 다음과 같이 배분되었다.

구분	비행중대(수)	무장					
		32년형	31년형	30년형	29년형	28년형	27년형
독립공군	60	42	18				
육군 집단군	36		22	14			
육군	42			26	16		
육군 군단	60				24	36	
기계화 사단	10					4	6
기갑 사단	12						12
총계	220	42	40	40	40	40	18

만약 이러한 전력배치 체제의 논리적 기준에 의문을 던진다면, 역시 두 가지 유형의 결핍, 즉 정신적 · 물적인 결핍이라는 문제를 지녔을 것이다.

(1) 가장 최신 군수품을 배치하는 순위는 주요 부대에서 중요도가 적은 부대로 이동되어야 한다. 독립공군 소속의 비행중대에 무기가 배분되었을 때, 오래된 무기들은 육군 군단이나 사단의 비행중대들로 옮겨

져야 하는 것이고, 이와 같이 기갑 사단까지 배치가 이루어져야 하는 것이다. 이렇게 되어야 낡은 군수품들을 정확하게 폐기하는 것이다. 교육과 사기의 이유로 인적 자원들을 이동시켜서는 안 된다. 군수품의 이러한 이동은 복잡하고 비용이 드는 일이지만, 이는 선호의 서열을 지키기 위해서는 필수적이다. 그렇지 않다면 전쟁이 발발했을 때, 노쇠한 군수품들로 무장하고 있는 독립공군을 보게 될 것이다.

(2) 이 선호의 서열은 의심할 바 없이 조종사들의 사기에 매우 해로운 결과를 초래할 것이다. 예를 들어 기갑 사단 비행중대가 노쇠한 군수품을 지니고 있다면, 그리고 같은 전선의 기타 중대들이 더욱 나은 최신식의 무장을 갖추고 있다고 가정할 때, 이들이 '무시당하고 있다'고 느끼는 것은 당연한 이치다.

이 상황은 새로운 군수품 대부분이 동원 창고에 쌓여 있다는 사실에 의해 더욱 악화될 수 있다. 즉 생산공장에서 제공된 20대의 신식 항공기 중에서 4대만이 비행중대에 지원되고, 12대는 중대의 동원창고에 넣어두며(4대는 결국 중대에 채워지기 위한 것이며, 8대는 새로운 중대를 구성하기 위한 것이다), 나머지 4대는 후방의 창고로 수송되는 것이다. 그러나 만약 모든 신식 군수품들을 평시에 현존하는 비행중대들에게 제공한다고 해도, 전쟁 발발시 동질의 전력을 구비한 비행중대를 동원하기란 거의 불가능할 것이다.

4. 비행장, 항공대 본부 그리고 지역 집단본부

프랑스와 벨기에의 도처에는 평시에 항공 전력을 전개하기 위해 그리고 전쟁시의 동원이 가능한 군수품들을 저장하기 위해서 많은 비행장들이 건설되었다. 그 비행장들은 일선first line과 후방second line 비행장으로 구분된다. 일선은 전쟁시 항공 부대의 기지로 사용하기로 되어 있는 모든 비행장을 포함하고 있었으며, 후방은 보충자원 집합지, 교육 장소, 새로운 항공 부대들의 본부 그리고 기타 중요하지 않은 임무를 위한 비행장들이었다.

벨기에의 모든 비행장은 일선으로 분류되었다. 프랑스의 일선 비행장들은 육지와 해상의 국경에서 100~150킬로미터 거리에 있는 지역에 있거나 전쟁의 가능성이 있는 위치에 있는 것들이었다. 이 지역들은 세부 지역으로 나뉘고 이들 내에서 항공대 본부가 기능했다.

국경에 위치한 모든 항공대 본부는 다양한 전쟁의 가능성을 대비하여 특정한 지역 집단본부들로 묶여졌다. 가상의 적인 독일의 동부지역 집단본부는 아미앵, 생 캉탱, 수아송, 랑스, 샬롱, 생 디지에, 쇼몽, 디종 등지의 항공부대들을 포함하고 있었다.

지역 집단본부, 항공대 본부 그리고 비행장들은 군수물자 공급의 본부로 간주되었고, 항공성에서 독립해 있었다.

벨기에는 프랑스의 동부지역 집단본부와 통합된 단 하나의 지역 집단본부가 있었다. 이는 겐트, 브뤼셀, 나무르의 항공대 본부를 포함하고 있었다.

각기 지역 집단본부 예하의 모든 비행장들, 특히 동부에서 전쟁 조직에 의해 깊이 고려된 항공대는 물론 독립공군을 위한 모든 항공력들을 수용하기 위해 건설되었다. 그것은 다음과 같다.

(1) 샬롱, 생 디지에, 쇼몽, 디종의 상설 비행장에는 평시에 독립공군 69개 중대가 위치하고 있었다. 이에 상응하는 동원창고에는 이러한 69개 중대를 보충하고 69개의 똑같은 수준의 중대를 창설하는 데 필요한

모든 군수품들이 축적되어 있었다. 따라서 독립공군은 전쟁시 그들이 사용할 작전선에 따라 동원할 수 있었다. 예비대로부터 채워진 인적 자원들은 동원령이 발령된 후 6시간 내에 이곳에 도착해야 했다.

(1) 동부지역 집단본부의 상설 비행장에는 평시에도 육군 보조항공대 중대의 약 3분의 1이 위치하고 있었다. 정확히 말해, 이들은 기계화 그리고 기갑 사단의 동부 군단 소속 중대들이었으며, 이들 동원창고에는 보충과 두 배로 확장하는 데 필요한 모든 군수품들이 축적되어 있었다.

(3) 평시에 나머지 3분의 2의 육군 보조항공대는 상설 후방 비행장에 위치했으며, 항상 동부 국경에서 대치하고 있었다. 동원령이 발령되면 이들 부대들은 보충되고 2배로 증설되어 전선에 있는 그들 기지로 공수될 것이었다.

(3) 동부지역 집단본부 영역에 있는 상설 비행장 외에도 전장이라고 불리는 지역들은 매우 넓고 풍부해서 독립공군과 육군 보조항공대의 전체 전력을 수용할 수 있었다.

(4) 독립공군의 69개 중대와 보조항공대의 80개 중대 그리고 동원창고 외에도, 동부지역 집단본부의 상설 비행장들은 행정 시설, 사무실, 창고, 상점 등을 갖추고 있었다. 따라서 식별이 쉬운 비행장들은 취약한 공격 목표였다. 신중이라는 명백한 이유 때문에, 이들 비행장들은 동원이 이루어지면 곧 비어버렸고, 항공 세력들은 작전 기지로 이동해야 했다.

작전 기지는 단순한 착륙장소로 대체로 잔디가 깔려 있으며, 그 주변에는 가솔린과 석유의 공급을 위해 동원 창고가 건설되었고 단단히 위장되어 모두 분산되어 있었다. 육군 최고사령관이 보조항공대 작전 기지의 위치를 선정했으며, 그것들은 육군의 작전선에 따라 조정되었다.

독립공군 사령관은 독립공군 조직을 위한 작전기지를 선정했다. 모든 작전 기지들은 전신, 전화, 무전기로 잘 정비되었다. 이러한 비행장들이 610개가 넘는 중대를 책임져야 했음을 생각할 때, 그곳의 설비와 조직을 위해 투입되었던 막대한 노력을 이해할 수 있을 것이다.

5. 병참 지원—가솔린과 윤활유

작전 기지의 동원창고는 적어도 30시간의 비행을 위한 연료의 상설 공급원으로서 기능해야 한다고 결정되었다. 평균 500마력의 속도를 내는 약 5,000대의 항공기들이 있었으므로, 이는 총 250만 마력에 달하는 것이었다. 동부지역 집단본부의 비행장 유류 저장고는 15,000~20,000톤의 가솔린과 1,000~1,500톤의 윤활유를 영구히 보관하고 있었다. 이는 각 비행중대에게 평균 25~30톤의 가솔린을 할당할 수 있는 것이었다. 문제점들은 정유회사가 새로 만들어지고, 각각의 작전 기지에서 완벽한 급유 업무를 수행함으로써 해결되었는데, 각 급유소는 25~30톤의 가솔린을 다루기에 충분한 규모였다. 또한 계량기는 날마다 비행시간 3시간을 위한 충분한 가솔린(2,000톤)과 윤활유(100톤)를 지속적으로 공급해주었다. 이러한 업무를 위해서 동부지역 집단본부는 평시에도 원활한 공급을 위한 4톤 트럭 200대를 보유했으며, 가솔린과 윤활유 회사들에 소속해 있는 유조트럭 외에 전시에는 개별적인 사정에 따라 필요한 600대의 트럭으로 증강하도록 되어 있었다. 항공대 본부는 이러한 트럭들을 이용해 전진 병참 기지에서 필요로 하는 유류를 수송하여 비행장의 저장 탱크에 연료를 공급할 수 있었다.

항공기에다 가솔린과 윤활유를 공급하기 위한 전진 병참기지는 노이

예스, 상리스, 빌레어-코트레, 라 페르트, 바도니스, 머랭에 위치했다. 그곳에 그들의 기지가 6개 있었으며, 그들은 독립공군과 육군 보조항공대를 200시간 동안 지속적으로 운영하기에 충분한 120,000톤의 가솔린과 6,000톤의 윤활유를 보유할 수 있는 능력을 지녔다. 이러한 전진 병참 기지는 1930년에 완성되었다. 그것의 일부는 튼튼하게 지하에 건설되었고 폭격에 대비되어 있었으며, 2~3킬로미터 떨어진 곳에서 파이프를 통해 연료가 공급되었으므로 공중에서 찾기 힘들게 되어 있었다. 비록 그러한 시설의 존재나 위치가 군사기밀로 간주되기는 했지만, 이에 대한 일부의 정보는 누출되어 있었다. 이들 시설은 항구 가까이에서 대규모의 정유 생산시설이 위치한 곳인 라발, 샤르트르, 오를레앙, 부르주, 리모주, 앙굴렘, 앙제르 같은 중앙 병참 기지로부터 차례대로 철도를 이용하여 연료를 공급받았다.

항공 전력 운용에 필요로 하는 것을 만족시키기 위해서는 훈련교육시설, 수리창, 자동차와 트럭 등을 포함한 전쟁 수행 능력을 충분히 유지시켜주어야 했으며, 이를 위해서는 매일 5,000톤의 가솔린과 250톤의 윤활유가 전쟁이 계속되는 동안 사용 가능해야 하는 것이 필수적이었는데, 이는 매일 평균 3시간의 비행을 할 수 있는 양이었다. 전쟁시 3개월 동안 450,000톤의 가솔린과 23,000톤의 윤활유가 필요했으며, 이를 위해 2,250,000톤의 원유 수입이 필요했다.

6. 항공기 군수품—무기와 탄약

군수품의 보충에는 어려움이 뒤따랐는데, 이는 다양한 비행중대들이 다양하게 무장했기 때문이다. 항공대 본부에 부여된 일은 전진 창고로부터 군수품을 옮겨 작전 기지들에 분배하는 것이었다. 이러한 창고들에는 무장의 유형에 따라 수리창과 지원창이 있었다. 그것들은 중앙 창고에서 공급되었고, 중앙 창고의 군수품들은 공장에서 공급되었다. 무장의 각 유형마다 부서들의 적당한 비율이 평시에 유지되었다. 그러나 전쟁 발발과 더불어 모든 구식 군수품들의 생산은 중단되어야 하며, 공장들은 향상된 최신 군수품들을 생산하기 위해 생산 능력을 최대로 가동하도록 계획되어 있었다. 항공기 군수품을 생산할 수 있는 자격을 얻기 위해서 공장들은 통지를 받은 후 8일 내에 생산력을 4배로 확대할 수 있는 능력을 지니고 있어야 했다.

7. 지상 항공 방어 조직

가장 중요한 것은 가능하다면 미리 지정된 본부에서 항공 방어 전력이 분산되는 것을 방지하는 것이었다. 그러나 대신 전 국토를 포괄적으로 방어하는 대공 방어선을 만들기로 했다. 특히 독일과의 전쟁이 시작되면 자연적으로 공습의 가장 중요한 목표가 될 파리는 독일 국경에서 겨우 2시간의 비행시간대에 있었다. 따라서 수도인 파리와 국경에서 수도 사이에 위치한 영토를 보호하기 위해 항공 방어를 위한 두 개의 대규모 전선이 구축되었다.

이미 말했듯이 프랑스는 이미 50개의 비상요격기 대대——100개 비행중대와 600대의 항공기——를, 그리고 벨기에는 6개의 비행대대——12개 비행중대와 72대의 항공기——를 보유하고 있었다. 이들 대대들은 다음과 같은 항공 요새에 분산되어 있었다.

항공 요새	벨기에 방어 요격기 대대
브뤼셀	1대대 & 2대대
리에주	3대대 & 4대대
나무르	5대대 & 6대대

항공 요새	프랑스 방어 요격기 대대
메지에르	1대대 & 2대대
스트네	3대대 & 4대대
메스	5대대 & 6대대
낭시	7대대 & 8대대
에피날	9대대 & 10대대

이들 8개의 항공 요새——32개 비행중대와 192대의 항공기——들은 항공 방어의 최전선에 구축되었으며, 스트네에 주둔한 부대의 직접 관할하에 있었다.

항공 요새	프랑스 방어 요격기 대대
아미앵	11대대, 12대대, & 13대대
생 캉탱	14대대, 15대대, & 16대대
랑스	17대대, 18대대, & 19대대
랭스	20대대, 21대대, & 22대대
샬롱	23대대, 24대대, & 25대대
트루아	26대대, 27대대, & 28대대
오베르	29대대, 30대대, & 31대대
느베르	32대대, 33대대, & 34대대

이들 8개의 항공 요새——24개 비행대대, 48개 비행중대 그리고 288대의 항공기——들은 항공 방어의 후방 전선에 구축되었으며, 샬롱에 주둔한 부대의 직접 관할에 있었다.

항공 요새	프랑스 방어 요격기 대대
오두앵	35대대, 36대대, 37대대, & 38대대
랑부예	39대대, 40대대, & 41대대
에탕프	42대대, 43대대, & 44대대
말제르브	45대대, 46대대
나무르	47대대, 48대대
빌뇌브	49대대, 50대대

이들 6개의 항공 요새——16개 비행대대, 32개 비행중대 그리고 192대의 항공기——들은 파리의 항공 방어를 위해 구축되었으며, 파리 항공 방어대가 직접 관할했다. 두 개 전선의 항공 방어 사령부와 파리 항공 방어 사령부는 항공 방어 총사령부에 소속되어 있었다.

막대한 공습이 일어날 수 있는 지역에서의 전쟁시 독립공군과 육군 보조항공대 역시 항공요새와 더불어 투입될 수 있었다. 이와 같은 220개의 비행중대는 동부지역 집단본부의 작전 기지——루앙, 아미앵, 생캉탱, 수아송, 랭스, 뇌샤텔, 쇼몽, 디종의 항공대 본부——들에 각기 위치하고 있었다. 벨기에에서는 보조항공대의 26개 요격기 중대가 브뤼셀, 나무르, 리에주의 본부들에 배치되었다. 240개 이상의 비행중대(1,440대의 항공기) 모두 운용 가능했으며, 필요하다면 이들은 112개의 항공방어 비행중대(672대의 항공기)와 협동할 수도 있었다.

요격기 군수품은 지대한 관심의 대상이 되고 있는 것으로 대체로 매우 정비가 잘 되어 있었다.

비행중대	연식	비행중대	연식
독립공군	42	1932 & 18	1931
육군 집단군	22	1931 & 14	1930
육군	26	1930 & 16	1929
육군 군단	24	1929 & 36	1928
기계화 사단	4	1928 & 6	1927
기갑 사단	12	1927	

1,000마력의 1932년 모델은 기체의 앞부분에 20밀리 기총을 탑재하고, 500마력의 다른 모델(1927년의 모델들은 제외)들은 두 개의 기관총을 탑재하고 있었다. 다양한 모델들 간에 외관상의 차이는 별로 없었고, 속력, 상승력, 기동성, 상승 한계 고도에서 대체로 좋은 특성을 지니고 있었다. 방어 요격중대의 비상 요격기들은 1929년, 1930년, 1931년의 모델들로 구성되어 있었으며, 상승할 때 좀더 빠른 속력을 낼 수 있다는 것이 기타 기종들과 다른 점이었다. 3시간의 운행거리에서 1시간을 단축하면서 얻은 결과였다.

모든 요격, 비상 요격중대의 기술적 · 전술적 훈련은 완벽했다. 공격대형 대신에 대형 폭격기에 대한 기마부대식-돌격 유형의 공격이 연구되었다.

이 전술의 수행을 위해서 조종사는 적기를 향해 최고 속도로 자신의 비행기를 돌진시켜야 했으며, 폭파 직전에 탈출하여 지상으로 낙하산 착륙을 할 수 있어야 했다.

완벽한 관측 업무는 모든 국경을 따라서, 모든 관련 지휘부와 연결되는 완벽한 통신체제와 통합, 조직되었다.

방공포 연대는 파리(6개 연대)와 다른 주요 본부 간에 위치한 필수적인 산업공장들을 보호하기 위해 분산 배치되었다.

제5장 독일의 전쟁 물자 준비

1. 항공 전력

전쟁이 발발했을 때, 독일의 독립공군은 15개의 항공전대로 구성되고, 각 항공전대는 10개의 비행대대와 1개의 탐색중대로 구성된다. 모든 항공전대의 전력은 동일했는데, 8개의 2,000마력 항공기 전대와 6개의 3,000마력 항공기 전대 그리고 1개의 6,000마력 항공기 전대로 구성되어 있었다. 1개 비행대대는 3대의 작전 항공기와 1대의 예비 항공기를 지닌 3개 비행중대로 구성되어 있었다.

전제적으로 전술 단위는 비행대대였다.

비행대대	마력	항공기
80	2,000	800
60	3,000	600
10	6,000	100

독일 독립공군의 조직은 총참모장인 로이스 장군이 기획하고 1928년 봄에 그 효과를 나타내기 시작했다. 그때까지는 베르사유 조약의 군비 제한 조항 때문에 독립공군은 결코 주목받을 만한 것이 아니었다. 로이스 장군의 개념에 따라, 독립공군은 적국 국민들의 저항력, 특히 정신적

저항력을 분쇄하기에 충분한 강한 타격을 적의 영토에서 수행하기에 적합한 수단이어야 했다. 따라서 독립공군은 첫째, 적의 저항을 극복하고 적국의 영토까지 비행할 수 있고, 둘째, 적국 영토를 비행하면서 효과적인 공습을 수행할 수 있어야 했다.

가장 우선적으로 필요한 것은 전투 능력이었다. 로이스 장군은 자신의 저서《작전 지침서》에서 다음과 같이 기술하고 있다.

독립공군의 전투 능력은 각 부분의 전투 능력의 통합에 달려 있다. 전술 단위인 비행중대는 전투 능력을 지닌 부대로 여겨지며, 따라서 본래, 그리고 당연히 비행중대는 불가분의 전체가 되어야 한다. [이 글은 1928년에 씌어졌다. 1930년에 새롭게 얻은 경험은 3개의 비행중대로 이루어진 비행대대가 전술 단위로 변화되어야 할 것을 강조하고 있다.]

전술 단위의 전투 능력은 개별 항공기의 무장 능력에 의해 측정된다.

조종사에서 정비사에 이르기까지 모든 인적 자원의 마음속에는 독립공군은 단지 날기 위해 비행을 하는 것이 아니라, 비행하는 동안 전투 작전을 수행하는 것을 목표로 한다는 생각이 확고하게 새겨져 있어야 한다. 따라서 전투기는 무기를 장착한 날아다니는 기계가 아닌, 비행 가능한 무기체계의 하나다. 모든 기술자의 노력은, 없어서는 안 되는 가장 강력한 무기체계를 창조하는 데 모아져야 한다. 이 무기가 있어야 전투를 수행할 수 있기 때문이다. 비행에 관련하는 인적 자원의 임무는 공중에서 이들 강력한 무기를 효율적으로 운용하는 것인데, 이 무기에 의해 전쟁이 결정되는 것이기 때문이다.

독립공군은 전체적으로 전투기라는 단일 기종으로 구성되어야 한다. 기술자들은 전투기 종류에 대해 연구하면서, 항상 완벽을 기하고 좀더 강력한 기종을 위해 노력해야 하고, 이러한 종류의 항공기가 다음의 특징들을 잘 조화시켰을 때 더욱 완벽해진다는 원칙으로 시작해야 한다. 다시 말해 지상군에 대해서는 물론이고 공중에서의 작전반경, 속력, 무장과 그리고 방어 능력 등이 완벽한 조화를 이룰 때이다.

항상 완벽한 항공 군수품을 생산하기 위해 국가 항공산업에는 보조금과 장려금을 지원해야 한다. 독립공군을 위한 군수품의 선정은 항공 관련 인적 자원의 독점적인 사업이다. 그들은 그 기계와 비행해야 하는 사람들이며, 그것의 성능을 평가하기에 가장 적합한 사람들이다. 기술자들은 멀리서가 아닌 가까이에 있는 비행사들의 경험을 경청해야 한다는 것을 잊어서는 안 된다.

카르텔을 형성하고 있는 항공산업은 선정된 유형이나 모델을 적절한 양 주문해야 하고, 정부의 주문이 그 기업들에게 분배되어야 한다.

독립공군의 기술 감독관들은 어떠한 계획이나 실험 활동에 개입해서는 안 된다. 타인의 생산품을 평가하는 기술자들이 그것 자체를 생산한다는 것은 모순이다. 그러므로 독립공군의 기술 감독관들은 자신의 활동을 검사와 감독이라는 고유의 기능에 제한해야 한다.

지상에 대한 공습의 효율성은 무기의 양보다는 질에 좌우된다. 화학자들은 공군의 공격력이 단지 화학무기의 효율성을 두 배로 배가함으로써 두 배가 될 수 있다는 사실을 항상 명심해야 한다.

이러한 명확한 규칙들은 공군이 항공 관련 산업체에 바라는 것이 무엇인가를 확실하게 보여주는 것이었고, 따라서 산업체들은 자신이 어떠한 지점에서 어떻게 해야 하는가를 잘 알고 있었다. 전투기는 없어서는 안 되는 무기체계로 인식되었기 때문에, 그 무장은 필수적인 부분이 되었고 더 이상 부속물로 여겨지지 않게 되었다. 산업체들은 어떤 전형적인 특성을 지닌 항공기를 생산하는 것을 중지하고, 놀라운 항공술적 특성을 지닌 전투기를 생산하기 시작했다.

전투기는 완벽한 계획하에 무장되어 조준시 어떠한 사각死角도 없이 쉽게 다룰 수 있게 되었다. 무기들은 강력해야 했으며, 완벽한 조준 및 사격 장치를 지니고 있었다. 독립공군이 무엇을 원하는가를 알았기 때문에 항공업체의 기술관리들은 집중적으로 연구를 했으며, 독립공군 최고사령부의 승인을 받은 완벽한 무장을 갖춘 항공기들을 생산했다.

1928년에 2,000마력의 항공기가 생산되고, 이것은 독립공군에 의해 채택되었다. 그 주요 성능은 다음과 같다.

날개 면적 : 115제곱미터
중량 : 4,500킬로그램
무장 중량 : 500킬로그램
승무원 중량(5인) : 400킬로그램
무장 및 승무원 중량 : 5,400킬로그램

이 항공기의 이륙 중량은 8,000킬로그램이고, 상승 한계 고도는 7,000미터이며, 2,600킬로그램의 연료와 폭탄을 탑재할 수 있었다. 작전이 가능한 비행시간은 폭탄을 탑재하지 않았을 때에 7시간, 700킬로그램의 폭탄을 탑재했을 때는 5시간이었다.

이륙 중량이 9,000킬로그램일 때, 상승 한계 고도는 5,600미터였고, 4,600킬로그램의 폭탄을 적재할 수 있었다. 작전 가능 비행시간은 1,000킬로그램의 폭탄을 적재했을 때에는 12시간, 2,000킬로그램의 폭탄을 적재했을 때에는 9시간이었다.

11,000킬로그램의 최고 이륙 중량으로는 4,800미터의 상승 한계 고도

를 지녔고, 5,600킬로그램의 연료와 폭탄을 적재할 수 있었다. 이 때 작전 가능 비행시간은 1,000킬로그램의 폭탄을 적재했을 때에는 12시간, 2,000킬로그램의 폭탄을 적재했을 때에는 9시간이었다.

무장은 기체의 앞쪽에 하나, 날개 뒤쪽에 다른 하나를 탑재한 두 개의 20밀리 날개 아랫부분에서 발사되는 12밀리 기관총으로 구성되어 있었다.

이 유형의 기종 200대가 주문되었고 이 항공기는 '2,000/1928'로 명명되었다. 이 기종은 1929년에 인도되어 제 1, 2대대에 배치되었다. 동시에 '2,000/1929' 기종이 생산되었다. 이 기종은 2,000/1928 기종과 유사했지만, 약간 진보한 것이었다. 이 기종의 항공기 200대가 역시 주문되었다.

1929년 봄에 3,000마력의 항공기 기종이 생산, 배치되었으며, 200대가 주문되었다. 3,000마력 기종의 성능은 다음과 같다.

날개 면적 : 230제곱미터
중량 : 9,000킬로그램
무장 중량 : 1,660킬로그램
승무원 중량(9인) : 720킬로그램
무장 및 승무원 중량 : 11,380킬로그램

이 항공기의 이륙 중량이 16,000킬로그램일 때, 상승 한계 고도는 6,000미터였고, 4,620킬로그램의 연료와 폭탄을 적재할 수 있었다. 작전 가능 비행시간은 폭탄을 적재하지 않았을 때에는 10시간, 1,000킬로그램의 폭탄을 적재했을 때에는 6시간이었다.

18,000킬로그램의 이륙 중량에서 상승 한계 고도는 4,900미터였고,

6,620킬로그램의 연료와 폭탄을 적재할 수 있었다. 작전 가능 비행시간은 폭탄을 2,000킬로그램의 폭탄을 적재했을 때에는 8시간, 3,000킬로그램의 폭탄을 적재했을 때에는 6시간이었다.

21,000킬로그램의 최고 이륙 중량에서 상승 한계 고도는 3,500미터였고, 9,620킬로그램의 연료와 폭탄을 적재할 수 있었다. 이때 작전 가능 비행시간은 2,000킬로그램의 폭탄을 적재했을 때에는 12시간, 5,000킬로그램의 폭탄을 적재했을 때에는 8시간이었다.

무장은 기체의 앞쪽에 탑재된 한 개의 37밀리 기총과, 양편에 탑재된 두 개의 20밀리 기총, 날개 뒤에 탑재된 25밀리 기관총, 그리고 아랫부분에서 발사되는 12밀리 기관총으로 구성되어 있었다.

1930년 봄에는 세 번째와 네 번째의 2,000마력 기종 대대와 첫번째와 두 번째의 3,000마력 기종 대대가 그들의 항공기와 무장을 인수했다.

그 시기에 6,000마력의 항공기 기종이 생산, 배치되었다. 그 성능은 다음과 같다.

날개 면적 : 460제곱미터
중량 : 20,000킬로그램
무장 중량 : 1,660킬로그램
승무원 중량(16인) : 1,300킬로그램
무장 및 승무원 중량 : 23,800킬로그램

이 항공기의 이륙 중량이 36,000킬로그램일 때, 상승 한계 고도는 5,000미터였고, 12,200킬로그램의 연료와 폭탄을 적재할 수 있었다. 작전 가능 비행시간은 폭탄을 적재하지 않았을 때에는 9~10시간, 2,000

킬로그램의 폭탄을 적재했을 때에는 8시간, 4,600킬로그램을 적재했을 때에는 6시간이었다.

39,000킬로그램의 이륙 중량에서 상승 한계 고도는 4,000미터였고, 18,200킬로그램의 연료와 폭탄을 적재할 수 있었다. 작전 가능 비행시간은 2,000킬로그램의 폭탄을 적재했을 때에는 12시간, 5,000킬로그램의 폭탄을 적재했을 때에는 9시간이었다.

42,000킬로그램의 이륙 중량에서는 3,500미터의 상승 한계 고도를 지녔고, 18,200킬로그램의 연료와 폭탄을 적재할 수 있었다. 이때 작전 가능 비행시간은 2,000킬로그램의 폭탄을 적재했을 때에는 15시간, 8,000킬로그램의 폭탄을 적재했을 때에는 9시간이었다.

무장은 두 개의 37밀리 기총과, 두 개의 20밀리 기총, 그리고 3개의 12밀리 기관총으로 구성되어 있었다.

'2,000/1930' 기종 200대와 '3,000/1930' 기종 200대와 함께, 6,000마력 항공기 기종은 50대가 주문되었다. 따라서 1931년 봄, 다섯 번째와 여섯 번째의 2,000마력 기종 대대와 세 번째와 네 번째의 3,000마력 기종 대대, 그리고 6,000마력 기종 대대가 그들의 항공기와 무장을 인수했다. 그 해에 다른 기종들은 채택되지 않았으나, 새로운 '2,000/1931' 기종 200대, '3,000/1931' 기종 200대, 그리고 '6,000/1931' 기종 50대가 주문되었다. 이들은 1932년 봄에 임무를 개시할 수 있었으며, 일곱 번째와 여덟 번째 2,000마력 대대, 다섯 번째와 여섯 번째 3,000마력 기종 대대, 그리고 또 다른 6,000마력 기종 대대가 배치되었다. 전쟁이 개시되면, 2,000마력 기종은 폐기하고, '3,000/1932' 기종 200대와 '6,000/1932' 기종 50대를 주문하기로 이미 결정되어 있었다.

결과적으로 전쟁이 발발했을 때, 독립공군은 다음과 같이 구성되어 있었다.

대대	항공기 기종	항공기 수
1 & 2	2,000/1928	200
3 & 4	2,000/1929	200
5 & 6	2,000/1930	200
7 & 8	2,000/1931	200
1 & 2	3,000/1029	200
3 & 4	3,000/1930	200
5 & 6	3,000/1031	200
1/2	6,000/1930	50
1/2	6,000/1031	50

전체적으로 세 가지 종류에 6가지 변형 기종의 항공기 1,500대가 있었다. 또한 각 비행대대마다 배치된 각기 12대의 항공기를 지닌 15개의 탐색 비행중대가 있었다. 탐색 비행중대는 3시간 거리의 작전반경을 지니고, 고정된 기관총으로 무장한 1인승 고속(시속 300킬로미터) 항공기로 구성되어 있었다. 이들은 고도로 숙달된 조종사들에게 선제 역할을 맡기기 위해 조직되었으며, 본질적으로 개별적인 조종사들의 용기에 기초했기에 운용 방식은 매우 한정되어 있었다.

독립공군은 군수품뿐만이 아니라 인적 자원(12,800명)에서도 언제나 전쟁 준비를 유지하고 있었다. 동원령이 발령되면 이 인적 자원은 손실을 보충하기 위해 두 배로 증가하도록 되어 있었다. 항공 군수품은 4년의 운용 기간을 지녔고, 항상 최고의 효율성이 유지되었다.

전쟁시 항공기는 총손실을 제외할 때, 1,000시간 비행을 할 수 있는 것으로 평가되었다. 이 비행시간의 평가는 1년 간 운용된 항공기들은 750시간으로, 2년 간 운용된 항공기들은 500시간, 그리고 3년 간 운용된 항공기들은 250시간으로 단축될 것으로 보았다.

항공산업의 정상적인 생산 능력으로는 매년 전체 독립공군 구성 전력의 4분의 1을 공급할 수 있었으나, 만약 비상사태가 발생한다면 빠르게 공급을 증대시킬 수 있는 조건들을 갖추도록 했다.

배치된 독립공군의 총무장은 800개의 37밀리 기총, 3,600개의 20밀리 기총, 그리고 1,700개의 12밀리 기관총을 보유하고 있었고, 평균 500킬로미터의 항속거리를 비행하며, 각 항공기는 3,000~4,000톤의 폭탄 탑재 능력을 지녔다.

평시에 독립공군은 포츠담, 노이루핀, 마크데부르크, 라이프치히, 에어푸르트, 브라운스베르크, 밤베르크, 카셀, 풀다 등지와 포츠담 부근의 파란더 호수와 뤼벡 부근의 라체부르크 호수에 상설 수상기지를 갖춘 대규모 비행장에 위치했다.

전쟁 발발시에는 어떠한 적과 대치하는가에 따라 다른 계획된 비행장에 독립공군을 배치했다. 따라서 프랑스와 전쟁의 경우, 각 비행중대는 이미 이동할 특수한 전투 비행장——가솔린과 윤활유, 무기, 그리고 탄약 보급소가 있는 단순한 착륙장——이 있는 특정 지역을 필요 이상으로 충분하게 할당받고 있었다.

2,000마력 기종의 8개 비행대대들은 다음과 같이 위치하고 있었다.

대대	지역
1	베젤-뮌스터 전선 주변
2	뒤셀도르프-하겐-베젤 전선 주변
3	쾰른-올페 전선 주변

4	린츠 – 지겐 전선 주변
5	코블렌츠 – 베츨라르 전선 주변
6	마인츠 – 하난 전선 주변
7	만하임 – 아샤펜부르크 전선 주변
8	브라이자흐 – 비버라흐 전선 주변

3,000마력 기종의 6개 비행대대들은 다음과 같이 위치하고 있었다.

대대	지역
1	뮌스터 – 오스나브뤼크 전선 주변
2	베젤 – 파더보른 전선 주변
3	지겐 – 바부르크 전선 주변
4	바부르크 – 카셀 전선 주변
5	하난 – 풀다 전선 주변
6	뷔르츠부르크 – 마이닝겐 전선 주변

6,000마력 기종의 비행대대들은 슈타인훈더, 뒤머, 슈바이치너 그리고 플라우어 호수 등지에 위치하고 있었다.

이 각 지역들마다 후방의 창고에서 보충받는 보급소가 있었다. 각 보급소는 대대들을 위해 보급품을 준비 상태에 있도록 하는 간단한 임무가 부여되었는데, 모든 대대는 동일한 무기체계로 구성되어 있었기에 상대적으로 손쉬운 업무이기도 했다.

각 작전 기지에서의 연료와 윤활유의 지원은 그곳에 착륙하는 어떠한 비행 부대도 30시간 비행하기에 충분한 정도로 지원되었으며, 무기와 탄약들은 30시간의 비행을 다섯 번 하기에 충분한 것이었다. 독립공군을 운용하는 데 필요한 것보다 훨씬 많은 비행장들이 있었으므로, 실제로 이러한 비행장들은 40~60시간의 비행을 10회 이상 할 수 있도록 했다. 연료와 윤활유 저장고에는 5,000톤의 가솔린과 2,500톤의 윤활유가 축적되어 있었다.

폭탄 보급은 한 번의 비행마다 평균 소비량이 2,000, 3,000, 6,000마력 항공기에 따라 1대당 1, 2 혹은 3톤으로 계산되었다. 이를 기초로 독립공군은 매 비행마다 3,100톤의 폭탄이 필요할 것으로 예측되었다. 작전 기지는 30,000톤의 폭탄을 보유하고 있었다.

후방 창고에는 독립공군 전체가 100시간의 비행을 하기에 충분한 연료와 윤활유가 있었고, 20번 비행을 하기에 충분한 폭탄이 있었다. 이는 적어도 30일 간의 전투를 하기에 충분한 공급량이며, 그 동안 탄약 공장에서는 하루에 3,000~4,000톤의 폭탄을 생산할 수 있었다. 전쟁이 발발했을 때, 항상 전시 체제를 유지하고 있던 대대들은 보유 항공기에 각각 미리 하달된 비밀 명령에 따라 즉시 행동을 취할 수 있었다.

작전 기지에서의 인적 자원은 근접 지역에서 충원하여 유지되었다. 후방의 동원 창고는 자체적으로 인적 자원과 수송 수단을 갖추었다. 평시에 비행대대들은 자신의 작전 기지로 이동하도록 훈련받았고, 따라서 특히 보급 임무의 관점에서 대대들은 작전 기지에 대해서 완벽하게 익숙해 있었다.

로이스 장군의 개념은 전쟁이 발발하려는 순간에 독립공군이 마치 용수철이 튀어오르듯 가능하다면 사전 경고도 없이 적의 영토로 날아가 적에게 쉴 틈을 주지 않고 집중적으로 공격을 하는 것이었다. 이는 가능한 한 가장 짧은 시간에 공격을 집중시키고 최대의 파괴 효과를 얻기 위한 것이었다.

질서정연한 전쟁 대비로 인해, 독립공군은 첫 신호에 전체 항공 전력을 동원할 수 있도록 물적인 준비가 되어 있었다. 정신적인 측면에서 로이스 장군은 독립공군의 인적 자원 모두에게 그들 임무가 지니는 커다란 중요성의 인식을 고취시키기 위해 각별한 관심을 기울였다. 조종사, 기관총 사수, 폭격수, 기술자 외에도 다양한 대대, 전대, 중대의 지휘관들은 그들이 지닌 무기의 결정적 가치에 대한 확고부동한 신념으로 고취되어 있었고, 이들 고위 인적 자원들은 임무의 중요성과 함께 지고한 희생심 그리고 영웅적 극기심을 얻을 수 있는 위험한 임무 완수에 대해 깊이 확신하고 있었다.

대형 항공기라는 점은 자신의 함선에 책임감을 지니는 선장 같은 항공기 기장의 탄생을 가져왔고, 기장들은 좀더 나은 기강과 승무원 간의 협조를 확신시켜주었다.

비행대대——3개 비행중대와 9대의 항공기——가 비행중대를 대신하여 전술 단위로 지정되었는데, 이는 조종사들에게 집단적 작전 개념을 더욱 강하게 심어주기 위해서였다. 1930년의 《작전 지침서》에 의하면, 비행대대는 예외 없이 항상 하나의 전체로 운용되어야 하는 것이었다. 비행대대의 작전대형은 항상 동일한 것으로 일직선의 비행중대가 층층이 계단식으로 열列을 만드는 것이었다. 비행중대장은 그의 중심에서 비행했으며, 비행대대장은 중앙 중대의 중대장과 함께 비행했다. 대대장의 표식을 달고 있는 작전 대형 중앙의 항공기가 그 대형의 지휘 항공기였고, 몇 개 안 되는 필수적인 기동은 많은 신호를 필요로 하지 않았다. 중요한 신호는 첫째, 대공 사격의 취약점을 줄이기 위해 밀집(정상)대형에서 개방대형으로 변경하는 것 또는 그 반대, 그리고 둘째, 횡대대형을 종대대형으로 변환하여 방향을 바꾸는 것 또는 그 반대에 관한 신호들이었다.

비행대대가 적기의 수와 관계 없이 전투를 수행해야 한다는 것은 기본적인 원칙이었다. 적기가 시야에 들어오면, 적기의 공격 방향과 상관 없이 대대는 대형을 이탈하지 않은 채 그 진로를 향해 계속 비행해야 했고, 적기가 사거리에 들어오자마자 사격을 가할 준비를 해야 했다. 이러한 전술은 상황에 따라 변경될 수 없는 점이 문제였다. 전투 비행대대는 속력과 기동성에서 공격 요격 부대와 대적할 수 없었고, 전투를 회피할 수도 없었다. 따라서 이에 대한 어떠한 기동도 전력 소모일 뿐이었다. 대대는 원하든지 원하지 않든지 전투를 회피할 수 없었기에, 다만 할 수 있는 일은 그와 맞서기 위한 최선의 위치 유지였는데, 이는 대형의 모든 항공기가 공격을 저지하기 위해 서로 협조할 수 있는 본래의 대형을 유지하는 것이었다. 따라서 공격기가 다가오면, 비행대대 전체가 할 수 있는 것은 그 전투대형을 유지하면서 흔들림 없이 그 진로를 향해 비행을 하는 것이었다.

전투대형 유지는 공격에 대해 비행대대가 할 수 있는 최선의 보호 방법이었고, 이러한 인식은 비행 승무원들의 마음속에 굳게 자리잡고 있었다. 심지어 평시 훈련 기간 중에도 지시에 따라 항상 전투대형을 맞추어 비행해야 했다. 전쟁시에는 긴박한 이유 없이 비행 중 대형에서 이탈하는 것은 적기와 조우했을 때의 의무를 포기하는 것으로 간주되었다. 《작전 지침서》에 따르면, 전투 비행대대에는 수행해야 하는 임무에 대한 매우 명확한 지침들이 부여되었으며, 그들은 인간 능력의 한계에 이르기까지 그 임무를 완수해야 했다.

비행장으로 귀환했을 때, 항공 부대는 가능한 한 빨리 다시 이륙할 준비를 해야 했다. 앞에서 말했듯이, 항공 인적 자원은 동원령이 발령되면 두 배가 되고, 따라서 새로운 승무원들은 항상 이륙할 준비를 하고 있어야 했다. 이 점은 항공 군수품 운용의 극대화를 위한 것이었다. 항공기가 착륙하자마자 정비대는 정비를 하고 연료 탱크를 채우며, 무기와 탄약을 다시 장착하고 폭탄을 적재해야 했다. 그렇지 않더라도 필요한 경우 새로운 승무원들과 함께 그 상태로 이륙시켜야 했다.

각 비행중대는 1대의 예비 항공기를 보유한다. 손실이나 심각한 손상으로 말미암은 비상 상태의 경우, 대대는 4대의 항공기만으로도 출격할 수 있었다. 그러나 만약 손실로 인해 대대의 전력이 항공기 6대 이하로 감소되면, 대대장은 대대의 수를 줄일 수 있는 권한을 보유한다.

항공기에게 최대한 활동의 유연성을 주는 문제가 세심하게 연구되었다. 따라서 환경에 따라 폭탄 적재량을 감소하거나 또는 증대시켜서, 다시 말해 폭탄 적재량을 늘리는 동시에 일반 무장의 중량을 줄이거나 그 반대로 함으로써 항공기의 독립작전 능력을 증강시키는 것은 용이했다.

정치, 산업, 통신 그리고 기타 중심지들을 공격할 때 공포 효과 특히 정신적 측면의 공포 효과를 얻기 위한 폭격은 높은 수준의 정확성을 요구하지 않았다. 이러한 이유로 50킬로그램 정도의 단일하며 매우 간단한 유형의 폭탄들이 채택되었고, 세 가지 종류의 폭탄——폭발성 폭탄, 소이탄, 이페릿 독가스 폭탄——은 각기 1, 3, 6의 비율로 사용되었다. 폭탄을 하나씩 이어서 떨어뜨리는 방법은 폐지되었다. 폭탄선반이 장착되어서 각 비행중대는 20톤의 폭탄을 한꺼번에 투하할 수 있었는데, 하나를 떨어뜨리고 나서는 15~20미터의 간격을 두고 투하했다. 폭탄선반의 개폐기는 항공기의 기장 앞에 놓인 계기판에 있었다.

각 항공기의 폭탄 투하는 대략 300~500미터마다 한 열에 20개가 폭발을 일으켰다. 폭격작전은 대대장의 명령을 따르는 비행중대들이 수행했다. 한 중대에 의한 각 항공기의 폭탄 투하는 200평방미터의 넓이,

300~500미터의 길이의 면적마다 20개 폭발이 세 번 연속되었다. 폭격은 동시에 하나의 대대에 2개 혹은 심지어 3개 중대 모두에 의해 수행될 수 있었으며, 따라서 하나의 대대는 각 항공기가 1톤의 폭탄을 지니고 200~300미터 넓이, 600미터 길이의 면적을 폭격할 수 있었다. 폭격 작전에서 비행중대들이 차례로 비행을 하고, 각 항공기가 1톤씩의 폭탄을 투하하면 한 비행대대는 200~300미터 넓이, 2~3킬로미터 길이의 지역을 폭격할 수 있었다. 그러므로 2, 4, 6 혹은 8톤의 폭탄을 적재한 항공기들로 구성된 1개 비행대대는 200~300미터 넓이, 3, 6, 9 혹은 12킬로미터 길이의 지역을 폭격할 수 있었던 것이다.

이와 같은 방법은 그 자체로 연막 스크린을 잘 펼쳐지게 하는 것이어서 항공기들은 연막탄을 보급받았다. 연막 스크린은 대공포대의 시야를 가리는 데 아주 효과적인 것으로 인식되었다. 항공기들은 2분의 1 연막탄과 2분의 1 독가스 폭탄을 탑재하고 있었다. 물론 풍향도 고려되었다.

민간 항공의 모든 수단은 전쟁이 발발할 경우 독립공군이 임의대로 사용할 수 있었다. 이것은 모두 물적 · 인적 자원에 적용되었다. 수많은 항공사가 운행하는 모든 항공기들은 전쟁에서 사용될 것을 고려하여 제작되었다. 다양한 기종에 따라 각기 적합한 무장들이 비축되었으며, 동원 지시가 내려지자마자 장착 준비가 되어 있었다. 민간 항공의 인적 자원은 즉시 군용화하여 작전 승무원으로 편성되어, 자기 항공기들의 중대장 또는 대대장이 되었다. 독립공군의 전대에서 임무를 위한 정기적인 소집을 함으로써, 이러한 모든 인적 자원들은 전쟁을 대비한 훈련을 받고 있었다. 분명히 군사적 용도로 개조된 민간 항공기들은 전쟁을 위해 제조된 항공기만큼 효율적이지는 않았으나, 민간 항공 전력은 2차적으로 중요한 작전을 수행하는 것에 전념할 수 있었다.

심지어 스포츠를 위한 아마추어 항공의 활용도 가시화되었다. 그 목적은 이러한 종류의 항공 활동에 바쳐진 열정과 젊은 정열을 활용하자는 것이었다. 아직 확실하게 배치가 이루어지지 않았지만, 전쟁 계획에서 그들을 위한 공간은 기회가 주어짐과 동시에 생겨날 것이라는 믿음이 강력하게 자리잡고 있었다.

항공 방어는 중요한 중심지에 위치한 방공 포대의 활용으로 제한되어 있었고, 결연하게 공격을 결심한 적이 공격을 효과적으로 수행하지 못하도록 방어해주기를 간절히 바랄 뿐이었다.

공습으로부터 국민들을 보호하는 것은 물리적으로 불가능하며, 따라서 공세에서 좀더 효과적으로 사용될 수 있는 무장과 기타 수단들을 고정시켜놓는 것은 낭비라는 점을 국민들에게 계몽시키는 적절한 홍보와 선전이 이루어졌다. 가장 최선의 방법은 우리 영토에 대한 적의 공격에 적 영토에 대한 단호한 대규모의 공격으로 반격하는 것이었고, 적의 영공을 유린한 아군의 대규모 항공 전력으로 깊은 인상을 심어주어 국민들의 사기를 고양시켜주는 것이었다. 그러나 다른 강대국들이 했던 것처럼, 독일은 공습의 효과로부터 어느 정도 국민들을 보호하기 위해 유익하다고 여겨지는 모든 조치들을 취했다.

제6장 동맹국의 작전 계획

프랑스와 벨기에의 장군들에 의해 마련된 작전 계획은 매우 간단한 것으로, 라인 전선에서는 방어를 그리고 기타 전선에서는 공격을 수행한다는 것이었다. 그들의 지상군은 3개의 집단군으로 나뉘어져 있었다.

(1) 북부 집단군

이 집단군은 벨기에 육군과 하나의 지휘체계를 형성하는 2개의 프랑스군으로 구성되어 있었다. 벨기에 육군은 5개의 군단, 2개의 기계화 사단, 3개의 기갑 사단들로 구성되었으며, 2개의 프랑스 육군은 8개의 군단, 5개의 기계화 사단, 그리고 6개의 기갑 사단으로 구성되어 있었다. 전체적으로 북부 집단군은 13개의 군단, 7개의 기계화 사단, 그리고 8개의 기갑 사단으로 구성되었다. 동원령이 발령되면 북부 집단군 중에서 벨기에 육군은 리에주와 뇌샤텔 사이를, 그리고 프랑스 육군의 2개 군은 릴리와 스트네 사이를 두 개의 전선을 따라 배치하도록 계획되었다. 전쟁의 초기에 두 번째 전선은 예정된 기동에 의해서 첫번째 전선과 만나게 되어 있었다.

(2) 남부 집단군

이 집단군은 14개의 군단, 5개의 기계화 사단, 6개의 기갑 사단으로 구성된 3개의 프랑스군을 포함하고 있었다. 이 집단군은 북부 집단군과 접하는 몽메디에서 뮐루즈 사이의 국경에 배치되었다.

(3) 중앙 집단군

이 집단군은 8개 군단으로 구성된 2개의 프랑스군으로 이루어졌다. 중앙 집단군은 쇼몽과 생 멘슈드 사이의 뫼즈 지역 왼쪽 제2전선에서 전쟁 환경에 따라 진군하도록 계획되었다.

1. 항공 전력

이미 언급했듯이, 프랑스의 독립공군은 평화시에는 샬롱, 생 디지에, 쇼몽, 디종의 항공대 본부 예하의 상설 비행장에서 주둔하고 활동하고 있었다. 그 작전 기지는 스트네에서 벨포르까지 뫼즈 지역의 양편을 따라 자리잡고 있었다.

이러한 배치선의 선택은 전쟁시 독립공군의 운용 개념에 따라 적용된 것이었다. 독립공군은 전쟁 중에 독립적인 작전의 수행이 설정되었음에도 불구하고, 프랑스의 개념에 따라 결정적인 결과를 성취하기 위해 협동해야 했다. 따라서 육군에게 주어진 주요 임무를 용이하게 해주는 쪽으로 기능해야 했다.

전쟁 목표들 중 하나는 라인 후방의 적들을 공격하는 것이었는데, 독립공군은 육군의 이 임무를 용이하게 해주기 위해 라인에 연결된 교각을 파괴시킴으로써 강의 왼쪽에서 적을 괴롭히고 좌측의 철도에 의한 통신망을 교란시켜야 했다.

프랑스 독립공군에 의해 선점된 배치선은 매우 좋은 것이었으며, 그로부터 라인 지역과 프랑스-벨기에 국경 사이의 모든 영토는 폭격기의 한 시간 비행거리 지역이었기 때문에, 그들의 요격기로 방어를 하는 데에도 유리했다.

2. 보조항공대

특히 동원기간 동안에 집단군은 보조항공대를 보유해야 했으며, 요격기는 예상되지 못한 사태에 직면할 수 있도록 그들의 요구에 항상 준비하고 있었다. 이러한 목적에 부응하기 위해, 보조항공대의 요격 및 폭격부대의 배치는 다음과 같았다.

북부 집단군

집단군 항공대 : 푸르미 남쪽에 위치한 제1요격 여단.

집단군 항공대 : 기즈 남쪽에 위치한 1개의 폭격여단.

벨기에 육군 항공대 : 로슈포르 북쪽에 위치한 벨기에 요격여단.

벨기에 육군 항공대 : 나무르 북쪽에 위치한 벨기에 폭격여단.

벨기에 육군 항공대 : 전방에 위치한 5개의 요격대대.

제I 프랑스군 항공대 : 모뵈주 남쪽에 위치한 제1요격 전대.

제II 프랑스군 항공대 : 메지에르 남쪽에 위치한 제2요격 전대.

제III 프랑스군 항공대 : 전방에 위치한 8개의 요격대대.

남부 집단군

집단군 항공대 : 낭시 북쪽에 위치한 제3요격 여단.

집단군 항공대 : 메스 남쪽에 위치한 제3폭격 여단.

제III 프랑스군 항공대 : 티옹빌 남쪽에 위치한 제3요격 전대.
제IV 프랑스군 항공대 : 생 아볼드 남쪽에 위치한 제4요격 전대.
제V 프랑스군 항공대 : 사르부르 남쪽에 위치한 제5요격 전대.
제V 프랑스군 항공대 : 전방에 위치한 14개의 요격대대.

중앙 집단
집단군 항공대 : 생 디지에 북쪽에 위치한 제2요격 여단.
집단군 항공대 : 비트리 북쪽에 위치한 제2폭격 여단.
제VI 프랑스군 항공대 : 쥐페 남쪽에 위치한 제6요격 전대.
제VII 프랑스군 항공대 : 생 디지에 남쪽에 위치한 제7요격 전대.
제VIII 프랑스군 항공대 : 전방에 위치한 8개의 요격대대.

보조항공대의 운용은 소속한 집단군의 지휘체계에 예외적으로 부속되어 있었으며, 보통 집단군 사령부가 각자의 배치선 상공을 자체적으로 관할해야 했다. 그러나 대규모 공습시에는 항공 방어 사령관에게 보조항공대의 요격 부대에게 직접 명령을 내릴 수 있는 권한이 주어졌으며, 동시에 그들이 속해 있는 각각의 집단군 사령부에게 통보를 내려야 했다. 보조항공대의 요격 부대는 특별한 상황에서는 자체적인 주도권으로 행동할 수 있기도 했다.

3. 비밀 동원령

전쟁 개시 전의 일주일 동안, 항공 전력을 운용하는 지휘관들은 예하 항공 전력의 일부분에 대하여, 특히 즉각 필요한 전력과 동원 지역으로 동원될 때, 비밀 동원을 할 수 있었다. 따라서 6월 15일 저녁, 프랑스의 독립공군은 5개의 요격 여단을 완벽한 전시 편제로 전환했다. 6개의 폭격 여단은 상설 비행중대만 동원하여 두 배로 구성하지 않았기 때문에 폭격 항공 전력은 완전하게 동원되었을 경우의 2분의 1 규모였다. 이는 정찰 전대에서도 마찬가지였다. 그리고 모든 독립공군의 부대들은 작전 기지를 이동하는 대신 상설 비행장에 잔류하도록 명령을 하달함으로써 의심받지 않도록 주의했다. 보조항공대의 경우, 동맹국은 요격작전 전력에게만 전쟁수행 능력을 보유토록 명령하여 전쟁 개시부터 가능한 적의 공습을 차단하도록 준비했다.

따라서 6월 15일 저녁에 다음과 같은 전시 편제가 완성되었다. 이들은 집단군에 소속된 3개의 요격 여단, 군에 속한 7개의 요격 전대, 그리고 벨기에의 요격 여단이었다. 국경선을 따라서 이미 동원된 전력은 육군 군단에 속한 30개의 요격 비행중대로, 이 중대들은 완전한 동원 후에는 육군 군단에 속한 30개의 비행대대를 구성하도록 되었다. 동시에 모든 방어 요격 대대, 프랑스와 벨기에의 방공포 연대 그리고 모든 감시, 정보, 경보 임무를 맡은 전력들이 동원되었고, 임무를 수행할 준비가 되어 있었다.

이를 다시 요약하면 다음과 같다. 6월 15일 저녁에 프랑스와 벨기에의 모든 항공 방어 세력과 자원들은 비밀 동원에 의해 완전한 전시 편제를 이루었으며, 임무를 수행할 준비를 마쳤다. 독립공군에 속한 모든 요격 항공 부대와 보조항공대의 전력은 아직 두 배로 구성되지 못한 육군 군단의 30개 보조 요격 비행대대만을 제외하고 완전하게 동원되었다. 다시 말하면 오직 30개의 요격 비행중대만이 준비되지 못했는데, 이들은 다음날인 16일에 동원될 예정이었다.

독일이 해상 전력에서 약세로 나타났기 때문에, 해상 보조항공대는 비밀 동원에서 어떠한 전시 단계로 전환되지 않았다.

4. 6월 16일의 전력 배치

전쟁을 회피하려는 모든 노력과 희망이 6월 15일 오후 10시를 기준으로 사라지게 되었지만, 동맹국은 어떠한 결정적인 전쟁 단계를 취하는 것을 여전히 망설이고 있었다. 인도주의를 위해 그리고 역사에 나타난 자신들의 명성을 위해, 그들은 전쟁 발발의 책임을 지는 것을 주저하고 있었으며, 오전 2시 정각, "지금부터 독일은 프랑스와 벨기에와 전쟁 상태에 들어간 것으로 간주한다"는 사실을 통지한 유명한 독일의 전보가 도착할 때까지 파리와 브뤼셀 간에 전신을 교환하며 몇 시간을 소비하고 있었다. 오전 6시에서 7시 사이에 독일의 독립공군은 동맹국 상공을 침략했다. 동시에 이들은 동원, 집중 혹은 기타 군사력의 기동이 이루어질 수 있는 주요 지역에 대한 폭격은 괴로운 전쟁의 필요성에 의해 어쩔 수 없는 것이라 주장했다.

매우 짧은 경고에도 불구하고, 이는 기습의 장점을 포기하는 것과 동등한 효과를 가져왔다. 세계 여론의 비판에도 독일이 항공 화학무기의 무제한적 사용을 정당하게 주장함에 따라 기습이 있을 것이라는 것은 모두가 인식하고 있었다. 특히 전쟁 개시 첫날, 가장 큰 것에서부터 작은 것까지 모든 본부들을 상대로 군사력 집중과 기동이 일어날 것이므로 동맹국들의 모든 본부들은 똑같이 위협받게 되었다.

적의 위협을 반감시키기 위해, 동맹국 최고지휘부는 기선을 제압하고 적의 영토를 침입하기로 최종적으로 결정했고, 이를 위해 다음과 같은 명령을 하달했다.

(1) 독립공군의 제1, 제4 요격 여단은 오전 6시에 코블렌츠-마인츠-아샤펜부르크-뷔르츠부르크 지역으로 초계 비행하며 국경선을 넘으려는 모든 독일의 작전 부대를 격퇴한다.

(2) 벨기에 요격 여단의 제1 전대는 6시 정각에 쾰른-코블렌츠 국경으로 초계 비행하여 동일한 작전 목표를 수행한다.

(3) 독립공군의 4개 야간 폭격 여단은 그들의 전쟁 수행 능력의 2분의 1 규모의 비행중대가 구성됨과 동시에 이륙하여 미리 준비된 계획에 따라 라인 지역의 여단들과 가장 중요한 철도역을 파괴한다.

(4) 독립공군의 2개 주간 폭격 여단은 6시 정각에 전쟁 수행 능력의 2분의 1이 구성되었을 때의 항공기들로 국경을 넘어 하노버, 마크데부르크, 라이프치히, 드레스덴의 도시들을 폭격한다.

(5) 독립공군의 정찰 전대는 전쟁 수행 능력의 2분의 1이 구성되어졌을 때의 항공기들로 베를린 방면의 정찰을 수행한다.

(6) 독립공군과 보조항공대에 소속된 모든 요격 부대들은 다른 지시가 있을 때까지 항공 방어 사령부의 직접 명령권하에 놓이게 된다.

독일과의 국제협약에서 맺은 합의사항을 먼저 위반한 책임을 회피하기 위해 동맹국은 폭격작전은 철도역에 한정하고, 고성능 폭탄만을 사용할 것을 명령했다. 프랑스-벨기에 항공대에 소속된 인원들은 적의 위협이 통보되었을 때, 현란한 항공작전을 수행함으로써 독일의 오만함을 초전 분쇄할 것을 결의했다.

제7장 독일의 작전 계획

독일의 작전 계획은 개괄적으로 이미 윤곽이 잡혀 있었다. 간단히 말해 그것은 적을 지상에서 지연시키는 동안에 공중에서 격파한다는 것이었고, 이로써 적국에 심각한 손해를 입혀 적으로 하여금 전쟁을 수행하지 못하도록 한다는 것이었다. 독립공군의 작전 계획은 적 항공 전력을 파괴하는 것의 두 배에 달하는 연속 공격의 형태를 취하고 있었으며, 적국의 영토에서 공격을 수행한다는 것이었다. 제1차 공격은 동원 과정에 있는 적의 항공 전력을 파괴하기 위해 전쟁 발발에 연이은 초기 단계에 수행하도록 되어 있었다. 한편, 이는 적의 전력을 좀더 쉽게 제압하고 그들에게 열세의 감정을 심어주기 위해서 전 독립공군이 수행하도록 되어 있었다. 독립공군의 부대들은 지속적으로 전시 편제를 유지하고 있어서 작전 수행 준비가 되어 있었다. 독립공군은 평화시 상설 비행장에 위치하고 있으므로, 그들은 전쟁이 발발할 경우에는 그곳에서 이륙했다가 그들의 첫 임무를 수행하고 돌아올 때는 작전 기지에 착륙하도록 교육받았다.

독립공군이 적에 대항하여 임무를 적절히 수행할 수 있도록 150개 전투 비행대대, 1,500여 대의 대형 전투기라는 엄청난 전력이 재편성되어야 했고, 동시에 유연성을 지녀야 했다. 이들은 공격형 종대대형으로 재편성되었고, 각 종대를 파상 공격대로 분할함으로써 유연성을 가졌다. 공세는 일반적으로 국경선 전반에 걸친 대규모 전선으로 전개시켜야 했으므로, 항공 부대들 간에 광대한 공간을 주어서 적의 전력이 가능한 한 최대한 투입되도록 유도했다. 따라서 다수의 독립공군은 전체 전선을 따라 분산된 공격종대의 병렬 배치로 편성되었다.

각각의 종대는 주어진 지시에 따라 각기 임무를 전개해야 했다. 이는 특정한 거리를 유지하며 서로 뒤를 잇는 형태의 대형인 분견대로 분할되었는데, 일반적으로 30분의 비행시간에 100킬로미터의 거리를 유지했다. 모든 종대는 동시에 임무를 수행하도록 되어 있었으므로 선두의 분견대는 주어진 이륙 장주를 따라 동일한 시간 동안 공중에 머물러야 했다. 이러한 방법으로 대량 공격은 일반적으로 30분이라는 일정한 간격을 두고 파상 공세를 취할 수 있었다.

이는 독립공군의 전력을 대량으로 운용하기 위한 공세적 방법이었으며 종대의 수와 파상 공격대의 어떠한 변형을 제외하고는 실제적으로 사용되었는데, 변형 형태는 상황에 따라 제시되었다.

로이스 장군은 독립공군의 최초 공세로, 적의 항공세력을 파괴하고 적국의 국민들이 공중에서는 제압당하고 있다는 감정을 지니게끔 하는 두 가지 목표를 달성하고자 했다. 이를 달성하기 위해 독립공군은 적국의 공중에 침투해야 했으며, 동맹국 항공기가 자국의 상공에 진입하여 몇 시간을 비행하고, 의도대로 그들의 지역 항공본부를 공습할 때까지 한가하게 있도록 바랄 수는 없었다. 의심의 여지 없이, 동맹국은 독일 공군을 격추시키거나 쫓아내려고 자신들의 항공 전력들에게 임무 수행을 명령했다. 그러나 동맹국이 어떠한 항공 전력들을 사용할 것인가? 물론 그것은 그들의 목적에 적합한 비상 요격기 부대였다. 독일 공군이 적국의 영토를 넘어 비행하려는 작전 의도를 가졌고, 동맹국의 공군이 그것을 저지하려는 결정을 내렸다고 가정한다면 실질적으로 항공전은 필수적이었다. 그리고 이 항공전은 독일 공군의 대량 편대와 동맹국이 독일 공군에 대해 소집한 모든 요격기 및 비상 요격기 부대 간에 이루어질 것이었다.

앞에서 말했듯이 공세 임무의 각 종대는 자신의 특정한 임무를 완수해야 했으며, 주어진 항로를 따라야 했고, 작전 지시에 포함되어 있는 지침에 따라 그들의 임무를 수행해야 했다. 각 종대는 분견대로 분할되었고, 각 분견대는 일정 수의 대대로 구성된다. 각 대대는 작전 명령에 따라 자신의 종대 지휘관으로부터 준수해야 할 항로와 수행해야 할 임무에 따른 명확한 지침을 받았고, 그러한 명령은 인간적으로 가능한 상황에서는 반드시 수행해야 했다. 따라서 공세 임무를 수행하는 독립공군의 각 대대는 비록 그것이 전체적으로 커다란 조직체 중의 일부분이기는 하지만, 임무 수행을 위한 각기 고유한 개체성을 지니고 있었다. 임무의 수행은 다른 대대의 도움에 의존할 수 없는 것으로, 다만 각자의 행동에 달려 있었다. 각 대대가 존재하는 한, 그 하나의 대대는 오직 한 가지 작전 임무만을 지니고 있었으며 무슨 일이 있더라도 주어진 항로를 따라 진격해야 했다.

각각의 공격 종대에게 대대를 할당하고 그것을 파상 공격대의 하부 조직으로 분할함으로써 유연성을 지니게 하여, 작전의 지시를 실행에 옮길 수 있게 했다. 모든 공군 부대들을 완벽하게 통합했으며, 그들의 각각은 분할되어 있음에도 불구하고 동일한 부대들이 각자의 좌, 우, 전, 후방에서 비행하고 있음을 느낄 수 있으므로, 어떠한 대대도 파상 공격대의 전방 혹은 후방에서 무슨 일이 벌어지고 있는지 알 수 없었다. 다음의 분견대가 없다는 것을 알기 전에는 적은 전체적인 파상 공격대를 파괴할 수 없었는데, 그것은 분견대 파상 공격대가 100킬로미터 간격으로 분리되어 있었기 때문이었다. 이륙에서 착륙까지의 긴 시간 동안에 각각의 대대들은 파괴되거나 심각한 피해를 입기 전에는 모두가 자신이 수행해야 할 임무만을 지니고 있을 뿐이었다.

처음에는 협동하거나 서로를 도울 수 없는 대대들의 이러한 상황이 취약할 거라 판단되기도 했다. 그러나 대조적으로, 그들 자신들로 하여금 벗어나 있고 개별적인 지휘관의 의지와 상관없이 부대들 간의 협동에 기인한다는 것은 조직의 강점을 더해주었다. 이러한 점들은 논리적으로 볼 때 전체 조직에게 주어진 유연성에서 나오는 것이었고, 그러한 조직의 타고난 장점이기도 했다. 상황에 따라 가끔씩 잘 이루어지지 않기도 했지만, 그러한 장점은 항상 지속적으로 그리고 연속적으로 그들에게 주어졌다.

목적지로 가는 비행 중 파괴되어 탈출하거나 혹은 주어진 임무를 수행한 독립공군의 각 부대는 적에게 자신의 의지를 강요하는 본보기가 되었다. 이러한 상황에서 자국의 비행장으로 돌아온 단위 비행부대들은 자신들이 승리했다고 여기고 있었다.

'전체의 전선을 따라 파상 공격을 성공적으로 진행했던 독립공군의 대량 공격에 직면하여, 동맹국의 작전은 비조직적이고 혼란스러울 수밖에 없었다' 고 로이스 장군은 그의 《회고록》에 기록하고 있다. 동맹국은 항공전의 고전적 개념을 즐기고 있었으며, 마치 그들은 1918년 당시를 살고 있는 듯했다. 그들의 확신은 약간의 차이는 있겠지만, 동일한 전선을 따라서 전투가 치러질 것이라는 점이었으며, 다른 하나의 차이라 한다면 이번의 항공기는 좀더 크고 강력한 것이라는 점이었다. 실제로 그들의 항공 조직은 1914~18년의 그것과 거의 흡사하게 조직되어 있었다. 명확한 목표를 추구하는 우리의 대량 공격에 직면하면서 동맹국은 불충분하고 비조직적인 그들 자신을 발견하게 되었다.

많은 사람들이 우리의 항공 공세를 맞이하며 동맹국이 취했던 평가를 강하게 비판했다. 그러나 그들은 우리에 대항하여 요격기를 날려보내는 것 외에 할 수 있는 것이 또 뭐가 있었겠는가?

동맹국은 항공 전력의 운용에서 요격기 및 비상 요격기 부대를 보유한 것을 기억해야 한다. 그러나 이러한 부대들은 특정하고 명료한 항공작전을 수행하도록 되어 있는 것들이었다. 프랑스 독립공군의 요격기 부대들은 폭격기 부대에게 주어진 임무를 위해 길을 열어주고 그들의 업무 수행을 용이하게 해주는 것에 반드시 쓰이게 되어 있었으며, 보조항공대들은 적기와 싸우는 보조항공 전력 자체의 활동을 손쉽게 해주는 필수적인 업무를 지니고 있었다. 비상 요격기 부대들은 그들의 보호하에 놓여 있는 항공대 본부들을 위협하는 적의 폭격기 부대에 대항하여 싸우는 임무를 가지고 있었다. 이러한 모든 목표들은 특정적이거나 일시적인 성격의 것이었으며, 적의 항공 전력을 파괴한다는 주요 목적은 그들에게서 찾아볼 수 없었다. 그 결과 동맹국은 공중에서 그들을 파괴하기에 열중하고 있는 적에 대항하기에 적당한 효과적인 방법을 지니고 있지 못했고, 따라서 그것이 효과가 있든 없든 사용 가능한 것들을 이용하는 것 외에는 그들에게 다른 선택은 없었다.

당시의 동맹국 항공사령부는 자신들의 방어 부대들에게 지침을 주었던가? 500~600킬로미터 떨어진 전방의 공중에서 일어나는 사건들에 대해 그들은 무엇을 보거나 알 수 있었던가? 그들이 접할 수 있었던 정보는 오직 멀리 떨어진 위치에 있는 다양한 정보부서들이 보내오는 것들뿐이었고, 보내올 때는 옳은 것들이라 할지라도, 그 정보들을 접할 때에는 이미 많은 상황이 바뀌어 버렸다. 이미 지나가버린 낡은 정보들에만 의존하여, 그들은 수백 킬로미터 떨어진 곳에 있는 부대들에 명령을 내릴 수 있었던 것이다. 요격 부대가 그러한 명령들을 접수하고 그것을 해석하고 그 당시의 상황에 적용시키려 할 때에는 이미 접수된 명령의 기초가 되었던 그러한 상황과는 절대적으로 다른 것이었다. 더구나 그러한 요격 부대에 의한 명령의 해석은, 아마도 정확한 정보도 없이 시야에 들어온 적을 직면하고 있을 때에 이륙 전 지상에서 이루어져야 했으며, 심지어 적과 조우할 수 있음을 확신하지도 못한 채 이루어지기도 했다. 그와 같이 비행을 하는 부대들이라는 것은 알지 못하는 목적을 향해 비행을 하는 것과 같았다.

최초의 파상 공격대가 시야에 들어왔고, 그것에 대항하여 요격기 부대가 배치되었다. 이 파상 공격대가 파괴되든 그렇지 않든 상관없이, 다음에는 그 임무를 위해 진격할 수 있는 것이었다. 다시 다음 파상 공격대가 시야에 들어온다. 이러한 승부는 몇 시간 동안 지속될 것이다. 어느 정도의 전투 기간 후에는 제한된 비행 자율권 때문에 요격기 부대들은 착륙할 수밖에 없을 것이다(비상 요격기 부대는 오직 한 시간의 자율권을 지닌다). 그러나 전투 포기를 강요당한 후 그들은 어디에서 자신을 찾을 수가 있을 것인가?

그러면 어떻게 자신의 군사력을 효과적으로 배치할 수 있을 것인가? 계속될 알 수 없는 파상 공격대의 수와 규모에 대항하여 어떻게 그것들을 사용하고 배분할 수 있을 것인가? 어떠한 지침이 주어질 것인가? 모든 것이 불확실할 뿐이다. 매우 두려운 불확실성에 직면하여 그들이 지속할 수 있는 최대한의 시간 동안 명확하고 조정된 계획 없이, 시야에 들어온 적들에게 자신의 군사력을 내몰 수밖에 없을 것이다. 독립공군이 조직화된 전체로서 완벽하게 조정된 채로 공격하는 동안은, 저항하는 방어 세력은 항상 실체가 없고 비조직적일 것이다.

그들의 차례가 오면, 요격기 부대들은 어떻게 임무를 수행할 것인가? 그들은 자신들이 실질적으로 취할 수 있는 대로만 행동할 수 있을 것이다. 그들이 공중에 있다면, 그들 시야에 들어온 첫번째 대형들을 공격해야 할 것이다. 요격기 부대와 전투기 부대 간의 전투는, 어떠한 시점에서 전투의 다른 양상들, 즉 특징적인 측면으로 요격기 부대는 그들의 구성 단위로 와해되고, 전투기 부대의 대형은 유지되는 양상이 필연적으로 나타나게 될 것이다. 공세 결과와 상관없이, 비록 손실이 없다고 할지라도 시간이 흐름에 따라 요격기 부대는 하나의 부대로 존재할 수 없을 것이며, 반면에 전투기 부대는 그 손실이 얼마나 되든 공고히 유지될 것이다. 공세가 끝난 후, 요격기 부대가 동일한 전투기 부대와 재차 전투를 하든지 혹은 다음번 공세를 맞이하게 되든지 간에, 그들은 무엇보다도 자신들의 부대를 재구성하거나 혹은 격리된 요격기가 되는 것에 만족해야 할 것이다. 이러한 경우 그 자체로서 정규 대형의 부대에 대항하여 공격을 취해야 한다는 것은 그들을 심각한 열세에 놓이게 하는 것이다. 요격기 부대는 공격 활동을 하는 동안 대부분의 공격력을 상실할 운명에 처할 것이다.

필연적으로, 언젠가는 동맹국의 영공에 들어간 몇 차례의 파상 공격대가 부대가 겪은 손실에 따라 그 강도에 약간 차이는 있겠지만, 동맹국의 요격부대들과 대치될 수 있을 것이며, 요격 부대들은 손실에 의한 강도가 커지고 조직적인 결속력도 부족할 것이며, 구성 단위로 분할되어 다시 이륙할 수 있기 전에 착륙을 강요당하는 고립된 항공기의 수량으로 깎여나가게 될 것이다. 그러한 시기가 오면 우리의 독립공군이 자연히 승리할 것이며, 파상공격을 계속하면서 적의 영공을 날아다닐 때면 적은 기껏해야 비조직적이고 무질서한 저항만을 하게 될 것이고, 전투 결과의 변화 가능성은 전혀 없을 것이다.

공격 항공기와 공격 부대의 장점——명확한 공격 목표와 그것을 성공할 수 있는 방법을 지닌, 즉 어디로 가서 무엇을 할 것인가를 알고 있는——은 공격 항공기가 갑자기 어디선가 접근하여 번개 같은 공격을 할 때 수동적으로 방어해야 하는 방어 항공기와 방어 항공부대에 대해 절대적으로 우세한 것이다.

독일군 총사령관은 150개 비행대대와 1,500대의 대형 항공기로 구성된 자국의 독립공군이 동맹군 항공 전력을 아주 손쉽게 제압할 것이라고 더욱 확신하고 있었다. 하지만 이들의 작전 계획은 모든 작전 항공부대와 예비기는 예외 없이 작전에 참가할 것을 규정하고 있다.

혹자는 로이스 장군은 모든 것을 도박에 걸고 있으며, 언제나 가능한 불의의 경우 독일은 모든 항공기를 잃을 거라고 언급하면서 이러한 배치에 대해 비판했다. 로이스 장군은 이러한 비판에 대해, 일어날 가능성이 매우 높은 '불의의 경우'를 대비한 최선의 방법은 전투에 참여하여 군사력을 예비대에 잔류시키는 것이다, 군사력 부족은 곧 패배를 낳을 것이며, 패배하는 경우는 승리를 거둔 적에 의해서 쉽게 소탕될 때이다라고 답했다.

독립공군에 의한 적 영공의 침입은 단순한 행위가 아니다. 즉 그곳까지 비행할 수 있다는 능력을 과시하기 위한 단순한 목적이 아니다. 만약 그런 경우라면 적은 그것에 대항할 수 있을 테지만, 분명히 이는 한정된 유행과 같은 것은 아니었다. 따라서 그 첫번째 임무의 시작과 더불어, 공군은 지상의 목표물에 대해 공격적으로 작전을 수행해야 했다. 이러한 공격적인 작전 수행이 적을 자극하여 최대한의 강도로 반응하도록 고무시킬 수 있으며, 이것이 바로 독일군 총사령관이 진정으로 바라는 것이었다. 그의 전략은 적으로 하여금 결정적인 전투를 빨리 수행하게끔 강요하는 것으로, 그는 적이 그 군사력을 보존하게 하는 것에는 관심을 보이질 않았다.

따라서 첫 작전부터 독립공군은 적의 영토에 대해 공격적인 작전을 수행하는 조건에 놓였다. 적의 대항 전력으로부터 많은 손실을 입게 될 것이기 때문에, 첫 파상 공격대는 폭탄을 지니지 않은 채 그들의 무장 분량을 증강하기로 결정했다. 그러나 모든 성공적인 파상 공격대는 지시된 폭탄으로 무장해야 하는 것이었다.

공격을 위해 비행하는 동안, 비행대대들은 보통 자신의 무장 무게로 가능한 최대고도를 유지하여 적으로 하여금 최대의 고도로 올라와서 전투를 하도록 강요하게 했다. 특히 초기에는 심지어 폭격도 방공포대를 피하기 위해 최대의 고도에서 수행했다. 특히 첫번째 공세는 정신적인 효과를 얻기 위한 것이기도 했다.

공격의 일반적인 개념으로 볼 때, 전방을 가능한 한 최대로 증강시켜 동맹국으로 하여금 그들의 군사력을 분산시키게 하는 것이 현명한 것으로 생각되어왔다. 다시 말해, 국경을 넘어서면서부터 공격 종대를 모든 동맹국 영토 상공으로 부채꼴 모양으로 퍼져나가게 하는 것이 타당한 것이었다. 공격 종대에 속해 있는 분견대는 파괴되지 않는 한, 자동적으로 지시된 항로에 따르게 되어 있으므로 그들에게 가장 유익한 것을 선임하는 것은 가능했다. 즉 적의 항공 세력을 격파한 후, 계속 전진하여 가능한 한 가장 멀고 깊이 적의 상공을 날아가 적에게 가능한 최대의 물질적 · 정신적 손실을 입히고, 적으로 하여금 차후의 공격은 좀더 많은 에너지를 고갈시킨다고 자극하는 것이었다. 이러한 이유로 다양한 종대의 항로는 국경에서 멀리 떨어져 있는 정치적 본부와 철도 본부, 그리고 심지어는 수도까지 공습함으로써 하늘로부터 지배당하고 있다는 즉각적인 감정을 적에게 심어줄 수 있는 기준으로 짜여지게 되었다.

독립공군의 첫번째 공습 계획은 가장 작은 규모의 선발 공격중대부터 모든 부대의 지휘관까지 끊임없이 전파되었고, 가장 큰 단위의 부대에서 작은 단위까지 독립공군의 사령관이 전진하라는 신호를 보냈을 때 자신들이 무엇을 해야 하는지 잘 알고 있었다.

최초의 공세가 성공적인 것으로 판명되면, 그 다음의 공세 작전때까지 독립공군의 임무는 그들 각 영토로부터 동맹국의 작전 지역을 감소시켜나가는 것이었다. 즉 자세히 살펴보면 벨포르, 에피날, 툴, 랭스, 샤를빌, 지베, 디낭, 나무르, 생 트롱, 통그르 전선의 프랑스와 벨기에 영토로 향하는 도로와 철도 통신 · 운송 시설을 차단하는 것으로, 이는 군대와 물자의 쉽고 규칙적인 흐름을 막고 전선과 국경 사이의 적의 활동을 구속하기 위한 것이었다.

로이스 장군은 《회고록》에서, 적의 항공 전력이 무시해도 될 만큼 감소될 때, 독립공군을 적의 국가적 저항에 직접 활용하기를 원하고 있었다. 다른 말로, 그는 독립공군으로 하여금 가장 중요하고 취약한 중심지에 대해 무제한 공습을 감행하게 함으로써, 적국의 시민들을 견딜 수 없는 삶의 조건들에 놓이게 하고 평화를 호소하게 만들어 자신의 이론의 궁극적인 결과를 현실화시키고 싶었다. 로이스 장군에 의하면 이는 전쟁을 종결짓는 가장 신속하고 경제적인 방법으로, 양측으로 하여금 최소한의 피와 예산을 필요로 하는 것이었는데 국가의 붕괴는 다른 것보다 정신적인 강요에 의해 발생하는 것이기 때문이었다. 이러한 로이스 장군의 극단적인 생각은 정부에 의해 받아들여지지 않았으며, 혹시 받아들여진다 해도 유보된 상태에 있었다. 로이스는 강력한 저항에 직면했고 항공 사령관이 그러한 논쟁에서 승리했을 때 그는 굴복하고 받아들였다. 결국 독립공군은 전방의 작전선에 있는 동맹국 야전군의 집중과 기동을 방해하고 괴롭히는 목적으로 사용되게 되었다.

이와 같은 작전 목적을 달성하기 위해서는 프랑스-벨기에 영토에서 국경에 이르는 도로와 철도 통신 · 운송 시설의 일정량을 미리 설정한 얼마의 시간 동안에 차단하는 것이 필수적이었다. 이는 쉬운 일은 아니었지만, 제공권을 장악한 후에도 독립공군이 그러한 공세를 펼치기에 충분한 전력을 보유하고 있다면 달성할 수 있는 것이었다. 만약 그러한 시도가 성공하지 못한다면, 로이스 장군의 극단적인 이론이 발현될 수 있는 것이었다.

벨포르, 에피날, 툴, 랭스, 샤를빌, 지베, 디낭, 나무르, 생 트롱, 통그르를 잇는 프랑스-벨기에 국경을 에워싼 80~100킬로미터 거리의 지역을 동맹국 군대의 배치 지역과 프랑스-벨기에 영토의 나머지 지역 간의 분할선으로 채택함에 따라, 만약 이것으로 이들 지역이 동맹국의 나머지 영토들로부터 차단된다면 동맹국은 확실히 매우 어려운 처지에 놓이게 될 것이 분명했다.

하지만 이와 같은 작전의 구상은 한꺼번에 모든 도로와 철로 통신 · 운송 시설을 차단하려는 시도는 아니었다. 이러한 점은 반드시 필요한 것으로는 여겨지지 않았다. 동맹국 군대를 구성하고 있는 전체 인적 자원의 수와 물적 자원의 양이 초기의 며칠 동안 그 경사면을 가로질러야 한다는 것을 생각해볼 때, 그 후에 동맹국 군대의 생존과 행동에 필요한 모든 것은, 그러한 도로나 철도 통신 · 운송 시설의 부분적인 차단은 동맹국 군대의 동원과 집중이나 이후의 전쟁 수행 능력을 분쇄할 수 있는 것이었다. 이렇게 주요 통신 · 운송 시설의 일부분을 파괴하는 것만으로도 적의 전방 전력이 약해질 것이고 이로 인해 적절한 시기에 그들을 패배시키는 것은 매우 쉬워질 것이었다. 이러한 물리적인 효과를 떠나, 군대의 작전 지역으로의 진군이나 이동에서의 통신 · 운송 시설의 파괴가 가져오는 정신적인 효과 역시 고려해야 할 것이다.

독립공군을 통해 동맹국의 작전 지역을 고립시키기 위한 작전을 시도하기 위해 완벽하고도 세분화된 작전 계획이 수립되었다.

동원과 집중에 필요한 철도 통신 · 운송 시설에 대해 철저한 연구가 이루어졌다. 철도는 숨길 수 없는 시설로, 그것과 관계된 모든 것들은 쉽게 고려할 수 있었다. 동원할 수 있다고 예상되는 병력의 대략적인 숫자는 공공연한 비밀이었다. 그러한 정보에 기초하여, 비록 정확한 것은 아닐지라도 선정된 분할선을 통과하는 철도의 중요성이 크고 작음을 평가하는 것이 가능했다. 같은 방법으로 도로에 대한 중요성 역시 평가할 수 있었다.

경사면을 통과하는 보통의 도로와 철도들 각각에 대해서, 특히 가장 중요한 것들에 대해서는 바람직한 결과를 얻기 위해 수행해야 할 자세한 공격 방법 등 특별한 작전 계획이 마련되었다. 일반적으로 교량, 선로, 기타 도로 시설의 파괴는 고려되지 않았는데, 이러한 사고는 그들 자신의 통신 · 운송선을 따라서 제한 지역을 만들어냈으며 보통의 도로나 철도가 통과하는 주요 지점들을 화학탄, 소이탄, 독가스탄으로 폭격함으로써 방화 및 독가스 지역으로 지정된 지역들은 접근하거나 특히 통과하기 어렵게 만들었다. 각각의 도로 및 철도에 대한 방해 계획에는 폭격해야 할 주요 지점들이 지정되었고, 그들 각각의 표적에 투하될 폭탄의 양──주요 지점은 10, 20 또는 30톤──도 정해졌다. 통신 · 운송과 이동을 계속 방해하기 위해서, 언제 어디서 다시 폭격을 해야 할 것인가에 대해서도 결정되었다. 독립공군은 매 비행시 2,000톤의 폭탄을 운송할 수 있었고, 1회 폭격시 평균 20톤의 폭탄을 투하한다면, 매 비행시 150개의 주요 표적을 폭격할 수 있었다.

이와 같은 후방 차단 작전을 수행하기 위해서는 일정한 항공 전력이 필요했고 로이스 장군에게는 제공권을 장악한 후에도 독립공군의 잔여 전력이 이들 후방 차단 작전의 필요에 충분한 것인가를 판단할 수 있는 권한이 주어졌다. 만약 그렇지 않다면, 그는 자신의 극단적인 이론에 따라 자유롭게 독립공군을 운용했을 것이다.

적이 주간 및 야간 폭격기 부대를 배치하고 있음을 독일은 잘 알고 있었다. 실제로 이러한 부대들은 배치되어 있었으며, 더구나 독일은 요격기 또는 비상 요격기를 보유하고 있지 않았다. 동맹국 폭격기의 항공 공세에 대해 그들은 주요 거점을 어떻게 방어할 수 있을 것인가? 이 문제에 대해서 로이스 장군은 다음과 같이 기술하고 있다.

일단 동맹국에게 요격기가 남아 있지 않을 정도로 적의 항공 방어 전력이 파괴된다고 해도 동맹국의 폭격기 부대와 독일의 전투기 부대 간의 항공전은 지속될 것이다.

확실히 우리의 전투기 부대는 적의 폭격기 부대가 항공 공세를 수행하는 것을 막기 위한 별다른 시도를 할 여유가 없을 것이다. 이처럼 양측은 각각 얼마나 적에게 가능한 최대의 손실을 입힐 것인가에 전념하는 상호간의 병행 공격작전을 나타낼 것이다. 어떤 쪽이 우세했는가? 동일한 조건이라면 지상의 목표들에 대한 강력한 공세 능력을 소유한 편이 우세하리라는 것이 당연하다.

이와 같은 이유로 나는 모든 국가자원들을 독립공군에게 집중시켰으며, 이들에게 지상 목표들에 최대한의 공세를 가할 수 있는 능력을 부여하고자 했다.

독립공군에게 주어진 이와 같은 전력에도 불구하고, 이론적으로 우리의 주요 지점에 대한 폭격을 방어할 수 있는 위치는 아니다. 이론적으로 지상의 목표들에 대한 우리의 우월한 공세 능력과 그 자체의 잠재력은 적들로 하여금 우리 영토에 대한 항공 공세를 포기하도록 이용될 수 있다. 실제로 발생했던 것은 정확하게 이것이다.

1. 6월 16일의 전력배치

독일 제국 내각회의가 아직 개정 중이었던 6월 15일 오후 11시에 파리 주재 독일 대사인 폰 타우프리츠von Taupritz에게서 전문이 도착했다. 그것은 전쟁을 의미했으며, 그 모든 격노함이 전쟁으로 폭발하는 것을 인력으로는 막을 수 없었다. 심지어 전쟁이라는 극단적인 수단에 대해 반대했던 사람들 역시 그 전쟁의 필연성에 머리를 숙여 따를 수밖에 없었다. 토론의 시간은 흘러갔으며, 군사작전 외에 가능한 다른 방법은 없었다. 자정에 일반 동원 명령이 하달되었으며, 독일군 총참모장으로 지목된 로이스 장군은 내각회의에서 독일의 독립공군은 적의 국가적 저항을 붕괴시키기 위해 6월 16일 오전 6시에서 7시 사이에 적국의 영공을 침공하겠다고 통보했다.

항공 · 화학무기의 무제한적 사용에 관해 내각회의의 일부 각료들이 망설이는 것을 제압하기 위해, 로이스 장군은 자신의 의도를 반대자들에게 설명할 것을 제안해 필요한 반론들을 청취하도록 했다. 적의 동원과 집중을 방해할 수 있는 방법들이 가능했기 때문에, 이들 방법을 군사작전으로 옮기는 일에 실패하거나 적이 전투 준비를 할 때까지 기다리는 것은 조국에 대한 범죄 행위로 간주되었다. 이와 같은 동원이나 집중처럼 전쟁 행위의 수행을 의미하는 주요 지점을 방어하거나 지키는 일은 적의 1차적인 의무였지만, 이들 주요 지점으로부터 민간인들을 소개시키는 임무도 그들이 해야 할 2차적인 의무였다. 비무장 민간인, 여자, 아이, 노인들이 방패막이로 쓰인다는 것을 믿는 것은 순진함으로 여겨졌는데, 사실 모두가 '전쟁은 전쟁이다'라는 것을 알고 있고, 알아야 하기 때문에 그와 같은 경고는 오히려 과도할 정도였다.

이것이 6월 16일 오전 2시에 그 유명한 독일의 전문이 유발시킨 사건이었다.

기습의 장점에 대한 포기를 의미하는 경고를 언급한 외무장관에게 로이스 장군은 실제로 기습공격을 수행하는 주체는 독립공군이라고 답변했으며, 공습작전이 몇 시에 감행될 것인가는 말하지 않았다.

로이스 장군은 독일군 총참모장으로 지명되자마자, 독립공군에게 다음과 같은 작전명령을 전문으로 하달했다.

항공 부대의 모든 지휘관들에게

ㄱ. 공습 개시 시간X-hour은 금일 새벽 6시 정각으로 한다.

ㄴ. 나는 당신들, 항공 부대 지휘관 전체가 부여받은 작전 임무들을 수행해낼 것이며, 따라서 해가 질 무렵에는 독립공군이 전쟁의 성패를 결정지을 것으로 확신한다.

언급한 작전 명령은 다음의 중요한 원칙들을 포함하고 있었다.

(1) 작전 개념

전체 국경선을 따라 연속적인 파상 공격대로 대규모 항공 공세를 수행하기 위해 좌익은 남쪽으로부터 파리를 포위하고, 통신 · 운송 시설 등 주요 작전선을 폭격함으로써 적의 방어선을 붕괴시켜서 적에게 자신들이 공중에서 완전히 제압당하고 있다는 인상을 즉각 심어주도록 한다.

(2) 전력

비행대대의 예비 항공기를 포함한 전체 독립공군의 전력을 동원한다.

(3) 전력 배치

8개의 공격 종대대형을 형성한다.

ㄱ. 1차 공격 종대 : 4개, 4개, 그리고 2개 비행대대의 3개 분견대를 지닌 제I 2,000 마력 전대로 구성.

ㄴ. 2차 공격 종대 : 1차 종대와 같은 3개 분견대를 지닌 제II 2,000마력 전대로 구성.

ㄷ. 3차 공격 종대 : 1차 종대와 같은 3개 분견대를 지닌 제III 2,000마력 전대로 구성.

ㄹ. 4차 공격 종대 : 1차 종대와 같은 3개 분견대를 지닌 제IV 2,000마력 전대로 구성.

ㅁ. 5차 공격 종대 : 2개, 2개, 2개, 그리고 4개의 2,000마력 전대, 그리고 2개, 2개, 2개, 그리고 4개의 3,000마력 전대의 8개 분견대를 지닌 제V 2,000마력 전대, 제IX 3,000마력 전대로 구성.

ㅂ. 6차 공격 종대 : 5차 종대와 같은 8개의 분견대를 지닌 제VI 2,000마력 대대, 제X 3,000마력 대대와 6,000마력 대대의 한 개 분견대를 포함해 구성.

ㅅ. 7차 종대 : 2개, 2개, 2개, 그리고 6개의 2,000마력 전대, 4개, 4개, 4개 그리고 8개의 3,000마력 전대, 4개 6,000마력 대대의 8개 분견대를 지닌 제VII 2,000마력 대대, 제XI과 제XII 3,000마력 대대 그리고 제XV 6,000마력 대대로 구성.

ㅇ. 8차 종대 : 2개, 2개, 2개 그리고 2,000마력 전대, 4개, 4개, 4개 그리고 8개의 3,000마력 전대의 7개 분견대를 지닌 제VIII 2,000마력 대대, 제XIII과 제XIV 3,000마력 대대와 3개 6,000마력 전대의 한 개 분견대를 포함해 구성.

각 분견대는 30분 비행시간(100킬로미터)의 거리를 유지해야 하며, 각 분견대에 소속한 비행대대들은 대형을 형성해 비행한다.

(4) 파상 공격방식

공습 개시 시간에 공습을 담당하는 8개 공격 종대의 선두 분견대는 파더보른, 코르바흐, 기센, 하난, 아샤펜부르크, 뷔르츠부르크, 안스바흐, 울름의 전선에서 항공 전력을 전개한다. 따라서 8개의 파상 공격대는 다음과 같이 정렬될 것이다.

ㄱ. 1차 파상 공격대 : 8차 공격 종대가 선도하는 24대의 2,000마력 전대.

ㄴ. 2차 파상 공격대 : 8차 공격 종대가 선도하는 24대의 2,000마력 전대.

ㄷ. 3차 파상 공격대 : 8차 공격 종대가 선도하는 23대의 2,000마력 전대.

ㄹ. 4차 파상 공격대 : 5차, 6차, 7차, 8차 공격 종대가 선도하는 8대의 2,000마력 전대와 8대의 3,000마력 전대.

ㅁ. 5차 파상 공격대 : 5차, 6차, 7차, 8차 공격 종대가 선도하는 12대의 3,000마력 전대.

ㅂ. 6차 파상 공격대 : 5차, 6차, 7차, 8차 공격 종대가 선도하는 12대의 3,000마력 전대와 3대의 6,000마력 전대.

ㅅ. 7차 파상 공격대 : 5차, 6차, 7차, 8차 공격 종대가 선도하는 20대의 3,000마력 전대와 4대의 6,000마력 전대.

ㅇ. 8차 파상 공격대 : 5차, 6차, 7차, 8차 공격 종대가 선도하는 8대의 3,000마력 전대와 3대의 6,000마력 전대.

(5) 각 공격 종대의 항로와 임무

여기에서 다양한 공격 종대에게 주어진 항로는 각 종대 전체의 전반적인 공격 방향이며, 동시에 각각의 항공기에게 주어진 임무들을 포함하는 것이다. 이와 같은 기초 위에서 공격 종대의 지휘관은 소속한 대대 지휘관을 통해서 전대마다 항로를 부여하고 임무를 할당한다.

ㄱ. 1차 공격 종대

항로 : 파더보른, 외펜, 리에주, 브뤼셀, 릴, 아브빌, 루앙, 드뢰, 코르베유, 샬롱의 작전 기지(10시간의 비행).

임무 : 정신적인 피해를 위한 프랑스의 몇몇 중요한 북부 주요 지점에 대한 폭격.

ㄴ. 2차 공격 종대

항로 : 괴팅엔, 생 비트, 나무르, 발랑시엔, 기자르, 뮐랑, 에탕프, 믈룅, 생 디지에의 작전 기지(10시간의 비행).

임무 : 정신적인 피해를 입히기 위해 프랑스의 몇몇 중요한 북부 주요 지점에 대한 폭격.

ㄷ. 3차 공격 종대

항로 : 기센, 메르치히, 스트네, 랭스, 빌뇌브 이후 5차 종대와 동일한 항로를 따른다(10시간의 비행).

임무 : 스트네와 랭스 지역에 있는 비행장에 대한 폭격.

ㄹ. 4차 공격 종대

항로 : 하난, 자르브뤼켄, 베르됭, 샬롱, 상스, 이후 6차 종대와 동일한 항로를 따른다(10시간의 비행).

임무 : 베르됭, 샬롱 지역에 있는 비행장에 대한 폭격.

ㅁ. 5차 공격 종대

항로 : 아샤펜부르크, 피르마젱스, 낭시, 생 디지에, 로밀리, 르망, 알랑송, 루앙, 아미앵, 랑, 베르됭, 작전 기지(10시간의 비행).

임무 : 파리와 프랑스의 서부 및 남서부 사이에 있는 철도 통신 · 운송 시설에 대한 폭격. 투르 – 파리, 앙제 – 파리, 오를레앙 – 파리, 르망 – 파리, 르 아브르 – 파리의 철도선.

ㅂ. 6차 공격 종대

항로 : 뷔르츠부르크, 베르크차버른, 샤름, 쇼몽, 트르와, 상스, 오를레앙,

샤르트르, 기자르, 보베, 수아송, 에페르네, 툴, 낭시의 작전 기지(10시간의 비행).

임무 : 트르와 - 파리, 디종 - 파리, 느베르 - 파리, 투르 - 파리, 앙제 - 파리, 르망 - 파리의 철도선 등 철도 통신 · 운송 시설에 대한 폭격.

ㅅ. 7차 공격 종대

항로 : 안스바흐, 아트라스부르크, 러미르몽, 느베르, 파리의 작전 기지(10시간의 비행).

임무 : 수도를 공포에 떨게 하고, 특히 대규모 산업 시설이 위치한 교외를 파괴한다. 우리의 제공권 장악에 대한 생생한 본보기를 보여주기 위해, 제XI, 제XII, 그리고 제XV 전대에 소속한 대대들은 최고의 고도를 유지해 파리와 교외 상공을 비행하며 폭탄을 투하한다(1,200톤). 제XI, 제XII의 첫번째 두 개의 분견대는 항공 방어를 교란하기 위해 필요하다면 연막탄을 탑재하며, 무엇보다 국민들에게 깊은 인상을 심어주어야 한다.

ㅇ. 8차 공격종대

항로 : 울름, 브라이자흐, 베장송, 샬롱. 이후는 다양한 항로(12시간의 비행).

임무 : 그 지역의 국민들에게 강한 인상을 심어주기 위해 다음의 원거리 주요 지점에 공세를 취한다. 클레르몽 - 페랑, 리모주, 보르도, 루앙, 툴루즈, 리용, 생 에티엔, 발랑스, 아비뇽, 님, 몽펠리에, 아를르, 엑스, 보르주, 그르노블.

(6) 지시

처음의 두 파상 공격대는 폭탄을 적재하지 않고 임무를 수행하지만, 무장의 양은 평상시의 두 배로 한다. 파상 공격대는 항상 폭탄 적재량에 따라 가능한 최고의 고도로 비행하고 방공포 항공 방어망이 잘 준비된 목표물은 전반적으로는 회피한다.

(7) 탐색대

15개의 탐색기 중대는 공격 개시 2시간 후에, 전투가 가장 치열할 것으로 예측되는 랭스, 스트네, 쇼몽, 샤름의 상공에 다다르며, 그곳에서 탐색 비행중대는 자체적으로 독창적인 임무를 수행한다.

이와 같은 작전 명령은 한번 시작되면 중단이 불가능한 거대한 공격 기계를 작동시키는 것이었다.

주어진 시각에 파상 공격을 선도하기 위해 각 비행장——파더보른, 괴팅엔, 기센, 안스바흐 울름——을 이룩한 각 비행대대들은 잘 정리된 임무 지침에 따라, 즉 설정된 항로를 따라 비행해 명령받은 목표물에 대한 폭격 수행 임무를 완수해야 했다.

비행대대는 두려울 것이 없었다. 즉 대대는 자신의 좌우, 전후에 다른 대대들이 동시에 비행하고 있음을 알고 있었으며, 그들의 또 다른 유일한 임무는 항로를 따라 비행하는 동안에 조우하게 될 적기를 격퇴시키는 것이었다.

이와 같은 항공작전에 대항해 적이 할 수 있는 것은 그들의 요격기 부대로 하여금 비행대대를 공격하는 것 외에는 아무것도 없었다. 이와 같은 항공 공세의 경우 적들이 어떻든, 그들이 당하는 손실이 무엇이든, 그들이 얼마나 멀리 떨어진 적의 영토 상공에 있든 공격 비행대대들은 항로를 변경하지 않았으며, 변경했다 해도 그것은 소용없는 것이었다. 비행대대의 구성원들은, 그들이 모든 공세적 항공 전력의 한 부분을 이루고 자신들의 최종적인 작전 목표는 각 전술 단위에게 할당된 효율적인 임무 수행이 전제될 때 달성 가능하다는 사실을 항상 상기하면서, 자신들의 항로에서 마주치는 적과의 항공전을 수용해야 했다.

만약 공격 전력이 적기와의 항공전으로 단 두 대의 항공기로 감축될 때, 비행대대는 10분에서 20분 내에 도달하는 후속 분견대와 합류하기 위해 본래의 대형에서 뒤처질 수도 있었다.

공격 비행대대는 각 항공기가 보유한 모든 탄약을 소모하고 비행대 지휘관의 명령에 의해서만 모기지로 돌아올 수 있었다. 그러한 경우, 본래의 항로를 따라 회항해 자신의 작전 기지에 착륙해야 했다. 설정된 시간 전에 회항하는 것은 지휘관의 판단에 달려 있었으나, 특별한 경우가 아니라면 그러한 회항은 가능한 한 회피해야 했다. 그 이유는 적의 영토 상공을 자유롭게 비행하는 비행대대의 출현 자체로도 아군의 전력을 과시하는 심리적인 효과가 적지 않았기 때문이었다.

전력의 분할 측면에서 볼 때에 대대들은 적의 전력을 북쪽으로 끌어내기 위해 처음에는 우익이 강해 보이지만, 이후 좌익이 점점 강해지는 것처럼 보였다. 즉 파리와 평행한 남쪽 지역과 서쪽의 파리 주변의 프랑스 영토를 침입할 때 그렇게 보였다.

작전의 대성공이 독일측에 있었지만, 이와 같은 작전 계획은 당시 학문적으로 경직된 강단의 저명한 전쟁사학자들에 의해 격렬하게 비판받았다.

이런 항공 공격작전의 창시자인 로이스 장군은 이러한 비판에 다음과 같이 답하고 있다.

나의 작전계획이 마치 종이에 그린 도형처럼 우리의 독립공군이 적 상공으로 성공적으로 비행해, 항상 균형을 잡아 대형의 질서를 유지하는 데 성공할 것이라고 확실하게 장담하지는 않는다. 나는, 우리의 전투 비행대대가 활기

없는 장기판 위의 기계적으로 올려져 있는 둔감한 졸병이 아니라 살아 있는 실체라는 사실을 그 누구보다도 더 잘 알고 있다. 이와 같은 살아 숨쉬는 실체에게, 다시 말하면 이들 각각의 비행대대에게, 나는 나의 항공 작전 계획을 통해 그들에게 내가 지시해준 길의 종점을 향해 따라가는 강철보다 더 강한 의지를 불러일으켜주었다. 그리고 그것만으로도 나는 충분하다!

줄줄이 이어서 비행하는 파상 공격대의 각각의 비행대대가 처음 지시한 비행거리를 설사 정확히 유지하지 못한다 하더라도 무엇이 문제인가? 전투 비행대대들이 이어서 비행을 하는 한, 먼저 출발했던 대대에서 뒤처진 항공기들도 나중에 출발한 대대의 항공기들만큼은 반드시 앞서기 마련이다. 만약 내가 각각의 비행대대들에게 명확한 항로와 임무를 부여한 것이라면, 모든 대대는 적이 그들을 파괴시키지 않는 한 그 항로를 고집할 것을 알기 때문에 그렇게 한 것이다. 그 외에도 나는 우리 독립공군 승무원들이 용맹하다는 것을 잘 알고 있다. 나는 나의 대대들이 한번 공격에 나서게 되면 파괴되지 않는 한 다른 일은 하지 않을 것임을 알고 있다. 나는 좌익에 위치한 4개 공격종대들을 통해서, 3시간 반 이내에 적진의 일정 지역에다 우리가 보유한 항공 전력의 5분의 4 이상을 집중시킬 수 있다. 우리의 적은 패배하지 않을 수 없었다. 결국 그들은 패배했다!

전쟁 발발 하루 전까지 독일의 독립공군은 말 그대로 부품을 닦는 것과 같은 일상적인 업무 외에는 아무것도 하지 않았지만, 이것은 이와 같은 위대한 전쟁 기계──독립공군──가 즉각 행동을 취할 수 있는 최종 준비과정이었다. 따라서 6월 16일 아침 10시 정각에 총참모장 로이스 장군에 의해 하달된 명령 하나로 모든 것이 충분했다.

제8장 6월 16일의 항공전

6월 16일의 전투라는 이름으로 역사에 전승된 엄청난 충격을 간단하고 정확하게 서술하는 작업은 결코 쉽지 않은 일이지만, 나는 최근에 발간된 공식적인 문서와 이 엄청난 비극을 실제로 참여했거나 아니면 현장에서 목격한 사람들의 증언에 기초해 이 일을 시도할 것이다.

앞 장에서 나는 6월 15일 저녁과 다음날인 6월 16일 이틀 간의 양측의 상황을 개략적으로 소개했고, 이제는 정확한 시간과 장소를 거론하며 사건들을 자세하게 설명해보기로 하겠다.

정확히 말하자면, 최초의 항공전은 양측의 비행대가 조우한 오전 6시 정각에서 6시 15분 사이에 시작되었다. 하지만 그 시간 전에 발생했던 몇 가지의 전쟁 행위는, 비록 이 전쟁의 일부이긴 했지만 그 결과에 영향을 미치지 못했다. 그 한 가지 예는 프랑스 독립공군의 4개 야간·폭격 여단이 수행한 행동들이다. 명령에 의하면, 그 날 새벽 3시에서 3시 30분 사이에 이들 여단들은 룩셈부르크와 라인 강 사이에 위치한 프랑스-벨기에 국경을 넘어서 쾰른, 본, 코블렌츠, 빙엔, 보름스, 만하임, 슈파이어의 목표물들을 폭격하기 위해 출격했다. 이들 폭격작전의 주목표는 라인 강에 설치된 일반 교량 및 철로 교량을 파괴하는 것이었다.

이들 프랑스 야간 폭격 여단들이 출동했을 때, 이들의 작전 능력은 2분의 1 전력——평상 비행중대는 완성되었지만, 아직 두 배의 전력을 보유하는 비행중대로의 증강은 아직 동원되지 못했다——으로, 즉 각 여단은 6개의 비행중대, 전체적으로는 총 36대의 항공기를 보유하고 있었다. 폭격은 3개 비행중대를 통제하는 전대 단위로 수행되었으며, 외견상으로 볼 때 이들 폭격대는 모든 빛을 소등했기 때문에 자신의 활동을 제한했던 적으로부터 아무런 저항을 받지 않았다. 500킬로그램과 1,000킬로그램의 폭탄이 사용되었고, 특히 쾰른과 코블렌츠 지역의 교량들이 엄청난 손실을 입었다.

아무런 피해를 입지 않은 4개 여단의 항공기들은 그들의 작전 기지에 같은 날 새벽 6시 정각에서 6시 30분 사이에 무사히 착륙했다.

6시 정각에 독일 정부는 세계의 모든 라디오 방송을 통해 공식적으로 전쟁을 선언하는 성명을 처음으로 발표했다.

베를린, 6월 16일 6시 정각.

오늘 새벽 4시에서 5시 사이에 라인 강 지역을 넘어 날아온 프랑스의 항공기들이 수백 개의 폭탄, 소이탄, 독가스 폭탄을 쾰른, 본, 코블렌츠, 빙엔,보름스, 만하임, 슈파이어 등의 도시에 투하했다. 인명과 건물에 대한 피해는 헤아릴 수 없으며, 수천 명의 민간인, 노인, 여자, 아이들이 죽거나 죽어가고 있다.

독일 정부는 독립공군에게 보복을 명령했다.

이 성명서는 프랑스의 폭격 결과를 크게 과장한 것이었다. 민간인들이 공격을 받았다고 하더라도, 그 수는 그렇게 많지 않았을 것이며, 프랑스군은 독가스 폭탄을 사용하지도 않았다.

그러나 독일 정부는 세계 여론 앞에서 동맹국을 비난하고, 항공·화학무기의 무제한 사용을 시작하는 데 이 폭격을 이용함으로써, 이미 결정되었던 이런 무기들의 사용을 정당화하고자 했다.

세계 모든 신문이 대서특필한 이 외교 성명은 동맹국 정부들이 발표한 부인 성명만으로 거부될 수 없는 강한 충격을 주었으며, 그러한 부인 성명도 단지 동맹국이 수행했던 작전을 설명하고 정당화하려는 시도에 지나지 않았다. 이후에 심지어는 독일 독립공군이 소름끼치는 항공·화학무기 공격을 시작했을 때조차도 이 강한 충격은 사라지지 않았다. 그 결과 적지 않은 사람들이 국제협약을 먼저 깨뜨린 것은 동맹국이었으며, 독일은 단지 정당한 보복의 권리를 행사하고 있을 뿐이라고 굳게 믿게 되었다.

1. 6시 정각의 작전 상황

양측에 의한 전력 배치의 결과로 6시 정각의 작전 상황은 다음과 같았다.

(1) 동맹국

ㄱ. 벨기에 요격 여단(6개 비행중대, 36개 항공기)의 제I 전대는 쾰른-코블렌츠 전방 80킬로미터에서 5,000미터 고도로 비행하고 있었다.

ㄴ. 제II, 제IV 프랑스 요격 여단(4개 전대, 24개 비행중대, 144개 항공기) 중에서 제II 여단은 코블렌츠-마인츠의 전방 100킬로미터에서, 제IV 여단은 마인츠-아샤펜부르크 전방 100킬로미터에서 5,000미터의 고도로 비행하고 있었다.

(하늘의 상황을 묘사하기 위해 지상에서 항상 고정되어 있는 몇 가지의 사

항들에 대해 언급할 필요가 있다. 독자들은 각자의 마음속에 필요한 참고사항들을 새겨두어야 할 것이다. 하늘이라는 특수성을 고려할 때도, 항공의 상황은 지상에서와 같이 어떠한 한 시점에서 고정되어 있는 상황이 될 수 있다. 따라서 지상의 참고사항에 대한 묘사, 무엇보다도 일반적인 묘사가 필요하다. 예를 들자면, 어떠한 항공 전력이 어떠한 시간에 코블렌츠 – 마인츠 상공 전방에서 5,000미터의 고도에 있다고 말할 때, 이는 그러한 항공 전력이 모든 부대와 함께 코블렌츠와 마인츠 사이의 평원에 수직으로 5,000미터의 고도로 배치, 정렬되어 있음을 의미하는 것이 아니다. 다만 그 당시 전력을 구성하고 있는 항공부대들이 대략 10킬로미터 내외의 거리에서 정렬되어 5,000미터 수직 상공에서 코블렌츠에서 마인츠를 향해 날아가고 있음을 의미한다.)

(2) 독일

ㄱ. 제I 2,000마력 전대의 4개 대대(1차 공격 종대)는 파더보른 상공에 도착해 있었으며, 쾰른을 향해 비행하고 있었다. 이들 4개 비행대대(40대의 2,000마력 항공기)는 약 6시 30분쯤 벨기에 요격 여단의 제I 전대와 접전하게 된다.

ㄴ. 제II 2,000마력 전대의 4개 대대(2차 공격 종대)는 괴팅엔 상공에 도착해 있었으며, 혼네프(라인 지역)를 향해 비행하고 있었다. 이들 4개 비행대대(40개의 2,000마력 항공기)는 벨기에 요격 여단의 제I 전대와 접전하게 된다.

ㄷ. 제III 2,000마력 전대의 4개 대대(3차 공격 종대)는 기센 상공에 도착해 있었으며, 생 고아르(라인 지역)를 향해 비행하고 있었다. 제IV 2,000마력 대대(4차 공격 종대)는 하난 상공에 도착해 있었으며, 마인츠를 향해 비행하고 있었다. 이들 8개 비행대대는 제II 프랑스 요격 여단과 곧 접전하게 된다.

ㄹ. 제V 2,000마력 전대의 2개 대대(5차 공격종대)는 아샤펜부르크에 도착해 있었다. 제VI 2,000마력 전대의 2개 대대(6차 공격종대)는 뷔르츠부르크 상공에 도착해 있었다. 이들 4개 비행대대(40개의 2,000마력 항공기)는 제IV 프랑스 요격여단의 일부분과 조우했다.

5. 제VII 2,000마력 전대의 2개 대대(7차 공격종대)는 안스바흐 상공에 도착해 있었고, 슈트라스부르크를 향해 비행하고 있었다.

6. 제VIII 2,000마력 전대의 2개 대대(8차 공격종대)는 울름 상공에 도착해 있었고, 브라이자흐를 향해 비행하고 있었다. 당분간 이들 2개의 마지막 공격 종대들은 저항 없이 상공을 비행하게 된다.

6시 정각에 독일의 독립공군 5차, 6차 공격 종대의 선두 항공기들과 제IV 프랑스 요격 여단의 일부 간에 항공전이 시작되었다. 6시에서 6시 30분 사이 이 항공전은 점점 북쪽을 향해 발전되어갔고, 6시 30분 경에 항공전은 쾰른 전방으로부터 코블렌츠, 크로이츠나흐, 루드비습을 가로질러 하이델베르크 방면으로 옮겨가게 되었다.

쾰른과 혼네프의 상공에서는 벨기에 요격 여단의 제I 전대가 1차, 2차 공격 종대 중에서 1차 파상 공격대를 구성하고 있던 8개의 2,000마력 대대를 공격했다. 6개의 요격 중대(36대의 항공기)와 8개의 전투 대대들(80대의 2,000마력 항공기) 간의 전투가 벌어진 것이었다. 코블렌츠와 크로이츠나흐의 상공에서는 제II 프랑스 요격 여단이 1차, 2차 공격 종대의 1차 파상 공격대를 구성하고 있던 8개의 2,000마력 대대를 공격했다. 12개의 요격 중대들(72대 항공기)이 4개의 전투 대대들(40대의 2,000마력 항공기)에 대항한 것이었다.

6월 16일의 비극적인 항공전에 참전했던 장교들이 쓰고 프랑스와 독일에서 발간된 많은 회고록과 통계를 보면 그날 어떤 일이 벌어졌는지에 대해 충분히 알 수 있다.

독일군의 항공 공세에 대적하기 위해 비행하고 있었거나 혹은 투입되었던 동맹국의 요격기 부대들은 적기를 발견하자마자 공격에 유리한 위치를 차지하려고 시도했다. 그러나 독일의 비행대대들은, 적기들이 시야에 들어왔든 말든 상관하지 않고, 자신들의 항로대로 대형을 완벽하게 유지하며 전진 비행했다. 이것은 좀더 빠른 속도와 기동성을 지닌 요격기 부대들로 하여금 공격의 유리한 방향을 쉽게 선택할 수 있도록 해주었지만, 독일 항공기의 대형은 공격을 피하려고도 하지 않았고 대형을 전환하려는 어떠한 기동도 보이질 않았다. 요격기 부대들은 집중된 대형을 공격하는 것이었으므로, 더욱 높은 고도를 취해 모든 방향에서 적기들을 정면으로 포위하고 사격을 가했다.

요격기들은 공격하는 순간까지는 대형을 유지해야 한다는 생각으로 중대 또는 대대(2개 중대)를 이루어 작전 활동을 했다. 중대는 2분의 1 중대(3대 항공기)로 세분화되었고, 이와 같은 2분의 1 중대는 일반적으로 한 방향으로 공격을 시작했다. 대대의 경우 공격 방향은 네 방향이었고, 중대는 두 방향으로 공격했다. 이러한 공격 방향은 적을 향해 동시에 집중적으로 이루어져야 했다. 평상시의 훈련을 통해서, 이러한 종류의 공격 기동에 많은 관심을 기울여왔었고, 실전에서 이는 매우 효과적인 것으로 드러났다. 실제로 동맹국의 항공 부대들은 이와 같은 공격전술을 전개하는 데 성공했으며 최상의 결과를 획득할 수 있었다.

자신의 임무에 충실한 독일의 전투 비행대대들은 근거리 밀집대형을 유지했고, 어떠한 항공 부대가 그들을 공격하든 또는 어떤 방향에서 공격이 이루어지든 지시받은 항로에서 벗어나지 않았다.

그날의 모든 공격 비행대대들은 9대로 구성되는 대신에, 전쟁 조직이 설정한 지침에 의거해 예비기들을 포함해 10대의 강력한 항공기들로 구성되었다. 드물기는 했지만, 1개 대대가 12대의 요격 항공기에 의해서 동시에 공격받을 때에는 공격 비행대대의 화력이 요격기의 전방 사격보다는 일반적으로 우세했다. 공격 비행대대가 하나의 중대 혹은 2분의 1 중대에 의해 공격받을 때 요격 항공기의 단점은 엄청나게 증가했는데, 이러한 경우 독일 항공대의 대형은 숫자상 매우 적은 상대를 향해 포화를 집중시킬 수 있기 때문이었다. 거대한 독일 항공기의 무장은 매우 신중하게 이루어져 있었으므로 바람의 영향도 받지 않으면서 잘 운용되었고, 완벽하게 숙달된 요원들에 의해 다루어졌다. 더구나 대형은 공격이 지속되는 동안 어떠한 경우에도 기동하지 못하도록 되어 있었기에, 항공기들은 목표물을 향해 사격을 하는 동안에 거의 안정된 평지와 같은 기능을 해주었다. 만약 대대가 3분의 1 또는 2분의 1의 전력을 상실했다 하더라도, 그것을 공격하는 전력이 고립된 1인의 조종사라면 매우 어리석은 것이었지만, 그럼에도 불구하고 몇몇 동맹국 조종사들은 이러한 영웅적인 무용을 시도하곤 했다.

그 편성이 대대든 중대든, 요격기는 공격 임무를 마치면, 결과와는 상관없이 소속 항공기들이 모든 방향으로 산개되어 조직이 와해되어 있음을 발견하게 된다. 그 결과 독일 독립공군의 동일한 대대 또는 다른 목표에 대해 공격을 시도하기 위해 대형을 신속하게 재구성한다는 것은 불가능했다. 한편 공격당한 독일 독립공군의 대대들은 심각한 손상을 입었음에도 불구하고, 그 대형을 유지한 채 손실에 따라 본래의 또는 감축된 전력으로 자신의 항로를 따라 지속적으로 비행하고 있었다. 따라서 적기들이 안전하게 비행하는 것을 방해하기 위해 요격기들은 각각 독립적으로나마 공격을 감행해야 했다. 적들이 무저항으로 비행하도록 내버려두는 것에 반기를 들었던 동맹국 요격기의 대다수는, 대대나 중대 단위의 조직적인 공격이 끝난 후에 혼자서 공격과 재공격을 감행할 수밖에 없었다. 특히 6월 16일 항공전에서 보여준 이와 같은 동맹국 요격기들의 영웅적인 행동은 독일의 전투 비행대대들에게는 그저 미약한 손실을 주었을 뿐, 대부분의 피해는 동맹국의 요격기 전력에게 돌아갔다.

그들의 목적지를 향해 비행하는, 손실에 관계 없이 완벽한 대형을 유지하는 독일 비행대대들이 보여준 외견상의 냉정함은 작전에 참가했던 동맹국 조종사들에게는 매우 이상하게 보였으나, 이러한 냉정함은 비행대대 자체를 우수한 전력의 요원들로 구성했기에 가능했으며, 대대에 소속된 모든 조종사들은 가슴 깊숙이 그것을 인식하고 있었다.

비행장을 이륙하면서부터 대대의 모든 승무원들은 적기를 만날 경우 항공전을 할 수밖에 없다는 사실을 잘 알고 있었다. 따라서 그들에게 남은 것은 오직 항공전에서 가장 유리한 조건, 즉 대형 안의 모든 항공기들이 서로 도와줄 수 있는 근거리 밀집대형을 유지하며 적들을 쉽게 발견할 수 있게 해주고 정확한 사격으로 그것에 맞대응을 하는 것이었다. 그러므로 주위를 살펴 경계하고, 극대화된 무장을 사용하는 그들의 임무에서 벗어나도록 만드는 아무것도 없었다. 조종사에게는 대형을 유지하고 지시된 항로를 따르는 임무가 주어져 있었고, 나머지 승무원들은 마음속으로 적기를 발견해 가능한 한 가장 빨리 가장 위협적인 적기를 격추시키는 임무만을 생각하고 있었다. 대형이 잘 정렬되어 있었음에도 항공기들이 퍼져 있는 여러 각도로 관측 지점이 넓어질 수 있었고, 사격 임무의 이러한 측면 분할은 그 효율성이 감소되었을 때라 하더라도 대대를 강력한 전쟁의 도구로 만들어주었다.

심지어 양측의 많은 항공 부대들이 서로 공격을 할지라도, 접전은 독일의 전투 비행대대에 대해 동맹국 요격기 부대들이 감행한 연속 공격으로 나타났다. 독일 독립공군의 모든 항공기들이 전방으로 정렬할 수 없듯이, 동맹국의 요격기 부대들도 동시에 함께 공격할 수는 없었다. 그러므로 대대의 특정 부분은 둘, 셋, 심지어는 네 개의 요격기 대대 또는 중대에 의해 연속적으로 공격당할 수 있었던 반면에 다른 부분은 고립된 항공기로부터만 공격을 받기도 했고, 또한 기타 대대들은 아무런 저항을 받지 않기도 했다.

공중에서의 항공전이라는 것은 가능한 한 장거리 비행에 열중하고 있는 독일의 비행대대들에 대한 요격기 부대 혹은 한 대의 요격기에 의한 공격으로, 한편으로는 도처에서 전투기와 요격기들이 파괴되거나 또는 착륙하려고 시도하는 때로는 혼란스럽고 무질서한 모습으로 전개되었다. 점차 전투의 강도는 약화되었는데, 요격기 부대들이 격파되었을 때 공격은 종료되었고, 무장과 연료들을 모두 소모한 얼마 남지 않은 잔여 요격기들은, 특히 비상 요격기인 경우 재무장과 재급유를 위해 착륙하려고 했으며, 반면에 독일의 비행대대들은 목적지를 향해 계속 비행했다.

지금까지 살펴보았듯이, 6시 30분경에 독일의 독립공군 1차와 2차 공격 종대에 소속된 8개의 2,000마력 대대와 벨기에 요격 여단의 제 I 전대 간에 첫번째 충돌이 있었던 것은 쾰른과 혼네프 주위의 상공에서였다.

이들 6개 요격기 중대와 8개 대대간의 항공전은 좀더 정확하게는 쾰른, 혼네프, 외펜, 생 비트의 상공에서 일어났었다. 벨기에의 비행중대들은 절대적인 수적 열세에도 불구하고(80대에 대항해 36대가 있었다) 기적적으로 용맹을 떨쳤지만, 약 7시를 즈음해서는 생존 요격기들(공격에 참여했던 것의 4분의 1)은 무기의 상실로 착륙할 수밖에 없었으며, 반면에 2,000마력 대대들은 수십 대의 항공기들을 잃었지만 베르브에와 생

비트의 상공을 고도 6,000미터에서 비행하고 있었다.

6시 30분경, 벨기에의 국경에 위치한 관측소는 국경 근처의 독일의 항공 밀집대형의 출현과 벨기에 요격여단의 제I 전대가 항공전을 종료할 수밖에 없었음을 벨기에 항공 방어 사령부에 보고했다. 이미 국경으로 다가오고 있는 적의 대량 항공 전력에 대해 다른 정보원으로부터 보고를 받은 벨기에 항공 방어 사령부는 7시 15분경 벨기에 요격 여단의 제II 요격전대와 브뤼셀, 나무르, 리에주의 항공 요새(12개의 비상 요격중대)에게 벨기에를 침공한 적들을 공격하라는 명령을 내렸다.

이들 전력은 7시 30분에서 8시 사이에 이륙했다.

7시 30분에 독일 독립공군의 1차, 2차 공격종대의 1차 파상 공격대의 8개 전투 대대들이 방공 포대의 사정거리 이상인 매우 높은 고도로 목적지인 릴과 발랑시엔으로 가기 위해 브뤼셀의 상공을 비행하고 있었으며, 벨기에의 요격기 일부가 이들을 따라잡기 위해 애쓰고 있었다.

그러나 7시 30분경에 벨기에 항공 방어 사령부는 국경의 관측소로부터 또 다른 독일의 밀집 항공대형이 외펜과 생 비트 사이의 국경을 넘고 있다는 정보를 받고 있었다. 이들 항공 전력은 1차, 2차 공격 종대의 2차 파상 공격대의 8개 전투 대대였다.

벨기에 항공 방어 사령부는 예하 요격기 부대들에게 변경된 명령을 간신히 전달했고, 그들 중 절반의 전력(6개 비상 요격기 중대)으로 이들 2차 파상 공격대에 맞서게 했다. (이미 이전의 전투에서 약간의 손실을 겪었던) 1차 파상 공격대의 8개 대대는 8시경에 릴과 발랑스엔의 상공에서 그들을 추격하던 요격기 부대들로부터 처음으로 추월당했다. 한편, 거의 같은 시각에 2차 파상 공격대의 8개 대대는 브뤼셀과 나무르 상공에서 다른 6개의 비상 요격기 중대와 대적하고 있었다. 같은 시각,

국경의 관측소는 다시 또 다른 독일의 밀집 항공대형이 국경을 넘고 있다는 정보를 보냈다. 그것은 1차, 2차 공격 종대의 3차 파상 공격대의 4개 전투 대대들이었다.

벨기에 항공 방어 사령부는 이제 오로지 5개 육군 군단 소속의 요격기 중대만을 남겨두고 있었으며, 이들 나머지 보조항공대들로 모험하는 일이 현명하다고는 생각하지 않았다. 8시 정각 독일군 1차 파상 공격대의 전투 대대들이 릴과 발랑시엔에서 프랑스와 벨기에 간의 국경을 넘고 있을 때, 프랑스 항공 방어 사령부는 이미 벨기에의 상공에 일어나고 있는 일들에 대해 보고를 받은 상태였다. 사령부는 (북부 집단군의) 제I 보조 요격 여단에 명령을 내려서 아미앵, 생 캉탱, 랑스의 항공 요새에서 이륙해 적과 교전토록 했다. 독일군 1차 파상 공격대의 전투 대대들——이들은 이미 벨기에 요격 여단의 제II 전대 소속의 6개 중대와 6개의 벨기에 비상 요격기 중대들(총 12개 중대, 72대 항공기)에 의해서 후미 부분을 공격당했다——에 맞서기 위해서 8시 30분에 이륙한 프랑스의 총 항공 전력은 30개 중대(12개의 요격기 중대와 18개 비상 요격기 중대)에 소속된 180대의 항공기들이었다.

아라스, 캉브레, 아미앵, 페론의 상공에서는 8시와 9시 사이에, 이미 손실을 입어 약해져 있는 1차 공격 종대의 8개 전투 대대와 42개의 프랑스 및 벨기에의 요격기 중대 간에 격렬한 혼전이 벌어졌다. 252대의 요격기가 약 70여 대의 독일 전투기에 맞서서 항공전을 벌였던 것이다. 8개의 전투 대대는 단 한 대의 항공기도 남지 못하고, 말 그대로 전멸했다. 하지만 동맹국도 약 150여 대의 항공기를 승리의 대가로 소모했다.

또한 8시와 9시 사이에 2차 공격 종대의 8개의 전투 대대와 6개의 벨기에 비상 요격기 중대 간의 전투가 브뤼셀, 나무르, 샤를레르와 르네의 상공에서 시작되었다. 그곳에는 36대의 요격기와 맞서는 80대의 독일 전투기가 있었다. 9시경, 대다수의 보유 항공기를 잃었으나 적기 30여 대를 격추시킨 2차 공격 종대의 8개 대대가 이미 1차 공격 종대의 8개 대대를 전멸시켰던 바 있는 동맹국 요격기 부대의 공격을 당받게 되는 아라스와 캉브레의 상공에 도착했다. 이들 80여 대의 동맹국의 항공 전력은 항공전을 겪은 후에 매우 당황한 상태였다. 그럼에도 불구하고 그들은 매우 용감하게 개별 공격을 감행했다. 약 9시 30분경, 본래 전력의 2분의 1로 감소된 2차 파상 공격대의 8개 대대는 아미앵과 아브빌의 상공에 도착했으며, 반면에 생존한 동맹국 요격기들은 재급유와 재편성을 위해 착륙하고 있었다.

9시에 프랑스 항공 방어 사령부는 루베와 릴의 상공에 또 다른 독일 밀집 항공대형이 나타나 루베를 폭격하고 있다는 소식을 입수했다. 그것은 3차 파상 공격대의 4개 전투 대대였으며, 거의 저항을 받지 않고 벨기에를 넘었던 것이었다. 이들 4개 대대 전투기 중 한 대는 10톤의 폭탄을 루베에 투하했다.

프랑스 항공 방어 사령부는 제I군, 제I보조 요격 전대에게 그들을 공격하라고 명령했다. 제I 보조 요격 전대는 9시 30분경에 이륙해 릴을 향해 비행했다. 하지만 한참 동안 상공을 배회했음에도 적을 찾아 교전하는 데 실패하고, 12시와 12시 30분 사이에 각각 비행장으로 회항했다.

10시에 2차 파상 공격대의 8개 전투 대대는 루앙에 도착했고, 3차 파상 공격대의 4개 대대는 아브빌 상공에 도착했다. 그들은 이곳 중심지에 10톤의 폭탄을 투하했다.

거의 같은 시각에 프랑스 항공 방어 사령부는 제II군, 제I보조 요격전대를 르왕으로 향하도록 명령했다.

지금까지 6시에서 10시까지 벨기에와 프랑스 북부 상공에서 일어났던 사건과, 그들이 가담했던 6월 16일 전투의 개괄적인 장면들을 나열했다. 이와 같은 부분적인 항공전을 종합해보면, 독일의 독립공군 20개의 전투 대대(200대의 2,000마력 항공기)가 동맹국 24개 요격기 중대와 30개 비상 요격기 중대에 소속된 총 324대의 항공기와 항공전을 전개했던 것이다.

10시 정각의 작전 상황은 다음과 같았다.

(1) 독일

1차, 2차 공격 종대의 1차 파상 공격대(8개 대대, 80대 항공기)는 전멸했다.

2차 파상 공격대(8개 대대)는 그 전력의 2분의 1을 상실했으며, 루앙의 상공을 비행하고 있었다.

3차 파상 공격대(4개 대대, 40대 항공기)는 거의 손상되지 않았으며, 아브빌 상공을 비행하고 있었고, 루베와 아브빌을 폭격한 후였다.

전체적으로, 1차 및 2차 공격 종대는 그들 전력의 2분의 1인 2,000마력 항공기 100대를 잃었다.

(2) 동맹국

벨기에의 요격 여단(12개 요격기 중대, 12개 비상 요격기 중대, 총 144대 항공기)의 브뤼셀, 나무르, 리에주의 항공 요새에는 약 40여 대의 항공기가 남아 있었다.

그들 중대의 거의 두 배로 동원된 벨기에 육군 군단의 5개 보조 요격기 대대는 그대로 남아 있었다. 72대의 항공기를 보유했던 (북부 집단군의) 제I 보조 요격 여단은 30여대의 항공기를 남겨두고 있었다. 아미앵,

생 캉탱, 랑스의 항공 요새(18개 중대, 108대 비상 요격기)는 전력의 거의 반을 잃었다. 그들의 두 배의 중대로 동원을 거의 끝낸 육군 군단의 보조 요격기 대대 역시 운용 가능한 전력이었다.

전체적으로, 동맹국은 200대 이상의 항공기를 잃었다.

6시 30분경, 코블렌츠, 크로이츠나흐, 카이저란테른, 슈파이어, 하이델베르크 상공에서의 항공전에 독일 독립공군 3차, 4차, 5차, 6차 공격 종대(12개 2,000마력 대대)의 선두들과 프랑스 독립공군의 제II, 제VI 요격 여단이 합세했다. 144대의 요격기와 120대의 2,000마력 전투기 간의 접전이 라인 지역 상공에서 이루어졌다.

7시에는 전력의 3분의 2로 감축된 1차 파상 공격대의 12개 중대가 메르치히와 베르크차버른 사이의 국경을 넘었다. 이들은 50대의 요격기로부터 공격을 당했고, 요격기들은 용맹했지만 좀처럼 유리할 수 없는 개별적인 행동으로 그들의 무장을 소모했고, 이후 착륙을 할 수밖에 없었다.

역시 7시, 남서쪽으로 비행하기로 되어 있는 4개 전투 대대(40대의 2,000마력 전투기)들이 슈트라스부르크와 브라이자흐 사이의 국경을 넘었다.

그 시각에 프랑스 항공 방위 사령부는 다음과 같이 명령했다.

1. 독립공군의 제I, 제II 요격 여단은 메르치히와 베르크차버른 사이의 국경을 넘고 있는 적의 밀집 항공대형을 공격할 것. 이 밀집 항공대형은 이미 약간의 손실을 입고 있음.

2. 독립공군의 제V 요격 여단은 슈트라스부르크와 브라이자흐 사이의 국경을 넘고 있는 적의 밀집 항공대형을 공격할 것.

3. 베르됭, 메스, 낭시, 에피날의 항공 요새들은 적들의 새로운 밀집

항공대형의 출몰이 예상되는 곳으로 공격 대기할 것.

4. 중앙 및 남부 집단군의 보조 요격 여단, 군의 보조 요격 전대, 그리고 군단에 의해 이미 동원된 적이 있는 요격기 중대들은 명령을 기다릴 것.

7시 30분, 손실에 의해 이전 전력의 3분의 2로 감소된 1차 파상 공격대의 12개 전투 대대들(3차, 4차, 5차, 6차 공격종대들)이 스트네-베르-낭시-샤름 전선에 도착했고, 이곳에서 이들은 프랑스 독립공군의 제I, 제II 요격여단 부대들에 의해 첫 공격을 받았다. 같은 시각, 같은 공격 종대, 2차 파상 공격대의 12개의 다른 전투대대들은 메르치히와 베르크차버른 사이의 국경을 넘고 있었다.

역시 7시 30분, 7차 및 8차 종대, 1차 파상 공격대의 4개 대대들이 레미르몽와 베장송의 상공에 아무런 저항 없이 도착하고 있었고, 이곳에서 프랑스 독립공군의 제V 요격 여단의 일부에 의해 공격을 받게 되었고, 한편으로 같은 공격종대, 2차 파상 공격대의 또 다른 4개 대대들은 슈트라스부르크와 브라이자흐 사이의 국경을 넘고 있었다.

7시 30분과 8시 사이, 랭스, 스트네, 베르됭, 샤름, 쇼몽, 생 디지에, 샬롱의 상공에서, 1차 파상 공격대의 대대들과 2개 요격기 여단들간에 전투가 벌어지고 있었다. 이들 항공전에서는 정규 전력의 3분의 2로 감소된 12개 전투대대들이 24개 요격기 중대에 대항하고 있었다.

프랑스의 조종사들은 맹렬하고 용감하게 공격했고, 희생을 각오하고 있었으며, 80대의 독일 전투기들 중 대부분이 파괴되어 오직 소수만이 다음의 파상 공격대에 합세하기 위해 회항에 성공했다. 그러나 2개의 요격 여단 역시 매우 큰 손해를 입었으며, 8시에 2차 파상 공격대의 12개 대대들이 스트네, 베르됭, 툴, 샤름의 상공에 전혀 손상 없이 출현했을 때, 그들은 조직이 완전하게 흐트러진 자신들을 발견하게 되었다. 오직 소수의 고립된 조종사들만이 부족한 무장으로 저항을 했다.

7시 30분에서 8시 사이에, 7차 및 8차 공격 종대, 1차 파상 공격대의 4개 대대들과 프랑스 독립공군의 제V 요격 여단이 베줄, 디종, 베장송의 상공에서 전투에 합세했다. 이는 72대의 요격기들이 40대의 독일 독립공군의 전투기에 대항하는 것이었다.

8시에 이들 4개 대대들은 전력의 2분의 1을 상실한 채 디종과 샬롱의 상공에 도착했고, 한편 2차 파상 공격대의 다른 4개 대대들은 레미르몽 – 베장송 전선에 도착했다.

이들 2차 파상 공격대를 공격한 제V 요격 여단의 잔여 전력들은 완전히 전멸당했다.

약 8시 15분쯤, 15개의 독일 탐색기 중대들이 랭스, 스트네, 쇼몽, 샤름의 상공에 도착했다. 그들은 유능한 독일 조종사가 조종하는 180대의 매우 빠른 요격기를 보유하고 있었다. 항공전의 현장에 도착하자마자 각자 알아서 전투 대대를 공격하고 있던 프랑스 조종사들과 교전했다.

약 8시경에 프랑스 항공 방위 사령부의 사령관은 다음과 같은 작전 상황을 파악했다.

스트네, 베르됭, 툴, 샤름 전선에는 거대한 적기로 이루어진 밀집 항공대형이 손상당하지 않은 채 동쪽을 향해 높은 고도로 비행하고 있었다. 국경 전선 근처 약 100킬로미터 뒤에는 또 다른 거대한 적기로 구성된 밀집 항공대형이 같은 항로를 따라 비행하고 있는 것처럼 보였다. 남쪽으로, 디종 – 샬롱 전선에는 어느 정도 손상을 겪은 밀집 항공대형이 있었고, 그들의 뒤에는 또 다른 밀집 항공대형이 손상 없이 있었고, 더욱 뒤쪽인 라인의 상공에는 또 다른 동일한 밀집 항공대형이 있었다.

프랑스 공군의 정찰 전대들이 보내온 정보에 의하면, 프랑스 상공을 이미 침공한 전방 전력의 후방에는 뒤이은 기타 밀집 항공대형들이 위치하고 있었다.

막대한 손실을 겪어야 했던 프랑스 공군 요격여단의 부대들은 재편성을 위한 시간이 필요했다. 그 밖에 필요한 것은 없었다.

이러한 상황에 처하게 되자, 사령관은 2개의 전력을 집합시키기로 결정하고, 배치되어 있는 모든 부대들에게 가능한 빨리 적에 대항해 출동할 것을 명령했다. 아직 운용 가능한 전력들은 다음과 같았다.

스트네, 메스, 낭시, 에피날의 항공 요새 / 16개 중대, 96대의 비상 요격기. 랭스, 샬롱, 트루아, 오베르의 후방 항공 요새 / 24개 중대, 144대의 비상 요격기. 남부 및 중앙 집단군의 제I, 제II 보조 요격 여단 / 24개 중대, 144대의 비상 요격기. 군의 7개 보조 요격 전대 / 42개 중대, 252대의 항공기. 군단의 20개 요격기 중대 / 20개 중대, 120대의 항공기. 전체, 126개 중대, 756대의 항공기였다.

공격 명령은 8시에 내려졌고, 몇 분 후에 첫 항공 부대가 이륙했다. 8시 20분경에 대규모의 전투가 시작되었다.

8시 30분에 독일 공격 종대의 상황은 다음과 같았다.

(1) 3차, 4차, 5차 및 6차 공격 종대

ㄱ. 1차 파상 공격대 : 전멸당함.

ㄴ. 2차 파상 공격대 : 거의 손상 없는 12개의 2,000마력 대대들이 랭스 – 샬롱 – 생 디지에 – 쇼몽 전선에 도달함.

ㄷ. 3차 파상 공격대 : 손상 없는 8개의 2,000마력 대대들이 스트

네－툴－샤름 전선에 도착함.

ㄹ. 4차 파상 공격대 : 손상 없는 8개의 2,000마력 대대들이 메르치히와 베르크차버른 사이의 국경에 도착함.

(2) 7차 및 8차 공격종대

ㄱ. 1차 파상 공격대 : 항공기 수가 매우 감소되어 느베르－물랭 전선에 도착함.

ㄴ. 2차 파상 공격대 : 거의 손상 없는 4개의 2,000마력 대대들이 디종－샬롱 전선에 도착함.

ㄷ. 3차 파상 공격대 : 손상 없는 12개의 2,000마력 대대들이 러미르몽－버장송 전선에 도착함.

ㄹ. 4차 파상 공격대 : 손상 없는 8개의 3,000마력 대대들이 슈트라스부르크와 브라이자흐 사이의 국경을 넘고 있음.

당시에 손상을 입은 것을 제외하고, 44개의 2,000마력 대대들과 최상 전력의 8개의 3,000마력 대대들(440대의 2,000마력 전투기 및 80대의 3,000마력 전투기)이 프랑스의 상공에 있었다.

756대의 프랑스 요격기들은 이러한 520대의 거대한 독일 전투기들을 향해 돌진했다. 자연히 프랑스 상공에 깊이 들어간 독일의 파상 공격대는 초기에 맹렬한 공격을 감수해야 했다. 그러므로 3차, 4차, 5차, 6차 공격 종대의 2차 파상 공격대(거의 손상 없던 12개의 2,000마력 대대)는 랭스와 오세르의 상공에서 전멸했고, 극소수의 항공기들만이 생존해 3차 파상 공격대(8개의 2,000마력 대대)에 합류하기 위해 되돌아갔다. 이들은 다시 항공기를 거의 잃고 4차 파상 공격대(8개의 2,000마력 대대)에 합류하기 위해 되돌아갔고, 그러는 동안에 스트네 – 툴 – 샤름 전선에 도착했다. 4차 파상 공격대 역시 맹렬한 공격을 받았으나, 이때까지 프랑스의 요격기들은 엄청난 임무를 수행해왔으므로(약 200대의 독일 전투기들이 격추되었다), 매우 심각한 손실을 겪고 있었고, 모든 잔여 항공기들은 상공 여기저기 흩어져 있었다. 이즈음, 4개의 3,000마력 대대로 구성된 5차 파상 공격대가 메르치히와 베르크차버른 사이의 프랑스 영토로 진입했다. 7차 및 8차 공격 종대의 1차, 2차 파상 공격대는 공격을 당해 대부분이 파괴되었고, 다른 곳의 3차 파상 공격대 역시 맹렬히 공격받았으나 이곳에서의 프랑스의 공격도 약해지고 있었으며, 그 전력의 3분의 2로 감소된 3차 파상 공격대는 디종 – 샬롱 전선에 도착했다. 한편으로 4차 파상 공격대가 그 뒤를 따라서 러미르몽과 버장송의 상공에 있었으며, 5차 파상 공격대(8개의 3,000마력 대대)는 슈트라스부르크와 브라이자흐 사이의 국경을 넘고 있었다.

9시에 파리에 평행 방향으로 남부 프랑스 영공에 있었던 독일 독립공군의 상황은 다음과 같았다.

(1) 3차, 4차, 5차, 6차 공격 종대

ㄱ. 1차, 2차, 3차 파상 공격대 : 전멸당함.

ㄴ. 원래 전력의 3분의 2로 감소된 4차 파상 공격대(8개의 2,000마력 대대)는 스트네 – 샤름 전선에 있었으며, 랭스 – 오세르 전선을 향해 비행하고 있었다.

ㄷ. 5차 파상 공격대(4개의 3,000마력 대대)는 메르치히와 베르크차버른 사이의 국경에 있었다.

(2) 7차 및 8차 공격종대

ㄱ. 1차 및 2차 파상 공격대 : 전멸당함.

ㄴ. 3차 파상 공격대(12개의 2,000마력 전대)는 약 2분의 1의 전력으로 감소되었으며, 디종-샬롱 전선에 있었다.

ㄷ. 4차 파상 공격대(8개의 3,000마력 대대)는 러미르몽-버장송 전선에 있었다.

ㄹ. 5차 파상 공격대(8개의 3,000마력 대대)는 슈트라스부르크-브라이자흐 전선에 있었다.

이들 항공전 영역에서, 독일 독립공군은 2,000마력 전투기 약 500여 대를 잃었으나, 프랑스 항공 방위 사령부는 겨우 소수의 비상 요격기 대대들과 흩어져서 개별적으로 행동하는 개별 요격기 약 100여 대만을 보유하고 있을 뿐이었으며, 반면에 10개의 2,000마력 대대들과 20개의 3,000마력 대대들은 프랑스 영공에서 정해진 항로를 따라 비행하고 있었다. 6차, 7차, 8차 파상 공격대들의 40개의 3,000마력 대대들과 10개의 6,000마력 대대들도 도착할 것이었다.

즉 약 10시 30분경에는 10개의 2,000마력 대대들과 60개의 3,000마력 대대들, 총 800여 대의 거대 전투기의 밀집 항공대형이 파리와 평행한 남부의 프랑스 상공을 비행하게 될 것이었다. 그리고 프랑스 항공 방어 사령부는 어떠한 적절한 대항을 할 수 있는 처지가 못 될 것이었다.

따라서 오전 9시까지, 6월 16일의 항공전은 독일 독립공군의 승리로 여겨질 수 있는 것이었으며, 실제로 그 시간까지 중요한 항공전은 일어나지 않았다. 다양한 공격 종대들이 무저항 상태에서 정해진 항로를 따라가면서 맡은 대로 폭격을 수행할 수 있었다. 그리고 그 후 아주 적은 손실만 입고 전 기지로 돌아갈 수 있는 것이었다.

오후 8시에 발표된 독일의 성명서는 다음과 같이 기술하고 있다.

오늘 아침 7시를 기해 프랑스와 벨기에의 상공에 진입한 독립공군은 동맹국 항공 전력을 패배시켰고, 보르도, 리모주, 툴루즈, 르완, 리용, 생 에티엔, 발랑스, 아비뇽, 님, 몽펠리에, 아를, 엑스, 부르크, 그르노블, 디종, 느베르, 부르주, 투르, 르망, 루앙, 아미앵, 루베 그리고 기타 도시들을 폭격했으며, 아울러 1,000톤 이상의 폭탄을 파리 근교에 투하했다.

지금은 아무도 또 그 무엇도 우리의 독립공군들이 매일 적당한 곳을 최소한 3,000톤의 폭탄으로 폭격하는 것을 막을 수는 없다. 내일이 되면 우리 독립공군은 적이 자신들의 패배를 인식하게 될 때까지 이와 같은 하루의 임무를 수행할 것이다.

오늘, 약 8시경에 약간의 동맹국 폭격중대들이 하노버, 마크데부르크, 라이프치히, 드레스덴의 도시들을 폭격했다. 별로 대단한 것은 아니었고, 결정력을 지니지 못한 하찮은 손실만을 주는 이러한 작전 활동은 만약 심각한 보복 공격을 피하고자 한다면, 절대로 재발되지 않아야 할 것이다. 지금부터 독일의 중심부에 한 개의 폭탄이 떨어질 때마다, 우리의 독립공군은 동일하게 중요한 적의 중심부를 철저히 파괴하라는 명령을 수행하게 될 것이다.

6월 16일의 사건은 동맹국 정부들에게 깊은 인상을 주었다.

새벽 이른 시간에 전해지기 시작한 뉴스는 즉시 그들에게 공중에서의 열세를 느낄 수 있게 해주었다. 3,000, 6,000마력 대대들이 파리 근교에 폭탄을 투하해 심각한 물질적 · 정신적 손실을 야기하기 시작하면서, 이러한 충격은 더욱 깊어지고 고통스러워졌다. 뉴스의 모든 지면은 적의 침입으로부터 안전하다고 여겨졌던 원거리의 도시 중심지가 폭격당하고 있음을 전하고 있었으며, 도처에서 적절한 항공 방위 조치를 목소리 높여 요구하고 있었다. 모든 영공은 적기들로 뒤덮여 있는 것처럼 보였다.

요격기 및 비상 요격기 부대는 대부분 파괴되었다. 오직 몇백 대의 요격기만이 남아 있었으며, 그들은 중대로 재편성을 필요로 하고 있었으나, 그 부대들은 더 이상의 공격에 성공적으로 맞설 수 있을지 확신하지 못하고 있었다. 기타 많은 중대가 있었으나, 그들은 다른 임무들로 전문화되어 있었고, 항공전 특히 독일의 전투기에 대항하기 위한 것은 아니었다. 그러나 16일 밤 동안에, 항공 전문가들은 심지어 일시적인 방편이라 할지라도 이후 적의 공격에 대항하기 위해 가능한 모든 항공수단을 사용할 수 있게끔 노력했다. 8시의 성명서에 언급되었던 보복 공격의 위협에 프랑스의 지휘관들은 화가 났지만, 그들은 무시하기로 했다. 실제로, 그날 밤 프랑스 독립공군의 야간 폭격 여단에게 쾰른, 코블렌츠, 마인츠, 프랑크푸르트의 독일 도시들을 폭격하라는 명령이 내려졌다.

16일, 하루 동안의 독일 독립공군의 손실은 다음과 같다.

ㄱ. 약 600대의 2,000마력 전투기.
ㄴ. 약 40대의 3,000마력 전투기.
ㄷ. 3대의 6,000마력 전투기.

16일 밤 동안에, 2,000마력 대대의 잔여 전투기들은 1개 대대가 각각 9대의 항공기로 구성된 10개 전투 비행대대, 2개 전대(제I, 제II)로 재편성되었다.

17일의 독립공군은 그들에게 다음과 같은 작전 명령을 내렸다.

벨포르에서 뻗어나가서, 에피날, 툴, 랭스, 샤를빌, 지베, 디낭, 나무르, 생 트루를 가로질러 통그르에 이르는, 경사면의 전선에 놓여 있는 철도 및 도로의 통신 · 운송 시설을 차단할 것.

공격은 각기 3개의 파상 공격대를 지닌 8개 공격 종대에 의해서 30분의 간격을 갖고 수행되어야 했다. 약 5시간의 비행이 지속되어야 하기 때문에, 2,000마력 항공기들은 3톤의 폭탄을 적재했으며, 3,000마력 및 6,000마력 항공기는 각기 5톤, 8톤의 폭탄을 적재해야 했다.

1차와 2차 공격종대는 각각 1개의 2,000마력 전대에 소속한 10개 대대, 90대의 항공기와 1개의 6,000마력 대대에 속한 9대의 항공기를 포함하고 있었다. 이들 2개 공격종대는 총 600톤의 폭탄을 적재해 통그르에서 디낭에 이르는 벨기에 지역을 차단해야 했다.

나머지 6개 공격 종대는 각각 하나의 3,000마력 전대에 소속한 10개 대대, 90대의 항공기를 포함하고 있었다. 2개의 6,000마력 대대에 소속한 18대의 항공기가 4차, 5차, 6차 그리고 7차 공격 종대의 마지막 파상 공격대에 추가되었다. 이들 공격 종대에 소속한 각 항공기는 500톤의 폭탄을 적재하고 있었다.

3차와 4차 공격 종대는 랭스와 지베 사이를 차단해야 했고, 5차와 6차 공격 종대는 랭스와 툴 사이를, 그리고 7차와 8차 공격종대는 툴과 벨포르 사이를 차단해야 했다. 1차 파상 공격대는 5시에 국경을 넘어야 했으며, 대대들은 작전 임무를 수행하자마자 가장 짧은 항로를 따라, 가장 높은 고도로 비행해 각각의 비행장으로 되돌아왔다.

제9장 6월 17일의 작전들

17일 오전 1시경, 쾰른, 마인츠, 코블렌츠, 프랑크푸르트의 도시들은 프랑스 독립공군의 4개 야간 폭격 여단에 의해서 폭격당했다. 16일 동안 이들 여단들은 동원을 완료했고 정상적인 전력(12개 중대, 각 여단 당 72대의 항공기)을 구성했으며, 각 여단은 4개 도시들 중 하나씩에 약 100톤의 폭탄, 소이탄, 독가스탄을 투하했다. 피해는 매우 심각했다. 도처에서 큰 화재가 발생했으며, 독가스의 유포는 구조의 손길을 막았다. 4개 도시는 거의 완전히 파괴되었다.

6시경에 독일군 사령부는 다음과 같은 성명서를 발표했다.

오전 1시에서 2시 사이의 밤 동안에, 동맹국은 쾰른, 코블렌츠, 마인츠, 프랑크푸르트를 폭격했다.

그 결과 오늘 오후 4시에서 5시 사이에, 독일 독립공군은 나무르, 수아송, 샬롱, 트르와를 완전히 파괴할 것이다. 따라서 그곳 주민들은 피난할 것을 경고한다.

또 다른 독일 도시들이 동맹국에 의해서 약간이라도 폭격된다면, 독립공군은 브뤼셀과 파리를 완전히 파괴하라는 명령을 받게 될 것이다.

한편, 7시에 독일 독립공군의 1차 파상 공격대는 국경을 넘었다. 250여 대(정확히 288대로, 72대는 2,000마력 그리고 216대는 3,000마력 항공기)

의 거대한 전투기들이었으며, 밤 동안에 동맹국에 의해서 재편성되었던 소수의 남아 있던 요격기 부대들만이 그들에 대항해 돌진했다. 이 공격으로 소수의 독일 항공기들이 격추되었으나, 공격 종대들에게 부여된 작전 임무들은 완수되었다. 실제로, 8시까지 도로와 철도 등 통신 · 운송 시설이 지나는 150개 이상의 중심지들에 각 항공기는 평균 20톤의 폭탄을 투하했다.

새벽 6시까지 독립공군의 탐색기 중대들은 나무르, 수아송, 샬롱, 트르와의 도시들에 독일의 성명서 전단들을 뿌리며 비행하고 있었다. 수천, 수만의 전단들이 파리, 브뤼셀 그리고 많은 동맹국 도시들로 퍼져나갔다.

새벽 6시에 동맹국 정부에 도착한 뉴스 보도는 곧 나쁜 징조로 나타났다. 그것들은 적의 항공 활동을 막고 대항하기 위한 물리적인 불가능함을 확실하게 해주고 있었으며, 이는 곧 명확해질 것이지만 지금은 알 수 없는 독일의 계획들에 의해서 분명하게 전개되고 있었다.

적의 목적이 동맹국 군대의 동원과 집중을 가능한 한 어렵게 만들고자하는 것이라는 사실에는 의심의 여지가 없었다. 실제로 도로와 철도 등 통신 · 운송 시설들이 이미 많은 곳에서 수없이 차단되었으며, 여러 곳에서 철도 이동도 불가능하거나 극히 어려웠다.

많은 민간 지도자 그리고 군 지휘관이 항공 방어의 수단을 열화와 같이 요구하기 시작했다. 철도 또는 간선도로가 지나는 100여 곳 이상의 중심지가 화염에 휩싸였고, 독가스의 연기가 질식시키고 있었으며, 어떠한 경우는 바람에 의해 독가스가 퍼져 전국 모든 곳이 죽음과 공포로 뒤덮였다.

파견된 많은 군대들이 진격하는 게 불가능하다는 것과 부서진 도시들을 구할 수 없다는 것을 깨달으며 정지할 수밖에 없었다. 폭격에 의한 공포 효과와 적의 항공기들이 자국의 상공을 거침없이 자유롭게 비행하는 광경은 인상 깊이 남았다. 적의 극악무도한 방법들을 저주함에도 불구하고, 그러한 불의의 사태에 충분한 방법을 대비해놓지 않았던 항공 관계 기관들을 격렬하게 비난했다.

이와 같은 상황에서 동맹국의 지휘부는 독일의 성명서에 담겨 있던 위협을 심각하게 받아들일 수밖에 없었는데, 이 문제는 정치 지도자와 군 지휘관 간의 뚜렷한 견해 차이를 불러일으켰다.

군 지휘부는 위협받은 도시들에서 피난하는 것은 자기 편의 항공 전력의 무능력을 공인하는 것으로 보고 철수를 완강히 반대했다. 그러나 도시들을 적절히 방어할 수 있는 위치에 놓여 있는가에 대한 의문이 제기되자, 그렇지 못하다는 것을 자인할 수밖에 없었다. 그렇다면 방어될 수 없는 도시들로부터의 피난을 지시하지 않은 책임은 누가 져야 하는 것인가? 그들이 보유한 항공 전력이 무력하다는 잔인한 현실을 직시하고 인정할 수밖에 없는 것이었다. 이는 겨우 전쟁 개시 이튿날이었으며, 첫날 이미 적기의 거대한 밀집 항공대형은 거의 저항을 받지 않고 파리와 브뤼셀의 상공을 비행했고, 수백 톤의 폭탄들을 국경에서 가장 멀리 떨어진 중심지에까지 투하했다. 현재 적의 최후통첩에 굴복해야 하는 굴욕이 만약 적을 만족시키는 것이라면, 아마도 내일쯤엔 파리와 브뤼셀은 소개되어야 하지 않겠는가! 그 모든 것의 종말은 무엇일까? 왜 많은 비용을 투자한 항공 전력은 그렇게도 짧은 시간에 격파당했던 것인가? 그 모든 것은 누구의 잘못인가? 토론의 과정은 길고도 고통스러웠으며, 때로는 비참했지만, 10시경에 결국은 위협받은 도시들로부터 완전히 피난하도록 명령이 하달되었다.

수도를 지킬 수 없다는 이와 같은 명령의 여파는 예상했던 대로 엄청난 것이었다. 동맹국 국가들은 공중에서는 패배했음을 명확하게 느꼈으며, 그들은 절망적인 심정으로 적의 자비를 바라고 있었다. 위협받은 도시에서는 적기 조종사들이 살포한 전단들이 자연스럽게 적잖은 동요를 불러왔고, 피난하라는 지시는 무질서와 공포를 불러일으켰다. 그러나 대다수의 주민들은 침착하게 피난을 준비했고, 이들 도시 주변 상공에는 차츰 동맹국의 나머지 항공 전력들이 집중되고 있었다.

독일 독립공군의 보복 원정 공격을 위한 작전 명령은 앞에서 소개했던 것처럼 전력의 분할을 심사숙고하도록 했다. 변화된 것이 있다면 다음과 같은 배당된 작전 임무에서였다.

ㄱ. 1차, 2차 공격 종대 : 나무르의 파괴
ㄴ. 3차, 4차 공격 종대 : 수아송의 파괴
ㄷ. 5차, 6차 공격 종대 : 샬롱의 파괴
ㄹ. 7차, 8차 공격 종대 : 트르와의 파괴

독립공군에게는 재급유와 폭탄의 적재를 위해 약 4시간이 주어졌다. 폭탄 적재량은 2,000마력, 3,000마력, 6,000마력 항공기별로 각각 2톤, 3톤, 6톤이었다. 이는 파괴될 도시 하나당 500톤에 해당하는 적재량이었다.

《작전 지침서》에 따르면, 완전한 파괴를 목적으로 한 폭격은 가능한 한 높은 고도를 비행하는 동안 수행되어야 했다. 전투 비행대대는 다양한 방향으로 분할된 선을 따라 목표의 상공을 비행해야 했고, 목표물 자체보다 넓은 지역을 폭격해야 했다. 화학폭탄(소이탄 혹은 독가스 폭탄)의 위력 때문에, 평균 크기의 도시 하나당 50킬로그램 폭탄 10,000개(총 500톤)를 투하하면 도시 하나를 완전히 파괴하는 것이 가능했다.

비행장에서의 이륙은 각 공격 종대의 선두 파상 공격대가 오후 4시에 각자의 목표물에 도달하는 데 충분한 시간으로 정해야 했다.

목격자들은 여러 글에서 이 비극을 충분히 묘사했다. 또 그 중에 생동감 있게 묘사하여 유명해진 이 비극을 상세히 설명하는 일은 헛된 것이다. 운용이 가능했던 소수의 동맹국 요격기들에 의한 영웅적 행동에도 불구하고, 오후 4시에서 5시 사이에 이들 4개의 도시들은 접근이 불가능한 불타는 화로가 되어버렸고, 이웃 국가에서 도피처와 피난처를 구해야 했던 주민들의 눈앞에서 땅 속까지 불타버렸다.

오후 9시에 발표된 독일의 성명서는 다음과 같다.

오늘 아침 6시에서 8시 사이에 독립공군은 적국 군대의 작전 지역에 위치한 도로와 철도 등 통신 · 운송 시설을 차단하는 작전 임무를 시작해, 도로와 철도 등 통신 · 운송 시설이 위치한 150여 개 이상의 중심지 상공에서 3,000톤 이상의 폭탄을 투하했다.

오늘 오후 4시에서 5시 사이에 독일 도시 상공에서 방어 임무를 수행 중이던 독립공군은 우리의 경고에 따라 동맹국 정부들이 주민들을 대피시켰던 나무르, 수아송, 샬롱, 트르와 등 4개의 도시들을 파괴할 수밖에 없었다.

내일 독립공군은 동맹국 군대의 집중을 방해하기 위해 더욱 조직적인 작전 활동을 재개할 것이며…….

이 순간 이래로 19—년의 전쟁의 역사는 더 이상 우리의 관심을 불러일으키지 않는다.

해설

1. 줄리오 듀헤의 생애

이탈리아 남부 나폴리 인근에 위치한 카세르타에서 1869년 5월 30일에 태어난 줄리오 듀헤는 전통적인 군인 가문 출신이다. 매우 뛰어난 지적 능력을 보였던 그는 제노바 사관학교를 수석으로 졸업하고 19세였던 1888년 포병 장교로 임관했다.

1900년부터 일반 참모 부서에 근무하면서 듀헤의 예리한 분석 능력과 공학적인 재능은 빛을 내기 시작했다. 1903년에 일본과 러시아 간에 러일전쟁이 발발하자 듀헤는 대다수 사람들이 주장하는 바와 달리 일본의 승리를 예언하는 보고서를 제출했다. 아울러 1904년에 그는 이탈리아군의 기계화를 촉구하는 계몽성 팜플렛을 발간했는데, 그 주요 논지는 이탈리아가 처한 지리적 · 경제적 상황에서는 기계화로 대표되는 군사과학기술만이 이탈리아 고유의 인적 자원 및 천연 자원의 부족을 보상할 수 있다는 것이다.

1905년에 이탈리아 비행선이 처음 제작되고, 1908년에는 이탈리아가 제작한 항공기의 최초 비행이 성공한 후에, 듀헤는 무기체계로서 비행선보다 항공기의 가능성을 곧 인식했고, 항공기가 군사기술 및 전쟁 수행 방식에 혁명적인 변화를 초래할 것으로 확신했다. 1911년에 이탈리아는 아프리카의 터키령으로 남아 있던 트리폴리에 군대를 상륙시켜 점령했는데, 이때 항공기가 정찰 임무에 처음으로 사용되었다. 다음해인 1912년 소령으로 진급한 듀헤는 리비아 전쟁에서의 항공기 운용을 미래의 전쟁과 관련하여 분석한 보고서를 작성했다. 그는 여기에서 이미 미래의 전쟁을 위한 이탈리아 항공 부대의 조직 편성과 훈련 방식을 제안했으며, 이탈리아가 보유해야 할 항공기는 정찰 임무뿐만 아니라 항공전 및 폭격 임무도 수행할 수 있는 다목적 항공기라야 한다고 주장했다. 이처럼 이 보고서는 후에 전개되는 듀헤 항공력 이론의 기본적인 방향을 제시하고 있다.

제1차 세계대전이 발발한 직후인 1914년 8월에 대령으로 진급하여 사단 참모장으로 근무하게 된 듀헤는 〈과연 누가 승리할 것인가?〉라는 논문에서 '현대전은 총력전이다'라고 정의하고, 이제 시작된 전쟁은 신속한 섬멸전이 아니라 지루하고 비용 소모가 많은 장기전이 될 것이라고 예언했다. 그리고 여러 전선에서 작전을 수행해야 하는 독일제국을 중심으로 한 중부 유럽 동맹국가들이 패배할 것으로 결론지었다.

유럽 전역이 전쟁의 소용돌이에 휩싸이고 이탈리아가 영국과 프랑스를 주축으로 하는 협상국 진영에 가담하여 참전하는 방안을 한참 논의하던 1914년 후반부터 듀헤는 상관과 군 지휘부에 항공 전력의 특성을 강조하고 제공권을 장악하기 위한 공군 창설을 본격적으로 계몽하기 시작했다. 뿐만 아니라 듀헤는 당시의 참모본부에 팽배했던 공세 지상주의 전략의 무모성을 "콘크리트 장벽을 향해 병사들을 투입하는 것은 마치 그들을 망치처럼 무모하게 사용하는 것이다"라고 거부한 반면에, "터키가 다르다넬스 해협을 개방할 때까지 콘스탄티노플에 매일 100톤의 폭탄을 투하할 것"을 주장했다. 특히 그는 총사령관 루기 카도르나Luigi Cadorna 장군의 전쟁 수행 방식에 대해서도 "…… 이미 전선이 정체된 상태에서도 공세작전만을 고집하고 있고, …… 반면에 우리의 후방은 적에 의해 위협받고 있고 언제든지 공격에 노출되어 있으며 최단 시간 내에 정복당할 수 있다"고 가차없이 비판을 가했다.

이와 같은 듀헤의 건전한 비판에 대해 군 지휘부는 '중상 모략'으로 내몰았고, 1916년 9월에 그는 '정보 누설, 국가 위신 손상 그리고 대중 혼란 및 선동'의 죄목으로 군사재판에 회부되어 1년형의 유죄 판결을 받았으며, 결국 11월 15일에 페네스트렐레 요새에 수감되었다. 수감 생활이 시작되면서 듀헤의 항공력의 본질과 그 가능성에 대한 계몽이 본격적으로 시작되었다. 그는 여기에서 항공전을 주제로 한 소설을 집필했고, 20,000대로 구성되는 대규모 연합군 항공 부대의 창설을 제안하는 편지를 전쟁성 장관에게 보내기도 했다.

1917년 8월에 공세 전략만을 고집했던 이탈리아 육군은 카포레토 전선에서 300,000명의 병력을 상실하는 대참패를 기록했다. 그 결과 듀헤는 9월에 사면되어 현역에 복귀하여 이탈리아 항공위원회의 항공 감독관에 임명되었으며, 여기에서 유명한 항공기 설계자인 카프로니 Caproni와 함께 이탈리아 항공 부대를 강화하는 임무를 수행했다.

1918년 6월에 듀헤는 군 지휘부의 보수성에 한계를 느끼고 대령으로 군에서 전역한 후 신문 〈의무Duty〉 발간 등 집필 활동을 본격적으로 시작했다. 전후에 이탈리아 정부는 카포레토 전투의 참패 원인을 조사하기 위해 공식 조사단을 결성했다. 이 조사단은 듀헤에게 페네스트렐레 감옥행을 선고했던 요인들, 다시 말하면 듀헤가 군 지휘부에게 개선을 촉구했던 공격 만능주의적 교리와 전략 그리고 이탈리아군의 비효율적인 조직 등이 참패의 주요 요인이라고 보고했다. 이 보고서를 근거로 군사법원은 1914년 후에 듀헤가 행한 비판과 예언은 개인적인 동기에 있지 않고 진정으로 국가의 안보에 관심을 둔 행위였다고 다시 판단했다. 1920년 11월에 법정은 1년형의 유죄를 선고한 1916년의 판결을 번복했고, 듀헤는 장군으로 승진되었다.

하지만 듀헤는 1920년의 재판결 후에 현역으로 복귀하지 않고 항공력에 관한 집필을 계속하여 1921년에 《제공권》을 발간했다. 이 책의 서문에 나타나듯이, 전쟁성이 이 책의 출간을 후원함으로써 항공력의 본질과 그 가능성에 관해 '광야의 외로운 외침'을 소리쳤던 듀헤의 선구자적 혜안과 집념은 드디어 열매를 맺게 되었다. 이런 의미에서 나는 줄리오 듀헤를 '항공전략사상의 사도使徒'라 부르는 것을 조금도 망설이지 않는다. 제1차 세계대전이 끝난 후 듀헤는 1919년 무솔리니Benito Mussolini가 결성한 파시스트당의 당원이 되었고, 1922년 10월 무솔리니와 파시스트당이 주도한 '로마의 행군'에도 참여했으며 파시스트당이 정권을 잡자, 무솔리니에 의해 항공국장으로 임명되었다. 하지만 듀헤는 몇 달이 지난 후에 항공력을 계몽 · 선전하고 집필하는 활동에만 전념하기 위해 공직을 사직했다.

그 후 7년 동안 듀헤는 항공력의 특성과 항공력이 중심이 되는 미래의 전쟁에 관한 강연, 논문과 소설의 집필에 자신의 모든 정열을 쏟아부었다. 이처럼 항공력의 체계적인 이론화에 진력했던 듀헤는 1930년 2월 15일 로마 근교의 자택에서 61세의 나이로 세상을 떠났다.

2. 듀헤와 《제공권》 그리고 항공전략사상의 대두

1903년 12월 17일 미국의 라이트 형제는 키티 호크에서 자신들이 제작한 비행기로 12초 동안에 120피트(약 37미터—옮긴이주)를 비행하는 데에 성공했고, 역사는 이 날을 인간이 하늘을 정복한 날로 기록하고 있다. 인류 최초의 동력 비행을 성공시킨 라이트 형제는 계속 '공기보다 무거운 비행기' 제작에 심혈을 기울여 1908년 8월에는 자신들이 제작한 비행기를 전쟁성에 납품하게 되었다. 이로써 항공기는 마침내 전쟁을 수행하기 위한 도구가 되었으며, 20세기의 전쟁을 지배하는 무기체계로 발전하게 되었다.

항공기의 무기체계로서의 가능성은 제1차 세계대전을 거치면서 역사적 현실이 되었다. 제1차 세계대전 동안 항공기가 투하한 폭탄의 양은 27만 5천 파운드에 불과했지만, 4년이나 지속된 전쟁은 이제 갓 태어난 항공전이라는 신생아가 무럭무럭 자라고 성장하기에 더할 나위 없는 양질의 양분을 충분히 제공했다. 따라서 제1차 세계대전은 항공력의 발전 방향을 제시해주었다는 측면에서 항공전략사상의 역사에서 하나의 중요한 이정표가 된다고 할 수 있다. 그리고 이 이정표에는 모든 사람이 볼 수 있도록 선명하게 양각된 글자가 있는데 그것은 다름 아닌 '줄리오 듀헤'와 '제공권'인 것이다.

제1차 세계대전에 직접 참전하여 그 진행 과정을 직접 목격한 듀헤는 전쟁이 더 이상 전선에서 전투를 하는 군인들만의 싸움이 아니고, 한 국가가 보유한 모든 인적 · 물적 · 정신적 자원이 동원되는 국민들 사이의 싸움이라고 믿었다. 더욱이 그는 전쟁 초기에 전선의 교착으로 형성된 참호전과 이에 따른 전쟁의 소모적 진행 과정에 깊은 영향을 받았다. 이처럼 참호전과 소모전을 탄생시킨 것은 과학기술의 진보였는데, 특히 기관총의 출현은 항상 고유한 이점을 가지는 준비된 진지에서 방어를 하는 방어 진영에 결정적인 이익으로 작용했다. 기관총이라는 과학기술의 진보가 1914년에서 1918년까지 지상전에서 방어측에게 압도적인 우세를 부여하여 지루한 참호전을 강요한 원인이었던 것은 틀림없다.

여기가 듀헤 항공전략사상의 출발점이다. 듀헤의 주장에 의하면, 항공기를 탄생시킨 매우 고차원적인 항공공학적 과학기술만이 기관총 기술에 의해 조성된 현상을 타파하고 종식시킬 수 있다는 것이다. 다시 말하면 항공기라는 무기체계만이 기관총 등 현대식 무기로 무장한 대규모 지상군에 의해 야기된 소모성 지연전을 극복할 수 있다는 것이다. 듀헤는 계속하여 항공기의 특성에서 비롯되는 항공력은 3차원의 공간에서 작전하고 자연적인 지형지물에 전혀 장애를 받지 않기 때문에 가히 혁명적인 전력이 될 것이라고 주장했다. 왜냐하면 항공기가 지상군 상공을 비행하여 공중 공간을 장악함으로써 이제 지상군은 전쟁 수행에서 2차적인 중요성만을 가지기 때문이다. 나아가 듀헤는 지상의 지형지물의 상황과는 달리 하늘이라는 광대한 공간에서 항공기에 대한 방어는 사실상 불가능하기 때문에 항공 방어보다 항공 공세의 방식이 더욱 강력한 타격력을 가할 수 있다고 주장한다.

이처럼 듀헤는 현대전의 본질과 항공기가 지닌 고유한 특성 그리고 항공력의 지배성에 근거한 예언적인 신념을 체계화하여 1921년에 한 권의 책을 출간했는데, 그것이 바로 《제공권》 초판이다. 이 책의 제1권에 수록된 《제공권》 초판에서 듀헤는 그의 미래 전쟁이론인 공군에 의한 제공권 장악의 중요성을 논리적으로 주장하고 있다. 그의 논리에 따르면, 제공권을 상실한 국가는 적이 어떠한 형태의 항공 공격을 시도해도 이를 수동적으로 감내해야 한다. 그리고 제공권을 장악하지 못한 상태에서 시도되는 모든 지상 및 해상작전은 실패할 수밖에 없다는 것이다. 따라서 듀헤에게 제공권의 장악이란 곧 전쟁에서 승리를 의미한다.

뿐만 아니라 듀헤는 《제공권》 초판에서 항공기라는 새로운 무기체계의 가치와 제공권 장악의 의미를 진정으로 인식하고 있는 항공인이 지휘권을 행사하는, 지상군과는 분리된 항공 부대, 다시 말하면 독립공군Independent Air Force의 창설을 주장한다. 듀헤의 견해에 의하면, 항공전략의 핵심은 항공력을 지상군에 대한 공격이나 이를 지원하는 데 이용하는 전술적인 운용이 아니라 항공기를 전략적인 목적으로 운용하는 데에 있다. 따라서 항공 전력은 적국이 보유한 '핵심적인 주요 중심부'를 파괴하고 이를 무력화함으로써 적국 국민의 저항 의지를 분쇄하는 목적으로 운용되어야 한다는 것이다.

《제공권》 초판은 세계대전 직후의 반전쟁 · 평화주의적 분위기로 인해 대중들에게 큰 감동을 불러일으키지는 못했다. 하지만 그는 여기에서 그치지 않고 집필 활동을 계속했으며, 항공력에 관한 운용 논리를 더욱 급진적인 방향으로 전개했다. 이리하여 초판이 발간된 후 6년이 지난 1927년에 출간된 책이 《제공권》 2판이다. 《제공권》 2판은 초판과는 달리 대중들과 군사이론가들로부터 커다란 반응을 일으켰다. 여기에서 듀헤는 제공권 장악을 필수적 · 핵심적인 전략 목표라고 규정하면서, 전략형 항공력의 중요성을 더욱 강조하고 있다. 이에 비하여 초판에서 다루었던 지상작전과 해상작전을 지원하기 위한 보조항공대의 기능을 '쓸모가 없고, 낭비이며, 오히려 해로운 것'이라고 말하고 있다. 그 이유는 제공권을 장악하지 못한 상태에서 아군 지상군과 해군은 쉽게 격파될 수밖에 없고, 제공권을 장악한 후에야 아군 항공기는 지상 및 해상작전을 지원할 수 있기 때문이다.

듀헤의 항공전략사상은 1927년 《제공권》 제2판의 출간을 계기로 논리적인 전성기를 구가하게 되었고, 이로써 항공력 시대의 도래는 역사 발전의 필연적인 귀결이 되었다. 그 후 듀헤는 생애의 마지막 3년을 2,500년의 역사를 자랑하는 전쟁이론의 호수에 자신이 던진 조약돌이 일으키는 파문을 바라보면서 지냈다. 그것은 단 한 번으로 그친 잔잔한 물보라가 아니었다. 그것의 처음은 미약했지만 이내 소용돌이로, 시간이 지나면서 폭풍으로 변했다.

이제 세계의 정치 및 군사지도자들은 항공력의 가능성을 인정하기 시작했다. 1930년까지 듀헤는 지금까지의 소극적인 자세에서 벗어나 항공력에 관하여 적극적으로 군사비평가들과 논쟁을 전개했다. 이 논쟁을 거치면서 그는 자신의 제공권 사상을 더욱 분명하게 정의했고, 그 결과 항공력의 지배성과 항공전략 이론을 강화시켰다. 이 책의 후반부는 듀헤의 제공권 사상이 논쟁을 거치면서 논리적으로 세련되고 체계화되는 과정을 잘 보여주고 있다.

1928년에 집필된 논문인 이 책의 제2권에서 듀헤는 《제공권》 제1판과 제2판의 논리를 근거로 미래 전쟁의 형태와 특성을 설명하고 있다. 여기에서 그는 미래 전쟁의 형태를 국가 간의 총력전으로 규정하고 적의 정신적 저항을 어떤 방법으로 분쇄하느냐가 승리의 관건이 된다고 보았다. 미래의 전쟁에서 제공권의 장악은 곧 승리를 보장받는 것이기 때문에 '우리의 하늘을 지배하자!'라는 말로 결론을 맺고 있다.

이 책의 제3권인 종합편은 1929년 〈공군지Rivista Aeronautica〉를 통해 발표된 듀헤의 논쟁집이라 할 수 있다. 특히 이 부분은 듀헤가 이탈리아 〈공군지〉 편집장에게 보낸 편지와 기고문을 모아서 종합한 것이다. 이 글에서 특기할 사항은 듀헤가 자신의 제공권 사상에 비판을 가했던 4명——바스티코 장군, 볼라티 장군, 피오라반초 대위 그리고 공학자 살바토레 아탈——의 글을 소개하고, 비판자들의 주장에 포함되어 있는 비논리성을 논박하며, 이를 통해 자신이 시종일관 주장한 제공권을 기반으로 항공전략이론의 합리성과 필연성을 논리적으로 제시했다는 데 있다.

이 글의 마지막 부분인 제4권은 듀헤가 세상을 떠나기 직전에 탈고한 항공전을 주제로 한 소설로, 듀헤가 사망한 다음달인 1930년 3월 〈공군지〉에 발표되었다. 이 글에서 독일과 프랑스-벨기에 동맹은 단 이틀만에 군사작전이 종결되는 항공기만 동원한 항공전을 전개하지만, 이틀 후에 양국의 수십 개 주요 도시들은 잿더미로 변하고 만다. 항공전에서 승리한 독일의 독립공군은 항공 공세작전의 과정에서 큰 손실을 입었지만, 항공전의 승리가 선물한 대가는 엄청나다. 교전국의 군사 지도자들이 전선에 지상군을 동원하는 시점에 국민들은 이미 전쟁을 계속하려는 저항 의지를 상실했고, 정치 지도자들은 평화를 요청하게 된다. 소설의 형식을 빌렸지만, 이 글은 듀헤 제공권 사상의 완결편이라고 할 수 있다. 여기에서 듀헤는 미래의 전쟁 수행 방식은 자신의 논리처럼 작전 속도는 신속하고 방법은 무자비한 반면에, 세계대전에서보다 인명 손실이 적은 항공력에 의해 지배되는 형태가 될 것이라고 주장하면서 제공권 장악의 필요성을 더욱 강조하고 있다.

3. 듀헤의 항공전략사상이 미친 영향

20세기의 전쟁은 항공력이 주도했고, 그 중심에 듀헤의 제공권 및 항공전략사상이 자리잡고 있다. 그리고 21세기 항공우주시대에도 항공력은 전쟁의 승패를 결정할 것이며, 따라서 듀헤의 이론은 새로운 세기에도 여전히 그 효력을 발휘할 것으로 보인다.

1921년 《제공권》의 발간과 함께 시작된 항공력과 미래의 전쟁에 대한 듀헤의 '광야의 외로운 외침'과 선구자적 혜안은 그를 단숨에 전략사상가로서 자리매김하도록 해주었다.

듀헤의 제공권 사상은 먼저 그의 모국인 이탈리아에서 실현되었다. 이탈리아는 정부의 조직 중에 항공성을 신설하고 1923년에 공군을 독립시켰으며, 듀헤의 이론을 바탕으로 독립공군을 조직했다. 프랑스도 1928년에 항공성을 창설했지만, 여기에서는 공군을 독립시키려는 조직적인 움직임이 없었고 그 결과는 1940년 서부 유럽 전쟁이 말해주고 있다. 독일은 1933년에 항공성을 창설했고, 듀헤의 신봉자였던 발터 베버Walther Wever가 중심이 되어 독일 공군을 폭격기 위주의 전략형 공군으로 발전시켰다. 소련에서도 듀헤의 영향은 지대했다. 소련은 1933년부터 공군력을 확장했고, 크리핀Khripin 장군이 중심이 되어 듀헤의 저작을 번역하여 소개하고 장거리 폭격기 개발에 주력하게 되었다.

듀헤의 제공권 및 적국의 주요 핵심부에 대한 전략 폭격이론에 가장 큰 관심을 보인 곳은 미국이었다. 1947년 미국 공군이 독립하기 전에 미국 육군 항공단 소속의 항공장교들은 듀헤의 저작을 애독하면서 그의 사상을 그대로 수용했다. 특히 적의 항공 전력을 적 기지에서 근원적으로 파괴해야 한다는 듀헤의 항공전 수행 원리는 항공단과 제2차 세계대전이 끝난 후에 독립한 미국 공군의 교리적 특성으로 발전했다.

듀헤의 제공권 및 항공전략사상 중에서 재해석해야 할 부분이 없는 것은 아니지만, 항공력의 운용 방식에 관한 그의 주장은 듀헤가 사망한 지 70년이 지난 오늘날에도 여전히 논리적 효율성을 지니고 있다. 그 단적인 실례가 1991년 페르시아 만을 둘러싼 걸프전에서 미국이 주도하는 다국적군 공군력이 보여준 압도적인 승리이다. 또한 1999년 발칸반도에서 북대서양 조약기구(NATO)의 연합 공군이 전개한 항공작전의 결과는 듀헤의 제공권 사상이 단순한 예언이 아닌 역사적 현실임을 다시 한번 확인시켜주고 있다.

이제 창군 50년을 맞이한 우리의 대한민국 공군도 듀헤가 주장한 '전략형 공군'으로 발돋움하고 있다. 새로운 세기와 뉴 밀레니엄을 맞이하는 우리의 공군은 '하늘로! 우주로!' 더 높이, 더 멀리, 더 빠르게 비상함으로써 항공우주시대에 미래의 전장을 주도하여 한반도에 평화를 정착시킬 것이다. 이에 여기에 선보인 항공전략의 고전인《제공권》이 시대의 변화를 갈망하고 새로운(res nova) 것에 도전하고자 하는 모든 이들에게 좋은 길잡이가 될 것으로 믿는다.

끝으로 그 동안 부족한 본인에게 전쟁사학과 전략을 중심으로 군사학 연구에 관하여 많은 가르침을 아끼지 않으셨던 이종학, 권혁달, 심사수 은사님께 마음속 가득한 감사를 보내드리며, 이 책의 번역을 진심으로 격려해준 강진석, 구명수, 권영근, 권영락, 권재상 선배와 용어의 선정 및 원고의 교정을 도와준 장은석 후배에게 감사를 드린다. 또한 출판계의 어려운 환경에도 불구하고 이 책을 포함한 '밀리터리 클래식' 시리즈 출간을 기획한 책세상의 김광식 부장과 편집에 수고를 아끼지 않은 편집부 여러분들에게 감사드린다.

1999년 12월

성무대星武臺 연구실에서

이명환

옮긴이 / 이명환

경기도 평택에서 태어나 1980년 공군사관학교를 졸업했다.
서울대학교 인문대학 서양사학과 대학원에서 석사 학위를,
독일 쾰른 대학교 역사학과에서 박사 학위를 받았다.
공군사관학교 군사전략학과 교수로 재직하며 전쟁사와 전략사상사 등을 강의했다.
〈독일 바이마르 공화국의 군 · 민 관계〉 〈독일의 통일과 독일연방군 개혁〉
〈서유럽 군사혁명론〉 〈한국전쟁기 항공작전 연구〉 등의 논문을 발표했다.

제공권

초판 1쇄 발행 1999년 12월 20일
개정 1판 1쇄 발행 2022년 11월 30일
개정 1판 2쇄 발행 2023년 5월 30일

지은이 줄리오 듀헤
옮긴이 이명환

펴낸이 김현태
펴낸곳 책세상
등록 1975년 5월 21일 제2017-000226호
주소 서울시 마포구 잔다리로 62-1, 3층(04031)
전화 02-704-1251
팩스 02-719-1258
이메일 editor@chaeksesang.com
광고 · 제휴 문의 creator@chaeksesang.com
홈페이지 chaeksesang.com
페이스북 /chaeksesang **트위터** @chaeksesang
인스타그램 @chaeksesang **네이버포스트** bkworldpub

ISBN 979-11-5931-872-6 04390
979-11-5931-273-1 (세트)